中国高等职业技术教育研究会推荐

高职高专机电类"十二五"规划教材

现代数控机床

（第二版）

主　编　刘瑞已

主　审　黄维亚

西安电子科技大学出版社

内容简介

本书共分11章。内容包括概述，机床的运动与坐标系，数控车床，数控铣床，加工中心，特种数控加工机床，高速数控机床及其技术，数控机床的典型部件，数控机床的液压与气压系统，数控机床的选用、安装、调试、验收与保养，机床的数控技术改造。

本书按照教育部对高职高专数控机床教学的要求编写，并体现了如下特色：全面性，包含有普通机床，数控机床(车、铣、加工中心、车削中心)，电火花、线切割机床，机床的液压系统与气压系统，数控机床的安装、调试、验收、保养、改造及各种典型部件等内容，便于各院校根据本校情况进行选用；内容新，增加了高速数控机床及其技术；每章有学习目的与要求、本章小结和思考与练习题，不仅便于学生学习，而且适合高职高专的教学要求。

本书可作为高职高专机电一体化、模具、数控等机械类专业的教材，亦可供电大、职大的师生及相关的工程技术人员参考。

图书在版编目(CIP)数据

现代数控机床/刘瑞已主编. —2版. —西安：西安电子科技大学出版社，2011.12

高职高专机电类"十二五"规划教材

ISBN 978-7-5606-2698-7

Ⅰ. ① 现…　Ⅱ. ① 刘…　Ⅲ. ① 数控机床—高等职业教育—教材　Ⅳ. ① TG659

中国版本图书馆CIP数据核字(2011)第232634号

策　　划　马乐惠

责任编辑　杨宗周　马乐惠

出版发行　西安电子科技大学出版社(西安市太白南路2号)

电　　话　(029)88242885　88201467　　邮　　编　710071

网　　址　www.xduph.com　　电子邮箱　xdupfxb001@163.com

经　　销　新华书店

印刷单位　陕西天意印务有限责任公司

版　　次　2011年12月第2版　2011年12月第3次印刷

开　　本　787毫米×1092毫米　1/16　　印　张　18.5

字　　数　435千字

印　　数　8001～11 000册

定　　价　28.00元

ISBN 978-7-5606-2698-7/TG·0032

XDUP 2990002-3

序

进入21世纪以来，随着高等教育大众化步伐的加快，高等职业教育呈现出快速发展的形势。党和国家高度重视高等职业教育的改革和发展，出台了一系列相关的法律、法规、文件等，规范、推动了高等职业教育健康有序的发展。同时，社会对高等职业技术教育的认识在不断深化，高等技术应用型人才及其培养的重要性也正在被越来越多的人所认同。目前，高等职业技术教育在学校数、招生数和毕业生数等方面均占据了高等教育的半壁江山，成为高等教育的重要组成部分，在我国社会主义现代化建设事业中发挥着极其重要的作用。

在高等职业教育大发展的同时，也有着许多亟待解决的问题。其中最主要的是按照高等职业教育培养目标的要求，培养一批具有“双师素质”的中青年骨干教师；编写出一批有特色的基础课和专业主干课教材；创建一批教学工作优秀学校、特色专业和实训基地。

为配合教育部紧缺人才工程，解决当前新型机电类精品高职高专教材不足的问题，西安电子科技大学出版社与中国高等职业技术教育研究会在前两轮联合策划、组织编写了“计算机、通信电子及机电类专业”系列高职高专教材共100余种的基础上，又联合策划、组织编写了“数控、模具及汽车类专业”系列高职高专教材共60余种。这些教材的选题是在全国范围内近30所高职高专院校中，对教学计划和课程设置进行充分调研的基础上策划产生的。教材的编写采取在教育部精品专业或示范性专业(数控、模具和汽车)的高职高专院校中公开招标的形式，以吸收尽可能多的优秀作者参与投标和编写。在此基础上，召开系列教材专家编委会，评审教材编写大纲，并对中标大纲提出修改、完善意见，确定主编、主审人选。该系列教材着力把握高职高专“重在技术能力培养”的原则，结合目标定位，注重在新颖性、实用性、可读性三个方面能有所突破，体现高职高专教材的特点。第一轮教材共36种，已于2001年全部出齐，从使用情况看，比较适合高等职业院校的需要，普遍受到各学校的欢迎，一再重印，其中《互联网实用技术与网页制作》在短短两年多的时间里先后重印6次，并获教育部2002年普通高校优秀教材二等奖。第二轮教材共60余种，在2004年底已全部出齐，且大都已重印，有的教材出版一年多的时间里已重印4次，销量3万余册，反映了市场对优秀专业教材的需求。本轮教材予计2006年底全部出齐，相信也会成为精品系列。

教材建设是高职高专院校基本建设的主要工作之一，是教学内容改革的重要基础。为此，有关高职高专院校都十分重视教材建设，组织教师积极参加教材编写，为高职高专教材从无到有，从有到优、到特而辛勤工作。但高职高专教材的建设起步时间不长，还需要做艰苦的工作，我们殷切地希望广大从事高职高专教育的教师，在教书育人的同时，组织起来，共同努力，为不断推出有特色、高质量的高职高专教材作出积极的贡献。

中国高等职业技术教育研究会会长 李宗尧

21 世纪

机电类专业高职高专规划教材

编审专家委员会名单

第二版前言

数控机床是集机、电、液、气、微机和自动控制及测试技术为一身的机电一体化的典型设备。近年来，各种数控机床在自动化加工领域中的占有率越来越高，对数控加工技术人才的需求越来越迫切。作为数控专业的应用型人才，必须懂得数控机床的结构、特点、工艺范围、工作原理等，才能更好地使用、维护数控机床。

基于目前数控机床教学的特点，根据多年的一线操作和教学经验，我们于2006年编写了《现代数控机床》一书。该书自出版至今，一直销量很好。为更好地适应教学改革和时代发展的需要，今年笔者对该书做了一次全面的修改，重点对第一、三、四、五、八、九章，尤其是第八章进行了详细修改，升华了原有的旧知识，补充了不少新知识，同时还增加了不少图例，使知识更加通俗、易懂。

该书根据教育部数控技能型紧缺人才培养培训方案的指导思想和最新数控专业教学计划，较全面地介绍了各类数控机床的结构和工作原理，简明地讲述了数控系统的组成与控制原理，可编程控制器的类型、结构、工作原理与基本功能，位置检测装置的基本类型、结构和工作原理，液压与气压传动的特点及其在数控机床上的应用，数控机床的选用、安装、调试、验收与保养，以及机床的数控技术改造。另外，着眼数控机床的最新发展，还介绍了高速数控机床及其技术；本着全面发展的要求，增设了普通机床的附录，可供选用；为了适应高职的教学要求，在大部分章节还增设了填空题、选择题和判断题。

本书取材新颖，内容由浅入深、循序渐进，图例很多，着重于应用，理论部分突出了简明性、系统性、实用性和先进性。全书可用60个学时讲授完，其中第一章2学时，第二章2学时，第三章4学时，第四章4学时，第五章4学时，第六章6学时，第七章6学时，第八章22学时，第九章2学时，第十章4学时，第十一章4学时。也可以根据教学需要进行内容取舍。

限于编者的水平和经验，书中欠妥之处在所难免，恳请读者批评指正。

编者

2011年9月

第一版前言

随着计算机、通信、电子、检测、控制和机械等相关技术的不断进步，数控技术也在日新月异地飞速发展，并已成为现代先进制造系统(FMS、CIMS等)中不可缺少的基础技术。数控机床是集机、电、液、气、微机和自动控制及测试技术为一身的机电一体化的典型设备。近年来，由于各种数控机床在自动化加工领域中的占有率越来越高，因此导致对数控加工技术人才需求的急剧增长。作为数控专业的应用型人才，必须懂得数控机床的结构、特点、工艺范围及工作原理等，才能更好地使用和维护数控机床。

为了满足现代机电一体化教学的要求，也为了让更多的人全面了解和掌握数控机床的结构与工作原理，为使用好数控机床和建立良好的数控机床维修基础，根据教育部数控技能型紧缺人才培养培训方案的指导思想和最新的数控专业教学计划，本书较全面地介绍了各类数控机床的结构与工作原理；简明地讲述了数控系统的组成与控制原理，可编程控制器的类型、结构、工作原理与基本功能，位置检测装置的基本类型、结构与工作原理，液压与气压传动在数控机床上的应用，数控机床的选用、安装、调试、验收与保养，机床数控技术改造。另外本着“最新发展”的要求，在书中介绍了高速数控机床及其技术；还本着“全面发展”的要求，增设了普通机床的附录，可供选用；为了适应高职高专的教学要求，在每章都增设了思考与练习题。

全书共分60个学时：第一章2学时；第二章2学时；第三章10学时；第四章4学时；第五章4学时；第六章4学时；第七章6学时；第八章6学时；第九章12学时；第十章2学时；第十一章4学时；第十二章4学时。也可以根据教学需要进行内容取舍。

本书第一章由湖南工业职业技术学院申晓龙编写；第二、五章由湖南工业职业技术学院龙华编写；第三、六、十一、十二章由湖南工业职业技术学院刘瑞已编写；第四、八章由武汉船舶职业技术学院周兰编写；第七、十章由湖南交通职业技术学院刘韬编写；第九章由湖南工业职业技术学院李平化编写。全书由刘瑞已任主编并统稿；重庆工业职业技术学院黄维亚任主审，其在编写过程中提出了许多宝贵意见，在此表示衷心感谢。

由于编者的水平有限，书中难免存在不足之处，恳请广大读者批评指正。

编者

2006年7月

目　录

第一章　概　　述

学习目的与要求

- 掌握数控机床的组成与工作原理；
- 熟悉数控机床的特点；
- 掌握数控机床的分类；
- 了解数控加工技术的发展。

1.1 基 本 概 念

20 世纪人类社会最伟大的科技成果之一是计算机的发明与应用。计算机及控制技术在机械制造设备中的应用是制造业发展的最重大技术进步。自从 1952 年美国第一台数控机床问世至今已经历了半个多世纪，现在数控设备已包括车、铣、加工中心、镗、磨、冲压、电加工以及各类专用加工设备，形成了庞大的数控制造设备家族，每年全世界数控设备的产量有 15～25 万台，产值达数百亿美元。

1.1.1　数控机床的产生

1949 年美国 Parsons 公司接受美国空军的委托，研制一种计算装置，用以实现日益复杂的飞机零部件的自动加工，Parsons 公司由此首先提出了机床数字控制的概念。采用 Parsons 的思想，1952 年美国麻省理工学院研制出了基于电子管和继电器的机床数字控制装置，用于控制铣床系统，它标志着第一代数控机床——电子管数控机床的诞生。

20 世纪 50 年代末，完全由固定布线的晶体管元器件电路所组成的第二代数控机床——晶体管数控机床研制成功，从而取代了昂贵、易损、难以推广的电子管数控机床。

随着数控机床的发展，对数控机床在实用性、柔性、易维修性、控制装置的功能环境及对任意机床类型的适应性等应用方面的要求不断提高。然而，要满足这些要求，对固定布线的晶体管元器件电路所组成的晶体管数控机床而言，将会消耗巨大的资金。随着集成电路技术的发展，1965 年出现了第三代数控机床——小规模集成电路数控机床后，解决这些问题的难度稍稍减轻了一些。

以上三代为数控机床发展的第一阶段，称为 NC 阶段，即逻辑数字控制阶段，其特点是数控系统的所有功能均由硬件(数控装置)来实现，故又称为硬件数控。

1970 年小型计算机开始用于数控机床，数控机床的发展由此进入第二阶段，即 CNC (计算机数字控制)阶段，这是第四代数控机床。1974 年微处理器(又称中央处理单元，简称 CPU)开始用于数控机床，数控机床发展到了第五代。小型计算机被微处理器所取代，这是因为小型计算机功能太强，控制一台机床能力有多余，但不如采用微处理器经济合理，而且当时的小型计算机其可靠性也不理想。虽然早期的微处理器速度和功能都还不够高，但可以通过多处理器结构来解决。

因为微处理器是通用计算机的核心部件，故仍称为计算机数控。到了 1990 年，PC 机(个人计算机，国内习惯称为微机)的性能已发展到很高的阶段，可满足作为数控系统核心部件的要求，而且 PC 机生产批量很大，价格便宜，可靠性高。数控系统从此进入了基于 PC 的第六代。

现在市场上流行的和企业普遍使用的仍然是第五代数控机床，其典型代表是日本的 FANUC－0 系列和德国的 Sinumerik 810 系列数控机床。国产数控机床厂家主要有华中数控、北京航天机床数控集团、北京凯恩帝、北京凯奇、沈阳艺天、广州数控、南京新方达、成都广泰等。

1.1.2 数控机床的定义

制造技术和装备是人类生产活动的最基本的生产资料，而数控技术又是当今先进制造技术和装备的核心技术。数控技术是用数字信息对机械运动和工作过程进行控制的技术；数控装备是以数控技术为代表的新技术对传统制造产业和新兴制造业的渗透而形成的机电一体化产品，即所谓的数字化装备。

国际信息处理联盟第五技术委员会对数控机床作了如下定义：数控机床(NC Machine)是一种装有程序控制系统(数控系统)的自动化机床，该系统能逻辑地处理具有特定代码、编码指令规定的程序。

与普通机床相比，数控机床是一种自动化加工设备。采用普通机床进行加工时，操作人员操纵机床手轮使刀具沿着工件表面移动，进行工件加工；而用数控机床进行加工时，不需要人工参与，数控系统能控制机床在加工程序指令下自动完成零件的加工。具体地讲，把数字化了的刀具移动轨迹信息输入到数控装置，经过译码、运算，从而实现控制刀具与工件的相对运动，加工出所需要的零件的机床，即为数控机床。

1.2 数控机床的组成与工作原理

1.2.1 数控机床的组成

数控机床的种类很多，在各行业、各领域的生产过程中或多或少都有数控机床的应用。任何一种数控机床都是由程序载体、CNC 装置、伺服系统、检测与反馈装置、辅助装置和机床本体等若干基本部分组成的，如图 1－1 所示。

1. 程序载体

程序载体是用于存取零件加工程序的装置。可将零件加工程序以一定的格式和代码(包括机床上刀具和零件的相对运动轨迹、工艺参数和辅助运动等)存储在载体上。程序载体可以是磁盘、磁带、硬盘和闪存卡等。

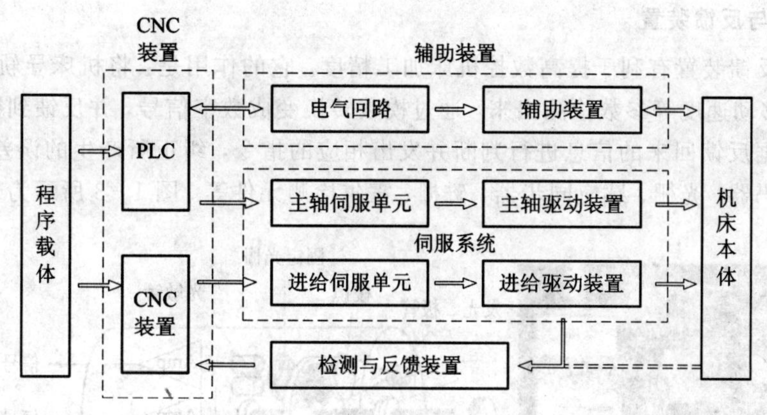

图 1-1　数控机床组成示意图

2. CNC 装置(又称计算机数控装置)

CNC 装置是 CNC 系统的核心。目前，绝大部分数控机床采用微型计算机控制。CNC 装置由硬件和软件组成，没有软件，计算机数控装置就无法工作；没有硬件，软件也无法运行。它包括微处理器 CPU、存储器、局部总线、外围逻辑电路及与数控系统其他组成部分联系的接口及相应的控制软件。如图 1-2 所示为 CNC 装置组成示意图。

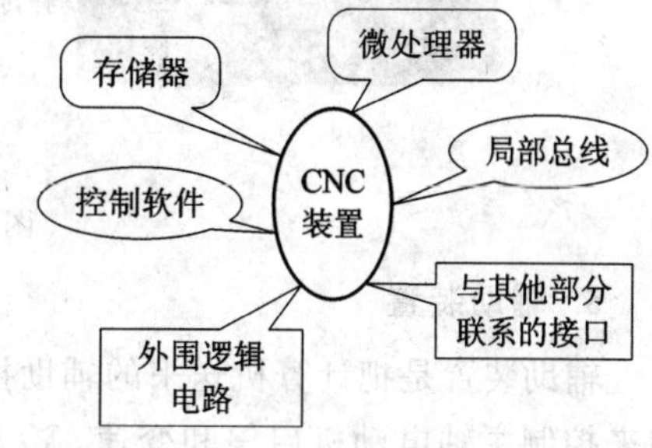

图 1-2　CNC 装置组成示意图

CNC 装置的功能是接收从输入装置送来的脉冲信号，并将信号通过 CNC 装置的系统软件或逻辑电路的编译、运算和逻辑处理后，输出各种信号和控制指令(在这些控制指令中，除了送给伺服系统的位置和速度指令外，还包括送给辅助控制装置的机床辅助动作指令)，最终控制机床的各部分使其按照规定的、有序的动作执行。

3. 伺服系统

伺服系统是 CNC 装置和机床本体的联系环节，它的作用是把来自 CNC 装置的微弱指令信号调解、转换、放大后驱动伺服电动机①，通过执行部件驱动机床移动部件的运动，使工作台精确定位或使刀具和工件及主轴按规定的轨迹运动，最后加工出符合图样要求的零件。它的伺服精度和动态响应是影响数控机床加工精度、表面质量和生产率的重要因素之一。

伺服系统包括驱动装置和执行装置两大部分。数控机床的驱动装置包括主轴伺服单元(转速控制)、进给驱动单元(位置和速度控制)、回转工作台和刀库伺服控制装置以及它们相应的伺服电动机等。常用的伺服电动机有步进电动机、直流伺服电动机和交流伺服电动机。伺服电动机是系统的执行元件，驱动控制系统则是伺服电动机的动力源。数控系统发出的指令信号与位置反馈信号比较后作为位移指令，再经过驱动系统的功率放大后，驱动电动机运转，通过机械传动装置带动工作台或刀架运动。

---

① 本书为了叙述方便，有时也将电动机称为电机。

4. 检测与反馈装置

检测与反馈装置有利于提高数控机床加工精度。它的作用是：将机床导轨和主轴移动的位移量、移动速度等参数检测出来，通过模数转换变成数字信号，并反馈到数控装置中，数控装置根据反馈回来的信息进行判断并发出相应的指令，纠正所产生的误差。常用的检测装置有编码器、光栅、感应同步器、磁栅、霍尔检测元件等。图 1－3 所示为光电编码器。

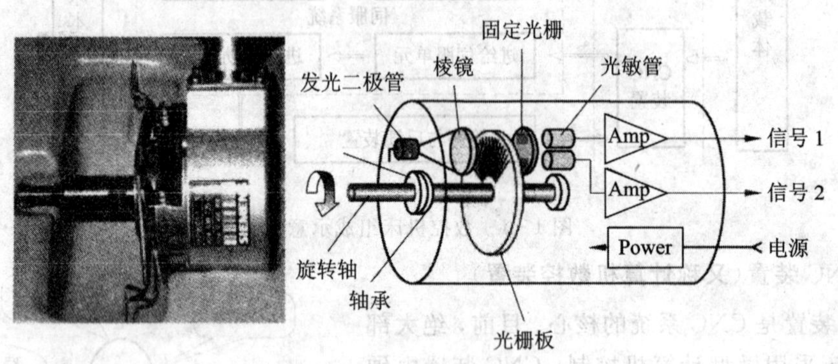

图 1－3　光电编码器

5. 辅助装置

辅助装置是把计算机送来的辅助控制指令(M、S、T 等)经机床接口转换成强电信号，用来控制主轴电动机启停和变速、冷却液的开关及分度工作台的转位和自动换刀等动作。它主要包括储备刀具的刀库、自动换刀装置(Automatic Tool Changer，ATC)、自动托盘交换装置(Automatic Pallet Changer，APC)、回转工作台、卡盘、工件接收器、对刀仪，以及液压、气动、冷却、润滑、排屑装置等，如图 1－4 所示。

(a) 刀库　(b) 自动换刀装置 ATC　(c) 自动托盘交换装置 APC

(d) 回转工作台　(e) 中空液压卡盘　(f) 铣削用三爪卡盘

(g) 工作接收器　(h) 机械对刀仪　(i) 跟刀架

图 1－4　各种辅助装置

6. 机床本体

数控机床的本体是指其机械结构实体。它是实现加工零件的执行部件，主要有主运动部件(主轴、主运动传动机构)、进给运动部件(工作台、拖板及相应的传动机构)、支承件(床身、立柱等)以及辅助装置等，如图 1-5 所示。

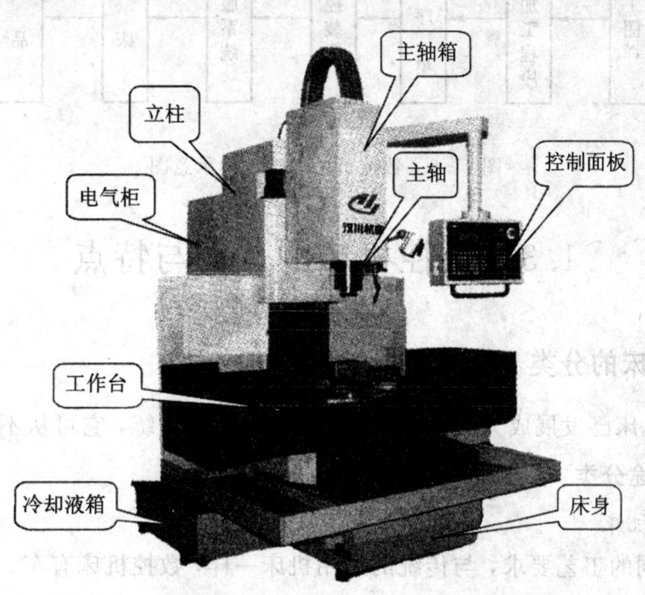

图 1-5　机床本体部分

数控机床的本体是完成各种切削加工的机械部分，是在原普通机床的基础上改进而成的。它具有以下特点：

(1) 采用了高性能的主轴与伺服传动系统、机械传动装置；

(2) 机械结构具有较高的刚度、更好的抗振性；

(3) 更多地采用了高效传动部件，如滚珠丝杠副、直线滚动导轨。

与普通机床相比，数控机床的外部造型和整体布局、传动系统与刀具系统的部件结构及操作机构等方面都已发生了很大的变化。这种变化的目的是满足数控机床的要求并充分发挥其特点，因此必须建立数控机床设计的新概念。

1.2.2　数控机床的工作原理

按照零件图的技术要求和工艺要求，编写零件的加工程序，然后将加工程序输入到数控装置中，通过数控装置控制机床的主轴运动、进给运动、刀具更换，以及工件的夹紧、松开、冷却和润滑泵的开与关，使刀具、工件和其他辅助装置严格按照加工程序规定的顺序、轨迹和参数进行工作，从而加工出符合图纸要求的零件，这就是数控机床的工作原理。图 1-6 为数控机床加工过程示意图。

编制好的数控程序并不一定立即送入数控系统执行，通常是将程序存储在某种介质上，需要加工时才调用。数控程序输入到数控系统，并被调入执行程序缓冲区以后，一旦操作者按下启动按钮，程序就将逐条逐段地自动执行。数控程序的执行，实际上是不断地向伺服系统发出运动指令。数控系统在执行数控程序的同时，还要实时地进行各种运算，来决定机床运动机构的运动规律和速度。

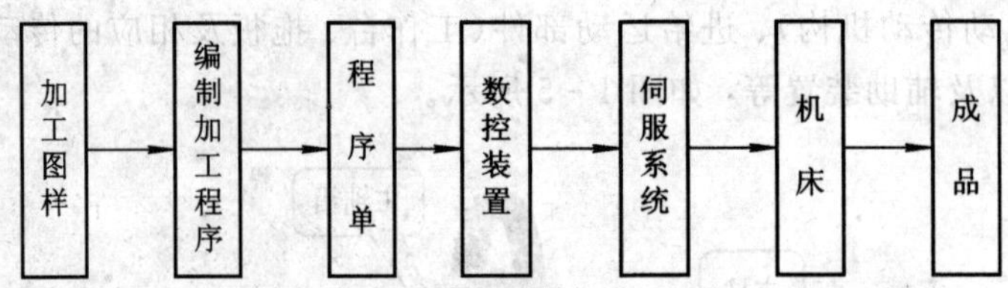

图 1-6　数控机床加工过程示意图

1.3　数控机床的分类与特点

1.3.1　数控机床的分类

目前，数控机床已发展成为品种齐全、规格众多的大系统，它可从不同角度进行分类。

1. 按工艺用途分类

1）一般数控机床

为了满足不同的工艺要求，与传统的通用机床一样，数控机床有车、铣、镗、钻及磨床等，而且每一种又有很多品种，如数控铣床就有立铣、卧铣、工具铣及龙门铣等。这类机床的工艺可行性和通用机床相似，不同的是它能加工精度更高、形状更复杂的零件。

2）数控加工中心

数控加工中心是带有刀库和自动换刀装置的数控机床。典型的数控加工中心有镗铣加工中心和车削加工中心。

在数控加工中心，零件一次装夹定位后，可进行多种工艺、多道工序的集中连续加工，这就大大减少了机床的台数。由于减少了装卸工件、更换和调整刀具的辅助时间并大大减少了工装，因此进一步缩短了生产准备时间。由于减少了多次安装造成的定位误差，从而提高了各加工面间的位置精度。这样，就使数控加工中心比一般数控机床更能实现高精度、高效率、高度自动化及低成本的加工。这也是近年来数控加工中心能够迅速发展的重要原因。

2. 按控制的运动轨迹分类

1）点位控制数控机床

点位控制数控机床的特点是只控制移动部件的终点位置，即控制移动部件由一个位置到另一个位置的精确定位，而对它们运动过程中的轨迹和速度没有严格要求，在移动和定位过程中不进行任何加工。因此，为了尽可能减少移动部件的运动时间和定位时间，通常先快速移动到接近终点坐标，然后以低速准确移动到定位点，以保证良好的定位精度。例如数控钻床、数控冲床、数控坐标镗床、数控点焊机、数控折弯机等都是点位控制数控机床。图 1-7 为数控机床的点位加工轨迹。

2）直线控制数控机床

直线控制数控机床的特点是不仅要控制刀具相对于工件运动的两点之间的准确位置，还要控制两点之间移动的速度和轨迹。在刀具相对于工件移动时进行切削加工，其轨迹是平行于机床各坐标轴的直线，也有的轨迹是与坐标轴成45°或一定角度的直线。

一些数控车床、数控磨床和数控镗铣床等都属于直线控制系统。这类机床的数控装置的控制功能比点位系统复杂，不仅要控制直线运动轨迹，还要控制进给速度以适应不同材质的工件。图1-8为数控机床的直线加工轨迹。

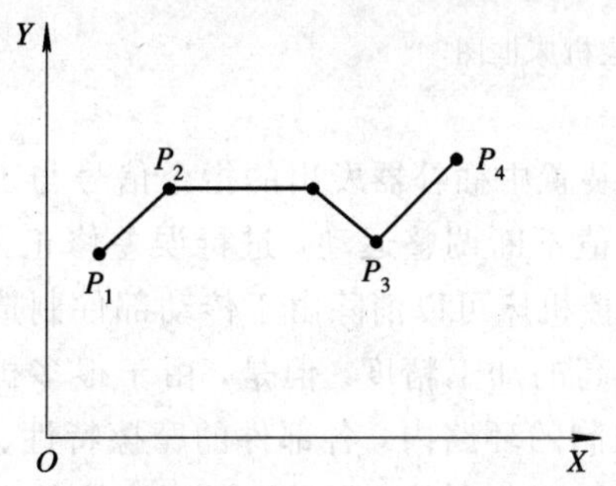

图1-7　数控机床的点位加工轨迹

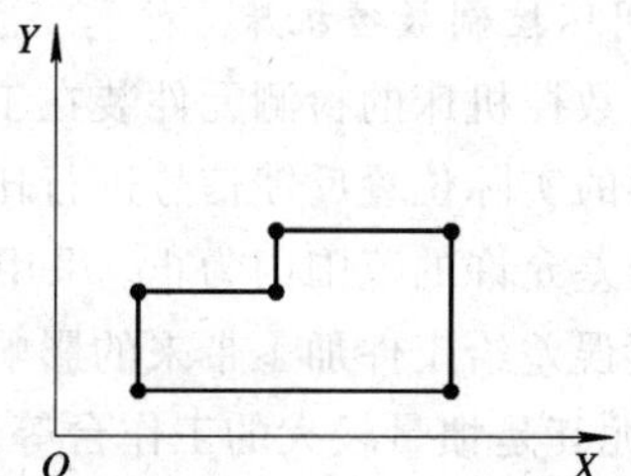

图1-8　数控机床的直线加工轨迹

3）轮廓控制数控机床

轮廓控制又称连续控制，大多数数控机床具有轮廓控制功能。轮廓控制数控机床的特点是能同时控制两个以上的轴，具有插补功能。它不仅要控制起点和终点位置，而且要控制加工过程中每一点的位置和速度，加工出任意形状的曲线或曲面组成的复杂零件。属于这类机床的有数控车床、数控铣床、加工中心等。图1-9为数控机床的轮廓加工轨迹。

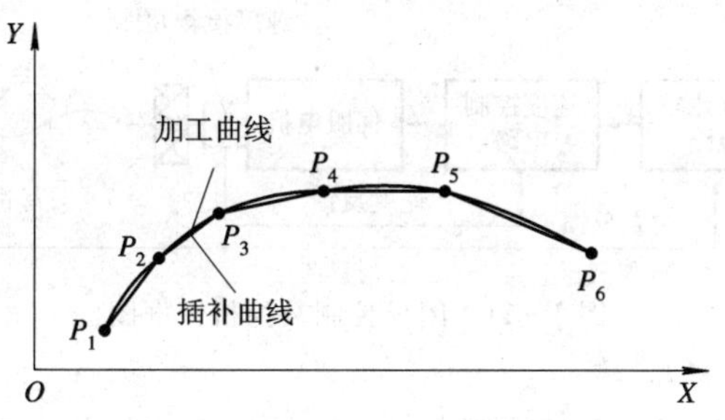

图1-9　数控机床的轮廓加工轨迹

3. 按伺服系统的类型分类

根据有无检测反馈元件及其检测装置，机床的伺服系统可分为开环伺服、闭环伺服和半闭环伺服。

1）开环控制数控机床

这类数控机床没有检测反馈装置，数控装置发出的指令信号的流程是单向的，其精度主要取决于驱动器件和电机（如步进电机）的性能。图1-10为开环控制数控机床框图。

这类机床中，工作台的移动速度和位移量是由输入脉冲的频率和脉冲数决定的。这类数控机床结构简单，成本低，调试方便，工作比较稳定。它适用于精度、速度要求不高的场合，如经济型、中小型机床。

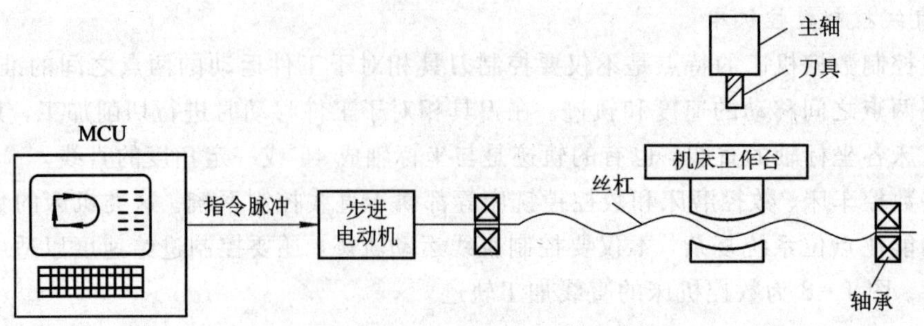

图 1-10　开环控制数控机床框图

2）闭环控制数控机床

这类数控机床的检测元件装在工作台上，数控装置中插补器发出的指令信号与工作台末端测得的实际位置反馈信号进行比较，根据其差值不断调整运动，进行误差修正，直至差值在误差允许的范围内为止。采用闭环控制的数控机床可以消除由于传动部件制造中存在的精度误差给工件加工带来的影响，从而得到很高的加工精度。但是，由于很多机械传动环节(尤其是惯量较大的工作台等)包括在闭环控制的环路内，各部件的摩擦特性、刚性及间隙等都是非线性量，这就直接影响了伺服系统的调节参数。因此，闭环系统的设计和调整都有较大的难度，设计或调整得不好，很容易造成系统的不稳定。所以，闭环控制数控机床主要用于一些要求精度和速度都较高的精密大型数控机床，如数控镗铣床、超精车床、超精磨床等。图 1-11 为闭环控制数控机床框图。

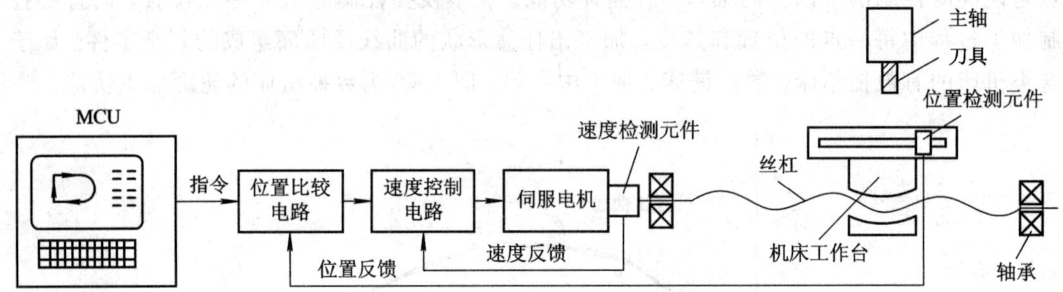

图 1-11　闭环控制数控机床框图

3）半闭环控制数控机床

大多数数控机床都采用半闭环控制系统，它的检测元件装在电机或丝杠的轴端，如图 1-12 所示。

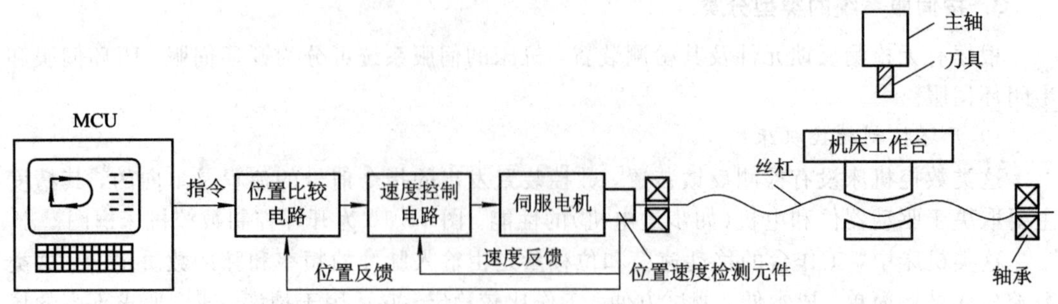

图 1-12　半闭环控制数控机床框图

由于这种数控机床的传动链短，不包含丝杠，因此具有稳定的控制特性；又由于采用了高分辨率的测量元件(如脉冲编码器)，因此可以获得比较满意的精度和速度。半闭环系统的控制精度介于开环与闭环之间。

1.3.2 数控机床的特点

在大批量生产条件下，采用机械加工自动化可以取得较好的经济效益。大批量生产中加工自动化的基础是工艺过程的严格性，从而可以建立自动流水线。对于小批量的产品生产，由于生产过程中产品品种频繁变换，实现加工自动化存在相当大的难度，因此不能采用大批量生产的刚性自动化方式，而只能大力发展柔性制造技术，这已成为机械加工自动化的必然出路。

柔性制造技术实际上是由计算机控制的自动化制造技术，它包含计算机数控的单台加工设备和各种规模的自动化制造系统，所以数控机床是实现柔性自动化的重要设备。与其他加工设备相比，数控机床具有如下特点：

(1) 适应性强，适合加工单件或小批量复杂工件。在数控机床上改变加工工件时，只需要重新编制新工件的加工程序，更换新的穿孔带或用手动方式输入工件程序，就能实现新工件加工。数控机床加工工件时，只需要简单的夹具，所以改变加工工件后，也不需要制作特别的工装夹具，更不需要重新调整机床。因此，数控机床特别适合单件、小批量及试制新产品的工件加工。

(2) 加工精度高，产品质量稳定。数控机床的脉冲当量普遍可达 0.001 mm，传动系统和机床结构都具有很高的刚度和热稳定性，工件加工精度高。进给系统采用消除间隙措施，并对反向间隙与丝杠螺距误差等由数控系统实现自动补偿，从而保证了高精度的加工。特别是因为数控机床加工完全是自动进行的，这就消除了操作者人为产生的误差，使同一批工件的尺寸一致性好，加工质量十分稳定。

(3) 生产效率高。数控机床具有良好的结构刚性，可进行大切削用量的强力切削，从而有效地节省了机动时间。有的还具有自动变速、自动换刀、自动交换工件和其他辅助操作自动化等功能，使辅助时间大大缩短，而且无需工序间的检测和测量。因此，数控机床的生产效率比一般普通机床高得多。对壳体零件采用加工中心进行加工，利用转台自动换位、自动换刀，可以实现在一次装夹的情况下几乎完成零件的全部加工，既减少了装夹误差，又节约了工序之间的运输、测量、装夹等辅助时间。

(4) 减轻劳动强度，改善劳动条件。数控机床对工件的加工是自动进行的，其加工过程不需要人的干预，加工完毕后自动停车，这就使工人的劳动条件大为改善。

(5) 经济效益好。数控机床虽然设备昂贵，加工时分摊到每个工件上的设备折旧费较高，但在单件、小批量生产情况下，使用数控机床加工可节省画线工时，减少调整、加工和检验时间，节省直接生产费用和工艺装备费用。数控机床的加工精度稳定，减少了废品率，使生产成本进一步下降。此外，数控机床可实现一机多用，节省厂房面积和建厂投资。因此，使用数控机床可获得良好的经济效益。

(6) 有利于生产管理的现代化。数控机床使用数字信息与标准代码处理、传递信息，特别是在数控机床上使用计算机控制，为计算机辅助设计、制造以及实现生产过程控制奠定了基础。

1.4 数控加工技术的发展

1.4.1 数控机床的发展

由于数控系统采用开放式体系结构，因此数控机床的控制性能得到了大幅提高，促进了其性能向高精度、高速度、高柔性化方向发展，使柔性自动化加工技术水平不断提高。具体表现在以下几个方面：

(1) 高速、高效、高精度、高可靠性。

要提高加工效率，首先必须提高切削和进给速度，同时，还要缩短加工准备时间；要确保加工质量，就必须提高机床部件运动轨迹的精度；可靠性则是上述目标的基本保证。为此，必须要有高性能的数控装置作为保证。

(2) 模块化、智能化、柔性化和集成化。

(3) 开放性。

(4) 出现新一代数控加工工艺与装备。

1.4.2 现代制造系统

从单台数控机床的应用逐渐发展到加工中心、柔性制造单元、柔性制造系统和计算机集成制造系统，柔性自动化得到了迅速发展。

1. 柔性制造单元(FMC)

柔性制造单元是由1～2台加工中心、工业机器人、数控机床及物料运送存储设备构成的，其特点是能实现单机柔性化及自动化，具有适应加工多品种产品的灵活性。FMC已进入了普及应用阶段。

2. 柔性制造系统(FMS)

柔性制造系统是由数控加工设备、物料运储装置和计算机控制系统组成的自动化制造系统。它包括多个柔性制造单元，能根据制造任务或生产环境的变化迅速进行调整，适用于多品种、中小批量生产。目前常见的组成通常是4台或更多台全自动数控机床，由集中的控制系统及物料搬运系统连接起来，可在不停机的情况下实现多品种、中小批量的加工及管理。

3. 计算机集成制造系统(CIMS)

计算机集成制造系统，是指用最新的计算机技术控制从订货、设计、工艺、制造到销售的全过程，以实现信息系统一体化的高效率的柔性集成制造系统。它在生产过程自动化，例如计算机辅助设计、计算机辅助工艺规程设计、计算机辅助制造、柔性制造系统等发展的基础上，加上其他管理信息系统的发展，逐步完善各种类型计算机及其软件系统的分析、控制能力。它可把全厂的生产活动有机地联系在一起，最终实现全厂性的综合自动化。

CIMS的主要特征是集成化与智能化。集成化即自动化的广度，它把系统的空间扩展到市场、产品设计、加工制造、检验、销售和为用户服务等全部过程。智能化的自动化不仅包含物料流的自动化，而且还包括信息流的自动化。因此，制造技术的发展就不能局限在车间制造过程的自动化，而要全面实现从生产决策、产品设计到销售的整个生产过程的自动化，特别是管理层次工作的自动化。

本章小结

本章从数控机床的产生入手，主要介绍数控机床的主要组成及工作原理，并介绍了数控机床的特点，说明了数控机床的分类，对数控技术的发展和现代制造系统也作了简明的阐述。

思考与练习题

一、填空题

1. 数控装置是系统的核心，它主要由__________、__________、__________和输入与输出接口组成。

2. __________年，在美国麻省理工学院研制出基于 __________ 的机床数字控制装置，用于控制铣床系统，它标志着第一代数控机床——电子管数控机床的诞生。

3. 数控机床的伺服系统由 __________ 和 __________ 两个部分组成。

4. 数控机床是一种装有 __________ 的机床，该机床能逻辑地处理具有特定代码、编码指令规定的程序。

5. 开环控制数控机床没有检测反馈装置，其动力源是 __________ 。

6. 伺服系统中常用的驱动电动机有__________、__________、__________。

二、选择题

1. 数控机床适于生产(　　)。

A. 大型零件　　B. 大批量零件　　C. 小批复杂零件　　D. 高精度零件

2. 测量反馈装置的作用是(　　)。

A. 提高机床的安全性　　B. 提高机床的使用寿命

C. 提高机床的定位精度、加工精度　　D. 提高机床的灵活性

3. 位置检测元件是位置控制闭环系统的重要组成部分，是保证数控机床(　　)的关键。

A. 适用性　　B. 稳定性　　C. 效率　　D. 精度

4. 闭环控制数控机床的反馈装置装在(　　)。

A. 电机轴上　　B. 位移传感器上　　C. 传动丝杠上　　D. 机床移动部件上

5. 数控机床中，把脉冲信号转换成机床移动部件运动的组成部分称为(　　)。

A. 控制介质　　B. 数控装置　　C. 伺服系统　　D. 机床本体

6. 数控机床中，所有的控制信号都是从(　　)发出的。

A. 数控介质　　B. 数控程序　　C. 数控系统　　D. 可编程控制器

7. 对于配有设计完善的位置伺服系统的数控机床，其定位精度和加工精度主要取决于(　　)。

A. 机床机械结构的精度　　　　B. 驱动装置的精度

C. 位置检测元器件的精度　　　　D. 计算机的运算速度

三、简答题

1. 数控机床与普通机床有什么不同?

2. 数控机床主要由哪几部分组成? 各有什么作用?

3. 简要说明数控机床的主要工作过程。

4. 数控机床可分为哪几类? 它们分别应用于哪类零件的加工?

5. 简述数控机床的特点。

6. 举例说明数控机床的应用范围。

第二章　机床的运动与坐标系

学习目的与要求

- 掌握机床主要运动；
- 熟悉机床的传动关系；
- 掌握金属切削的基本要素；
- 掌握数控机床坐标系的规定和判别方法；
- 掌握机床原点、机床参考点与编程原点之间的关系。

2.1 机床的运动

机床是用来进行切削加工的机器，通过机床的可运动部件使刀具和工件之间按一定的规律产生相对的运动，来实现切削加工。机床的运动可分为表面成型运动和辅助运动。

2.1.1　运动的主要要素

机床的运动是为了将工件或坯料上多余的材料层切除，从而使工件获得所需要的几何形状、尺寸和表面质量。运动的主要要素是切削工具(常为刀具)、工件和切削运动。

2.1.2　表面成型运动

表面成型运动是通过刀具与工件间的相对运动直接进行切削的过程。表面成型运动的形式和数量，决定了被加工表面的形状、能采用的加工方法和刀具的结构。表面成型运动可分为机床的主运动和机床的进给运动。图 2 - 1 所示为外圆车刀车削外圆时的表面成型运动。

1）机床的主运动

机床的主运动可促使刀具和工件之间产生相对运动，从而使刀具前刀面接近工件，从工件上直接切除金属，它具有切削速度最高，消耗功率最大的特点。如车削时工件的旋转运动(图 2 - 1 所示)，钻床、铣床、镗床等刀具的回转运动，刨削、拉削时工件或刀具的往复运动等。在切削中有且只有一个主运动。

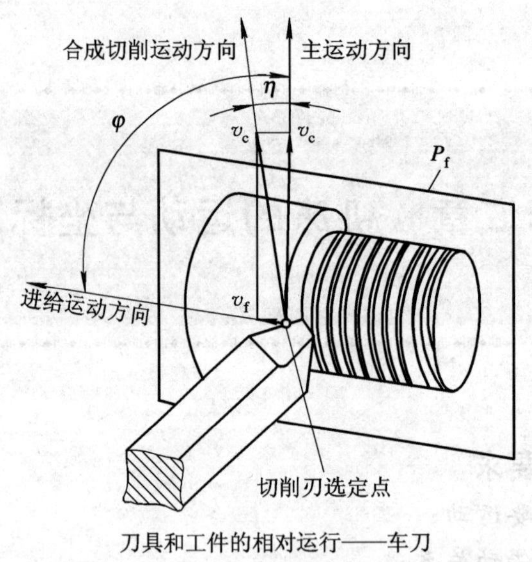

图 2-1　外圆车刀车削外圆时的表面成型运动

2）机床的进给运动

机床的进给运动通过机床的可运动部件使刀具和工件之间产生附加的相对运动，使主运动能够继续切除工件上多余的金属，以便形成所需几何特征的已加工表面，如图 2-1 所示的外圆车刀的轴向和径向运动。进给运动也可以是步进的，如刨削时工件或刀具的横向移动等。进给运动可由刀具完成（如车床、钻床的进给运动），也可由工件完成（如铣床、镗床和磨床等的进给运动）。在切削中可以有一个或多个进给运动（如滚齿时），也可以不存在进给运动（如拉削时）。

2.1.3　辅助运动

机床的辅助运动是指机床上除表面成型运动以外的所有运动，主要包括切入运动，分度运动，调位运动，空行程、操作及控制运动。

1）切入运动

切入运动是为了获得一定的加工尺寸，使刀具切入工件的运动。

2）分度运动

分度运动是通过多工位工作台、刀架等的周期性移位和转换，以便依次加工工件上各个表面，或依次使用不同的刀具对工件进行顺序加工的运动。如车多线螺纹，在车好其中一条后，工件相对刀具的回转。

3）调位运动

调位运动是使刀具和工件处于正确的相对位置的运动。如在摇臂钻床上移动主轴箱，使钻头对准被加工孔的中心位置的运动。

4）空行程、操作及控制运动

空行程、操作及控制运动是为了提高生产率而快速引进和退回的运动。如机床的启动、停止、变速、换向以及部件和工件的夹紧、松开等。

2.2 机床的传动

为了实现数控机床加工过程中所必须的各种运动，数控机床应具备三个基本部分：

(1) 执行件。执行件是执行运动的部件，如主轴、刀架、工作台等。

(2) 动力源。动力源是为执行件提供运动和动力的装置，有直流电动机、交流电动机、步进电动机等。

(3) 传动装置。传动装置是传递运动和动力的装置，有机械、电气、液压、气压等几种类型。

2.2.1 传动联系

在机床上，为了得到所需的运动，需要通过一系列的传动件把执行件和动力源，或者把执行件和执行件连接起来，这种连接称为传动联系。

2.2.2 传动链

构成一个传动联系的一系列传动件，称为传动链。

传动链中通常包括两类传动机构：

(1) 传动比和传动方向不变的传动机构。如定比传动机构：定比齿轮副、蜗杆蜗轮副、丝杠和螺母副等。

(2) 传动比和传动方向根据加工要求可以变化的传动机构。如换置机构：挂轮变速机构、滑移齿轮变速机构、离合器变速机构等。

传动链可以分为外联系和内联系两类：

1) 外联系传动链

外联系传动链是联系动力源和执行件之间的传动链。它能使执行件得到预定速度的运动，并传递一定的动力。外联系传动链传动比的变化只影响生产率或表面粗糙度，不影响工件表面形状的形成。

2) 内联系传动链

内联系传动链是联系执行件与执行件之间的传动链。内联系传动链所联系的执行件之间的相对速度(及相对位移量)应有严格的要求，否则无法保证切削所需的正确的运动轨迹。由此可知，在内联系传动链中各传动副的传动比必须准确，不应有摩擦传动和瞬时传动比变化的传动件，如链传动。在卧式车床上用螺纹车刀车削螺纹时，联系主轴和刀架之间的螺纹传动链，就是一条传动比有严格要求的内联系传动链，它能保证并得到螺纹所需的螺距。

2.2.3 传动原理图

机床所有传动链和它们之间的相互联系，组成了机床的传动系统。为了简明地表示机床加工过程中各个运动的传动联系，常用简单的传动原理图。传动原理图中规定用一些简明的标准符号来表示传动链的各传动件和执行件等，并且只表示与表面成型直接有关的运动和传动联系。图 2-2 是传动原理图常用示意符号。图 2-3 是用螺纹车刀车螺纹时的传动原理图。由于主轴的旋转运动和刀架的直线运动这两个成型运动之间没有严格的相对速度要求，两者之间不是内联系，因此可以共用一个电动机，也可以各自单独与电动机连接。

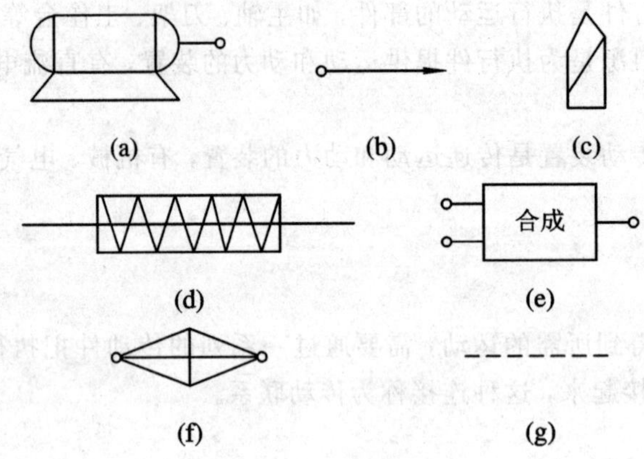

图 2-2　传动原理图常用示意符号

(a) 电动机；(b) 车床主轴；(c) 车刀；(d) 滚刀；(e) 合成机构；(f) 传动比可变的传动机构；(g) 传动比不变的传动机构

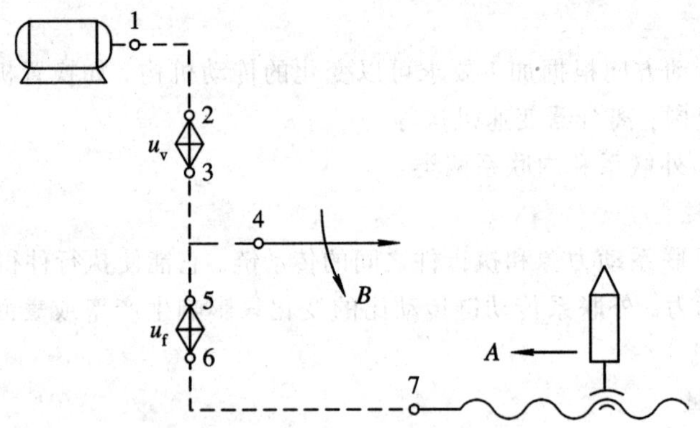

图 2-3　用螺纹车刀车螺纹时的传动原理图

2.2.4　传动系统图

机床的传动系统图是表示机床全部运动部件之间的传动关系的示意图。图中使用简单的符号表示各种传动元件，且各元件按照运动传递的先后顺序以展开图的形式画出来。将立体的传动结构展开并绘制在一个能反映机床外形和各主要部件相互位置关系的投影平面内。无法直观表现的联系可以通过折线、大括号或虚线表示。通常在传动系统图中应注明齿轮的齿数、带轮直径、丝杠的导程和线数、电动机的转速和功率、传动轴的编号(从原动机开始，按运动传递顺序依次用罗马数字Ⅰ、Ⅱ、Ⅲ…表示)等，如图 2-4～图 2-6 所示。(CA6140 型卧式车床和 Y3150E 型滚齿机的主要结构见附录。)

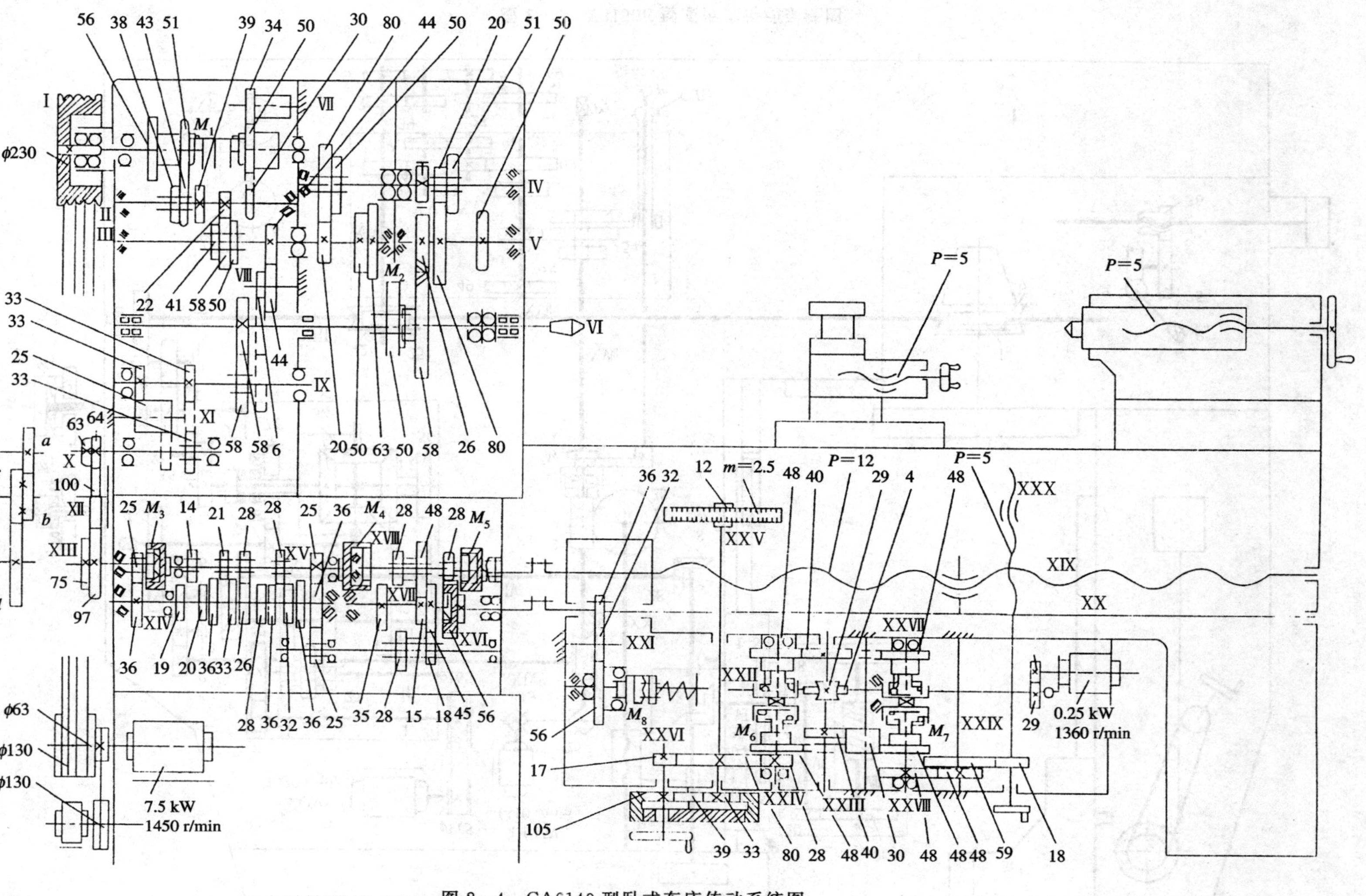

图 2-4 CA6140 型卧式车床传动系统图

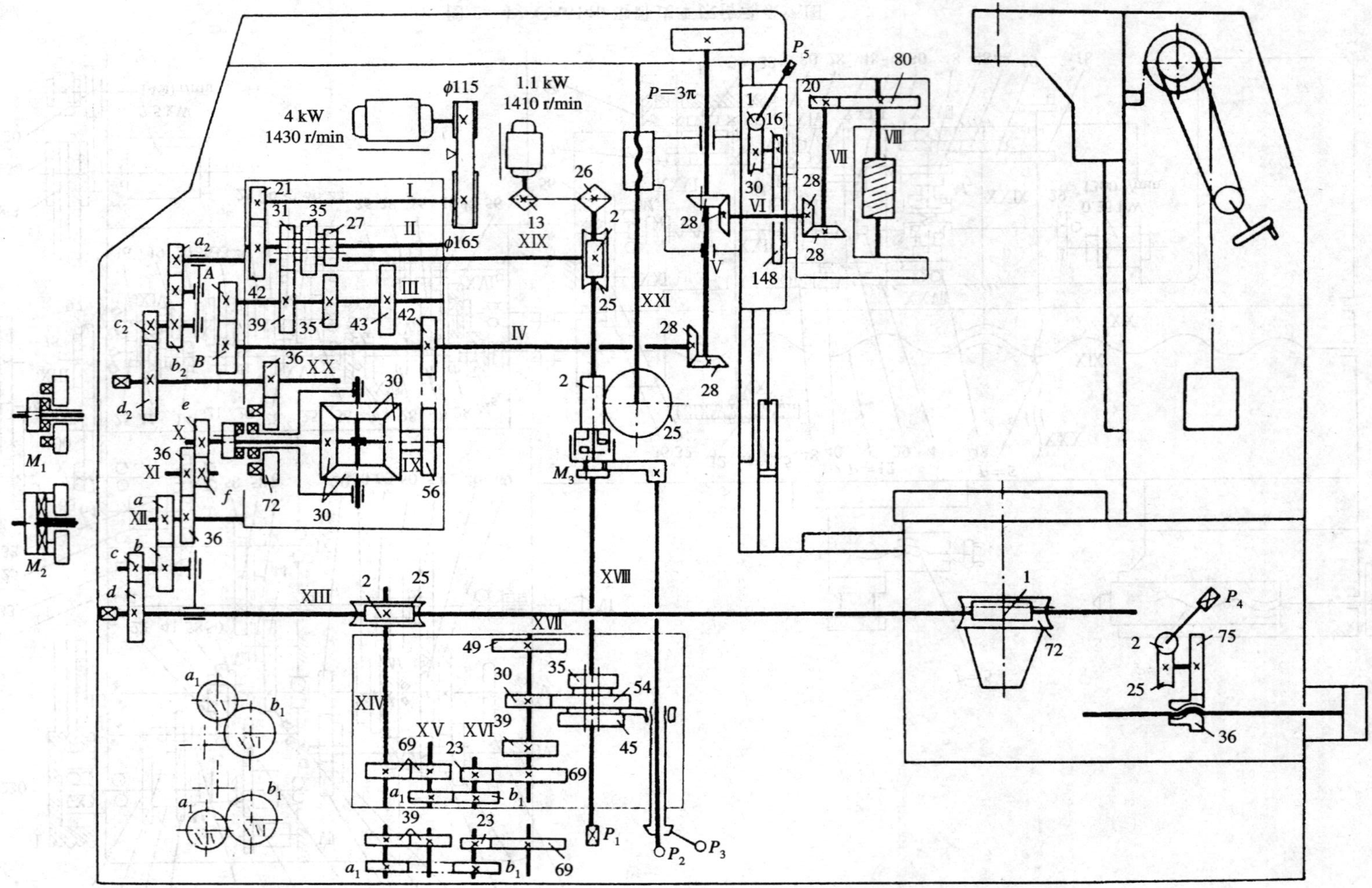

图 2-5　Y3150E 型滚齿机传动系统图

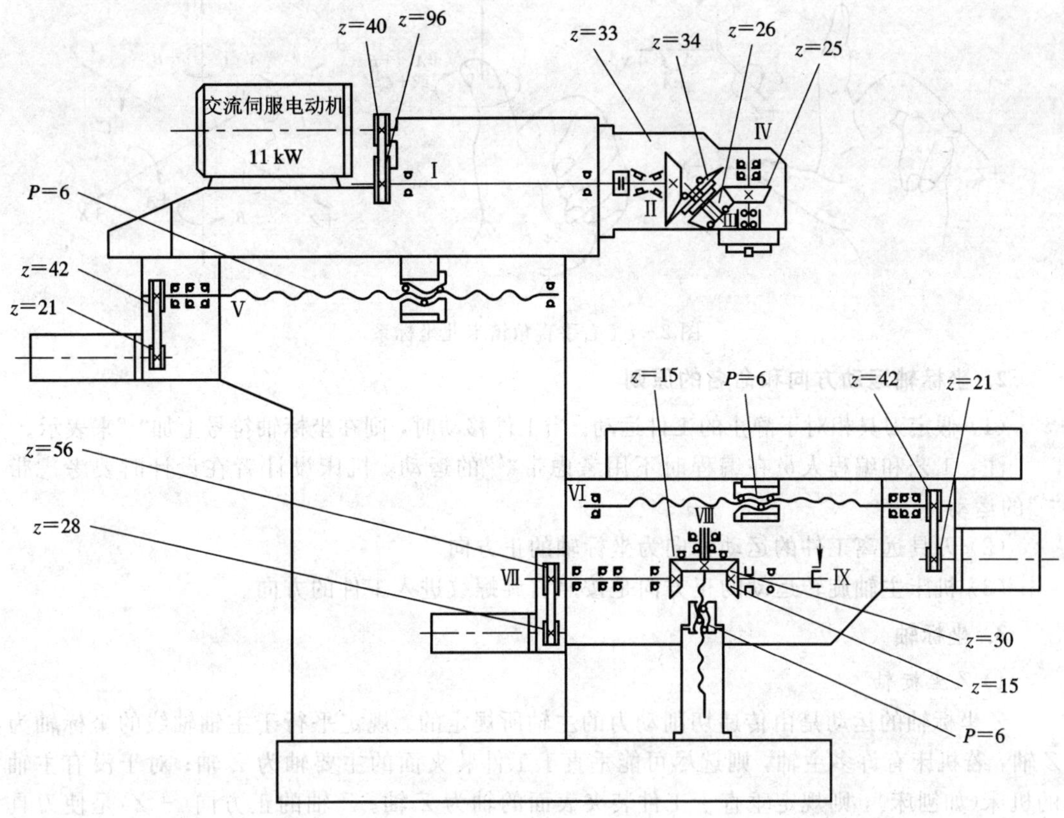

图 2-6 XKA5750 数控铣床传动系统图

2.3 数控机床的坐标系

数控机床的坐标系包括坐标轴、坐标原点与运动方向。坐标系的建立是为了方便数控机床的控制系统分别对各进给运动实行控制，且简化程序的编制方法以及保证记录数据的互换性。

2.3.1 标准坐标系及运动方向

1. 坐标系

国际标准化组织（International Organization for Standardization，ISO）统一规定标准坐标系采用右手直角笛卡儿坐标系，如图 2-7 所示。

笛卡儿坐标系中，三坐标 X、Y、Z 分别表示三个直线坐标轴，三者的关系及正方向用右手定则判定，正方向分别为 $+X$、$+Y$、$+Z$；围绕 $+X$、$+Y$、$+Z$ 各轴的回转坐标轴分别为 A、B、C 坐标轴，它们的正方向用右手螺旋法则判定，正方向分别为 $+A$、$+B$、$+C$。与以上正方向相反的方向用“′”加以区分，如 $+X'$、$+A'$ 等。

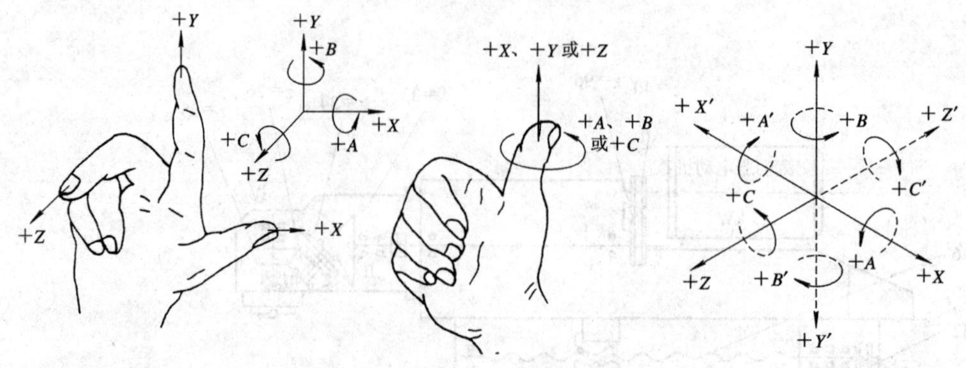

图 2-7　右手直角笛卡儿坐标系

2. 坐标轴运动方向和命名的原则

(1) 假定刀具相对于静止的工件运动。当工件移动时，则在坐标轴符号上加“′”来表示。

注：工艺和编程人员在编程时不用考虑带“′”的运动，机床设计者在设计时要考虑带“′”的运动。

(2) 刀具远离工件的运动方向为坐标轴的正方向。

(3) 机床主轴旋转运动的正方向是按照右旋螺纹进入工件的方向。

3. 坐标轴

1) Z 坐标轴

Z 坐标轴的运动是由传递切削动力的主轴所规定的。规定平行于主轴轴线的坐标轴为 *Z* 轴，若机床有许多主轴，则选尽可能垂直于工件装夹面的主要轴为 *Z* 轴；对于没有主轴的机床(如刨床)，则规定垂直于工件装夹表面的轴为 *Z* 轴。*Z* 轴的正方向(+*Z*)是使刀具远离工件的方向。

2) X 坐标轴

X 坐标轴一般是水平的，它平行于工件的装夹平面，平行于主要的切削方向。若 *Z* 轴是水平的，则从刀具(主轴)向工件看时，*X* 轴的正方向指向右边。如果 *Z* 轴是垂直的，则从主轴向立柱看时，对于单立柱机床，*X* 轴的正方向指向右边。对于龙门式机床，当从主要主轴向左侧看时，*X* 轴的正方向指向右边。对于没有旋转刀具或旋转工件的机床，*X* 轴平行于主要的切削力方向，且以该方向为正方向(+*X*)。

3) Y 坐标轴

Y 坐标轴垂直于 *Z*、*X* 坐标轴，根据 *Z*、*X* 坐标轴的正方向用右手判别法则确定 *Y* 坐标轴的正方向。

4. 附加坐标轴

为便于编程和加工，有时设置了附加坐标。对于直线运动，如在 *X*、*Y*、*Z* 主要运动之外的第二组平行或不平行于它们的坐标用 *U*、*V*、*W* 表示，第三组运动坐标用 *P*、*Q*、*R* 表示。对于旋转运动，如在 *A*、*B*、*C* 以外的其他平行或不平行于 *A*、*B*、*C* 的第二组旋转运动坐标用 *D*、*E*、*F* 表示。

5. 数控机床的坐标简图

图 2-8～图 2-11 是 4 种具有代表性的数控机床的坐标简图。图中，字母表示运动的坐标，箭头表示正方向。

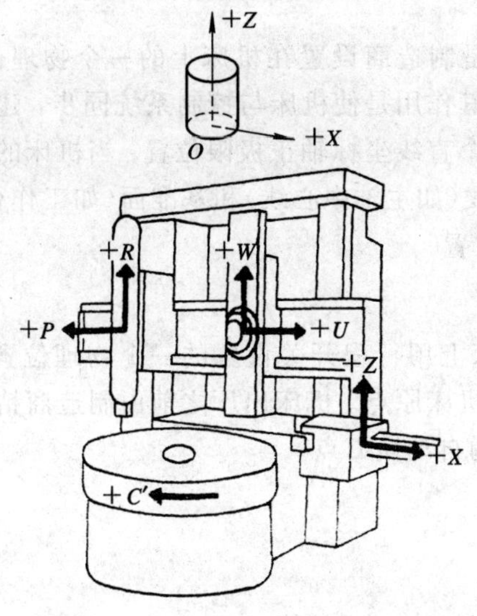

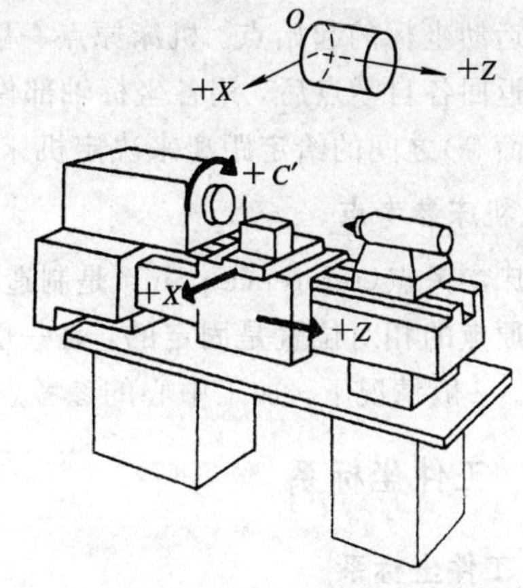

图 2-8　数控双柱立式车床　　　　图 2-9　数控车床

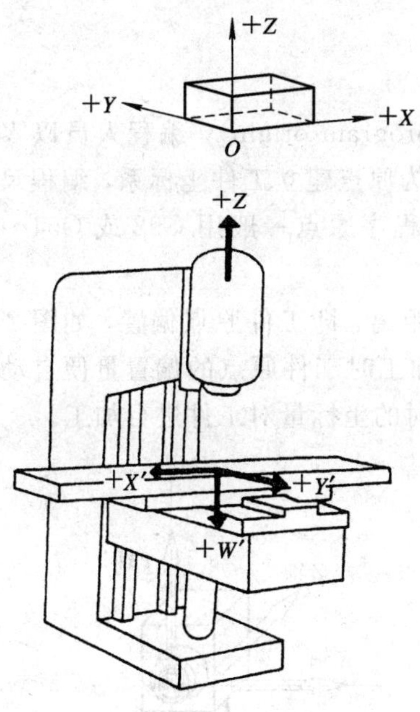

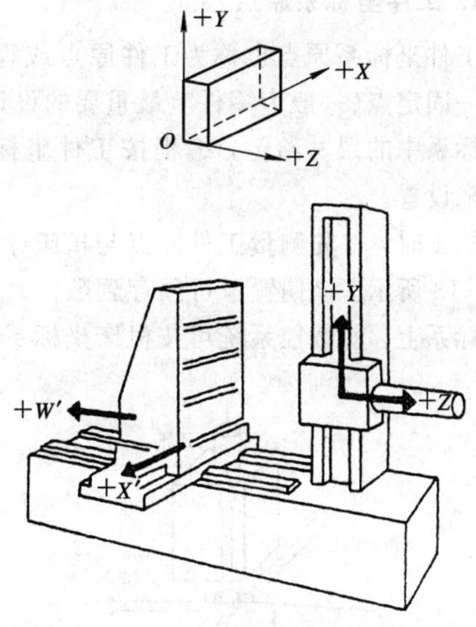

图 2-10　数控立式升降台铣床　　　　图 2-11　数控卧式铣镗床

2.3.2　机床坐标系

机床坐标系是机床上固有的用来确定工件坐标系的基本坐标系，可确定刀具或工件(工作台)位置的参数，并将其建立在机床原点上。机床坐标系各坐标及运动正方向按标准坐标系规定设定。

1. 机床原点

机床原点(machine origin 或 home position)是制造商设置在机床上的一个物理位置，也称为机床绝对原点(machine absolute origin)。其作用是使机床与控制系统同步，建立测量机床运动坐标的起始点。机床原点一般设在三个直线坐标轴正极限位置，当机床的坐标轴手动返回各自零点后，用各坐标轴部件上基准线(如主轴中心线)和基准面(如工作台面、主轴端面等)之间的给定距离来决定机床原点的位置。

2. 机床参考点

机床参考点(reference point)是制造商在机床上用行程开关设置的一个物理位置，它与机床原点的相对位置是固定的，且一般不同于机床原点。机床出厂之前由制造商精密测量确定。一般情况下，加工中心的参考点为机床的自动换刀点。

2.3.3 工件坐标系

1. 工件坐标系

工件坐标系也称为编程坐标系，它使得零件上的所有几何元素都有确定的位置，同时也决定了在数控加工时，零件在机床上的安放方向。工件坐标系的建立包括坐标原点的选择和坐标轴的确定。

2. 工件坐标系原点

工件坐标系原点也称为工件原点或程序原点(program origin)。编程人员以零件图上的某一固定点(一般为零件上最重要的设计基准点)为原点建立工件坐标系，编程尺寸按工件坐标系中的尺寸给定，编程按工件坐标系进行。程序原点一般用 G92 或 G54～G59 和 G50 来设置。

加工时，首先测量工件原点与机床原点之间的距离，即工件原点偏置，如图 2-12 和图 2-13 所示。该偏置量可预存到数控系统中，在加工时工件原点的偏置量便自动加到工件坐标系上，使数控系统可按机床坐标系确定加工时的坐标量对工件进行加工。

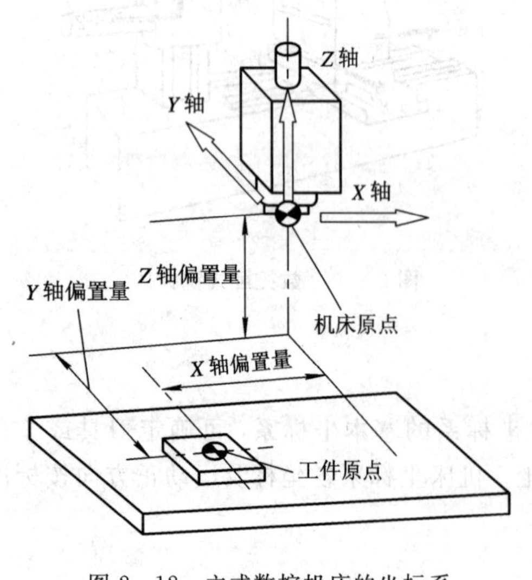

图 2-12 立式数控机床的坐标系

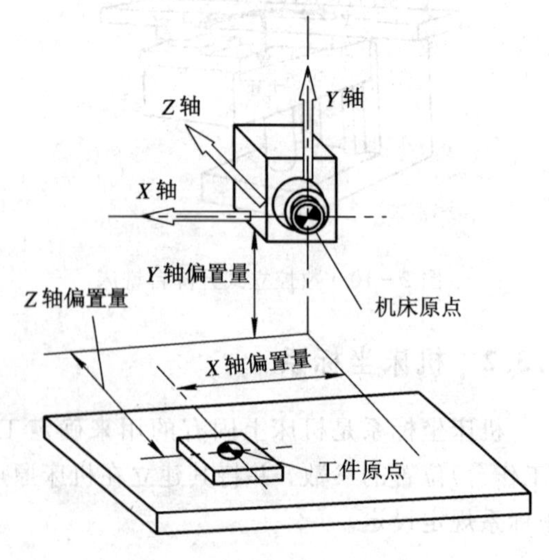

图 2-13 卧式数控机床的坐标系

2.3.4 装夹原点

装夹原点常见于带回转中心(或摆动)工作台的数控机床或加工中心，一般是机床工作台的一个固定点，比如回转工作台回转中心，在零位时它与机床原点的偏移量为定值并可通过精确测量存入 CNC 系统的原点偏置寄存器中，供 CNC 系统原点偏移计算用。卧式加工中心主轴和工作台回零后，其工作台回转中心与机床参考点重合。

本章小结

本章以数控机床的运动为主线，对机床的运动、金属切削的基本条件、机床的传动关系和机床的坐标系进行了简单描述。通过机床的传动原理和传动系统图以及数控机床的坐标系的确定来了解数控机床的基本组成和金属切削中的相对运动关系。

思考与练习题

一、填空题

1. 机床的运动可分为 ＿＿＿＿＿ 运动和 ＿＿＿＿＿ 运动。

2. 机床运动的主要要素是 ＿＿＿＿＿ 、＿＿＿＿＿ 和切削运动。

3. 机床的主运动具有 ＿＿＿＿＿ 最高，消耗 ＿＿＿＿＿ 最大的特点。

4. 进给运动可由刀具完成，也可由 ＿＿＿＿＿ 完成。在切削中可以有 ＿＿＿＿＿ 个进给运动(如滚齿时)，也可以不存在进给运动(如拉削时)。

5. 为实现数控机床加工过程中所必须的各种运动，数控机床应具备三个基本部分：＿＿＿＿＿ 、＿＿＿＿＿ 、＿＿＿＿＿ 。

6. 构成一个传动联系的一系列传动件，称为 ＿＿＿＿＿ 。传动链中通常包括两类传动机构：＿＿＿＿＿ 、＿＿＿＿＿ 。

二、判断题(将判断结果填入括号中，正确的填“√”，错误的填“×”)

1. 数控机床开机“回零”的目的是为了建立工件坐标系。 (　　)

2. 开环无反馈，半闭环的反馈源在丝杠位置，闭环的反馈源在最终执行元件位置。 (　　)

3. 数控机床的机械零点是不受限制任意设定的。 (　　)

4. 数控机床的坐标联动数越多，对工件的装夹要求就越高，加工工艺范围就越大。 (　　)

5. 数控机床的定位精度高，其切削精度就一定高。 (　　)

6. 在数控机床中，机床坐标系的 X 和 Y 轴可以联动。当 X 和 Y 轴固定时，Z 轴可以有上下的移动，这种加工方法称为两轴半加工。 (　　)

三、简答题

1. 金属切削机床上有哪些运动？它们各有什么作用和特点？

2. 切削加工必须具备哪三个基本条件？

3. 简述机床的外联系传动链和内联系传动链。

4. 为什么要对数控机床进行坐标规定？X、Y、Z 三轴及其方向如何确定？回转运动坐标如何确定？

5. 简述机床原点、机床参考点与程序原点之间的关系。

第三章　数控车床

学习目的与要求

- 了解数控车床的工艺范围、组成、布局、分类与特点；
- 掌握数控车床的主传动系统；
- 掌握数控车床的进给传动系统；
- 熟悉转塔刀架的组成及工作原理；
- 了解尾座的结构及工作原理；
- 了解车削中心。

3.1　数控车床简介

3.1.1　数控车床的工艺范围与分类

数控车削是数控加工中用得最多的加工方法之一。其工艺范围较普通机床宽得多，凡是能在数控车床上装夹的回转体零件都能在数控车床上加工，特别是形状复杂的轴类或盘类零件，如图 3-1 所示。下列几种零件为数控车床最适合加工的零件。

图 3-1　数控车削的常见零件类型

1. 精度要求高的回转体零件

由于数控车床刚性好，对刀精度高，在加工过程中，经过数控系统的高精度插补运算和伺服系统的驱动作用，能加工出直线度、圆度、圆柱度等形状、尺寸和位置精度要求高的零件。

2. 轮廓形状复杂的回转体零件

因车床数控装置都具有直线和圆弧插补功能，还有部分车床数控装置具有某些非圆曲线插补功能，故能车削由任意平面曲线轮廓所组成的回转体零件，包括通过拟合计算处理后的、不能用方程描述的列表曲线类零件。

3. 表面粗糙度好的回转体零件

数控车床具有恒线速切削功能，能加工出表面粗糙度值小而均匀的零件。在材质、精车余量和刀具已定的情况下，表面粗糙度取决于进给量和切削速度。在普通车床上车削锥面和端面时，由于转速恒定不变，致使车削后的表面粗糙度不一致，只有某一直径处的粗糙度值最小。使用数控车床的恒线速切削功能，就可选最佳线速度来切削锥面和端面，使切削后的表面粗糙度值既小又一致。数控车床还适合于车削各部分表面粗糙度要求不同的零件，粗糙度值要求大的部位选用大的进给量，要求小的部位选用小的进给量。

4. 特殊的螺纹的回转体零件

普通车床所能车削的螺纹相当有限，它只能车等导程的直、锥面公、英制螺纹，而且一台车床只能限定加工若干种导程。数控车床具有加工各类螺纹的功能，不但能车削任何等导程的直、锥和端面螺纹，且能车增导程、减导程，以及要求等导程变导程之间平滑过渡的螺纹，还可以车高精度的模数螺旋零件（如圆柱、圆弧蜗杆）和端面（盘形）螺旋零件等，如图 3-2 所示。

图 3-2　利用数控车床 C 轴加工螺旋槽

5. 超精密、超低表面粗糙度的零件

磁盘、复印机的回转鼓、录像机的磁头、照相机等光学设备的透镜及其模具适合在高精度、高功能的数控车床上加工。以往很难加工的塑料散光用的透镜，现在也可以用数控车床来加工。在特种精密数控车床上，还可加工出几何轮廓精度极高(达 0.001 mm)、表面粗糙度数值极小(R_a=0.02 μm)的超精零件。

因此，数控车床具有加工灵活、通用性强、能适应产品的品种和规格频繁变化的特点，能满足新产品的开发和多品种、小批量、生产自动化的要求，因此被广泛应用于机械制造业。

3.1.2 数控车床的分类

随着数控车床制造技术的不断发展，形成了产品繁多、规格不一的局面。因而也出现了几种不同的分类方法。

1. 按数控系统的功能分类

1) 经济型数控车床

经济型数控车床如图 3-3 所示，它们一般是在普通车床的基础上进行改进设计，并采用步进电动机驱动的开环伺服系统。其控制部分采用单板机或单片机来实现。此类车床结构简单，价格低廉，但无刀尖圆弧半径自动补偿和恒线速度切削等功能。

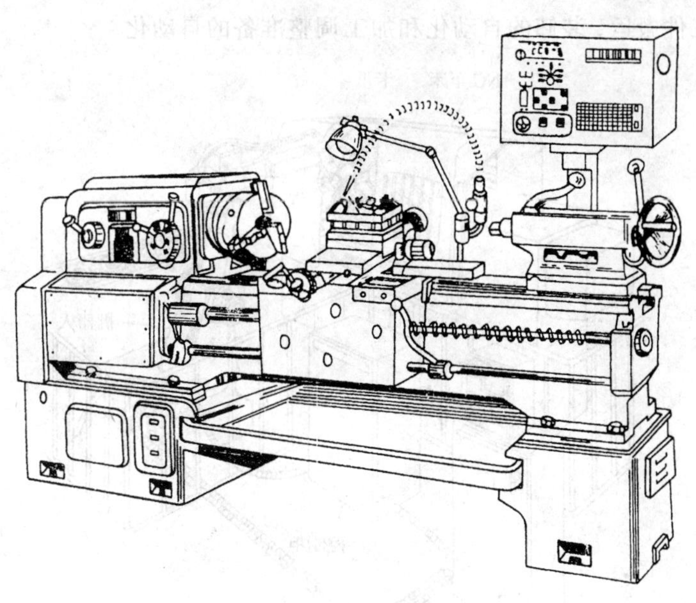

图 3-3 经济型数控车床

2) 全功能型数控车床

全功能型数控车床就是通常所说的“数控车床”，又称标准型数控车床，即它的控制系统是标准型的，带有高分辨率的 CRT 显示器以及各种显示、图形仿真、刀具补偿等功能，而且带有通信或网络接口。全功能型数控车床采用闭环或半闭环控制的伺服系统，可以进行多个坐标轴的控制，具有高刚度、高精度和高效率等特点。图3-4 所示为全功能型数控车床。

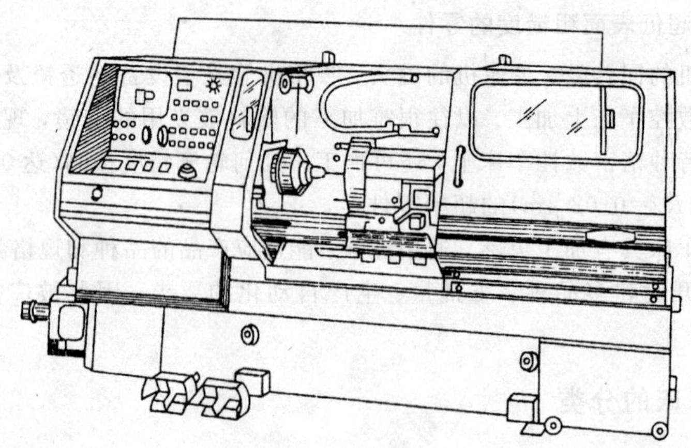

图 3-4　全功能型数控车床

3）车削中心

车削中心是以全功能型数控车床为主体，并配置有刀库、换刀装置、分度装置、铣削动力头和机械手等，以实现多工序复合加工的机床。在工件一次装夹后，它可完成回转类零件的车、铣、钻、铰、攻螺纹等多种加工工序。其功能全面，但价格较高。

4）FMC 车床

FMC 车床如图 3-5 所示，它实际上是一个由数控车床、机器人等构成的柔性加工单元。它能实现工件搬运、装卸的自动化和加工调整准备的自动化。

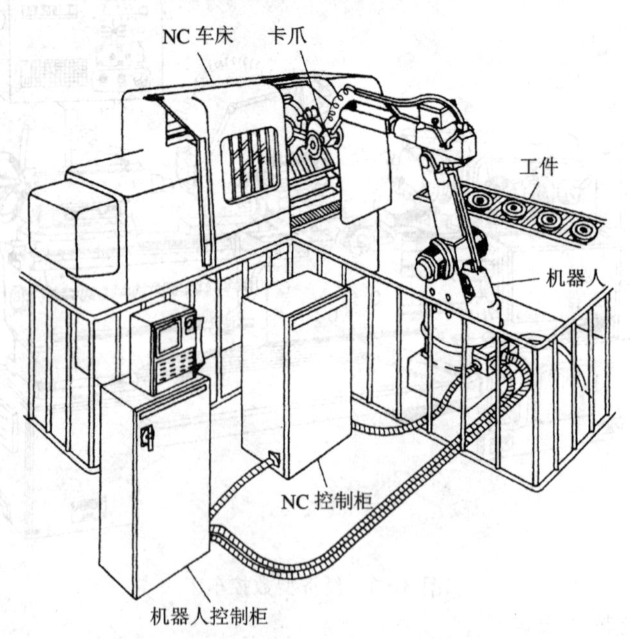

图 3-5　FMC 车床

2. 按主轴的配置形式分类

1）卧式数控车床

卧式数控车床是主轴线处于水平位置的数控车床，如图 3-3 和 3-4 所示。

2）立式数控车床

立式数控车床是主轴线处于垂直位置的数控车床，如图 3-6 所示。

此外，还有具有两根主轴的车床，称为双轴卧式数控车床或双轴立式数控车床，如图 3-7 所示。

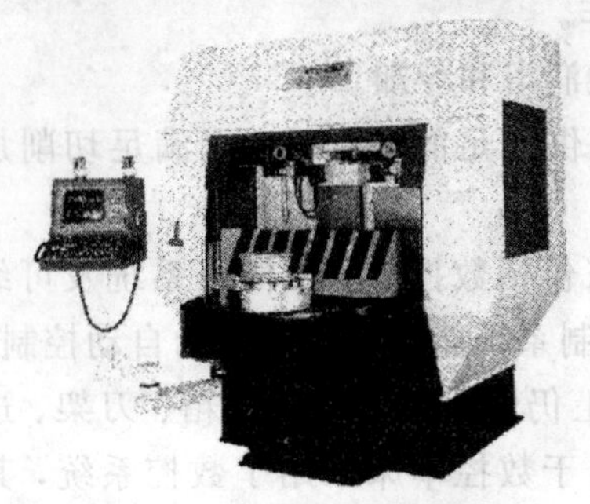

图 3-6　立式数控车床

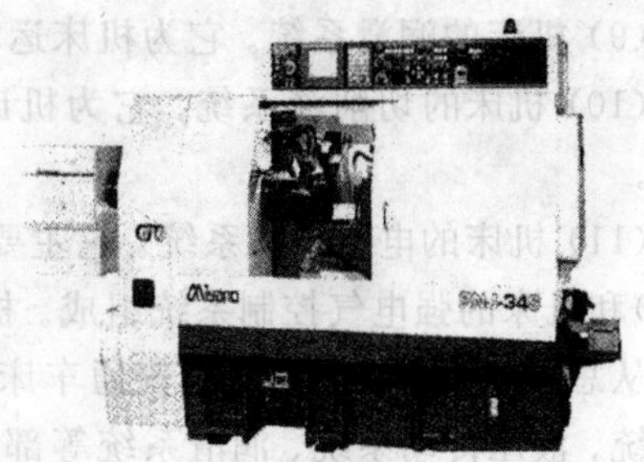

图 3-7　双主轴车床

3. 按数控系统控制的轴数分类

1）两轴控制的数控车床

两轴控制的数控车床上只有一个回转刀架，可实现两坐标轴控制。

2）四轴控制的数控车床

四轴控制的数控车床上有两个独立的回转刀架，可实现四坐标轴控制。

4. 其他分类方法

按加工零件的基本类型分为卡盘式数控车床、顶尖式数控车床；按数控系统的不同控制方式分为直线控制数控车床、轮廓控制数控车床等。

3.1.3　数控车床的组成、特点与发展

1. 数控车床的组成

(1) 主轴箱(床头箱)。它固定在床身的最左边。主轴箱中的主轴通过卡盘等夹具装夹工件。主轴箱的功能是支撑并传动主轴，使主轴带动工件按照规定的转速旋转，以实现机床的主运动。

(2) 转塔刀架。它安装在机床的刀架滑板上，加工时可实现自动换刀。刀架的作用是装夹车刀、孔加工刀具及螺纹刀具，并在加工时能准确、迅速选择刀具。

(3) 刀架滑板。它由纵向(Z 向)滑板和横向(X 向)滑板组成。纵向滑板安装在床身导轨上，沿床身实现纵向(Z 向)运动；横向滑板安装在纵向滑板上，沿纵向滑板上的导轨实现横向(X 向)运动。刀架滑板的作用是使安装在其上的刀具在加工中实现纵向进给和横向进给运动。

(4) 尾座。它安装在床身导轨上，并沿导轨可进行纵向移动以调整位置。尾座的作用是安装顶尖支撑工件，在加工中起辅助支撑作用。

(5) 床身。它固定在机床底座上，是机床的基本支撑件。在床身上安装着车床的各主要部件。床身的作用是支撑各主要部件，并使它们在工作时保持准确的相对位置。

(6) 底座。它是车床的基础，用于支撑机床的各部件，连接电气柜，支撑防护罩和安装排屑装置。

(7) 防护罩。它安装在机床底座上，用于加工时保护操作者的安全和保护环境的清洁。

(8) 机床的液压传动系统。它用来实现机床上的一些辅助运动，主要是实现机床主轴的变速、尾座套筒的移动及工件自动夹紧机构的动作。

(9) 机床的润滑系统。它为机床运动部件间提供润滑和冷却。

(10) 机床的切削液系统。它为机床在加工中提供充足的切削液，以满足切削加工的要求。

(11) 机床的电气控制系统。它主要由数控系统(包括数控装置、伺服系统及可编程控制器)和机床的强电气控制系统组成。机床的电气控制系统能完成对机床的自动控制。

从总体上看，数控车床与普通车床相比其结构上仍然由床身、主轴箱、刀架、进给传动系统、液压传动系统、润滑系统等部分组成。但由于数控车床采用了数控系统，其进给系统与普通车床的进给系统在结构上存在着本质的差别。

(1) 主运动与进给运动同普通车床相比。

数控车床主运动和进给运动之间没有直接的机械联系，主运动、横向进给运动、纵向进给运动分别由独立的电动机驱动，每条传动链较短，结构简单；同时能够加工各种导程的螺纹。数控车床的主轴上安装有脉冲编码器，主轴的运动通过同步齿形带 1∶1 地传到脉冲编码器。当主轴旋转时，脉冲编码器发出检测脉冲信号给数控系统，使主轴电动机的旋转与刀架的切削进给保持同步关系，即实现加工螺纹时主轴旋转一周，刀具正好移动一个工件导程的运动关系，从而加工出所要求的螺纹。

普通车床主运动和进给运动由一台电动机驱动，它们之间存在着直接的机械联系，传动链长，结构复杂，变速时需要人工调整；加工米制、模数制、英制、径节制等各种导程的螺纹时，主要通过配挂轮、基本组、增倍组的配合得到，并要通过查表、计算的方式确定挂轮、基本组、增倍组的齿轮副参数，比较复杂。

(2) 驱动、变速方式同普通车床相比。

数控车床主运动有三种驱动方式，分别是分段无级变速、带传动变速以及电动机直接驱动变速；进给运动常采用步进电动机、交流或直流电动机通过有限级的传动副传给进给运动机构来实现工作台的直线运动或回转运动。主运动和进给运动均是无级变速方式，驱动装置后串联变速箱主要是为了使驱动电动机与工作轴的功率—转矩特性相匹配。

普通车床主运动(如 CA6140)由电动机经过皮带传动、离合器及滑移齿轮变速使得主轴获得正反方向的多级转速，机床纵横向运动是主轴通过交换齿轮架、进给箱、溜板箱传到刀架来实现的，而纵横向不同进给量主要是通过进给箱中基本组、增倍组的不同组合来实现的。

(3) 典型部件的结构同普通车床相比。

数控车床进给运动采用滚珠丝杠螺母副，其特点是摩擦力小，刚性高；刀架移动导轨常采用贴塑导轨或滚动导轨块，其特点是快速响应能力好。传动副有消隙措施，加上数控系统对误差的修正，有效地保证了反向运动精度。

普通车床采用普通丝杠螺母副，一般来说传动副之间没有误差消除措施。

2. 数控车床的特点与发展

数控车床与卧式车床相比，有以下几个特点：

(1) 高精度。数控车床控制系统的性能不断提高，机械结构不断完善，机床精度日益提高。

(2) 高效率。随着新刀具材料的应用和机床结构的完善，数控车床的加工效率、主轴转速和传动功率都在不断提高。这就使得新型数控车床的空转动时间大为缩短，其加工效率比卧式车床高 2～5 倍。加工零件形状越复杂，就越能体现出数控车床高效率的加工特点。

(3) 高柔性。数控车床具有高柔性的特点，能适应 70％以上的多品种、小批量零件的自动加工。

(4) 高可靠性。随着数控系统性能的提高，数控机床的无故障时间也在迅速提高。

(5) 工艺能力强。数控车床既能用于粗加工，又能用于精加工，可以在一次装夹中完成其全部或大部分工序。

(6) 模块化设计。数控车床的制造多采用模块化原则设计。

数控车床技术在不断向前发展着，其发展趋势如下：随着数控系统、机床结构和刀具材料技术的发展，数控车床将向高速化发展，将进一步提高主轴转速、刀架移动速度和转位、换刀速度；工艺和工序将更加复合化和集中化；数控车床向多主轴、多刀架加工方向发展；为实现长时间无人化全自动操作，数控车床向全自动化方向发展；机床的加工精度向更高方向发展；同时，数控车床也向简易型发展。

3.1.4 数控车床的布局形式

1. 影响数控车床布局形式的因素

数控车床布局形式受到工件的尺寸、质量和形状，机床生产率，机床精度，可操作性，运行要求和安全与环境保护要求的影响。数控车床的布局有卧式车床、端面车床(分有床身和无床身两类)、单柱立式车床、双柱立式车床和龙门移动式立式车床等形式，如图 3－8 所示。

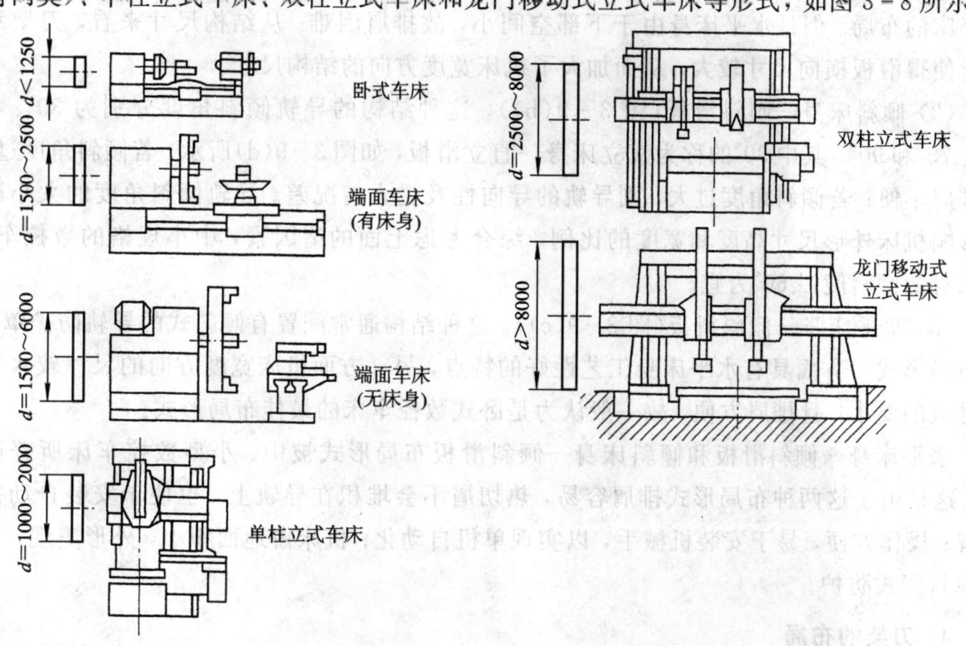

图 3－8 工件的尺寸、质量对车床布局的影响

2. 主轴箱和尾座的布局形式

数控车床的主轴箱和尾座相对于床身的布局形式与普通车床基本一致。数控卧式车床主轴箱布置在车床的左端，用于传递动力并支撑主轴部件；尾座布置在车床的右端，用于支撑工件或安装刀具。

3. 床身和导轨的布局形式

床身和导轨的布局形式对机床的性能有很大影响。床身是机床的主要承载部件，是机床的主体。按照床身导轨面与水平面的相对位置，床身的布局形式有水平床身—水平滑板、倾斜床身—倾斜滑板、水平床身—倾斜滑板以及直立床身—直立滑板等，如图 3-9 所示。

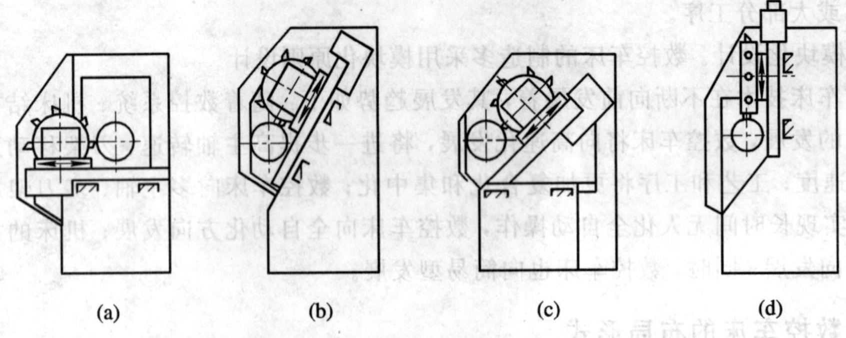

图 3-9　数控卧式车床的布局形式

(a) 水平床身—水平滑板；(b) 倾斜床身—倾斜滑板；(c) 水平床身—倾斜滑板；(d) 直立床身—直立滑板

(1) 水平床身—水平滑板(图 3-9(a))。水平床身的工艺性好，便于导轨面的加工。水平床身配上水平放置的刀架可提高刀架的运动精度，一般用于大型数控车床或小型精密数控车床的布局。但是水平床身由于下部空间小，故排屑困难。从结构尺寸来看，刀架水平放置使得滑板横向尺寸较大，从而加大了机床宽度方向的结构尺寸。

(2) 倾斜床身—倾斜滑板(图 3-9(b))。这种结构的导轨倾斜角度分别为 30°、45°、60°、75°和 90°，其中 90°的称为直立床身—直立滑板，如图 3-9(d)所示。若倾斜角度过小，则排屑不便；若倾斜角度过大，则导轨的导向性及受力情况差。导轨倾斜角度的大小还直接影响机床外形尺寸高度和宽度的比例。综合考虑上面的诸因素，中小规格的数控车床，其床身的倾斜度以 60°为宜。

(3) 水平床身—倾斜滑板(图 3-9(c))。这种结构通常配置有倾斜式的导轨防护罩。这种布局形式一方面具有水平床身工艺性好的特点，另一方面机床宽度方向的尺寸较水平配置滑板的要小，且排屑方便，故一般认为是卧式数控车床的最佳布局形式。

水平床身—倾斜滑板和倾斜床身—倾斜滑板布局形式被中、小型数控车床所普遍采用。这是由于这两种布局形式排屑容易，热切屑不会堆积在导轨上，也便于安装自动排屑装置；操作方便，易于安装机械手，以实现单机自动化；机床占地面积小，外形美观，容易实现封闭式防护。

4. 刀架的布局

数控车床的刀架分为排式刀架和回转式刀架两大类。排式刀架主要应用于小型数控车床，适用于短轴或套类零件加工，如图 3-10 所示。两坐标联动数控车床多采用回转式刀架。回转式刀架又分为四方刀架(见图 3-3 刀架部分)和转塔式刀架(图 3-11 所示)。回转式刀架在机床上的布局有两种形式：一种是回转轴线垂直于主轴；另一种是回转轴线平行于主轴。

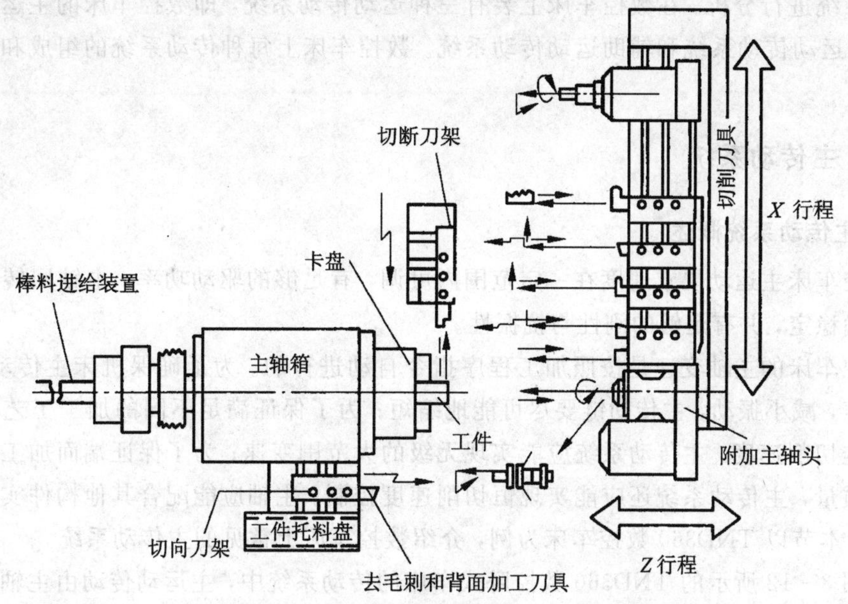

图 3-10　排式刀架

图 3-11　转塔式刀架实物图

四坐标轴控制的数控车床，其床身上安装有两个独立的滑板和回转刀架，称为双刀架四坐标数控车床。其上每个刀架的切削进给量是分别控制的，因此，两刀架可以同时切削同一工件的不同部位，既扩大了加工范围，又提高了加工效率，适合于加工曲轴、飞机零件等形状复杂、批量较大的零件。

3.2 数控车床的传动系统

数控机床的运动是通过传动系统实现的。为了认识和使用数控机床，必须对数控机床的传动系统进行分析。在数控车床上装有三种运动传动系统，即数控车床的主运动传动系统、进给运动传动系统和辅助运动传动系统。数控车床上每种传动系统的组成和特点各不相同。

3.2.1 主传动系统

1. 主传动系统概述

数控车床主运动要求速度在一定范围内可调，有足够的驱动功率，主轴回转轴心线的位置准确稳定，并有足够的刚性与抗振性。

数控车床的主轴变速是按照加工程序指令自动进行的。为了确保机床主传动的精度，降低噪声，减小振动，主传动链要尽可能地缩短；为了保证满足不同的加工工艺要求并能获得最佳切削速度，主传动系统应能实现无级的大范围变速；为了保证端面加工的生产率和加工质量，主传动系统还应能实现恒切削速度控制。主轴应能配合其他构件实现工件自动装夹。本节以 TND360 数控车床为例，介绍数控车床上常见的主传动系统。

在图 3－12 所示的 TND360 数控卧式车床的传动系统中，主运动传动由主轴直流伺服电机(27 kW)驱动，经齿数为 27/48 的同步齿形带传动到主轴箱中的轴Ⅰ上。再经轴Ⅰ上双联滑移齿轮，经齿轮副 84/60 或 29/86 传递到轴Ⅱ(即主轴)，使主轴获得高(800～3150 r/min)、低(7～800 r/min)两挡转速范围。在各转速范围内，由主轴伺服电机驱动实

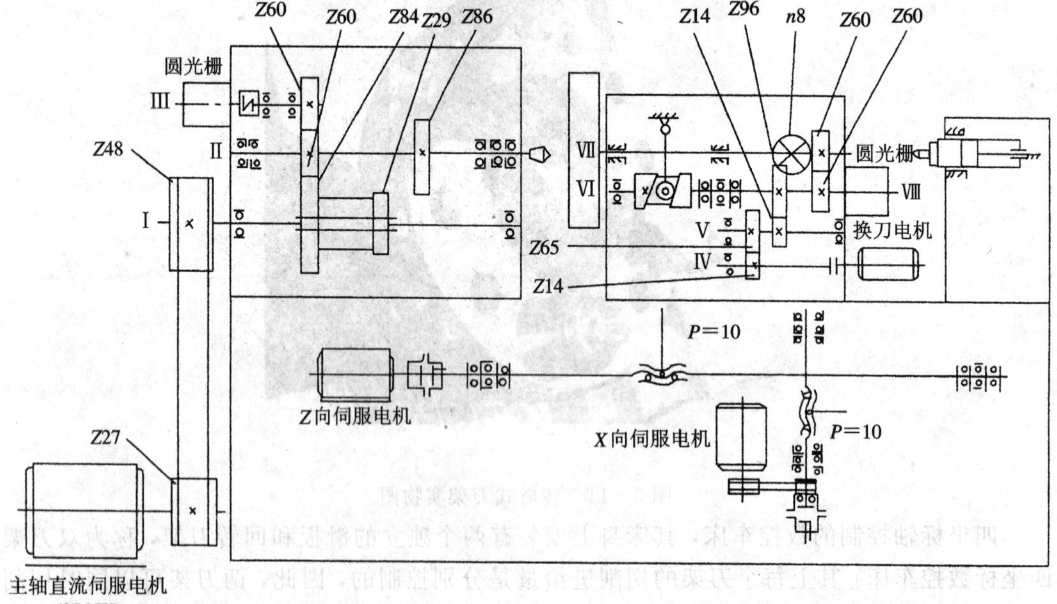

图 3－12 TND360 数控卧式车床的传动系统图

现无级变速调速。主轴箱内部省去了大部分齿轮传动变速机构，因此减小了齿轮传动对主轴精度的影响，并且维修方便，振动小。同时，主轴的运动经过齿轮副 60/60 传递到轴Ⅲ上，由轴Ⅲ经联轴节驱动圆光栅。圆光栅将主轴的转速信号转变为电信号送回数控装置，由数控装置控制实现数控车床上的螺纹切削加工。这种实现螺纹切削加工的方式与普通机床上通过齿轮传动是不相同的。它可实现：主轴每转一圈，进给轴 Z 轴或 X 轴就可移动一个导程。

2. 主轴箱结构介绍

数控机床主轴箱是一个比较复杂的传动部件。表达主轴箱中各传动元件的结构和装配关系时常用展开图。展开图基本上是按传动链传递运动的先后顺序，沿轴心线剖开，并展开在一个平面上的装配图。图 3－13 所示为 TND360 数控卧式车床的主轴箱展开图。该图是沿轴Ⅰ—Ⅱ—Ⅲ的轴线剖开后展开的。

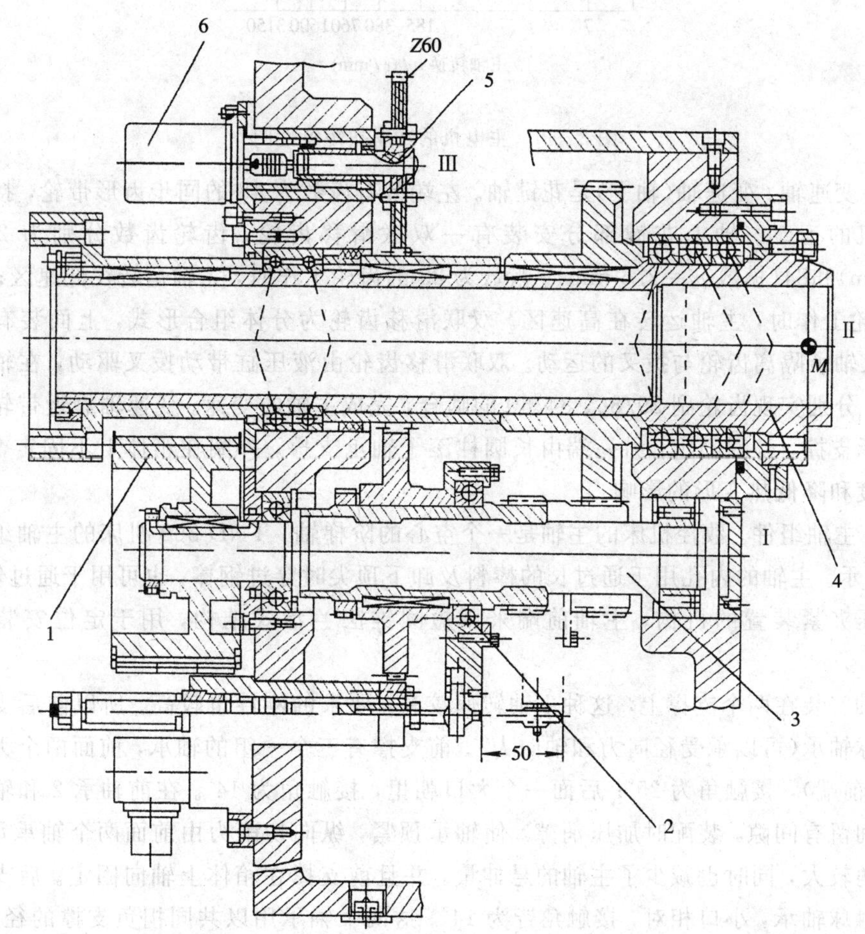

1—带轮；2—拨叉轴承；3—双联滑移齿轮；4—变速轴；5—主轴；6—圆光栅

图 3－13　TND360 数控卧式车床的主轴箱展开图

(1) 主轴电机。主轴电机是采用直流主轴伺服电动机，无级调速，由安装在主电动机尾部的测速发电机实现速度反馈的。其额定转速为 2000 r/min，最高转速为 4000 r/min，最低转速为 35 r/min。额定转速至最高转速之间为调磁调速，恒功率输出；最低转速至额定转速之间为调压调速，恒扭矩输出。恒功率调速范围为 2。图 3-14 是主电动机的功率扭矩特性图。主电动机转速通过电动机轴上的齿数为 27 的同步齿形带轮，经同步齿形带将运动传递到主轴箱的轴Ⅰ上。

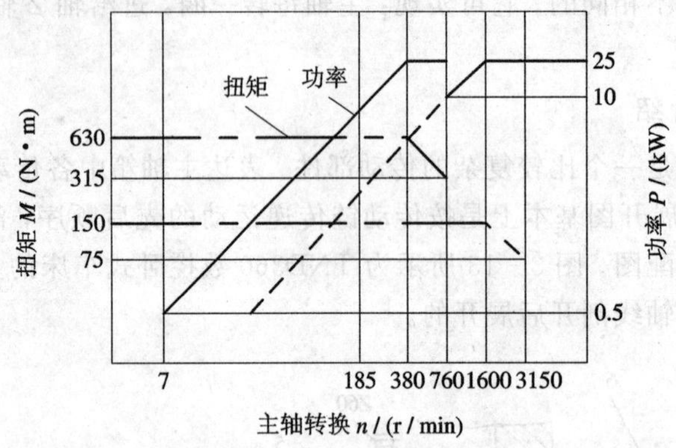

图 3-14 主电机的功率扭矩特性图

(2) 变速轴。变速轴(轴Ⅰ)是花键轴。左端装有齿数为 48 的同步齿形带轮，接受来自主电动机的运动。轴上花键部分安装有一双联滑移齿轮，齿轮齿数分别为 29(模数 $m=2$ mm)和84(模数 $m=2.5$ mm)。齿数为 29 的齿轮工作时，主轴运转在低速区；齿数为 84 的齿轮工作时，主轴运转在高速区。双联滑移齿轮为分体组合形式，上面装有拨叉轴承，拨叉轴承隔离齿轮与拨叉的运动。双联滑移齿轮由液压缸带动拨叉驱动，在轴Ⅰ上轴向移动，分别实现齿轮副 29/86、84/60 的啮合，完成主轴的变速。变速轴靠近带轮的一端由球轴承支撑，外圈固定；另一端由长圆柱滚子轴承支撑，外圈在箱体上不固定，以提高轴的刚度和降低热变形的影响。

(3) 主轴组件。数控机床的主轴是一个空心的阶梯轴。TND 360 机床的主轴组件如图 3-15 所示。主轴的内孔用于通过长的棒料及卸下顶尖时穿过钢棒，也可用于通过气动、电动及液压夹紧装置的机构。主轴前端采用短圆锥法兰盘式结构，用于定位安装卡盘和拨盘。

主轴安装在两个支撑上，这种主轴转速较高，要求的刚性也较高。所以前后支撑都用角接触球轴承(可以承受径向力和轴向力)。前支撑有三个一组的轴承，前面两个大口朝外(朝主轴前端)，接触角为 25°；后面一个大口朝里，接触角为 14°。在前轴承 2 和轴承 3 的内圈之间留有间隙，装配时加压消隙，使轴承预紧，纵向切削力由前面两个轴承承受，故其接触角较大，同时也减少了主轴的悬伸量，并且前支撑在箱体上轴向固定。后支撑为两个角接触球轴承，小口相对，接触角皆为 14°。这两个轴承用以共同担负支撑的径向载荷。纵向载荷由前支撑轴承承担，故后轴承的外圈轴向不固定，使得主轴在热变形时，后支撑可沿轴向微量移动，减小热变形的影响。

主轴轴承都属超轻型。前、后轴承都由轴承厂配好，成套供应，装配时无须修理、调整。轴承精度等级相当于国标 C 级。主轴轴承对主轴的运动精度及刚度影响很大，主轴轴承应在无间隙(或少量过盈)条件下进行运转，轴承中的间隙和过盈量直接影响到机床的加

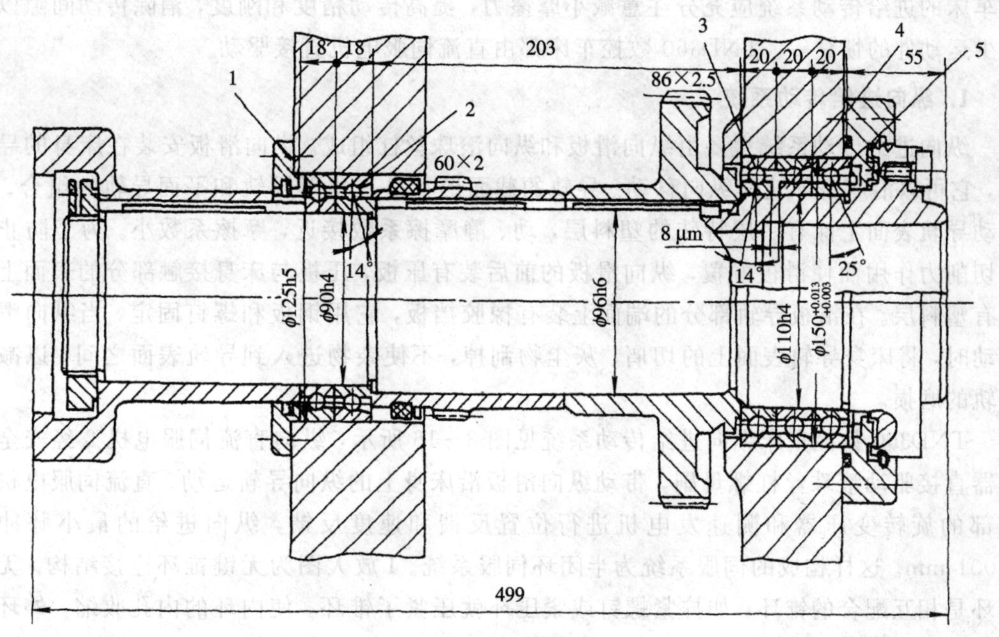

1、2、3、4、5—角接触球轴承

图 3-15　TND360 机床的主轴组件

工精度。因此，主轴轴承间隙必须在适当的状态下，这就要进行间隙和过盈量调整。调整方法是：旋紧主轴尾部螺母，使其压紧托架，由托架压紧后支撑的轴承，并压紧主轴上的齿轮(齿数为 60)，推动齿轮(齿数为 86)，压紧前支撑轴承到轴肩上，最后旋紧调整螺母的锁紧螺钉，从而达到调整前、后轴承间隙和过盈量的目的。

主轴轴承采用油脂润滑，迷宫式密封。主轴材料为 35CrMo。前端的短圆锥面、法兰盘端面和安装前、后轴承及齿轮的轴颈、前孔皆淬硬至 55HRC，渗碳深 1 mm。与主轴前、后轴承相配合的轴颈公差都为 h4。

主轴上装有两个圆柱齿轮，齿数为 86(模数 $m=2.5$ mm)和 60(模数 $m=2$ mm)。当 86 齿轮工作时，使得主轴工作在低速区；当 60 齿轮工作时，使得主轴工作在高速区。齿轮的最高线速度为 9.9 m/s，精度为 6 级，材料是 35CrMo，渗碳深 0.3 mm，淬硬至 60HRC。

(4) 检测轴。检测轴是阶梯轴，通过两个球轴承支撑在轴承套中。它的一端装有齿数为 60 的齿轮，齿轮的材料为夹布胶木；另一端通过联轴器转动圆光栅。齿轮与主轴上的齿数为 60 的齿轮相啮合，将主轴运动传到圆光栅上，圆光栅每转一圈发出 1024 个脉冲，该信号送到数控装置，使数控装置完成对螺纹切削的控制。

(5) 主轴箱。主轴箱的作用是支撑主轴和支撑主轴运动的传动系统。主轴箱材料为密烘铸铁。主轴箱使用底部定位面在床身左端定位，并用螺钉紧固。

3.2.2　进给传动系统

TND360 数控车床进给传动系统由纵向进给传动装置(Z 向)和横向进给传动装置(X 向)两个部件组成。进给传动系统电机要比主传动系统电机的要求高，这是因为工件最后的尺寸精度和轮廓精度都直接受进给运动的传动精度、灵敏度和稳定性的影响。因此，数控车床的进给传动系统应充分注意减小摩擦力，提高传动精度和刚度，消除传动间隙以及减少运动件的惯量等。TND360 数控车床都由直流伺服电机直接驱动。

1. 纵向进给传动系统

纵向进给传动系统主要由纵向滑板和纵向滚珠丝杠组成。纵向滑板安装在床身的导轨上，它可以沿床身导轨作纵向移动。导轨的截面形状是三角形导轨和平面导轨的组合。在滑动导轨表面上涂有一层特殊的塑料层，动、静摩擦系数接近，摩擦系数小。为了防止由于切削力作用而使滑板颠覆，纵向滑板的前后装有压板，压板与床身接触部分的表面上也涂有塑料层。在滑板导轨部分的端面上装有橡胶挡板，它用钢板和螺钉固定，当纵向滑板运动时，将床身导轨表面上的切屑、灰尘物刮掉，不使杂物进入到导轨表面之间，以减少导轨的磨损。

TND360 数控车床纵向进给传动系统见图 3－16 所示，纵向直流伺服电机 2 经安全联轴器直接驱动滚珠丝杠螺母副，带动纵向滑板沿床身上的纵向导轨运动。直流伺服电机由尾部的旋转变压器和测速发电机进行位置反馈和速度反馈，纵向进给的最小脉冲是 0.001 mm。这样构成的伺服系统为半闭环伺服系统。I 放大图为无键锥环连接结构。无键锥环是相互配合的锥环，如拧紧螺钉或紧压环就压紧了锥环，使内环的内孔收缩，外环的外圆胀大，靠摩擦力连接轴和孔，锥环的对数可根据所传递的转矩进行选择。由于这种结构不需要开键槽，因此避免了传动间隙。

安全联轴器的作用是：在进给过程中，当进给力过大或滑板移动过载时，为了避免整个运动传动机构的零件损坏，安全联轴器就会动作，来终止运动的传递。其工作原理如图 3－17 所示。在正常情况下，运动由联轴器传递到滚珠丝杠上。当出现过载时，滚珠丝杠上的扭矩增大，这时通过安全联轴器端面上的三角齿传递的扭矩也随之增加，以致使端面三角齿处的轴向力超过弹簧的压力，于是将联轴器的右半部分推开。这时连接的左半部分和中间环节继续旋转，而右半部分却不能被带动，这就使两者之间产生打滑现象，将传动链断开，使得传动机构不致因过载而损坏。机床的最大进给力取决于弹簧的弹力。拧动弹簧的调整螺母可以调整弹簧的弹力。在机床上采用了无触点磁传感器来监测安全联轴器右半部分的工作状况，当右半部分产生滑移时，传感器产生过载报警信号，通过机床可编程序控制器使进给系统制动。将此状态信号送到数控装置，数控装置即发出报警指示。

在图 3－16 中，安全联轴器由件 4 至件 9 组成。件 4 与件 5 之间由矩形齿相连，件 5 与件 6 之间由三角形齿相连(参见 $A—A$ 剖视图)。件 6 上用螺栓装有一组钢片件 7。钢片件 7 的形状像摩擦离合器的内片，中心部分是花键孔。件 7 与件 9 的外圆上的花键部分相配合，件 6 的转动能通过件 7 传递至件 9，并且件 6 和件 7 一起能沿件 9 进行轴向相对移动。件 9 通过无键锥环与滚珠丝杠相连。碟形弹簧件 8 使件 6 紧紧地靠在件 5 上。如果进给力过大，则件 5、件 6 之间的三角形齿产生的轴向力超过了碟形弹簧件 8 的弹力，使件 6 右移，无触点磁开关发出监控信号给数控装置，使机床停机，直到消除过载因素后才能继续运行。

滚珠丝杠螺母副在数控车床采用了外循环式滚珠丝杠螺母。丝杠的导程为 10 mm，精度为 3 级，由于纵向丝杠较长，丝杠轴的两端采用了预拉伸支撑形式。丝杠的支撑轴承为组合轴承。

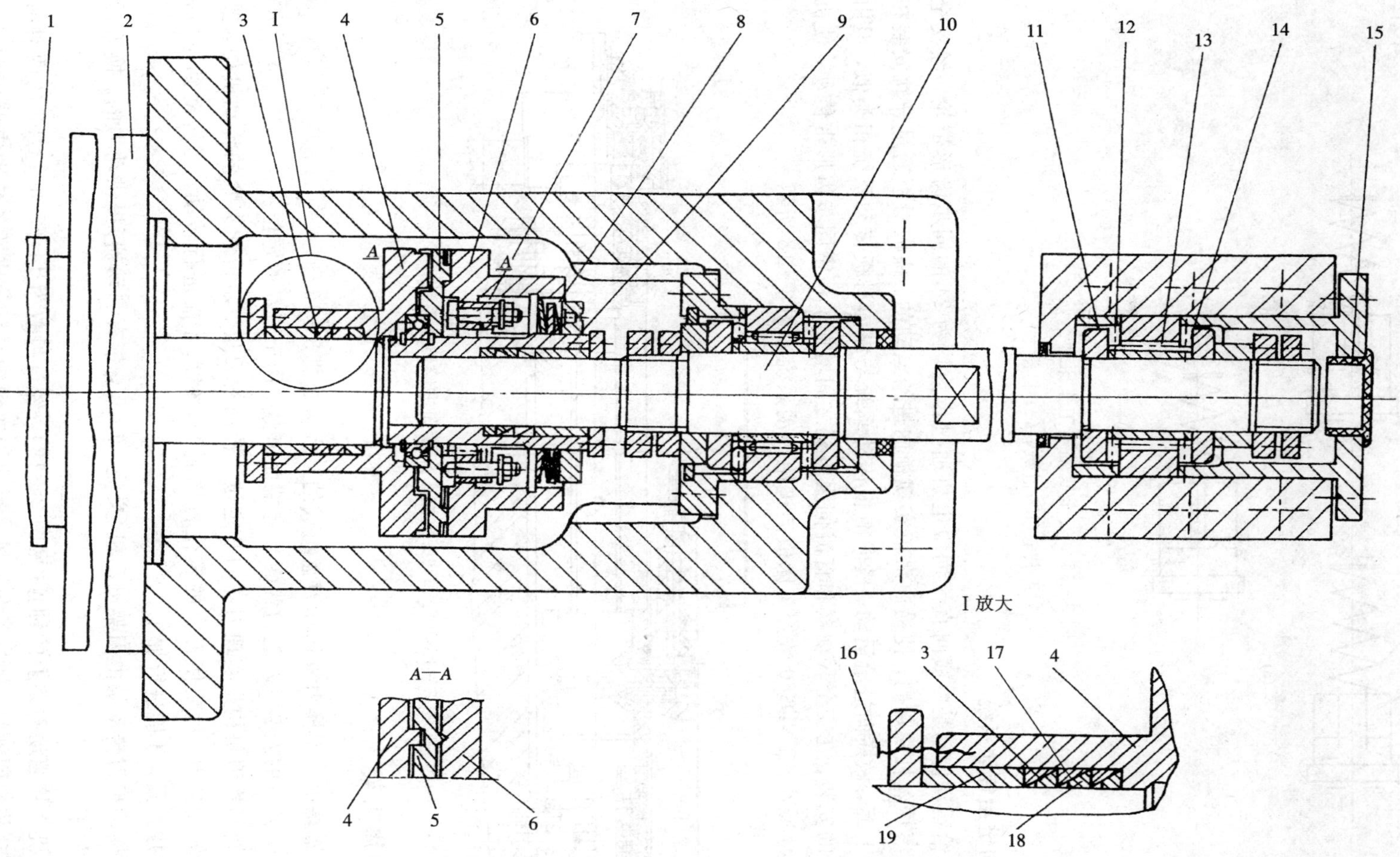

11—垫圈；12、13、14—滚针轴承；15—堵头；16—压紧螺钉；17—压紧外环；18—压紧内环；19—压紧套

图 3-16　TND360数控车床纵向进给传动系统图

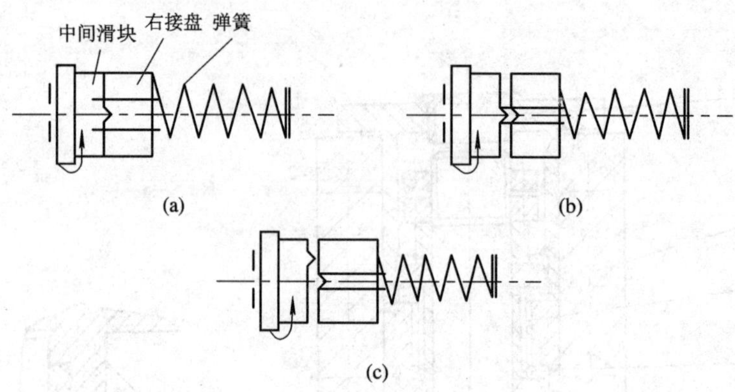

图 3-17　安全联轴器工作原理

(a) 正常；(b) 过载；(c) 打滑

2. 横向进给传动系统

横向进给运动传动是由横向直流伺服电机通过齿数均为 24 的同步齿形带轮，经安全联轴器驱动滚珠丝杠螺母副，使横向滑板实现横向进给运动的。横向滑板通过导轨安装在纵向滑板的上面，做横向进给运动。横向滑板传动系统与纵向滑板传动系统相类似，但由于横向电机的安装，在安全联轴器和直流伺服电机之间增加了精密同步齿形带传动，使机床的横向尺寸减小。TND360 数控车床横向进给传动系统如图 3-18 所示。

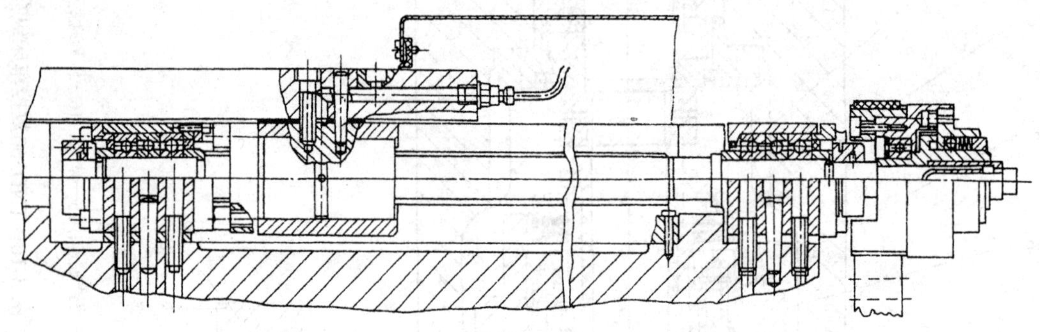

图 3-18　TND360 数控车床横向进给传动系统图

3.2.3　转塔刀架

转塔刀架是由刀架换刀机构和刀盘组成的，结构如图 3-19 所示。

刀盘用于刀具的安装。刀盘的背面装有端面齿盘，用于刀盘的定位。

转塔刀架的换刀机构是实现刀盘的开定位、转动换刀位、定位和夹紧的传动机构。要实现刀盘的转动换刀，就要使刀盘的定位机构脱开，然后才能进行转动。当转动到位后，刀盘要定位并夹紧，才能进行加工。

转塔刀架的换刀传动是由刀架电动机(交流，60 W，带有制动器)提供动力的。换刀运动传递路线如下：

换刀电机直接驱动刀架上的轴Ⅳ(见图 3-12)，经过齿数为 14/65 和 14/96 的两对斜齿轮副将运动传递到轴Ⅵ，轴Ⅵ是凸轮轴。运动传递到轴Ⅵ后分成两条传动支路传动：一条传动支路由凸轮转动，凸轮槽驱动拨叉带动轴Ⅶ(刀盘的主轴)实现轴向移动，使刀盘实

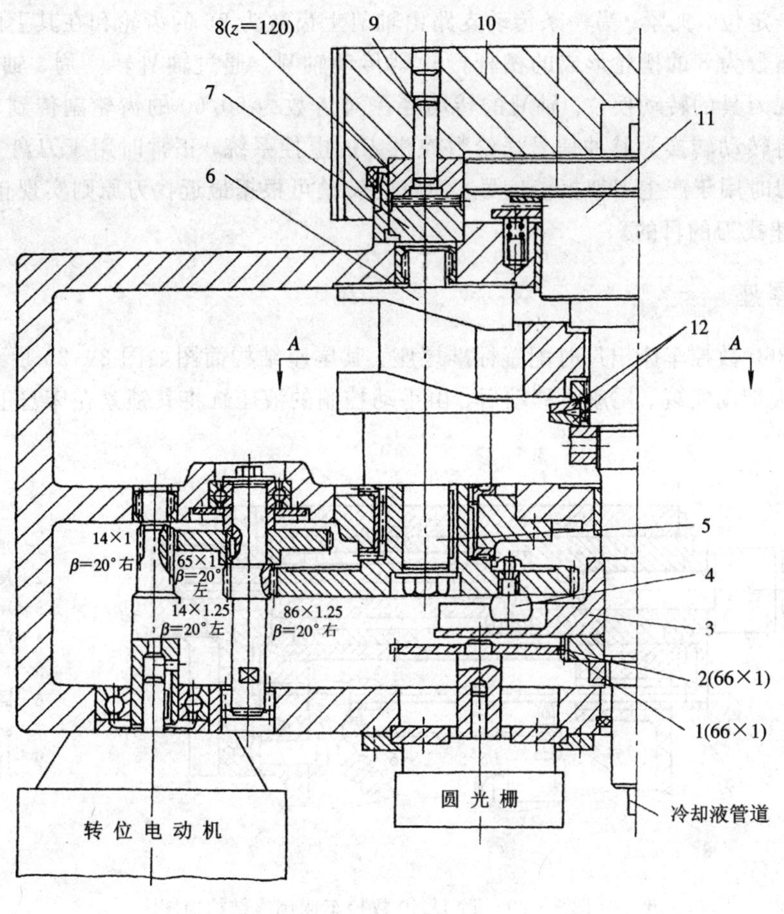

A—A

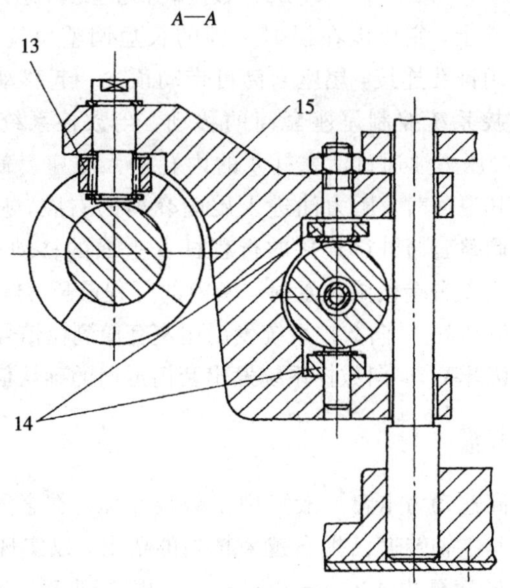

1、2—齿轮；3—槽盘；4—滚子；5—驱动轴；6—齿轮；7、8—端面齿盘；9—锥销；10—转塔盘；11—转塔轴；12—碟形弹簧；13、14—滚子；15—杠杆

图 3-19 转塔刀架结构图

现开定位、定位、夹紧；另一条传动支路由轴Ⅵ上齿数为96的齿轮和在其上的滚子组成的槽杆，与槽数为8的槽轮形成的槽杆槽轮副传动轴Ⅶ，通过轴Ⅵ转一周、轴Ⅶ转45°的运动，来实现刀具的转动换位。轴Ⅶ的转动经一对齿数为60/60的齿轮副传到轴Ⅷ，再传到圆光栅，将转动转换为脉冲信号送给数控机床的电控系统，正常时用于刀盘上刀具刀位的计数，撞刀时用于产生刀架报警信号。刀盘的转动可根据最近找刀原则实现正、反向转动，以达到快速找刀的目的。

3.2.4 尾座

TND360数控车床出厂时配置标准尾座，其尾座结构简图如图3-20所示。尾座体的移动由滑板带动实现。尾座体移动后，由手动控制的液压缸将其锁紧在床身上。

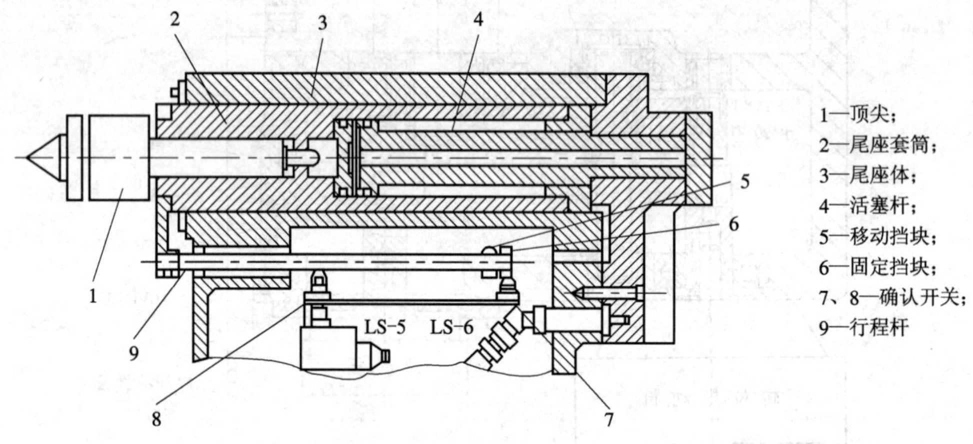

图3-20 TND360数控车床尾座结构简图

尾座装在床身导轨上，它可以在根据工件的长短调整位置后，用拉杆加以夹紧定位。顶尖1与尾座套筒2用锥孔连接，尾座套筒可带动顶尖一起移动。在机床自动工作循环中，可通过加工程序由数控系统控制尾座套筒的移动。当数控系统发出尾座套筒伸出的指令后，液压电磁阀动作，压力油通过活塞杆4的内孔进入尾座套筒2的左腔，推动尾座套筒伸出。当数控系统令其退回时，压力油进入尾座套筒的右腔，从而使尾座套筒退回。尾座套筒移动的行程，靠调整套筒外部连接的行程杆9上面的移动挡块5来完成。如图3-20所示，移动挡块的位置在右端极限位置时，套筒的行程最长。当套筒伸出到位时，行程杆上的移动挡块5压下确认开关8，向数控系统发出尾座套筒到位信号。当套筒退回时，行程杆上的固定挡块6压下确认开关7，向数控系统发出套筒退回的确认信号，停止套筒的运动。

3.2.5 高速动力卡盘

在数控机床中，高速动力卡盘一般只用于数控车床。在金属切削加工中，为提高数控车床的生产效率，对其主轴转速已提出越来越高的要求，以实现高速，甚至是超高速切削。现在数控车床的最高转速已由1000～2000 r/min提高到10 000 r/min。对于这样高的转速，一般的卡盘已不适用，而必须采用高速动力卡盘才能保证加工的安全性和可靠性。

图3-21为KEF250型中空式动力卡盘结构。

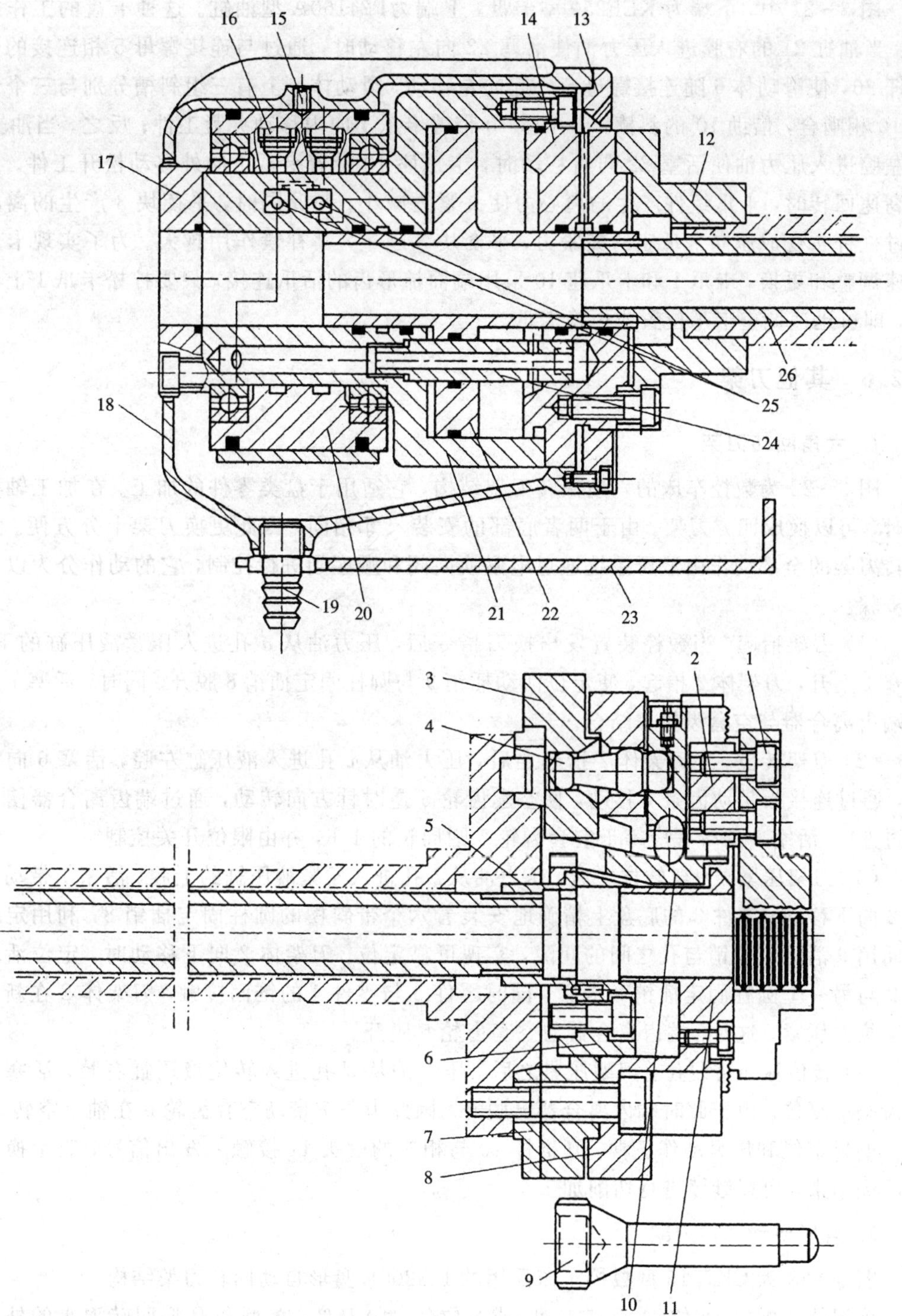

1—卡爪；2—T 形块；3—平衡块；4—杠杆；5—连接螺母；6—滑动体；7、12—法兰盘；8—盘体；9—扳手；10—卡爪座；11—防护盖；13—前盖；14—油缸盖；15—紧定螺钉；16—压力管接头；17—后盖；18—罩壳；19—漏油管接头；20—导油套；21—油缸；22—活塞；23—防转支架；24—导向杆；25—安全阀；26—中空拉杆

图 3-21　KEF250 型中空式动力卡盘结构

图 3-21 中，下端为 KEF250 型卡盘，上端为P24160A 型油缸。这种卡盘的工作原理是：当油缸 21 的右腔进入压力油使活塞 22 向左移动时，通过与连接螺母 5 相连接的中空拉杆 26，使滑动体 6 随连接螺母 5 一起向左移动，滑动体 6 上有三组斜槽分别与三个卡爪座 10 相啮合，借助 10°的斜槽，卡爪座 10 带着卡爪 1 向内移动夹紧工件；反之，当油缸 21 的左腔进入压力油使活塞 22 向右移动时，卡爪座 10 带着卡爪 1 向外移动松开工件。当卡盘高速回转时，卡爪组件产生的离心力使夹紧力减小。与此同时，平衡块 3 产生的离心力通过杠杆 4 变成压向卡爪座的夹紧力，平衡块 3 越重，其补偿作用越大。为了实现卡爪的快速调整和更换，卡爪 1 和卡爪座 10 采用端面梳形齿的活爪连接，只要拧松卡爪 1 上的螺钉，即可迅速调整卡爪位置或更换卡爪。

3.2.6 其他刀架

1. 六角回转刀架

图 3-22 为数控车床的六角回转刀架结构，它适用于盘类零件的加工。在加工轴类零件时，可以换成四方刀架。由于两者底部的安装尺寸相同，因此更换刀架十分方便。六角回转刀架的全部动作由液压系统通过电磁换向阀和顺序阀进行控制，它的动作分为以下四个步骤：

(1) 刀架抬起。当数控装置发出换刀指令后，压力油从 a 孔进入压紧液压缸的下腔，活塞 1 上升，刀架体 2 抬起，使定位活动插销 9 与圆柱固定插销 8 脱开。同时，活塞 1 下端的端齿离合器与空套齿轮 5 结合。

(2) 刀架转位。当刀架体 2 抬起之后，压力油从 c 孔进入液压缸左腔，活塞 6 向右移动，通过连接板带动齿条 7 移动，使空套齿轮 5 逆时针方向转动，通过端齿离合器使刀架转过 60°。活塞 6 的行程应等于空套齿轮 5 圆周长的 1/6，并由限位开关控制。

(3) 刀架压紧。刀架转位之后，压力油从 b 孔进入压紧液压缸的上腔，活塞 1 带动刀架体 2 向下移动。零件 3 的底盘上精确地安装着六个带斜楔的圆柱固定插销 8，利用定位活动插销 9 消除定位销与孔之间的间隙，实现可靠定位。刀架体 2 向下移动时，定位活动插销 9 与另一个圆柱固定插销 8 卡紧，同时零件 3 与零件 4 的锥面接触，刀架体 2 在新的位置定位并压紧。这时，端齿离合器与空套齿轮 5 脱开。

(4) 转位液压缸复位。刀架压紧之后，压力油从 d 孔进入转位液压缸右腔，活塞 6 带动齿条 7 复位。由于此时端齿离合器已脱开，因此齿条 7 带动空套齿轮 5 在轴上空转。

如果定位和压紧动作正常，则推杆 10 与相应的触头 11 接触后发出信号，表示换刀过程已经结束，可以继续进行切削加工。

2. 盘形自动回转刀架

图 3-23 为 CK7815 型数控车床采用的 BA200L 盘形自动回转刀架结构。

该刀架可配置 12 位(A 型或 B 型)或 8 位(C 型)刀盘。A 型和 B 型回转刀盘的外切刀可使用 25 mm×25 mm×150 mm 标准刀具和刀杆截面为 25 mm×25 mm 的可调工具，C 型回转刀盘可用尺寸为 20 mm×20 mm×125 mm 的标准刀具。镗刀杆直径最大为 32 mm。

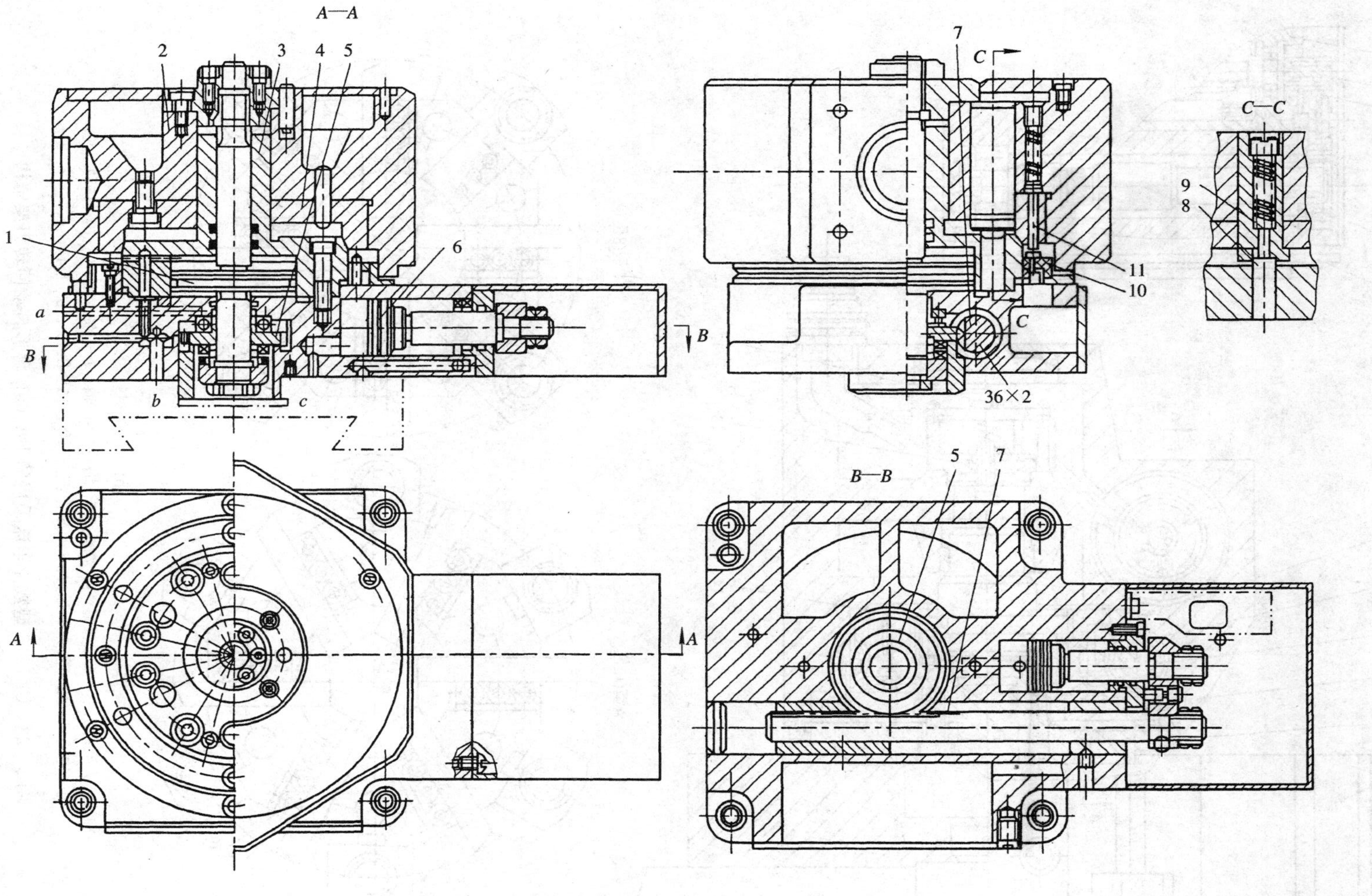

图 3-22 数控车床六角回转刀架结构

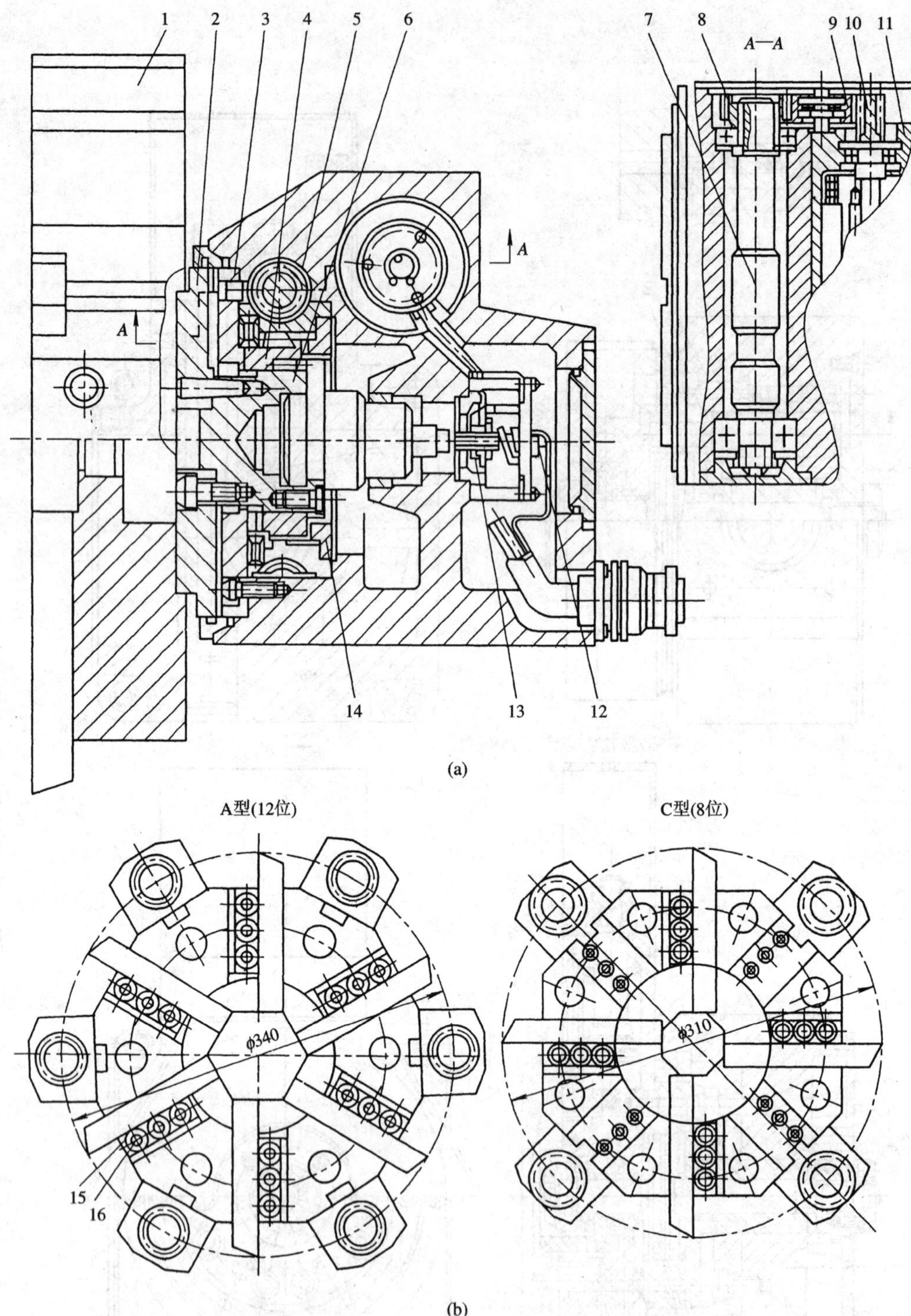

1—刀架；2、3—端面齿盘；4—滑块；5—蜗轮；6—轴；7—蜗杆；8、9、10—传动齿轮；11—电动机；12—微动开关；13—小轴；14—圆环；15—压板；16—楔铁

图 3－23　CK7815 型数控车床采用的 BA200L 盘形自动回转刀架结构
(a) 回转刀架；(b) 转刀盘

刀架转位为机械传动，端面齿盘定位。转位开始时，电磁制动器断电，电动机 11 通电转动，通过传动齿轮 10、9、8 带动蜗杆 7 旋转，使蜗轮 5 转动。蜗轮内孔有螺纹与轴 6 上的螺纹配合。端面齿盘 3 被固定在刀架箱体上，轴 6 固定连接在端面齿盘 2 上，端面齿盘 2 和端面齿盘 3 处于啮合状态。当蜗轮 5 转动时，使得轴 6、端面齿盘 2 和刀架 1 同时向左移动，直到端面齿盘 2 与 3 脱离啮合。轴 6 的外圆柱面上有两个对称槽，内装滑块 4。蜗轮 5 的右侧固定连接圆环 14，圆环 14 左侧端面上有凸块，所以蜗轮 5 和圆环 14 同时旋转。当端面齿盘 2 和 3 脱开后，与蜗轮 5 固定在一起的圆环 14 上的凸块正好碰到滑块 4，蜗轮 5 继续转动，通过圆环 14 上的凸块带动滑块 4 连同轴 6、刀盘一起进行转位。到达所要求的位置后，电刷选择器发出信号，使电动机 11 反转，这时蜗轮 5 和圆环 14 反向旋转，凸块与滑块 4 脱离，不再带动轴 6 转动；同时，蜗轮 5 与轴 6 上的旋合螺纹使轴 6 右移，端面齿盘 2 和 3 啮合并定位。压紧端面齿盘的同时，轴 6 右端的小轴 13 压下微动开关 12，发出转位结束信号，电动机断电，电磁制动器通电，维持电动机轴上的反转力矩，以保持端面齿盘 2 和 3 之间有一定的压紧力。

刀具在刀盘上由压板 15 及楔铁 16 来夹紧，更换和对刀十分方便。刀位的选择由电刷选择器控制，松开、夹紧位置检测由微动开关 12 控制。整个刀架控制是一个结构简单的电气系统。

3.3 车削中心简介

车削中心也是一机多用的多工序加工机床，它是数控车床在扩大工艺范围方面的发展。不少回转体零件上常常有钻孔、铣削等工序，例如钻油孔、钻横向孔、铣键槽、铣扁方及铣油槽等。这些工序最好能在一次装夹下完成，这对降低成本、缩短加工周期、保证加工精度等都有重要意义，特别是对于重型机床，因其加工的重型工件吊装不易，这就更能显示出车削中心的优点。

1. 车削中心的工艺范围

为了便于深入理解车削中心的结构原理，图 3-24 给出了车削中心能完成的除一般车削以外的工序。

图 3-24(a)为铣端面槽，加工时，机床主轴不转，装在刀架上的铣削主轴带着铣刀旋转。端面槽有三种情况：① 端面槽位于端面中央，则刀架带动铣刀作 Z 向进给，通过工件中心；② 端面槽不在端面中央，如图 3-24(a)中的小图所示，则铣刀 X 向偏置；③ 端面不只一条槽，则需主轴带动工件分度。

图 3-24(b)为端面钻孔、攻螺纹，主轴或刀具旋转，刀架作 Z 向进给。

图 3-24(c)为铣扁方。机床主轴不转，刀架内的铣主轴带着刀旋转，可以作 Z 向进给(如左图)，也可作 X 向进给(如右图)。如需铣削加工多边形，则主轴分度。

图 3-24(d)为端面分度钻孔、攻螺纹，钻削(或攻螺纹)刀具主轴装在刀架上，上偏置旋转并作 Z 向进给，每钻完一孔，主轴带动工件分度。

图 3-24(e)、(f)、(g)分别为横向钻孔、横向攻螺纹，以及斜面上钻孔、攻螺纹。此外，车削中心还可铣削螺旋槽。

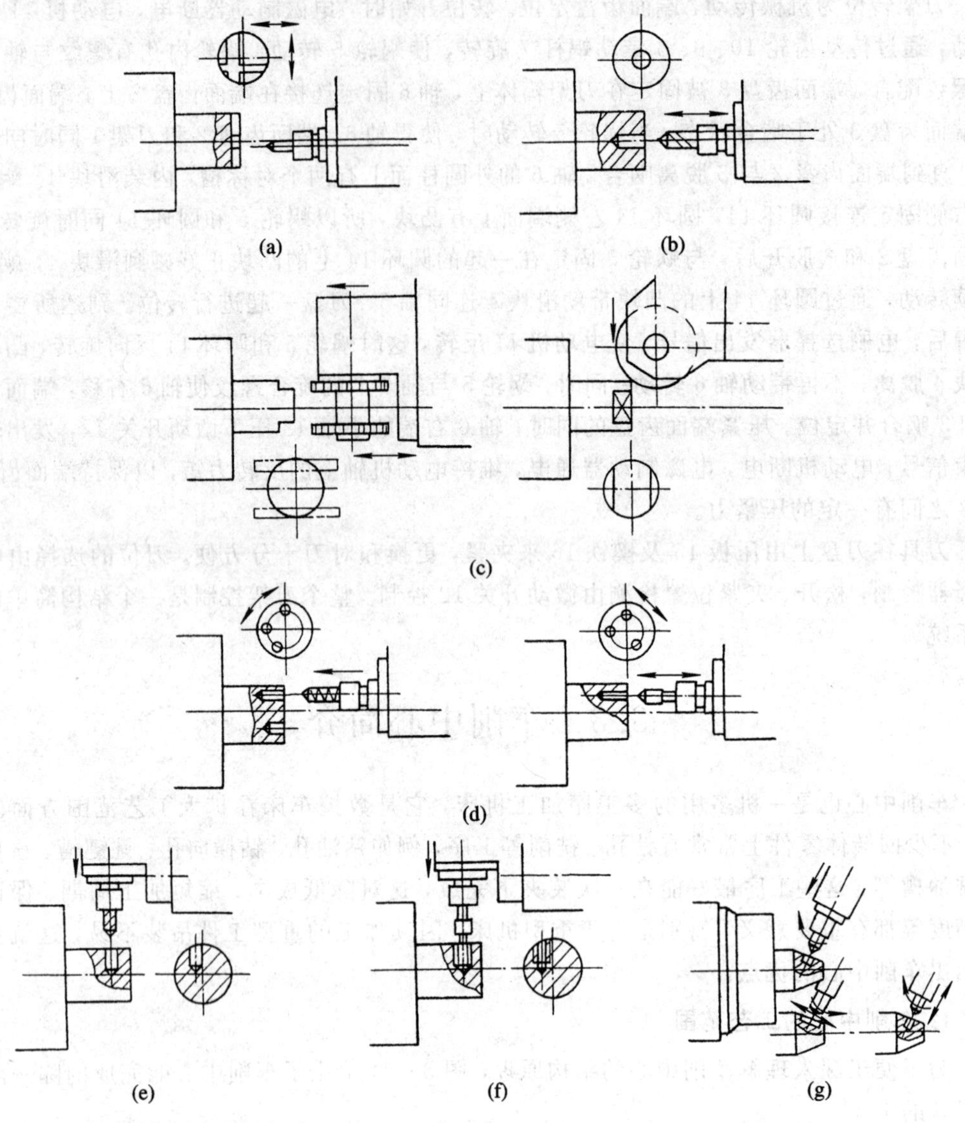

图 3-24　车削中心能完成的除车削以外的工序

(a) 铣端面槽；(b) 端面钻孔、攻螺纹；(c) 铣扁方；(d) 端面分度钻孔、攻螺纹；

(e) 横向钻孔；(f) 横向攻螺纹；(g) 斜面上钻孔、攻螺纹

2. 车削中心的 *C* 轴

机床主轴旋转除作为车削的主运动外，还可作分度运动，即定向停车和圆周进给，并在数控装置的伺服控制下，实现 C 轴与 Z 轴联动，或 C 轴与 X 轴联动，以进行圆柱面上或端面上任意部位的钻削、铣削、攻螺纹及平面或曲面铣削加工。图 3-25 为车削中心 C 轴功能示意图。

车削中心在加工过程中，驱动刀具主轴的伺服电动机与驱动车削运动的主电动机是互锁的，即当进行分度和 C 轴控制时，脱开主电动机，连接伺服电动机，当进行车削时，脱开伺服电动机，连接主电动机。

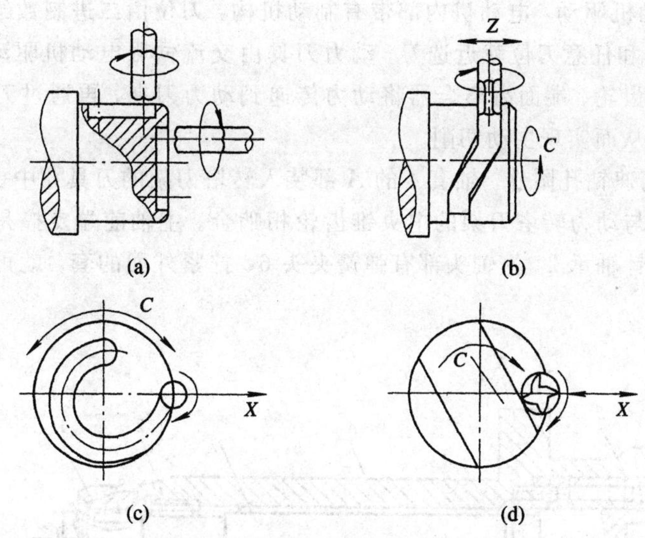

图 3-25　车削中心 C 轴功能示意图

(a) C 轴定向时，在圆柱面或端面上铣槽；(b) C 轴、Z 轴进给插补，在圆柱面上铣螺旋槽；
(c) C 轴、X 轴进给插补，在端面上铣螺旋槽；(d) C 轴、X 轴进给插补，铣直线和平面

3. 车削中心用自驱动力刀架

车削中心用自驱动力刀架主要由三部分组成：动力源、变速装置和刀具附件(钻孔附件和铣削附件等)。

图 3-26(a)为意大利 Baruffaldi 公司生产的适用于全功能数控车床及车削中心的动力转塔刀架。刀盘上既可以安装各种非动力辅助刀夹(车刀夹、镗刀夹、弹簧夹头、莫氏刀柄)夹持刀具进行加工，还可安装动力刀夹进行主动切削，配合主机完成车、铣、钻、镗等各种复杂工序，从而实现加工程序的自动化和高效化。

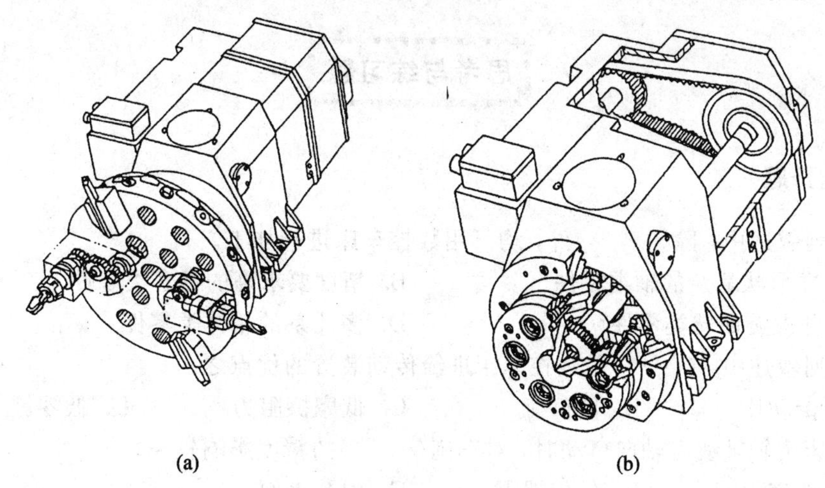

图 3-26　动力转塔刀架

(a) 刀架外形；(b) 传动示意图

图 3-26(b)为该转塔刀架的传动示意图。刀架采用端齿盘作为分度定位元件，刀架转

位由三相异步电动机驱动，电动机内部带有制动机构，刀位由二进制数绝对编码器进行识别，并可双向转位和任意刀位就近选刀。动力刀具由交流伺服电动机驱动，通过同步齿形带、传动轴、传动齿轮、端面齿离合器将动力传递到动力刀夹，再通过刀夹内部的齿轮传动，使刀具回转，从而实现主动切削。

图 3-27 是高速钻孔附件。轴套 4 的 *A* 部装入转塔刀架的刀具孔中。刀具主轴 3 的右端装有锥齿轮 1，与动力转塔刀架的中央锥齿轮相啮合。主轴前端支撑是三个角接触球轴承 5，后支撑为滚针轴承 2。主轴头部有弹簧夹头 6，拧紧外面的套，就可靠锥面的收紧力夹持刀具。

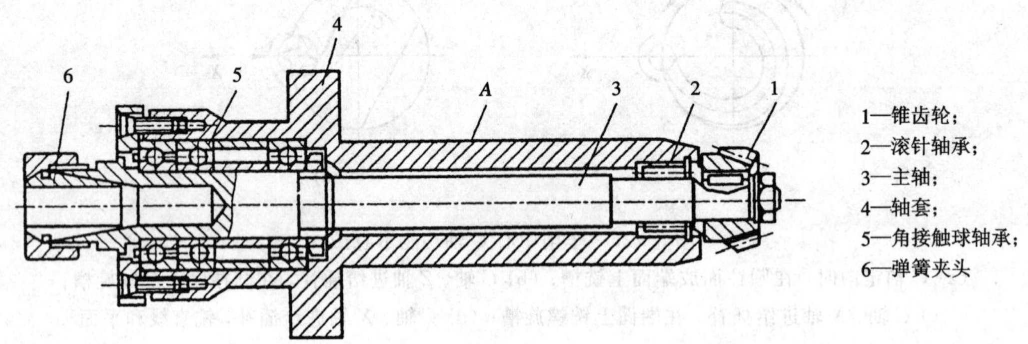

图 3-27　高速钻孔附件

本章小结

本章讲述了数控车床的工艺范围、组成、布局、分类及特点，并围绕 TND360 数控车床较详细地分析了其主传动系统、进给传动系统和刀架及尾座的结构及其工作原理，最后还对车削中心做了简介。

思考与练习题

一、选择题

1. 下列叙述中，除(　　)外，均可用数控车床进行加工。

A. 轮廓形状复杂的轴类零件　　B. 精度要求高的盘套类零件

C. 各种螺旋回转类零件　　D. 多孔系的箱体类零件

2. 下列叙述中，(　　)是数控车床进给传动装置的优点之一。

A. 低传动比　　B. 低负荷　　C. 低摩擦阻力　　D. 低零漂

3. 车床主轴轴线有轴向窜动时，对车削(　　)的精度影响较大。

A. 外圆表面　　B. 丝杠螺距　　C. 内孔表面

4. 用数控车床进行螺纹加工时，必须在主轴上安装(　　)。

A. 加速度传感器　　B. 脉冲编码器　　C. 测速发电机　　D. 电流传感器

5. 车床主轴锥孔中心线和尾座顶尖套锥孔中心线对拖板移动的不等高误差，允许(　　)。

A. 车床主轴高　　B. 尾座高　　C. 两端绝对一样高　　D. 无特殊要求

二、简答题

1. 数控车床主要由哪几个部分构成？

2. 数控车床的布局形式主要分为哪几类？

3. 卧式车床的最佳布局形式是哪一种？为什么？

4. 请根据图 3-12 描述 TND360 数控车床的传动链，并根据传动链图判断该机床控制水平的高低。

5. 简述转塔刀架换刀的实现过程。

6. 在 TND360 机床上，为什么安全联轴器能保护进给系统的安全？

7. 在 TND360 机床上，当主轴转速为 500 r/min 时，主轴电机的实际转速为多少？

第四章　数 控 铣 床

学习目的与要求

- 掌握数控铣床的主要组成；
- 熟悉数控铣床的主要加工对象；
- 熟悉数控铣床的主要功能以及分类；
- 了解 XK5040A 型数控铣床的主要特性参数；
- 掌握 XK5040A 型数控铣床的传动系统和主要部件。

4.1　概　　述

数控铣床主要采用铣削方式加工工件，其用途广泛，不仅可以加工各种平面、沟槽、螺旋槽、成型表面和孔，而且还能加工各种平面曲线等复杂型面，适合于各种模具、凸轮、板类及箱体类零件的加工。另外，数控铣床还有孔加工功能，通过特定的功能指令可以进行钻孔、扩孔、铰孔、镗孔和攻丝等。目前应用较多的是三坐标系数控铣床，它可以进行三个坐标联动加工，另外还有相当部分的铣床采用二坐标半控制(即三个坐标系的任何两个坐标联动加工)。附加一个数控回转工作台(或数控分度头)就增加了一个坐标，这样可以扩大加工的范围。

4.1.1　数控铣床的主要加工对象

铣削是机械加工中最常见的加工方法之一，它主要包括平面铣削和轮廓铣削。数控铣床特别适用于加工下列几类零件：

(1) 平面类零件。平面类零件是指加工平面与水平面的夹角为定角的零件。这类零件的特点是，各个加工表面是平面，或可以展开为平面，如图 4－1 中的曲线轮廓面 M 和斜平面 P 以及圆台侧平面 N。

(2) 变斜角类零件。变斜角类零件是指加工面与水平面的夹角呈连续变化的零件，如图 4－2 所示。其加工面不能展开为平面，但在加工中，铣刀圆周与加工面接触的瞬间为一直线。

(3) 曲面类零件。曲面类零件是指加工面为空间曲面的零件，如图 4－3 所示。其特点是加工平面不能展开为平面，且加工面与铣刀始终为点接触。

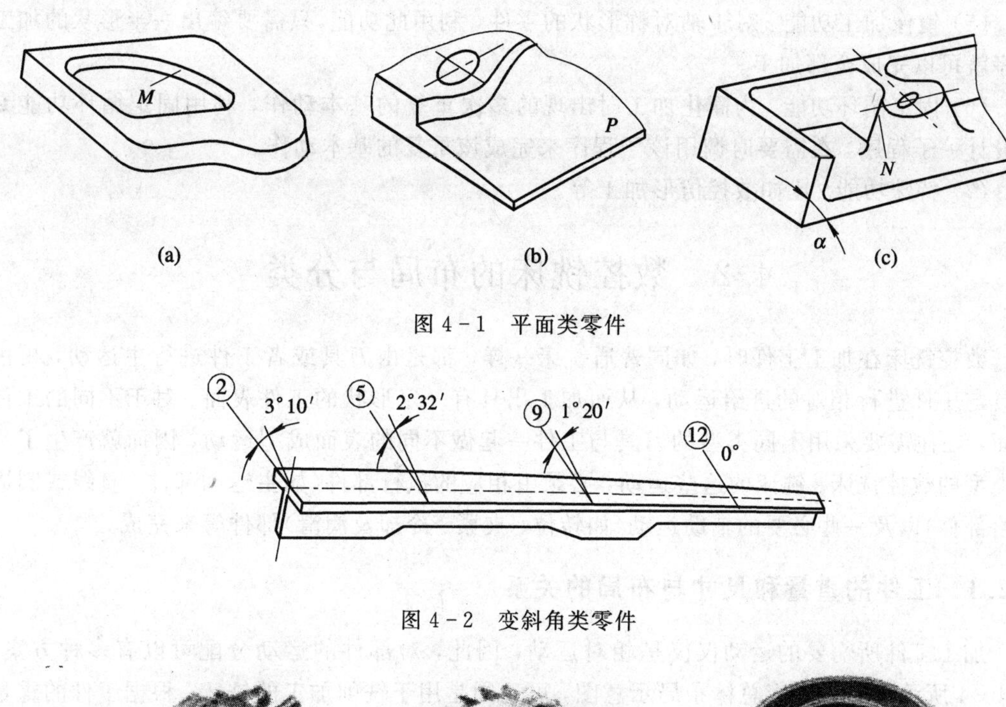

图 4-1　平面类零件

图 4-2　变斜角类零件

图 4-3　曲面类零件——模具、叶片、螺旋桨

4.1.2　数控铣床的主要功能

各类数控铣床配置的数控系统不同，其功能也不相同，除具有各自的特点以外，常具有以下功能：

(1) 点位控制功能。利用此功能，数控铣床可以进行只需要作点位控制的钻孔、扩孔、锪孔、铰孔和镗孔等加工。

(2) 连续轮廓控制功能。利用此功能，数控铣床通过直线与圆弧插补，可以实现对刀具运动轨迹的连续轮廓控制，加工出由直线和圆弧两种几何要素构成的平面轮廓工件以及加工一些空间曲面。

(3) 刀具半径自动补偿功能。在编程时，利用此功能可以很方便地按照工件实际的轮廓形状和尺寸进行编程计算，而加工中可以使刀具中心自动偏离工件轮廓一个刀具半径，从而加工出符合要求的轮廓表面。通过改变刀具半径补偿值的正负，还可以用同一加工程序加工某些需要相互配合的工件(如相互配合的凹凸模)。

(4) 刀具长度自动补偿功能。利用此功能，可以自动改变切削平面的高度，降低制造与返修时对刀具长度尺寸的精度要求，还可以弥补轴向对刀误差。

(5) 镜像加工功能。对于轴对称形状的零件，利用此功能，只需要编出一半形状的加工程序就可以完成全部加工。

(6) 固定循环功能。为简化加工时出现的多次重复的基本动作，利用固定循环功能专门设计一子程序，在需要时调用该子程序来完成该重复的基本动作。

(7) 特殊功能。比如数控仿形加工等。

4.2 数控铣床的布局与分类

数控铣床在加工工件时，如同普通铣床一样，都是由刀具或者工件进行主运动，再由刀具与工件进行相对的进给运动，从而加工出具有一定形状的工件表面。对于不同的工件表面，往往需要采用不同类型的刀具与工件一起做不同的表面成型运动，因而就产生了不同类型的数控铣床。铣床的这些运动，必须由相应的执行部件(如主运动部件、直线或圆周进给部件)以及一些必要的辅助运动(如转位、夹紧、冷却及润滑)部件等来完成。

4.2.1 工件的重量和尺寸与布局的关系

加工工件所需要的运动仅仅是相对运动，因此，对部件的运动分配可以有多种方案。图 4-4 所示为数控铣床总体布局示意图，可见同是用于铣削加工的铣床，根据工件的重量和尺寸的不同，可以有四种不同的布局方案。

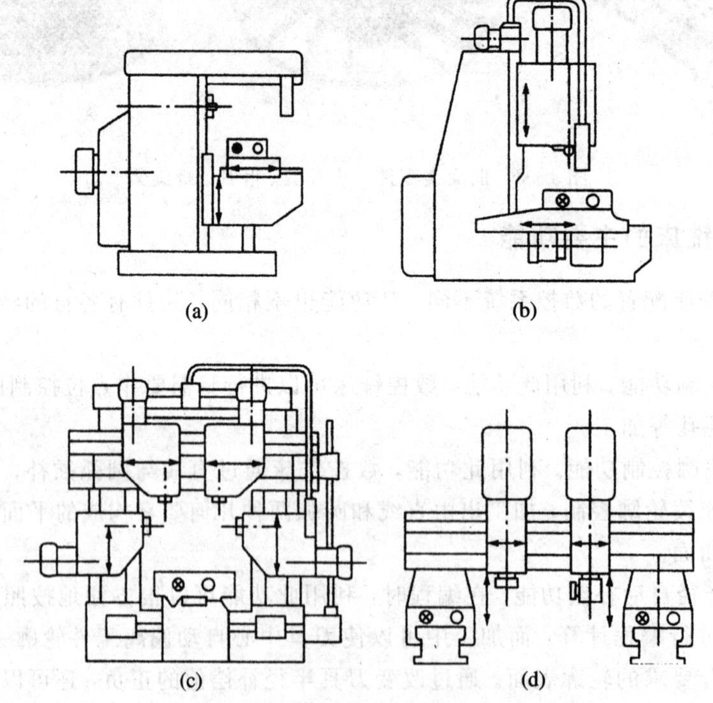

图 4-4 数控铣床总体布局示意图

(a) 工件进给运动的升降台铣床；(b) 铣头垂直进给运动的升降台铣床

(c) 工件一个方向进给运动的龙门式数控铣床；(d) 铣头垂直进给运动的龙门式数控铣床

图 4-4(a)所示的是加工工件较轻的升降台铣床，由工件完成三个方向的进给运动，分别由工作台、滑鞍和升降台来实现。

当加工工件较重或者尺寸较高时，则不宜由升降台带着工件进行垂直方向的进给运动，而是改由铣头带着刀具来完成垂直进给运动，如图 4-4(b)所示。这种布局方案，铣床的尺寸参数即加工尺寸范围可以取得大一些。

图 4-4(c)所示的是龙门式数控铣床，其工作台载着工件进行一个方向上的进给运动，其他两个方向的进给运动由多个刀架即铣头部件在立柱与横梁上的移动来完成。这样的布局不仅适用于重量大的工件加工，而且由于增多了铣头，使铣床的生产效率得到了很大的提高。

当加工更大、更重的工件时，由工件进行进给运动在结构上是难于实现的，因此采用如图 4-4(d)所示的布局方案，全部进给运动均由铣头运动来完成，这种布局形式可以减小铣床的结构尺寸和重量。

4.2.2 运动的分配与部件的布局

数控铣床的运动数目，尤其是进给运动数目的多少，直接与表面成型运动和铣床的加工功能有关。运动的分配与部件的布局是铣床总布局的中心问题。以数控镗铣床为例，它一般都有四个进给运动的部件，要根据加工的需要来配置这四个进给运动部件。

如果需要对工件的顶面进行加工，则铣床主轴应布局为立式的，如图 4-5(a)所示。在三个直线进给坐标之外，再在工作台上加一个既可立式也可卧式安装的数控转台或分度工作台作为附件。

如果需要对工件的多个侧面进行加工，则主轴应布局为卧式的，同样是在三个直线进给坐标之外再加一个数控转台，以便在一次装夹时集中完成多面的铣、镗、钻、铰、攻螺纹等多工序加工，如图 4-5(b)、4-5(c)所示。

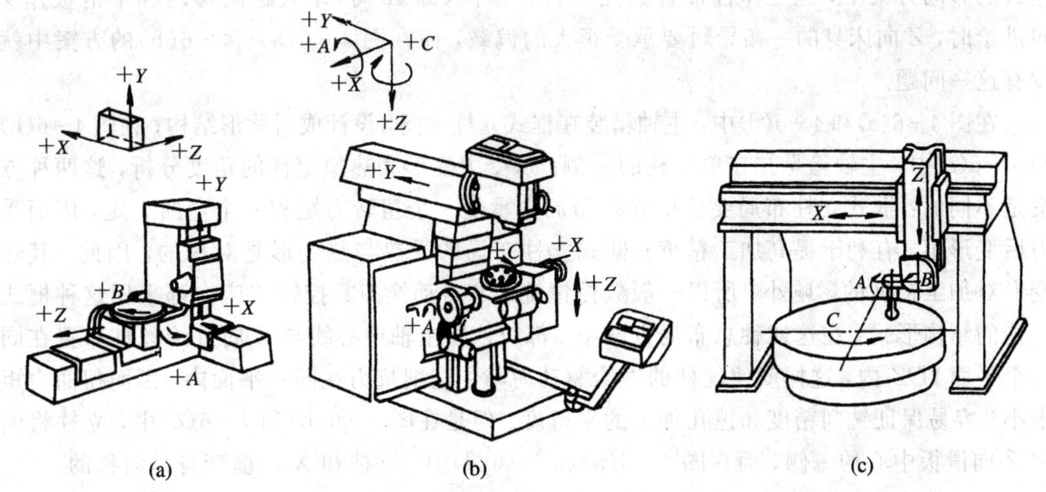

图 4-5　数控铣床运动与结构的关系

(a) 立式；(b) 立、卧两用式；(c) 卧式

4.2.3 布局与铣床的结构性能

数控铣床的布局应能兼顾铣床有良好的精度、刚度、抗振性和热稳定性等结构性能。图 4-6 所示的几种数控卧式铣床，其运动要求与加工功能是相同的，但因结构的总体布局各不相同，所以其结构性能是有差异的。

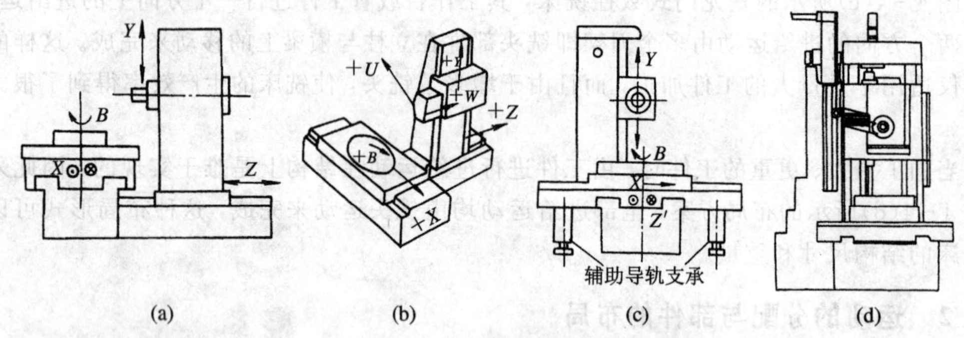

图 4-6 数控铣床布局与结构性能的关系

(a) 立柱和 X 向横床身对称的 T 形床身布局；(b) 立柱偏在 Z 向滑板中心一侧的 T 形床身布局；(c) 立柱偏在 Z 向滑板中心一侧的十字形工作台布局；(d) 立柱和 X 向横床身对称的十字形工作台布局

图 4-6(a)与 4-6(b)的方案采用了 T 形床身布局，前床身横置并与主轴轴线垂直，立柱带着主轴箱一起作 Z 坐标进给运动，主轴箱在立柱上作 Y 向进给运动。T 形床身布局的优点是：工作台沿前床身方向作 X 坐标进给运动，在全部行程范围内工作台均可支撑在床身上，故刚性较好，提高了工作台的承载能力，易于保证加工精度，而且有较长的工作行程，其床身、工作台及数控转台为三层结构，在相同的台面高度下，比图 4-6(c)和 4-6(d)的十字形工作台的四层结构更易保证大件的结构刚性；在图 4-6(c)和 4-6(d)的十字形工作台的布局方案中，当工作台带着数控转台在横向(即 X 向)作大距离移动和下滑板作 Z 向进给时，Z 向床身的一条导轨要承受很大的偏载，而在图 4-6(a)、4-6(b)的方案中就没有这一问题。

在图 4-6(a)和 4-6(d)中，主轴箱装在框式立柱中间，设计成对称形结构；在图 4-6(b)和 4-6(c)中，主轴箱悬挂在单立柱的一侧。从受力变形和热稳定性的角度分析，这两种方案是不同的：框式立柱布局要比单立柱布局少承受一个扭转力矩和一个弯曲力矩，因而受力后变形小，有利于提高加工精度；框式立柱布局的受热与热变形是对称的，因此，其热变形对加工精度的影响小。所以一般数控镗铣床和自动换刀数控镗铣床大都采用这种框式立柱的结构形式。在这四种总布局方案中，都应该使主轴中心线与 Z 向进给丝杠布置在同一个平面 YOZ 内，这样就使丝杠的进给驱动力与主切削抗力在同一平面内，因而扭曲力矩很小，容易保证铣削精度和镗孔加工的平行度。但是在图 4-6(b)和 4-6(c)中，立柱将偏在 Z 向滑板中心的一侧，而在图 4-6(a)和 4-6(d)中，立柱和 X 向横床身是对称的。

立柱带着主轴箱作 Z 向进给运动的优点是能使数控转台、工作台和床身为三层结构。但是当铣床的尺寸规格较大，立柱较高较重，再加上主轴箱部件，将使 Z 轴进给的驱动功率增大，而且立柱过高时，部件移动的稳定性将变差。

综上所述，在加工功能与运动要求相同的条件下，数控铣床的总体布局方案是多种多样的，以铣床的刚度、抗振性和热稳定性等结构性能作为评价指标，可以判别出布局方案的优劣。

4.2.4 数控铣床的分类

1. 按机床主轴的布置形式及机床的布局特点分类

按机床主轴的布置形式及机床的布局特点，数控铣床通常可分为立式、卧式和立卧两用式三种。

(1) 立式数控铣床。立式数控铣床的主轴轴线垂直于水平面，是数控铣床中最常见的一种布局形式，应用范围最广泛，其中以三轴联动铣床居多。立式数控铣床主要用于水平面内的型面加工，增加数控分度头后，可在圆柱表面上加工曲线沟槽，如图 4－7 所示。

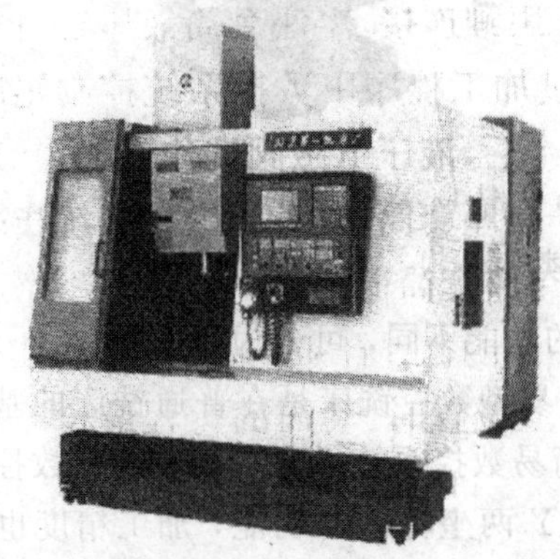

图 4－7　立式数控铣床

(2) 卧式数控铣床。卧式数控铣床的主轴轴线平行于水平面，主要用于垂直平面内的各种型面加工，配置万能数控转盘后，还可以对工件侧面上的连续回转轮廓进行加工，并能在一次安装后加工箱体零件的四个表面。通常采用增加数控转盘来实现四轴或五轴加工，如图 4－8 所示。

图 4－8　卧式数控铣床

(3) 立卧两用式数控铣床。立卧两用式数控铣床的主轴轴线方向可以变换，既可以进行立式加工，又可以进行卧式加工，使用范围更大，功能更强。若采用数控万能主轴(主轴头可以任意转换方向），就可以加工出与水平面成各种角度的工件表面；若采用数控回转工作台，还能对工件实现除定位面外的五面加工，如图 4-9 所示。

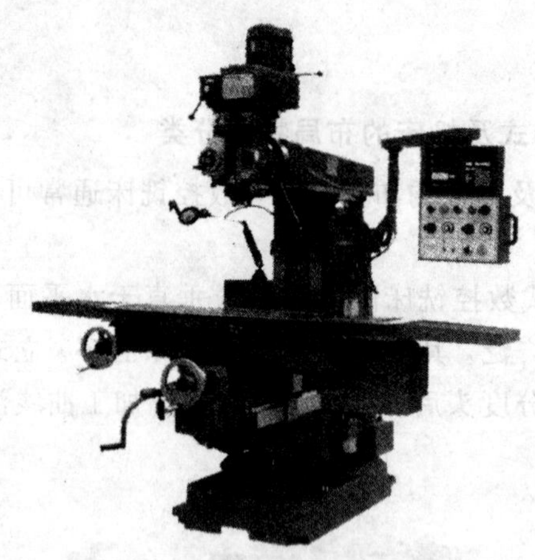

图 4-9　立卧两用式数控铣床

2. 按数控系统的功能分类

数控铣床按其数控系统的功能不同，可分为以下几种：

(1) 简易型数控铣床。简易型数控铣床是在普通铣床的基础上，对机床的机械传动结构进行简单的改造，并增加简易数控系统后形成的。这种数控铣床成本较低，自动化程度和功能都较差，一般只有 X、Y 两坐标联动功能，加工精度也不高，可以加工平面曲线类和平面型腔类零件。

(2) 普通数控铣床。普通数控铣床可以三坐标联动，用于各类复杂的平面、曲面和壳体类零件的加工，如各种模具、样板、凸轮和连杆等。

(3) 数控仿形铣床。数控仿形铣床主要用于各种复杂型腔模具或工件的铣削加工，特别对不规则的三维曲面和复杂边界构成的工件更显示出其优越性。

(4) 数控工具铣床。数控工具铣床在普通工具铣床的基础上，对机床的机械传动系统进行了改造，并增加了数控系统，从而使工具铣床的功能大大增强。这种铣床适用于各种工装、刀具对各类复杂的平面、曲面零件的加工。

4.3　数控铣床的传动系统与典型机械结构

4.3.1　数控铣床的基本组成及主要技术参数

1. 数控铣床的基本组成

XK5040A 型数控铣床主要用于加工小批量、多品种、尺寸形状复杂、精度要求较高的零件，如凸轮、样板、靠模、模具弧形模等平面曲线。

图 4-10 所示为 XK5040A 型数控铣床的外形，它为两轴半控制的数控铣床。床身 6 固定在底座 1 上，用于安装机床各部件。操纵箱 10 上有 CRT 显示器、机床操作按钮和各种开关及指示灯。纵向工作台 16 和横向滑板 12 安装在升降台 15 上，通过纵向进给伺服电

动机 13、横向进给伺服电动机 14 和垂直升降进给伺服电动机 4 的驱动，来完成 X、Y、Z 方向的进给运动。强电柜 2 中装有机床电气部分的接触器和继电器等。变压器箱 3 安装在床身立柱后面。数控柜 7 内装有机床数控系统。保护开关 8 和 11 可控制纵向行程硬限位。挡铁 9 为纵向参考点设定挡块。主轴变速手柄 5 和按钮板用于手动调整主轴的正、反转和停止以及切削液的开、停等。

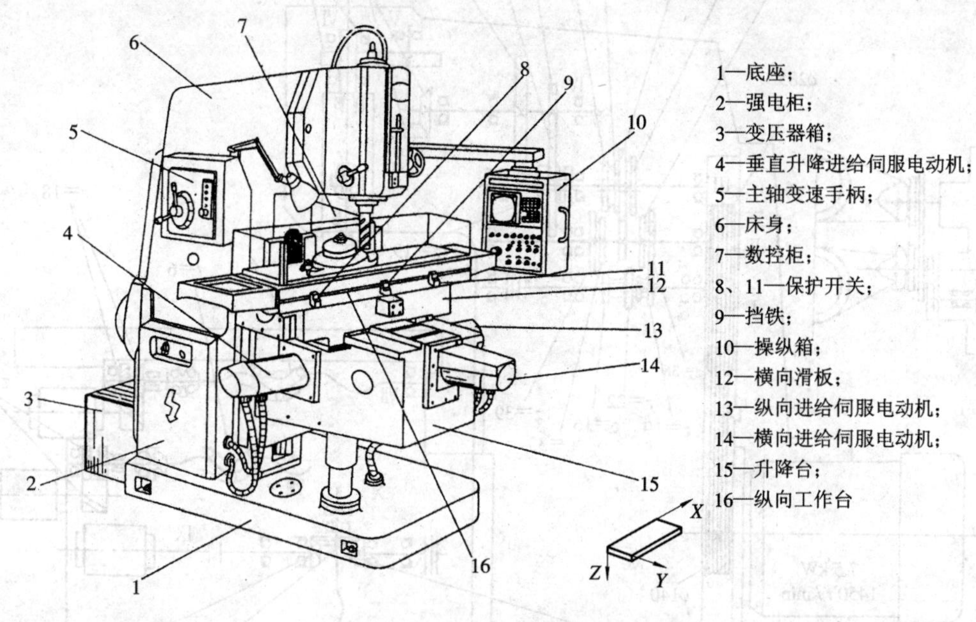

图 4－10　XK5040A 型数控铣床的外形

2. XK5040A 型数控铣床的主要技术参数

工作台工作面积(长×宽)	1600 mm×400 mm
工作台最大行程	纵向：750 mm；横向：375 mm；垂直：400 mm
工作台 T 形槽	宽：18 mm；间距：100 mm；数量：3 个
主轴孔直径	27 mm
主轴套筒移动距离	70 mm
主轴中心线到床身垂直导轨的距离	430 mm
工作台侧面到床身垂直导轨的距离	30～405 mm
主轴端面至工作台面的距离	50～450 mm
主轴转速范围	30～1500 r/min
主轴转速级数	18
工作台进给量	纵向：10～1500 r/min
	横向：10～1500 r/min
	垂直：10～600 r/min
主轴电动机功率	7.5 kW
伺服电动机额定转矩	纵向：18 N·M；横向：18 N·M；垂直：35 N·M
机床外形尺寸(长×宽×高)	2495 mm×2100 mm×2170 mm

4.3.2 数控铣床的传动系统

XK5040A 型数控铣床的传动系统如图 4-11 所示。

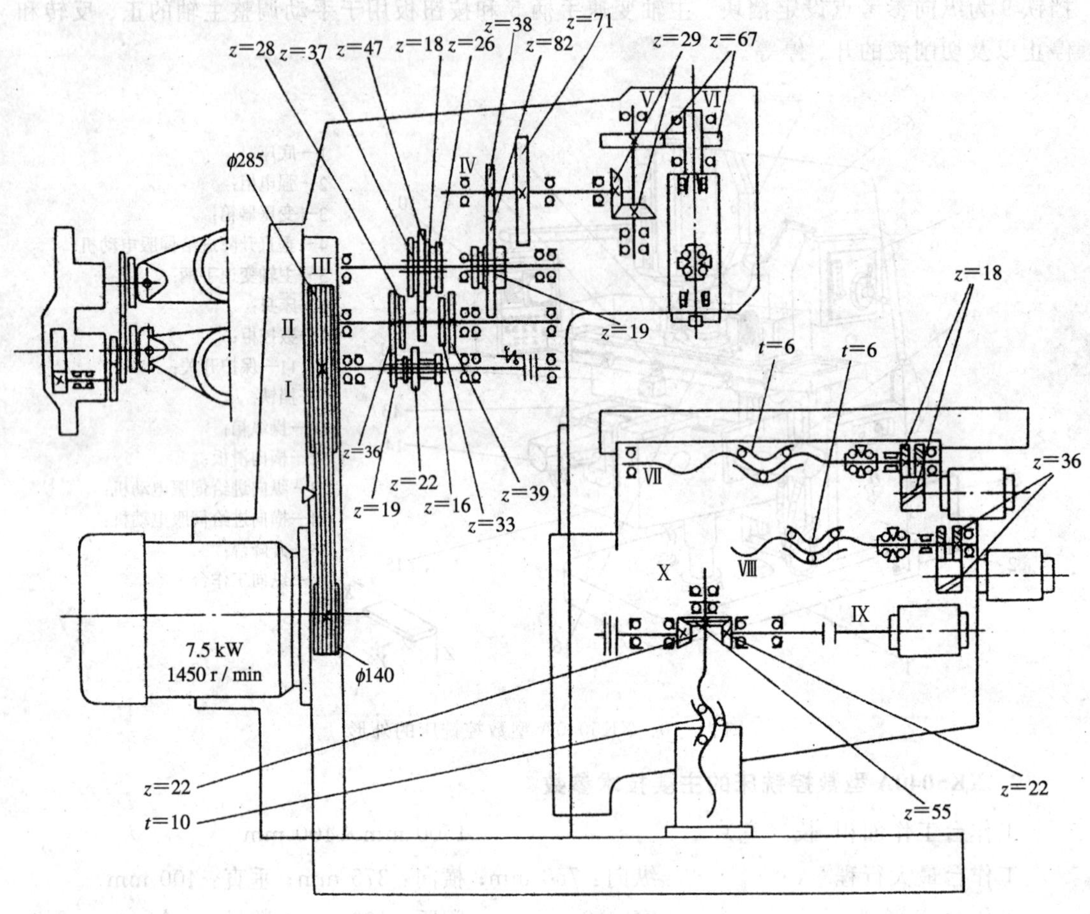

图 4-11 XK5040A 型数控铣床的传动系统

1. 主传动系统

XK5040A 型数控铣床的主运动是主轴的旋转运动，由 7.5 kW 的主电动机驱动，经 φ140/φ285 mm 三角带传动，再经Ⅰ～Ⅱ轴间的三联滑移齿轮变速组、Ⅱ～Ⅲ轴间的三联滑移齿轮变速组、Ⅲ～Ⅳ轴间的双联滑移齿轮变速组和Ⅳ～Ⅴ轴间的圆锥齿轮副 29/29 及Ⅴ～Ⅵ轴间的齿轮副 67/67 传至主轴，使之获得 18 级转速，转速范围为 30～1500 r/min。

2. 进给传动系统

进给运动有工作台的纵向、横向和垂直三个方向的进给运动。

(1) 纵向进给运动。它由 FB—15 直流伺服电动机驱动，经圆柱斜齿轮副($Z=48$)传动，带动滚珠丝杠转动，通过丝杠螺母机构实现。

(2) 横向进给运动。它由 FB—15 直流伺服电动机驱动，经圆柱斜齿轮副($Z=36$)传动，带动滚珠丝杠转动，通过丝杠螺母机构实现。

(3) 垂直进给运动。它由 FB—25 直流伺服电动机驱动，经锥齿轮副($Z=22$，$Z=55$)

传动，带动滚珠丝杠转动。实现垂直进给的伺服电动机带有制动器，当断电时工作台上、下运动方向刹紧，以防止升降台因自重而下滑。

4.3.3 数控铣床的主要部件

1. 主轴

数控铣床的主轴是铣床的重要组成部分，除了与普通铣床一样要求其具有良好的旋转精度、静刚度、抗振性、热稳定性及耐磨性外，由于数控铣床在加工过程中不进行人工调整，且数控铣床要求的转速更高，功率更大，因此数控铣床的主轴比普通铣床主轴的要求也更高、更严格。

图 4-12 为数控铣床典型的二级齿轮变速主轴结构。其主轴采用两支撑结构，主电动机的运动经双联齿轮带动中间传动轴，再经一对圆柱齿轮带动主轴旋转。

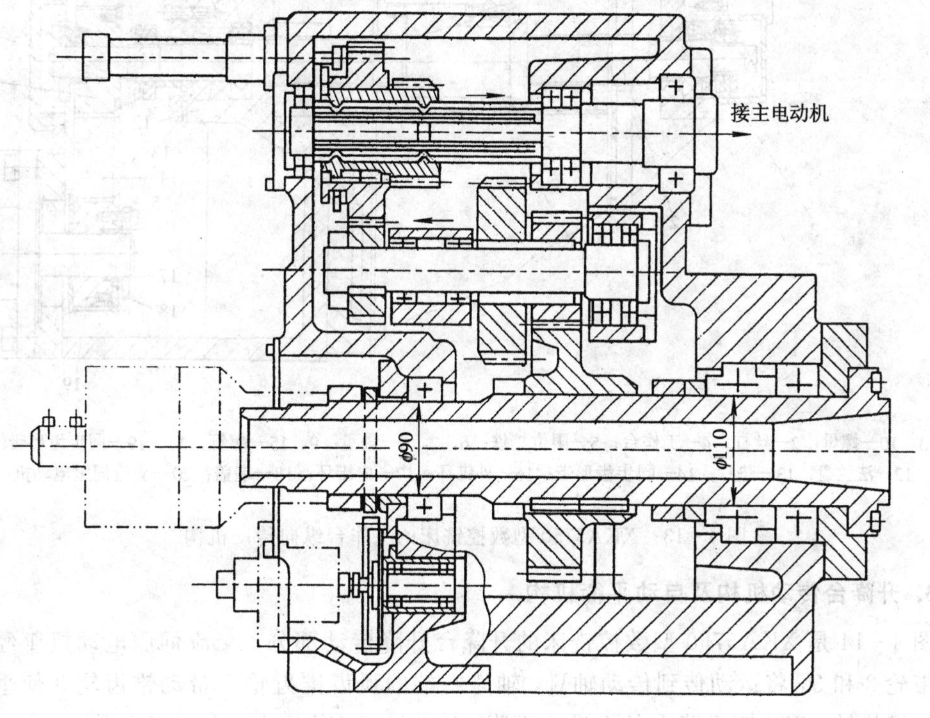

图 4-12 数控铣床典型的二级齿轮变速主轴结构

2. 工作台纵向传动机构

工作台纵向传动机构(这里以 XKA5750 型为例)如图 4-13 所示。交流伺服电动机 20 的轴上装有圆弧齿同步齿形带轮 19，通过同步齿形带 14 和装在丝杠右端的同步齿形带轮 11 带动丝杠旋转，使底部装有螺母 1 的工作台 4 移动。装在伺服电动机中的编码器将检测到的位移量反馈回数控装置，以形成半闭环控制。同步齿形带轮与电动机轴及丝杠之间均采用锥环无键式连接，这种连接方法不需要开键槽，而且配合无间隙，对中性好。滚珠丝杠两端采用角接触球轴承支撑，右端支撑采用三个 7602030TN/P4TFTA 轴承，其精度等级为 P4，径向载荷由三个轴承分担。两个开口向右的轴承 6 和 7 承受向左的轴向载荷，向左开口的轴承8承受向右的轴向载荷。轴承的预紧力由轴承7和8的内、外圈轴向尺寸差实现，当用螺母10通过隔套将轴承内圈压紧时，因为外圈比内圈轴向尺寸稍短，所以仍有微量间隙；用螺钉9通过法兰盘12压紧轴承外圈时，就会产生预紧力。修磨垫片13的厚度尺寸即可调整轴承的预紧力。丝杠左端的角接触球轴承(7602025TN/P4)，除承受径向载荷外，还通过对螺母3的调整，使丝杠产生预拉伸，以提高丝杠的刚度和减小丝杠的热变形。5为工作台纵向移动时的限位挡铁。

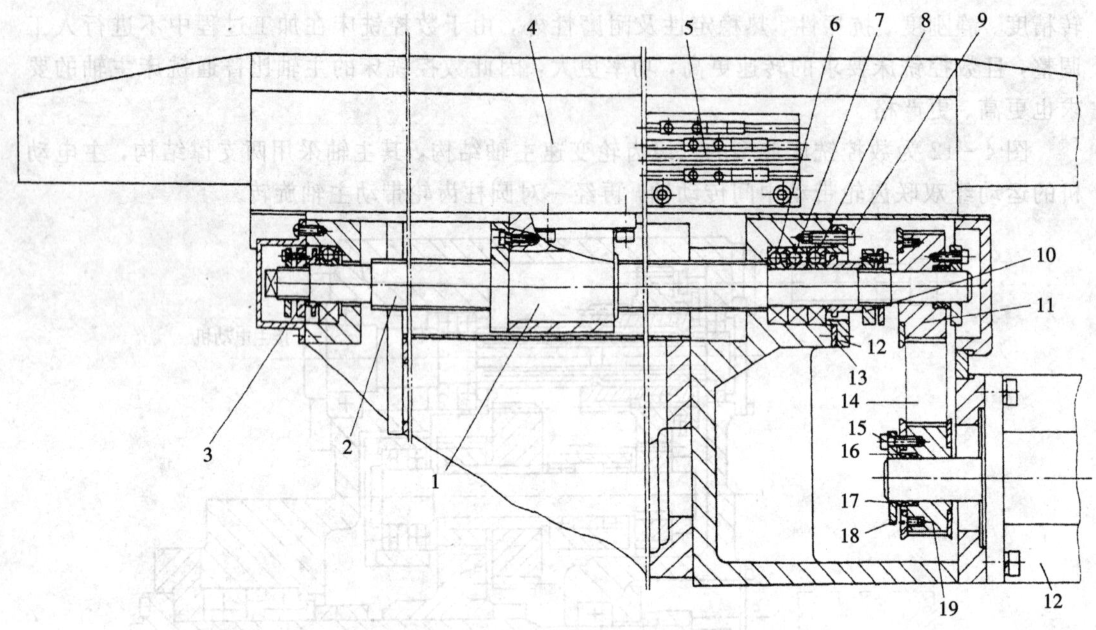

1、3、10—螺母；2—丝杠；4—工作台；5—限位挡铁；6、7、8—轴承；9、15—螺钉；11、19—同步齿形带轮；12—法兰盘；13—垫片；14—同步齿形带；16—外锥环；17—内锥环；18—端盖；20—交流伺服电动机

图4-13　XKA5750型数控铣床的工作台纵向传动机构

3. 升降台传动机构及自动平衡机构

图4-14是XKA5750型数控铣床的升降台升降传动部分，交流伺服电动机1经一对齿形带轮2和3，将运动传到传动轴Ⅶ，轴Ⅶ右端的弧齿锥齿轮7带动锥齿轮8使垂直滚珠丝杠Ⅷ旋转，以实现升降台的上升或下降。传动轴Ⅶ有左、中、右三点支撑，轴向定位由中间支撑的一对角接触球轴承来保证，由螺母4锁定轴承与传动轴的轴向位置，并对轴承预紧，预紧力用修磨两轴承的内外圈之间隔套5和6的厚度来保证。传动轴的轴向定位由螺钉25调节。垂直滚珠丝杠螺母副的螺母24由支撑套23固定在机床底座上，丝杠通过锥齿轮8与升降台连接，其支撑分别是由深沟球轴承9和角接触球轴承10承受径向载荷；由D级精度的推力圆柱滚子轴承11承受轴向载荷。图中轴Ⅸ的实际安装位置是在水平面内，与轴Ⅶ的轴线呈90°相交(图中为展开画法)，其右端为自动平衡机构。因滚珠丝杠无自锁能力，所以当垂直放置时，在部件自重作用下，移动部件会自动下移。因此，除升降台驱动电动机带有制动器外，还在传动机构中装有自动平衡机构，一方面防止升降台因自重下落，另外还可平衡上升下降时的驱动力。本机床由单向超越离合器和自锁器组成。工作原

理为：丝杠旋转的同时，通过锥齿轮 12 和轴Ⅸ带动单向超越离合器的星轮 21 转动。当升降台上升时，星轮的转向使滚子 13 与超越离合器的外环 14 脱开，外环 14 不随星轮 21 转动，自锁器不起作用；当升降台下降时，星轮 21 的转向使滚子楔在星轮与外环之间，使外环随轴一起转动，外环与两端固定不动的摩擦环 15 和 22(由防转销 20 固定)形成相对运动，在碟形弹簧 19 的作用下，产生摩擦力，以增加升降台下降时的阻力，从而起到自锁作用，并使得上下运动的力量平衡。调整时，先拆下端盖 17，然后松开螺钉 16，适当旋紧螺母 18，压紧碟形弹簧 19，即可增大自锁力。调整前需用辅助装置支撑升降台。

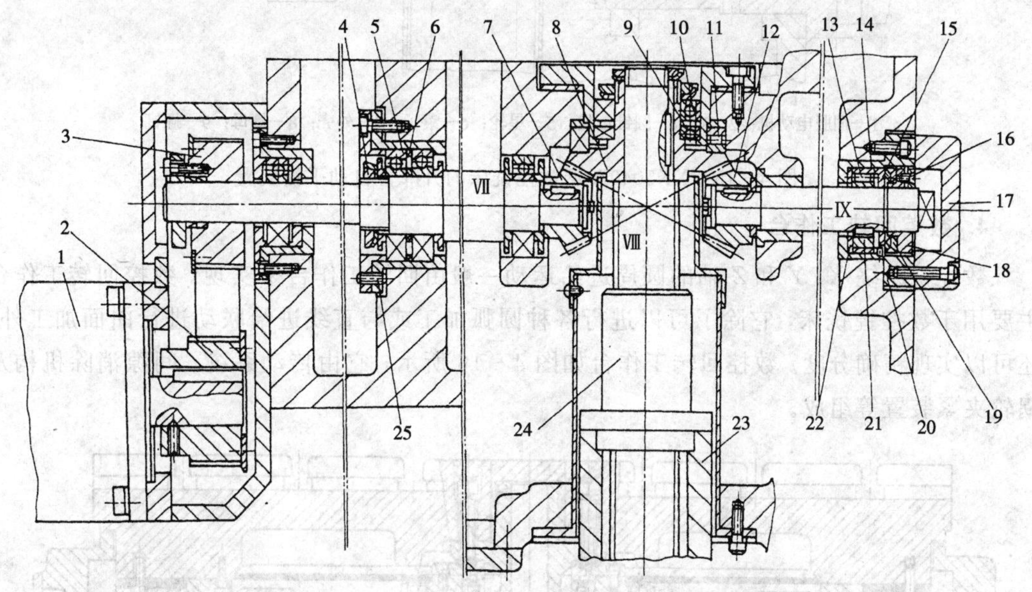

1—交流伺服电动机；2、3—齿形带轮；4、18、24—螺母；5、6—隔套；7、8、12—锥齿轮；9—深沟球轴承；10—角接触球轴承；11—滚子轴承、13—滚子；14—外环；15、22—摩擦环；16、25—螺钉；17—端盖；19—碟形弹簧；20—防转销；21—星轮；23—支撑套

图 4－14　XKA5750 型数控铣床的升降台升降传动部分

对 XK5040A 型数控铣床来讲，它的升降台自动平衡装置如图 4－15 所示。其工作原理如下：当圆锥齿轮 4 转动时，通过锥销带动单向超越离合器的星轮 5。伺服电动机 1 经过锥环连接带动十字联轴节以及圆锥齿轮 2 和 3，使升降丝杠转动，实现工作台的上升或下降，当工作台上升时，星轮的转向是使滚子 6 和外壳 7 脱开的方向，外壳不转，摩擦片不起作用；当工作台下降时，星轮的转向是使滚子 6 楔在星轮与外壳 7 之间的方向，外壳 7 随着圆锥齿轮 4 一起转动。经过花键与外壳连在一起的内摩擦片，与固定的外摩擦片之间产生相对运动，由于内外摩擦片之间的弹簧压紧，有一定的摩擦阻力，因此起到阻尼作用，上升与下降的力量才得以平衡。

因为滚珠丝杠无自锁功能，在一般情况下，垂直放置的丝杠会因部件的重力作用而自动下落，所以必须有阻尼或锁紧机构。

XK5040A 型数控铣床采用带制动器的伺服电动机，其阻尼力量的大小可以通过螺母 8 来调整，调整前先松开螺母 8 的锁紧螺钉 9，调整后将锁紧螺钉再锁紧。

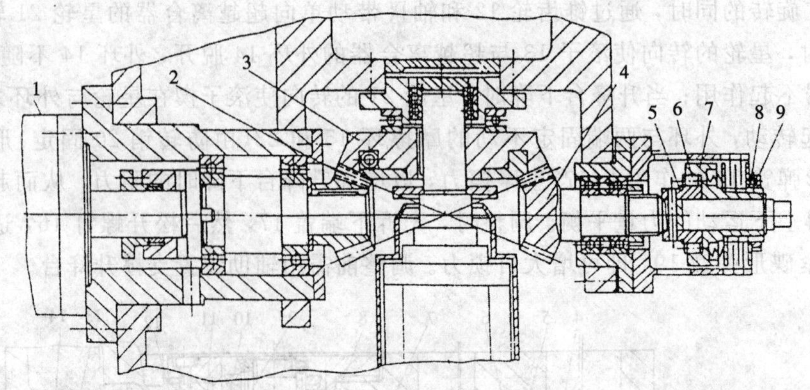

1—伺服电动机；2、3、4—圆锥齿轮；5—星轮；6—滚子；7—外壳；8—螺母；9—螺钉

图 4-15　XK5040A 型数控铣床的升降台自动平衡装置

4. 数控回转工作台

数控铣床绕 X、Y 和 Z 轴的圆周进给运动一般由回转工作台来实现。数控回转工作台主要用于数控镗铣床，它除了可以进行各种圆弧加工或与直线进给联动进行曲面加工外，还可以实现精确分度。数控回转工作台如图 4-16 所示，它由传动系统、间隙消除机构及蜗轮夹紧装置等组成。

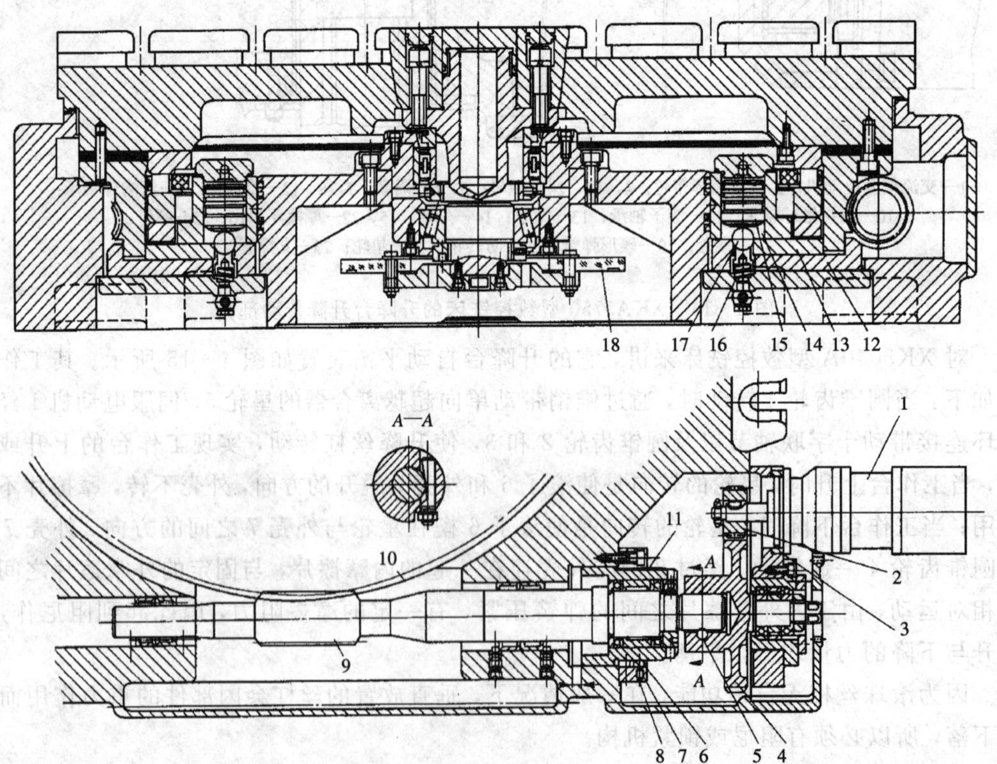

1—电液步进电动机；2、4—齿轮；3—偏心环；5—楔形拉紧圆柱销；6—压块；7—螺母；
8—锁紧螺钉；9—蜗杆；10—蜗轮；11—调整套；12、13—夹紧块；14—夹紧液压缸；
15—活塞；16—弹簧；17—钢球；18—光栅

图 4-16　数控回转工作台

数控回转工作台由电液步进电动机 1 驱动，经齿轮 2 和 4 带动蜗杆 9，通过蜗轮 10 使工作台回转。调整偏心环 3 消除齿轮 2 和 4 的啮合侧隙。齿轮 4 与蜗杆 9 靠楔形拉紧圆柱销 5（A—A 面）来连接，以消除轴与套的配合间隙。蜗杆 9 采用螺距渐厚蜗杆，通过移动蜗杆的轴向位置来调整间隙。调整时，松开螺母 7 的锁紧螺钉 8 使压块 6 与调整套 11 松开，转动调整套 11 带动蜗杆 9 作轴向移动；调整后，锁紧调整套 11 和楔形拉紧圆柱销 5 来消除间隙。

工作台静止时，必须处于锁紧状态。蜗轮底部有八对夹紧块 12 和 13，在底座上均布有八个夹紧液压缸 14，夹紧液压缸 14 的上腔通入压力油，活塞向下移动，通过钢球 17 撑开夹紧块 12 和 13，将蜗轮夹紧。当工作台需要回转时，数控系统发出指令，夹紧液压缸 14 上腔的油流回油箱，钢球 17 在弹簧 16 的作用下向上抬起，夹紧块 12 和 13 松开蜗轮，此时蜗轮和回转工作台按照数控系统的指令做回转运动。

数控回转工作台可任意回转和分度，由光栅 18 进行读数控制，因此能够达到较高的分度精度。

5. 分度工作台

分度工作台只能分度不能实现圆周运动。它是按数控系统的指令，在需要分度时将工作台连同工件回转一定的角度，有时也可以采用手动分度。分度工作台一般只能回转规定的角度，如 90°、60°或 45°等。按照定位机构的不同，分度工作台可分为鼠牙盘式和定位销式。

1) 鼠牙盘式分度工作台

鼠牙盘式分度工作台主要由工作台、夹紧油缸及鼠牙盘等零件组成，其中，鼠牙盘是保证分度定位的关键零件，每个齿盘的端面均加工有相同数目的三角形齿，齿数一般为 120 或 180 个，两齿盘啮合时能自动确定周向和径向的相对位置。一般有分度准备、分度动作和定位夹紧以及复位动作几个步骤。

鼠牙盘式分度工作台的工作特点如下：定位刚度好，重复定位和分度精度高，结构简单，但鼠牙盘制造精度高，且不能任意分度（只能分度可以除尽鼠牙盘齿数的角度）。鼠牙盘式分度工作台广泛用于各种加工和测量装置中。

图 4-17 是某卧式加工中心带有托盘交换的鼠牙盘式分度工作台。当分度工作台不转位时，上鼠牙盘 7 和下鼠牙盘 6 总是啮合在一起。当控制系统给出分度指令后，电磁铁控制换向阀运动（图中未画出），使压力油进入油腔 3，使活塞体 1 向上移动，并通过滚珠丝杠轴承带动整个工作台台体 13 向上移动。台体 13 的上移使得鼠牙盘 6 与 7 脱开，装在工作台台体 13 上的齿圈 14 与驱动齿轮 15 保持啮合状态，电动机通过传动带和一个降速比为 $i=1/30$ 的减速箱带动驱动齿轮 15 和齿圈 14 转动。当控制系统给出转动指令时，驱动电动机旋转并带动上鼠牙盘 7 旋转进行分度。当转过所需角度后，驱动电动机停止，压力油通过液压阀 5 进入油腔 4，迫使活塞体 1 向下移动并带动整个工作台台体 13 下移，使上下鼠牙盘啮合，准确地进行定位，从而实现工作台的分度回转。

分度工作台根据编程命令可以正转，也可以反转，由于该齿盘有 360 个齿，故最小分度单位为 1°。

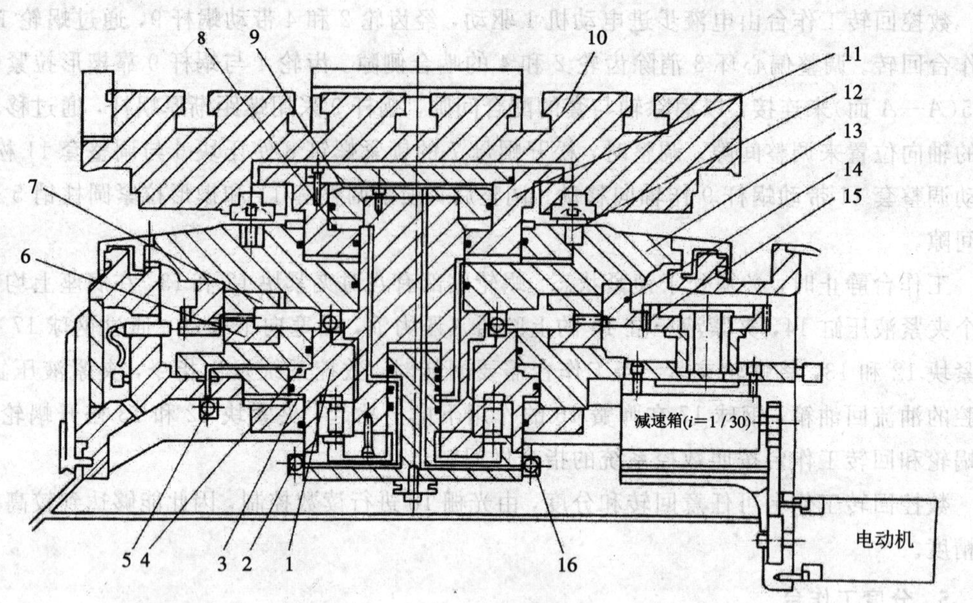

1—活塞体；2、5、16—液压阀；3、4、8、9—油腔；6、7—鼠牙盘；10—托盘；11—液压缸；12—定位销；13—工作台台体；14—齿圈；15—驱动齿轮；16—液压阀

图 4-17 某卧式加工中心带有托盘交换的鼠牙盘式分度工作台

分度工作台上的两个托盘 10 是用来交换工件的。托盘台面上有 5 个 T 形槽，利用 T 形槽可安装夹具和工件。托盘是靠 4 个精磨的圆锥定位销 12 在分度工作台上进行定位的。托盘的交换过程为：当需要更换托盘时，控制系统发出指令，使分度工作台返回零点，此时液压阀 16 接通，压力油进入油腔 9，使得液压缸 11 向上移动，托盘则脱开定位销 12。当托盘被顶起后，液压缸带动齿条向左移动，从而带动与其相啮合的齿轮旋转并使整个托盘装置旋转，使托盘沿着滑动轨道旋转 180°，从而达到托盘交换的目的。当新的托盘到达分度工作台上面时，空气阀接通，压缩空气经管路从托盘定位销 12 中间吹出，清除托盘定位销孔中的杂物。同时电磁液压阀 2 接通，压力油进入油腔 8，迫使液压缸 11 向下移动，并带动托盘夹紧在 4 个定位销 12 中，从而完成整个托盘的交换过程。

2) 定位销式分度工作台

图 4-18 所示为 THK6380 型自动换刀数控卧式镗铣床的定位销式分度工作台的结构。分度工作台 1 的两侧有长方工作台 10，在不单独使用分度工作台时，它们可以作为整体工作台使用。在分度工作台 1 的底部均匀地固定有八个圆柱定位销 7，在底座 21 上有一个定位孔衬套 6 及供定位销移动的环形槽。其中只有一个定位销 7 进入定位孔衬套 6 中，其他七个定位销则都在环形槽中。因为定位销之间的分布角度为 45°，所以工作台只能作二、四、八等分的分度运动。

分度时，机床的数控系统发出指令，由电器控制的液压缸使六个均匀分布的锁紧液压缸 8(图 4-18 中只标出一个)中的压力油，经环形油槽 13 流回油箱，锁紧缸活塞 11 被弹簧 12 顶起，使分度工作台 1 处于松开状态。同时消隙液压缸 5 也卸荷，液压缸中的压力油经回油路流回油箱。油管 18 中的压力油进入中央液压缸 17，使活塞 16 上升，并通过螺栓 15 和支座 4 把止推轴承 20 向上抬起 15 mm，顶在底座 21 上。分度工作台 1 用四个螺钉与锥

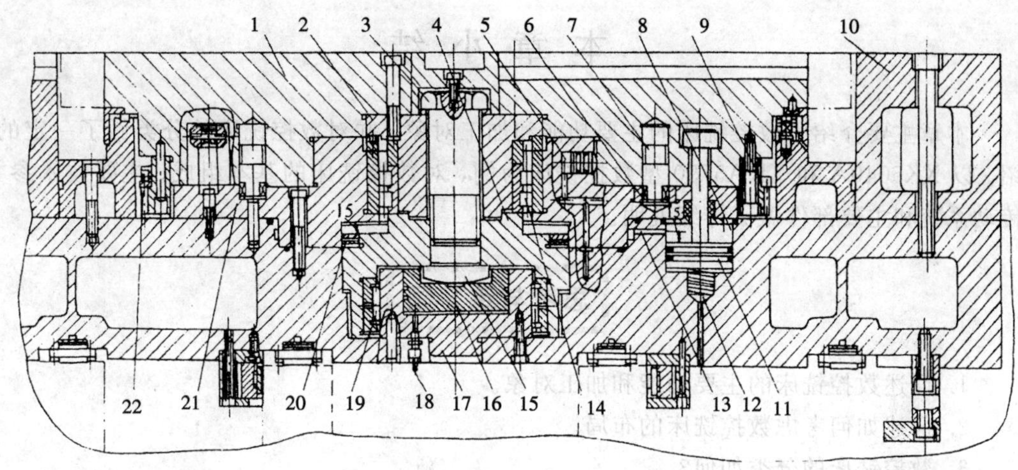

1—分度工作台；2—锥套；3—螺钉；4—支座；5—消隙液压缸；6—定位孔衬套；7—定位销；8—锁紧液压缸；
9—齿轮；10—长方工作台；11—锁紧缸活塞；12—弹簧；13—油槽；14、19、20—轴承；
15—螺栓；16—活塞；17—中央液压缸；18—油管；21—底座；22—挡块

图 4-18　THK6380 型自动换刀数控卧式镗铣床的定位销式分度工作台的结构

套 2 相连，而锥套 2 用六角头螺钉 3 固定在支座 4 上，因此，当支座 4 上移时，通过锥套 2 使工作台 1 抬高 15 mm，固定在工作台面上的定位销 7 从定位孔衬套 6 中拔出。

当工作台抬起之后发出信号使液压马达驱动减速齿轮(图中未示出)，带动固定在分度工作台 1 下面的大齿轮 9 转动，以进行分度运动。分度工作台的回转速度由液压马达和液压系统中的单向节流阀来调节，分度初作快速转动，在将要到达规定位置前减速，减速信号由固定在大齿轮 9 上的挡块 22(共八个周向均匀分布)碰撞限位开关发出。当挡块 22 碰撞第一个限位开关时，发出信号使工作台降速，当挡块碰撞第二个限位开关时，分度工作台停止转动，此时，相应的定位销 7 正好对准定位孔衬套 6。

分度完毕后，数控系统发出信号使中央液压缸 17 卸荷，油液经油管 18 流回油箱，分度工作台 1 靠自重下降，定位销 7 插入定位孔衬套 6 中。定位完毕后，消隙液压缸 5 通压力油，活塞顶向分度工作台 1，以消除径向间隙。经油槽 13 来的压力油进入锁紧液压缸 8 的上腔，推动锁紧缸活塞 11 下降，通过锁紧缸活塞 11 上的 T 形头将工作台锁紧。至此分度工作进行完毕。

分度工作台 1 的回转部分支撑在加长型双列圆柱滚子轴承 14 和滚针轴承 19 中，轴承 14 的内孔带有 1∶12 的锥度，用来调整径向间隙。轴承内环固定在锥套 2 和支座 4 之间，并可带着滚柱在加长的外环内作 15 mm 的轴向移动。轴承 19 装在支座 4 内，能随支座 4 作上升或下降移动，并可作为另一端的回转支撑。支座 4 内还装有端面滚柱轴承 20，它可使分度工作台回转得很平稳。

定位销式分度工作台的定位精度取决于定位销和定位孔的精度，最高可达±5″。有时采取对最常用的相差 180°的同轴线孔的定位精度要求高些(常用于调头镗孔)，其他角度(45°、90°、135°)的定位精度低些的标准，但定位销和定位衬套的制造和装配精度要求都很高，硬度的要求也很高，而且耐磨性好。

本 章 小 结

本章主要介绍了数控铣床的主要功能和加工对象，并对数控铣床的分类做了一定的介绍。以 XK5040A 和 XKA5750 型数控铣床为例，对数控铣床的基本组成、主要技术参数、传动系统和主要部件做了详细说明。

思考与练习题

1. 简述数控铣床的主要功能和加工对象。
2. 简述如何考虑数控铣床的布局。
3. 数控铣床的分类如何?
4. XK5040A 型数控铣床的基本组成部分是什么?
5. 简述 XKA5750 和 XK5040A 型数控铣床自动平衡装置的工作原理。
6. 试说明数控铣床中常用的回转进给系统的典型结构。

第五章　加 工 中 心

学习目的与要求

- 了解加工中心的特点、分类与发展；
- 理解 JCS—018A 型加工中心的主传动系统及主轴箱结构；
- 理解 JCS—018A 型加工中心的进给传动系统及其结构；
- 理解 JCS—018A 型加工中心的自动换刀装置(ATC)以及换刀过程；
- 熟悉 JCS—018A 型加工中心的立柱、床身和工作台；
- 了解卧式加工中心。

5.1　加工中心概述

加工中心机床也称为多工序自动换刀数控机床，它主要是指具有自动换刀及自动改变工件加工位置功能的数控机床，能对需要做镗孔、铰孔、攻螺纹、铣削等作业的工件进行多工序的自动加工。有些加工中心机床总是以回转体零件为加工对象，如车削中心。但大多数加工中心机床是以非回转体零件为加工对象，其中较为常见且具有代表性的是自动换刀卧式数控镗铣床。

5.1.1　加工中心的特点

加工中心机床的基本特征如下：

(1) 具有至少三个轴的点位直线切削控制能力。现在的加工中心已经具有三个轴以上的连续控制能力，能进行轮廓切削。

(2) 具有自动刀具交换装置(ATC)。这是加工中心机床的典型特征，是进行多工序加工的必要条件。自动刀具交换装置能大大提高加工效率。

(3) 具有分度工作台和数控转台。后者能以很小的当量(如 5′)任意分度。这种转动的工作台与卧式主轴相配合，对于工件的各种垂直加工面有最好的接近程度。主轴外伸少，改善了切削条件，也利于切屑处理。因此，大多数加工中心机床都使用卧式主轴与旋转工作台来相配合，以便在一次装夹后就能完成各种垂直面的加工。

(4) 除自动换刀功能外，加工中心机床还具有选择各种进给速度和主轴转速的能力及各种辅助功能，以保证加工过程的自动化进程。此外，还设有刀具补偿、固定加工循环、重复指令等功能以简化程序编制工作。现在有些加工中心机床控制系统能够进行自动编程。

(5) 工序高度集中。由于加工中心具有上述特点，因此大大减少了工件的装夹、测量和机床的调整时间，减少了工件的周转、搬运和存放时间，使机床的切削时间利用率高出普通机床的 3～4 倍。加工中心同时具有较好的加工一致性，与单机、人工操作方式比较，能排除工艺流程中的人为干扰因素，特别适合加工形状较复杂、精度要求较高、品种更换频繁的工件。

5.1.2 加工中心的分类

1. 按加工范围分类

加工中心按加工范围可分为：车削加工中心、钻削加工中心、镗铣加工中心、磨削加工中心和电火花加工中心等。一般镗铣加工中心简称加工中心，其余种类的加工中心要有前面的定语。

2. 按加工中心的布局方式分类

1) 立式加工中心

立式加工中心是指主轴轴心线为垂直状态设置的加工中心，其结构形式多为固定立柱式，工作台为长方形，无分度回转功能，具有 3 个直线运动坐标(沿 X、Y、Z 轴方向)，适合加工盘类零件。如在工作台上安装一个水平轴的数控回转台，就可用于加工螺旋线类零件。JCS—018A 立式镗铣加工中心外形如图 5－1 所示。立式加工中心的结构简单，占地面积小，价格低。

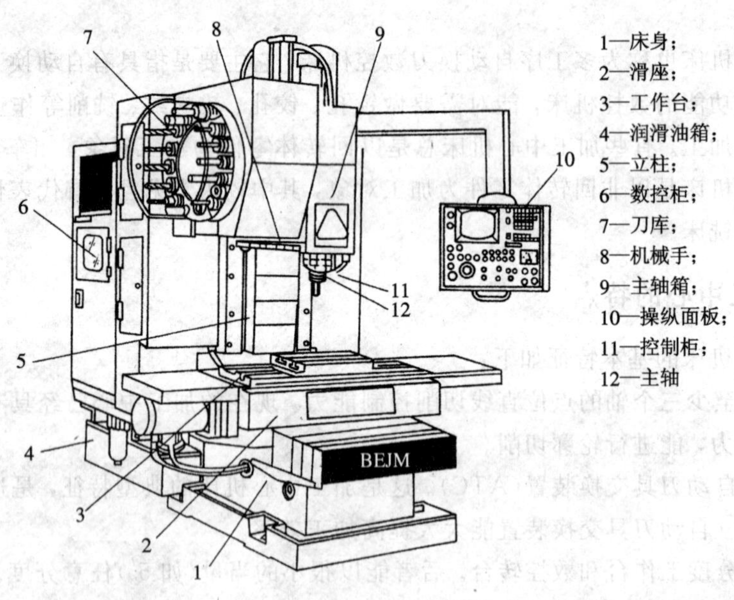

图 5－1 JCS—018A 立式镗铣加工中心外形图

2) 卧式加工中心

卧式加工中心如图 5－2 所示，它是指主轴轴线为水平状态设置的加工中心，通常都带有可进行分度回转运动的正方形分度工作台。卧式加工中心一般具有 3～5 个运动坐标，常见的是 3 个直线运动坐标(沿 X、Y、Z 轴方向)加 1 个回转运动坐标(回转工作台)，它能够使工件在一次装夹后就完成除安装面和顶面以外的其余 4 个面的加工，最适合箱体类工件的加工。

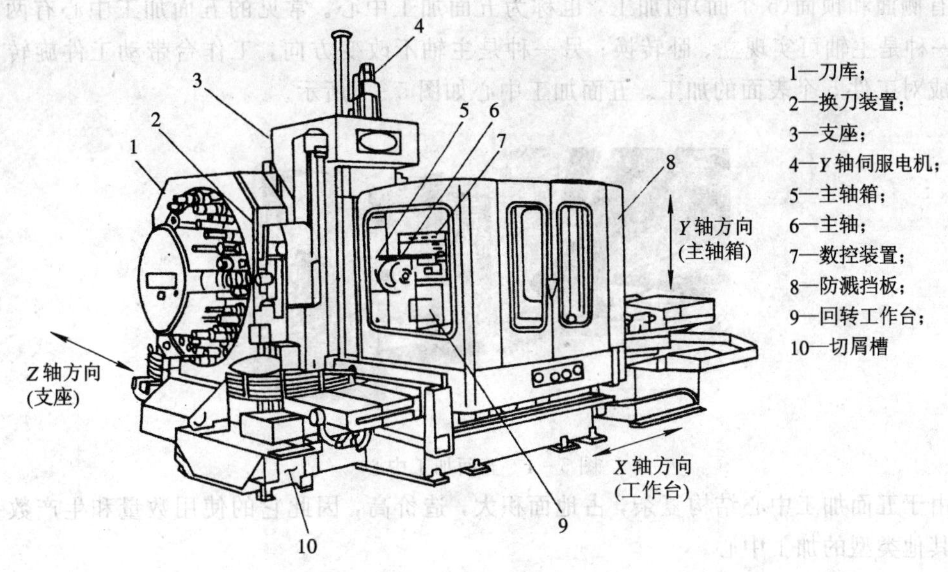

图 5-2　卧式加工中心

卧式加工中心有多种形式，如固定立柱式和固定工作台式。固定立柱式的卧式加工中心的立柱固定不动，主轴箱沿立柱做上下运动，而工作台可在水平面内做前后、左右 4 个方向的移动；固定工作台式的卧式加工中心，安装工件的工作台是固定不动的(不做直线运动)，沿坐标轴 3 个方向的直线运动由主轴箱和立柱的移动来实现。与立式加工中心相比，卧式加工中心的结构复杂，占地面积大，重量大，价格也较高。

3) 龙门式加工中心

龙门式加工中心如图 5-3 所示，其形状与龙门铣床相似，主轴多为垂直状态设置。它带有自动换刀装置及可更换的主轴头附件，数控装置的软件功能也较齐全，能够一机多用。龙门型布局具有结构刚性好的特点，容易实现热对称性设计，尤其适用于加工大型或形状复杂的工件，如航天工业及大型汽轮机上的某些零件的加工。

图 5-3　龙门式加工中心

4）万能加工中心（复合加工中心）

万能加工中心具有立式和卧式加工中心的功能，工件一次装夹后就能完成除安装面外的所有侧面和顶面(5个面)的加工，也称为五面加工中心。常见的五面加工中心有两种形式：一种是主轴可实现立、卧转换；另一种是主轴不改变方向，工作台带动工件旋转90°，来完成对工件5个表面的加工。五面加工中心如图5-4所示。

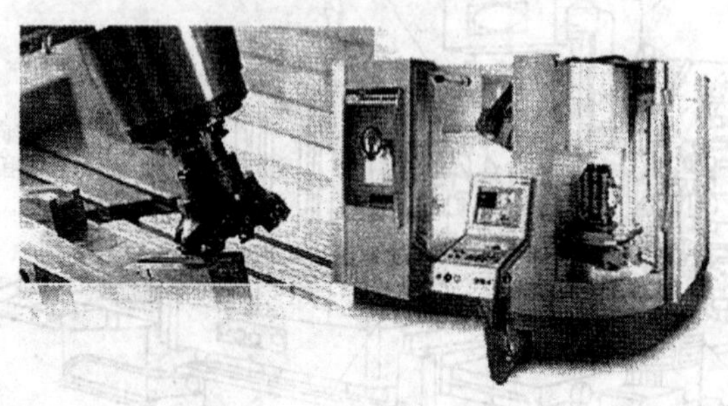

图5-4　五面加工中心

由于五面加工中心结构复杂，占地面积大，造价高，因此它的使用数量和生产数量远不如其他类型的加工中心。

5）虚轴加工中心

虚轴加工中心改变了以往传统机床的结构，通过连杆的运动，实现主轴多自由度的运动，完成对工件复杂曲面的加工，如图5-5所示。

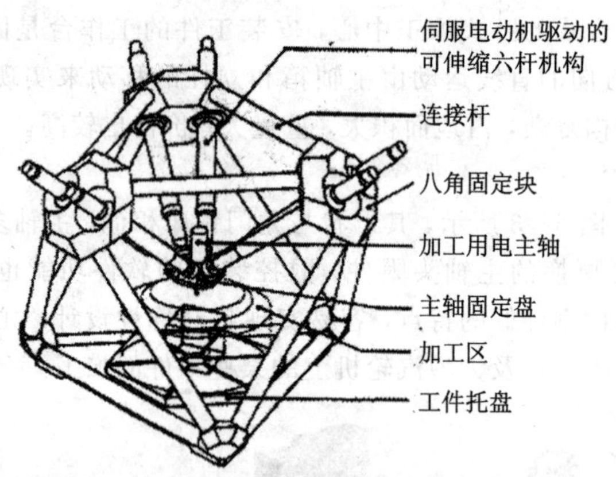

图5-5　六条腿虚轴加工中心

3. 按换刀形式分类

1）带刀库、机械手的加工中心

该加工中心的换刀装置(Automatic Tool Changer)是由刀库和机械手组成的，并由机械手来完成换刀工作。这是加工中心最普遍采用的形式，JCS—018A型立式加工中心就属于这一类。

2）无机械手的加工中心

无机械手的加工中心的换刀是通过刀库和主轴箱的配合动作来完成的，一般把刀库放在主轴箱可以运动到的位置。刀库中刀具存放位置方向与主轴装刀方向一致。换刀时，主轴运动到刀位上的换刀位置，由主轴直接取走或放回刀具。采用40号以下刀柄的小型加工中心多为这种无机械手式的，XH754型卧式加工中心就是这一类型。

3）转塔刀库式加工中心

小型立式加工中心一般采用转塔刀库形式，它主要以孔加工为主。ZH5120型立式钻削加工中心就是转塔刀库式加工中心。

4. 按数控系统分类

加工中心按数控系统的不同有两种分类方法：一种可分为两坐标加工中心、三坐标加工中心和多坐标加工中心；另一种可分为半闭环加工中心和全闭环加工中心。

5.1.3 加工中心的发展

目前，加工中心的发展方向主要是高速化、精度的进一步提高和功能的完善等。

(1) 高速化。加工中心的高速化主要是指主轴转速、进给速度、进给单元的加速度、自动换刀装置和自动托盘交换装置的高速化。

目前，日本新泻铁工机床厂生产的USH10型数控铣床主轴的最高转速可达100 000 r/min。1996年日本还研制出了一台卧式加工中心，其最大进给速度可达80 m/min。德国目前也已研制出加速度为2.5g(普通机床的进给加速度只有0.1g～0.3g)，主轴转速为60 000 r/min，进给速度为60 m/min的高速机床。

加工中心的刀具交换时间也大为缩短。例如，德国CHIRON公司生产的型号为FZ08S的加工中心，其换刀时间仅为0.5 s。

自动托盘装置在交换时的移动速度最高已达40 m/min，而且其重复定位精度已达3 μm。

(2) 精度的进一步提高。精度的进一步提高就是使工件加工精度逐渐接近坐标镗床。例如，瑞士迪克西(DIXI)公司的DIX1280TCA型精密加工中心，其坐标定位精度已达到每500 mm行程±0.003 mm，B坐标(回转工作台)精度已达到3″。

(3) 功能的完善。加工中心功能的完善首先表现在愈来愈完善的自诊断功能。为了尽可能地减少加工中的故障，现代加工中心大多配备完善的自诊断功能。例如，位置检测传感器、刀具破损检测装置、切削异常检测功能、适应控制功能、备用刀具选择功能、温度传感器、声传感器和电流传感器等，这些功能和传感器使机床具有一定的人工智能。

加工中心的性能在很大程度上取决于数控系统的性能，所以不断开发出相对高精度、高速度、高效率要求的数控装置，把控制机器人、测量、上下料等功能纳入到CNC内。例如，德国WERNER公司的TC系列卧式加工中心，它采用了主轴功率监控、切削负荷监控、刀具长度监控和声呐技术检测刀具破损情况等新技术，从而使加工中心的使用更加安全、可靠。

5.2 JCS—018A型加工中心

5.2.1 JCS—018A型加工中心的用途、特点及技术参数

JCS—018A型加工中心由北京机床研究所研制，是一台具有自动换刀装置的小型数控

立式镗铣床。该加工中心采用了软件固定型计算机控制的 FANUC—BESK 6ME 数控系统(以下简称 FANUC 6M 系统)。

1. JCS—018A 的用途

在 JCS—018A 型加工中心上，工件一次装夹后，可以自动连续地完成镗、铣、钻、铰、扩、锪和攻螺纹等多种工序的加工。因此，它适合于小型板类、盘类、壳体类和模具等零件的多品种小批量加工。使用该机床加工中、小批量的复杂零件，一方面可以节省在普通机床上加工所需的大量的工艺装备，缩短了生产准备周期；另一方面能够确保工件的加工质量，提高生产率。

2. JCS—018A 的特点

1）结构特点

(1) 机床的刚度高，抗振性好。为了满足加工中心高自动化、高速度、高精度、高可靠性的要求，加工中心的静刚度、动刚度和机械结构系统的阻尼比都高于普通机床。

(2) 机床的传动系统结构简单，传递精度高，速度快。加工中心传动装置主要有三种，即滚珠丝杠副、静压蜗杆—蜗母条、预加载荷双齿轮—齿条。它们由伺服电动机直接驱动，省去齿轮传动机构，传递精度高，速度快。一般速度可达 15 m/min，最高可达 100 m/min。

(3) 主轴系统结构简单，无齿轮箱变速系统(特殊的也只保留 1～2 级齿轮传动)。主轴功率大，调速范围宽，并可无级调速。目前加工中心 95％以上的主轴传动都采用交流主轴伺服系统，速度可实现 10～20 000 r/min 无级变速。

(4) 加工中心的导轨都采用了耐磨损材料和新结构，能长期地保持导轨的精度，在高速重切削下，保证运动部件不振动，低速进给时不爬行。

(5) 设置有刀库和换刀机构。具有储存加工所需刀具的刀库，它用于储存刀具并根据要求将各工序所用的刀具运送到取刀位置；具有自动装卸刀具的机械手。这是加工中心与数控铣床和数控镗床的主要区别，使加工中心的功能和自动化加工的能力更强了。加工中心的刀库容量少的有几把，多的达几百把。这些刀具通过换刀机构自动调用和更换，也可通过控制系统对刀具寿命进行管理。

(6) 具有主轴准停机构、刀杆自动夹紧松开机构和刀柄切屑自动清除装置，这是加工中心机床主轴部件中三个主要组成部分，也是加工中心机床能够顺利地实现自动换刀所必须具备的结构保证。此外，还有的具有自动排屑、自动润滑、自动报警和工作台自动交换等系统。

2）加工特点

(1) 全封闭防护，加工精度高。加工中心同其他数控机床一样具有加工精度高的特点，而且加工中心由于加工工序集中，避免了长工艺流程，减少了人为干扰，故加工精度更高，加工质量更加稳定。

(2) 能自动进行刀具交换，加工生产率高。零件加工所需要的时间包括机动时间与辅助时间两部分。加工中心带有刀库和自动换刀装置，在一台机床上能集中完成多种工序，因而可减少工件装夹、测量和机床的调整时间，减少工件半成品的周转、搬运和存放时间，使机床的切削利用率(切削时间和开动时间之比)高于普通机床 3～4 倍，达 80％以上。

(3) 工序集中，加工连续进行。加工中心备有刀库并能自动更换刀具，对工件进行多工序加工，使得工件在一次装夹后，数控系统能控制机床按不同工序自动选择和更换刀具。现代加工中心更大程度地使工件在一次装夹后实现多表面、多特征、多工位的连续、高效、高精度加工，即工序集中。这是加工中心最突出的特点。

(4) 加工中心能自动改变机床主轴转速、进给量和刀具相对工件的运动轨迹及其他辅助机能。

(5) 操作者的劳动强度减轻。加工中心对零件的加工是按事先编好的程序自动完成的，操作者除了操作键盘、装卸零件、进行关键工序的中间测量以及观察机床的运行之外，不需要进行繁重的重复性手工操作，劳动强度和紧张程度均可大大减轻，劳动条件也得到很大的改善。

(6) 功能强大，趋向复合加工，对加工对象的适应性强。加工中心生产的柔性不仅体现在对特殊要求的快速反应上，而且可以快速实现批量生产，提高市场竞争能力。

(7) 经济效益高，有利于生产管理的现代化。使用加工中心加工零件时，分摊在每个零件上的设备费用是较昂贵的，但在单件、小批量生产的情况下，可以节省许多其他方面的费用，因此能获得良好的经济效益。另外，用加工中心加工零件，能够准确地计算零件的加工工时，并有效地简化了检验和工夹具、半成品的管理工作。这些特点有利于使生产管理现代化。

由于加工中心具有上述特点，所以生产率高，尤其是在加工形状比较复杂、精度要求较高、品种更换频繁的工件时，更具有良好的经济性。

3. JCS—018A 的主要技术参数

1) 主机

(1) 工作台。

工作台外形尺寸(工作面)　1200 mm×450 mm(1000 mm×320 mm)

工作台 T 形槽宽×槽数　18 mm×3

(2) 移动范围。

工作台左右行程(*X* 轴)　750 mm

工作台前后行程(*Y* 轴)　40 mm

主轴箱上下行程(*Z* 轴)　470 mm

主轴端面距工作台距离　180～650 mm

(3) 主轴箱(FANUC 交流主轴电机 12 型)。

主轴锥孔　锥度 7∶24，BT45

主轴转速(标准型，高速型)　22.5～2250 r/min，45～4500 r/min

主轴驱动电动机功率(额定/30 min)　5.5 kW/7.5 kW

(4) 进给速度(FANUC—BESK 直流伺服电动机 15 型)。

快速移动速度(*X*、*Y* 轴)　14 m/min

(*Z* 轴)　10 m/min

进给速度(*X*、*Y*、*Z* 轴)　1～4000 mm/mim

进给驱动电动机功率　1.4 kW

(5) 自动换刀装置(FANUC—BESK 直流伺服电动机 15 型)。

刀库容量　16 把

选刀方式	任选
最大刀具尺寸(直径×长度)	100 mm×300 mm
最大刀具质量	10 kg
刀库电动机功率	1.4 kW

(6) 精度。

定位精度	±0.012 mm/300 mm
重复定位精度	±0.006 mm

(7) 承载能力。

工作台允许负载	500 kg
滚珠丝杠尺寸(X、Y、Z 轴)	ϕ40 mm×10 mm
钻孔能力(一次钻出)	ϕ32 mm
攻丝能力	M24 mm
铣削能力	100 cm^3/min

(8) 其他。

气源压强	49～68.6 Pa(250 L/min)
机床质量	4.5 t
占地面积	3500 mm × 3060 mm

2) 数控装置

(1) 规格。

控制轴数	3 轴
同时控制轴数	任意 2 轴或 3 轴
轨迹控制方式	直线/圆弧方式或空间直线/螺旋方式
纸带代码	EIA/ISO
脉冲当量	0.001 mm
最大指令值	±99 999.999 mm
纸带存储和编辑	30 m 纸带信息(12 kB)

(2) 机能设置。

主轴机能	S4 位，r/min 直接编程
辅助机能	M2 位
刀具机能	T2 位
固定循环	G80～G90，由用户编入
刀具位置偏差	G43，G44，G49
刀具半径补偿	G40～G42

5.2.2 JCS—018A 型加工中心的传动系统

JCS—018A 型加工中心的传动系统如图 5-6 所示，它存在五条传动链：主运动传动链，纵向、横向、垂直方向传动链，刀库的旋转运动传动链。它们分别用来实现刀具的旋转运动，工作台的纵向、横向进给运动，主轴箱的升降运动以及选择刀具时刀库的旋转运动。

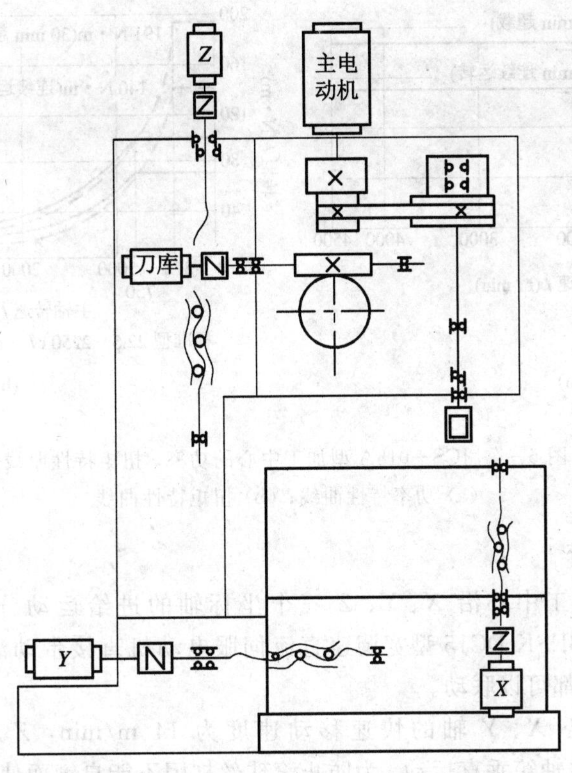

图 5-6　JCS—018A 型加工中心传动系统

1. 主运动传动系统

主轴电动机通过一对同步带轮将运动传给主轴，使主轴在 22.5～2250 r/min 的转速范围内可以实现无级调速。

主轴电动机采用了 FANUC AC12 型交流伺服电动机，该电动机 30 min 超载时的最大输出功率为 15 kW，连续运转时的最大输出功率为 11 kW，计算转速为 1500 r/min。JCS—018A 型加工中心在主轴电动机的伺服系统中加了功率限制，使电动机的额定输出功率为 7.5 kW(30 min 超载)和 5.5 kW(连续运转)，电动机的计算转速为 750 r/min，即加大了恒功率区域。图 5-7 为该加工中心的功率、扭矩特性曲线，图中实线为电动机的特性，虚线为主轴的特性。其功率特性曲线如图 5-7(a)所示，电动机转速范围为 45～4500 r/min，其中在 750～4500 r/min 转速范围内为恒功率区域。电动机的运动经过 1/2 齿形带轮传给主轴，主轴的转速范围为 22.5～2250 r/min，主轴的计算转速为 375 r/min，转速在 375～2250 r/min 的范围内为主轴的恒功率区域。在该区域内，主轴传递电动机的全部功率 5.5 kW(连续运转)或 7.5 kW(30 min 超载)。其扭矩特性曲线如图 5-7(b)所示，电动机转速在 45～750 r/min 范围内为恒扭矩区域，其连续运转的最大输出扭矩为 70 N·m，电动机 30 min 超载时的最大输出扭矩为 95.5 N·m 。主轴恒功率区域的转速范围为 22.5～375 r/min，最大输出扭矩分别为 140 N·m 和 191 N·m。

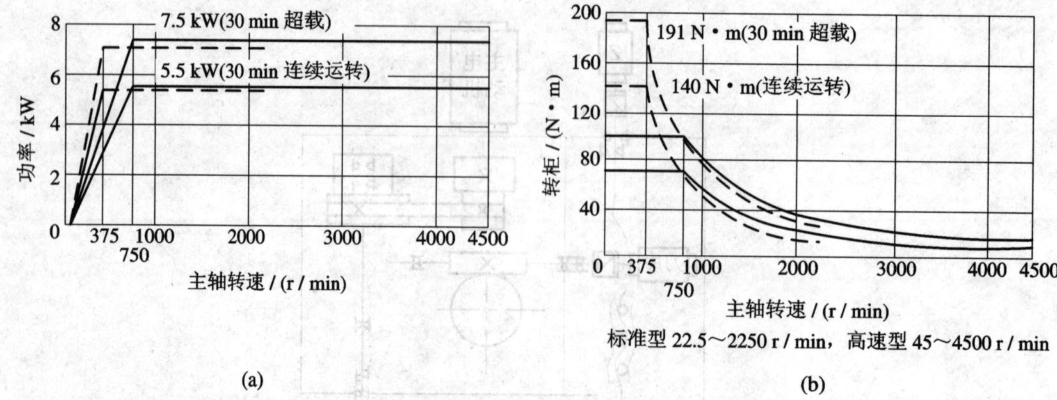

图 5-7　JCS—018A 型加工中心的功率、扭矩特性曲线

（a）功率特性曲线；（b）扭矩特性曲线

2. 进给传动系统

JCS—018A 型加工中心沿 *X*、*Y*、*Z* 三个坐标轴的进给运动分别是由三台功率为 1.4 kW 的FANUC BESK DC15 型宽调速直流伺服电动机直接带动滚珠丝杠旋转来实现的。其任意两个坐标都可以联动。

该立式加工中心 *X*、*Y* 轴的快速移动速度为 14 m/min，*Z* 轴的快速移动速度为 10 m/min。由于主轴箱垂直运动，为防止滚珠丝杠因不能自锁而使主轴箱下滑，*Z* 轴电动机带有制动器。

由于机床基础件刚度高，且采用贴塑导轨，因此，机床在高速移动时振动小，低速移动时无爬行，并有高的精度和稳定性。

3. 刀库驱动系统

圆盘形刀库也用直流伺服电动机经蜗杆、蜗轮驱动，装在标准刀柄中的刀具置于圆盘的周边。当需要换刀时，刀库旋转到指定位置准停，机械手换刀。

5.2.3　JCS—018A 型加工中心的典型部件

1. 主轴箱

主轴箱的结构如图 5-8 所示，它主要由四个功能部件组成，分别是主轴部件、刀具自动夹紧机构、切屑清除装置和主轴准停装置。

1）主轴部件

图 5-8 中，主轴 1 的前支撑 4 配置了 3 个高精度的角接触球轴承，用以承受径向载荷和轴向载荷，前两个轴承大口朝下，后一个轴承大口朝上。前支撑按预加载荷计算的预紧量由预紧螺母 5 来调整。后支撑 6 为一对小口相对配置的角接触球轴承，它们只承受径向载荷，因此轴承外圈不需要定位。该主轴选择的轴承类型和配置形式满足主轴高转速和承受较大轴向载荷的要求。主轴受热变形向后伸长，但不影响加工精度。

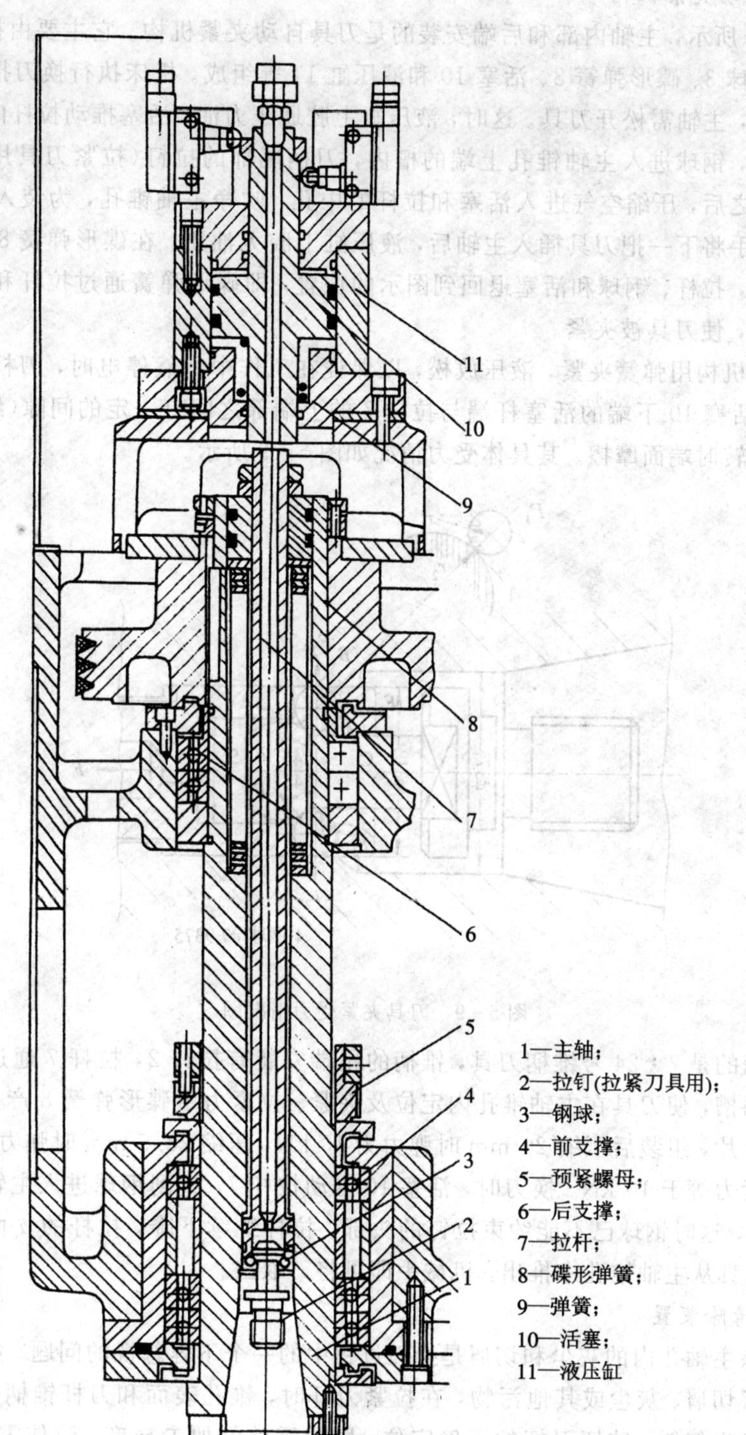

图 5-8 主轴箱结构简图

2）刀具自动夹紧机构

如图 5-8 所示，主轴内部和后端安装的是刀具自动夹紧机构。它主要由拉杆 7、拉杆端部的四个钢球 3、碟形弹簧 8、活塞 10 和液压缸 11 等组成。机床执行换刀指令，机械手从主轴拔刀时，主轴需松开刀具。这时，液压缸上腔通压力油，活塞推动拉杆向下移动，使碟形弹簧压缩，钢球进入主轴锥孔上端的槽内，刀柄尾部的拉钉（拉紧刀具用）2 被松开，机械手拔刀。之后，压缩空气进入活塞和拉杆的中孔，吹净主轴锥孔，为装入新刀具做好准备。当机械手将下一把刀具插入主轴后，液压缸上腔无油压，在碟形弹簧 8 和弹簧 9 的恢复力作用下，拉杆、钢球和活塞退回到图示的位置，即碟形弹簧通过拉杆和钢球拉紧刀柄尾部的拉钉，使刀具被夹紧。

刀杆夹紧机构用弹簧夹紧，液压放松，以保证在工作中突然停电时，刀杆不会自行松脱。夹紧时，活塞 10 下端的活塞杆端与拉杆 7 的上端部之间有一定的间隙（约为 4 mm），以防止主轴旋转时端面摩擦。其具体受力情况如图 5-9 所示。

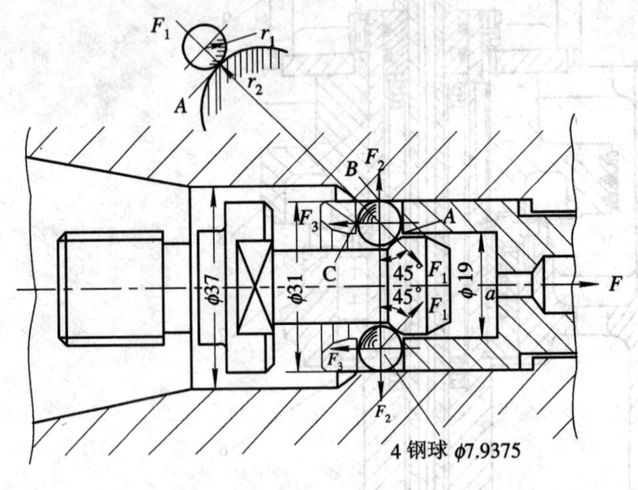

图 5-9　刀具夹紧受力情况图

机床采用的是 7∶24 号锥柄刀具，锥柄的尾端安装有拉钉 2，拉杆 7 通过 4 个钢球拉住拉钉 2 的凹槽，使刀具在主轴锥孔内定位及夹紧。拉紧力由碟形弹簧 8 产生。碟形弹簧共有 34 对 68 片，组装后压缩 20 mm 时弹力为 10 kN，压缩 28.5 mm 时弹力为 13 kN。拉紧刀具的拉紧力等于 10 kN。换刀时，活塞 10 推动拉杆 7，直到钢球进入主轴锥孔上部的 ϕ37 mm 环槽，这时钢球已不能约束拉钉的头部。拉杆继续下降，拉杆的 a 面与拉钉的顶端接触，把刀具从主轴锥孔中推出，机械手即可将刀取出。

3）切屑清除装置

自动清除主轴孔内的灰尘和切屑是换刀过程中的一个不容忽视的问题。如果因主轴锥孔小而落入了切屑、灰尘或其他污物，在拉紧刀杆时，锥孔表面和刀杆锥柄会被划伤，甚至会使刀杆发生偏斜，破坏刀杆的正确定位，影响零件的加工精度，致使零件超差报废。为了保持主轴锥孔的清洁，常采用的方法是使用压缩空气吹屑。

图 5-9 所示的活塞的心部钻有压缩空气通道，当活塞向右移动时，压缩空气经过活塞由孔内的空气嘴喷出，将锥孔清理干净。为了提高吹屑效率，喷气小孔要有合理的喷射角

度，并均匀布置。

4）主轴准停装置

机床的切削扭矩由主轴上的端面键来传递，每次机械手自动装取刀具时，必须保证刀柄上的键槽对准主轴的端面键，这就要求主轴具有准确定位的功能。为满足主轴这一功能而设计的装置称为主轴准停装置或称为主轴定向装置。本机床采用的是电气式主轴准停装置，即用磁力传感器检测定向。主轴准停装置如图 5－10 所示，主轴的尾部安装有磁发体，它随主轴转动，在距磁发体外缘 1～2 mm 处，固定了一个磁传感器，它与主轴驱动装置相连。主轴定向的指令由数控系统发出后，主轴便处于定向状态，当磁发体上的判别孔转到对准磁传感器上的基准槽时，主轴立即停止。

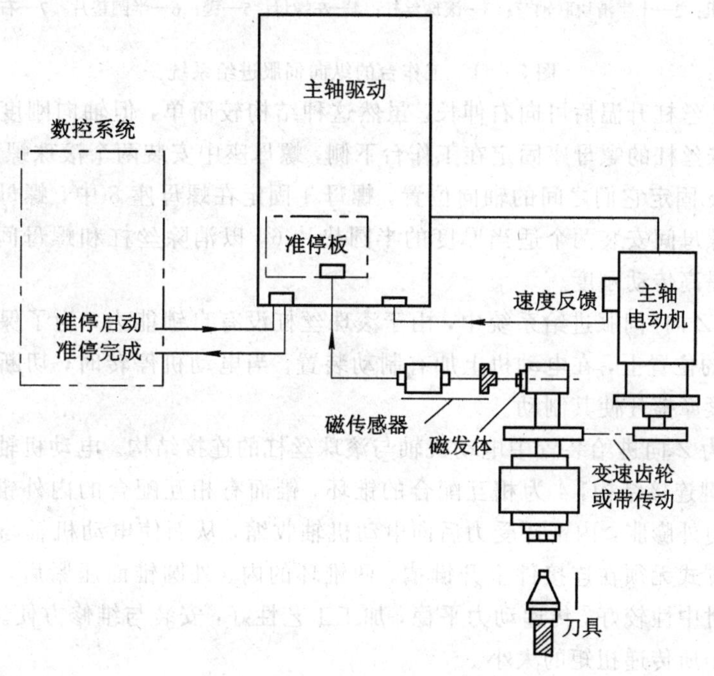

图 5－10　主轴准停装置

2. 进给伺服系统

机床有三套（X、Y、Z 轴）相同的伺服进给系统。图 5－11 为工作台的纵向（X 向）伺服进给系统。该系统由脉宽调速直流伺服电动机 1 驱动，采用无键连接方式，用锁紧环将运动传至十字滑块联轴节 2 的左连接件。联轴节的右连接件与滚珠丝杠 3 用键相连，由滚珠丝杠 3、左螺母 4 和右螺母 7 驱动工作台移动。滚珠螺母由左螺母 4 和右螺母 7 组成，并固定在工作台上。十字滑块联轴节 2 的左连接件与电机轴靠锥形锁紧环摩擦连接。锥形锁紧环（见左下方局部放大图）每套有两环，内环为内柱外锥，外环为外柱内锥，此处共用了两套。采用这种连接办法不用开键槽，没有间隙。电机轴与丝杠可相对转动任意角。

横向（Y 向）伺服进给系统与纵向伺服进给系统结构相同。滚珠丝杠直径为 40 mm，导程为 10 mm。左支撑为成对的向心推力球轴承，其精度为 D 级，背靠背安装，大口向外，承受径向和轴向双向载荷，预紧力为 1 kN。右支撑为一向心球轴承，外圈轴向不定位，仅

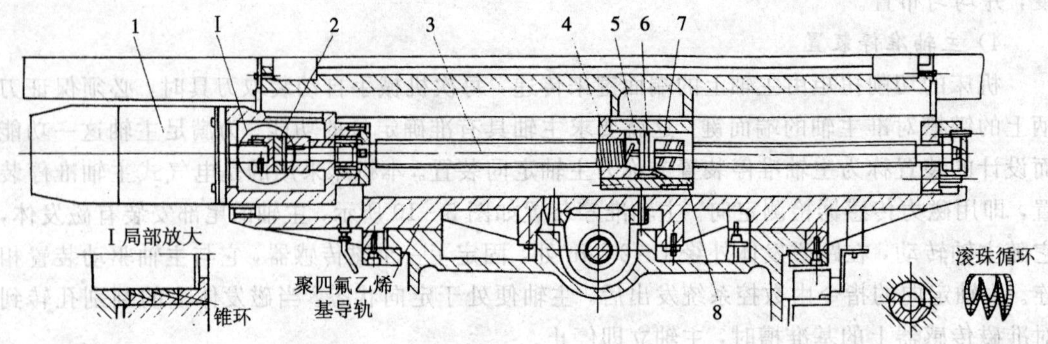

1—直流伺服电动机；2—十字滑块联轴节；3—滚珠丝杠；4—左螺母；5—键；6—半圆垫片；7—右螺母；8—螺母座

图 5-11　工作台的纵向伺服进给系统

承受径向载荷，丝杠升温后可向右伸长。虽然这种结构较简单，但轴向刚度比两端轴向固定方式低。滚珠丝杠的螺母座固定在工作台下侧，螺母座中安装两个滚珠螺母 4 和 7，两个螺母用连接键 5 固定它们之间的轴向位置，螺母 4 固定在螺母座 8 中，螺母 7 可轴向调整位置。在两个螺母间安装两个适当厚度的半圆垫片 6，以消除丝杠和螺母间的间隙，并适当地预紧，以提高传动刚度。

在垂直向（Z 向）伺服进给系统中，由于滚珠丝杠没有自锁能力，为了保证工作台能够停止在所需要的位置上，在电动机上加有制动装置。当电动机停转时，切断电磁线圈的电流，由弹簧压紧摩擦片使其制动。

图 5-12 为 Z 向进给装置中电动机轴与滚珠丝杠的连接结构。电动机轴 2 与轴套 3 之间采用锥环无键连接结构，4 为相互配合的锥环。锥面有相互配合的内外锥环，当拧紧螺钉时，外锥环向外膨胀，内锥环受力后向电动机轴收缩，从而使电动机轴与轴套连接在一起。这种连接方式无须在连接件上开键槽，两锥环的内、外圆锥面压紧后，可以实现无间隙传动，而且对中性较好，传递动力平稳，加工工艺性好，安装与维修方便。选用锥环对数的多少，取决于所传递扭矩的大小。

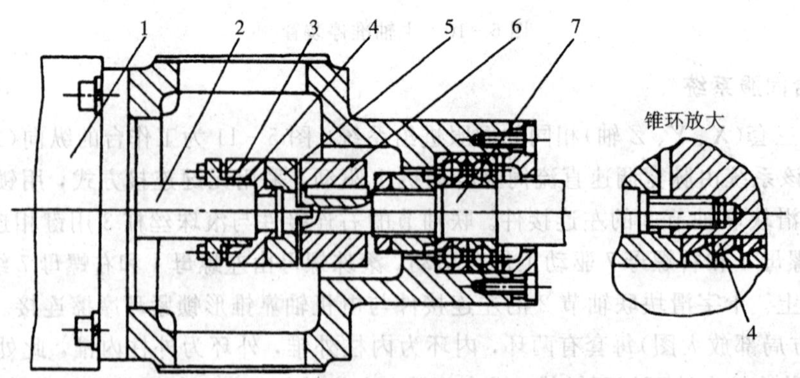

1—直流伺服电动机；2—电动机轴；3—轴套；4—锥环；5—联轴节；6—轴套；7—滚珠丝杠

图 5-12　Z 轴进给装置中电动机轴与滚珠丝杠的连接结构

高精度十字联轴器由三个元件组成，其中与电动机轴连接的轴套 3 的端面有中心对称的凸键，与丝杠连接的轴套 6 上开有中心对称的端面键槽，中间联轴节 5 的两端上有中心对称且互相垂直的凸键和键槽，它们分别与轴套 3 和轴套 6 相配合，用来传递运动和转矩。为了保证十字联轴器的传动精度，在装配时，凸键与凹键的径向配合面要经过配研，以便消除反向间隙，使传递动力平稳。

进给伺服系统为半闭环。电动机轴端安装脉冲编码器作为位置反馈元件，同时也可作为速度环的速度反馈元件。直流伺服电动机是可控硅控制的脉宽调速伺服电动机，它具有调速范围宽、扭矩大和响应速度快等特点。当采用 FANUC 7CM 系统时，反馈装置采用旋转变压器为位置检测器，采用测速发电机为速度环的速度反馈元件。旋转变压器的分解精度为 2000 脉冲/r，由电机轴到旋转变压器的升速比为 5：1，滚珠丝杠导程为 10 mm，因此，位置检测分辨率为 10/(2000×5)＝0.001 mm。

图 5－13 为进给控制系统，从计算机来的位置指令脉冲 P_p，在位置偏差检测器内与位置检测器送来的反馈脉冲 P_1 比较，其差值为 P_e，经数模转换器(DAC)转换为差值的模拟电压 U_e。然后，位置控制放大器把 U_e 放大为 U_c，送至速度误差检测器与速度检测器来的速度(转速)模拟电压 U_g 比较，其差值 U_a 经速度控制放大器放大为 U_m 去控制伺服电动机转速。

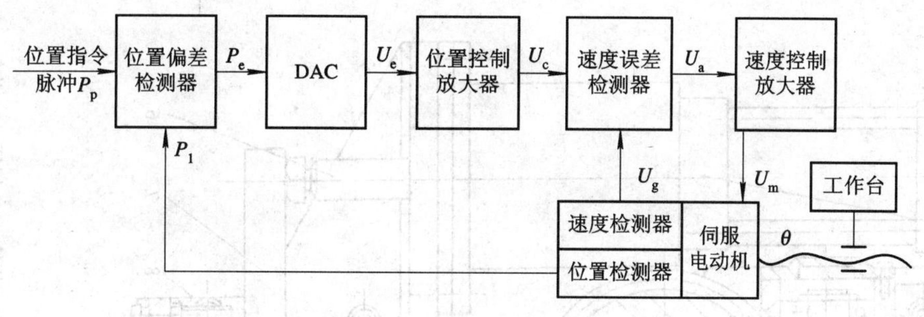

图 5－13　进给控制系统框图

3. 自动换刀装置

自动换刀装置安装在立柱的左侧上部，由刀库和机械手两部分组成。刀库的结构如图 5－14 所示，当数控系统发出换刀指令后，直流伺服电动机 1 接通，其运动经过十字滑块联轴节 2、蜗杆 4、蜗轮 3 传到刀盘 14，刀盘带动其上面的 16 个刀套 13 转动，来完成选刀工作。每个刀套尾部有一个滚子 11，当待换刀具转到换刀位置时，滚子 11 进入拨叉 7 的槽内。同时，汽缸 5 的下腔通压缩空气，活塞杆 6 带动拨叉 7 上升，放开位置开关 9，用以断开相关的电路，防止刀库、主轴等有误动作。如图 5－14(b)所示，拨叉 7 在上升的过程中，带动刀套绕着销轴 12 逆时针向下翻转 90°，从而使刀具轴线与主轴轴线平行。

刀套下转 90°后，拨叉 7 上升到终点，压住定位开关 10，发出信号使机械手抓刀。通过螺杆 8，可以调整拨叉的行程。拨叉的行程决定刀具轴线相对主轴轴线的位置。刀套的结构如图 5－15 所示，*F*—*F* 剖视图中的滚子 7 即为图 5－14(b)中的滚子 11，*E*—*E* 剖视图中的销轴 6 即为图 5－14(b)中的销轴 12。刀套 4 的锥孔尾部有两个球头销钉 3。在螺纹套 2 与球头销之间装有弹簧 1，当刀具插入刀套后，由于弹簧力的作用，使刀柄被夹紧。拧动螺纹套，可以调整夹紧力的大小，当刀套在刀库中处于水平位置时，靠刀套上部的滚子 5 来支撑。

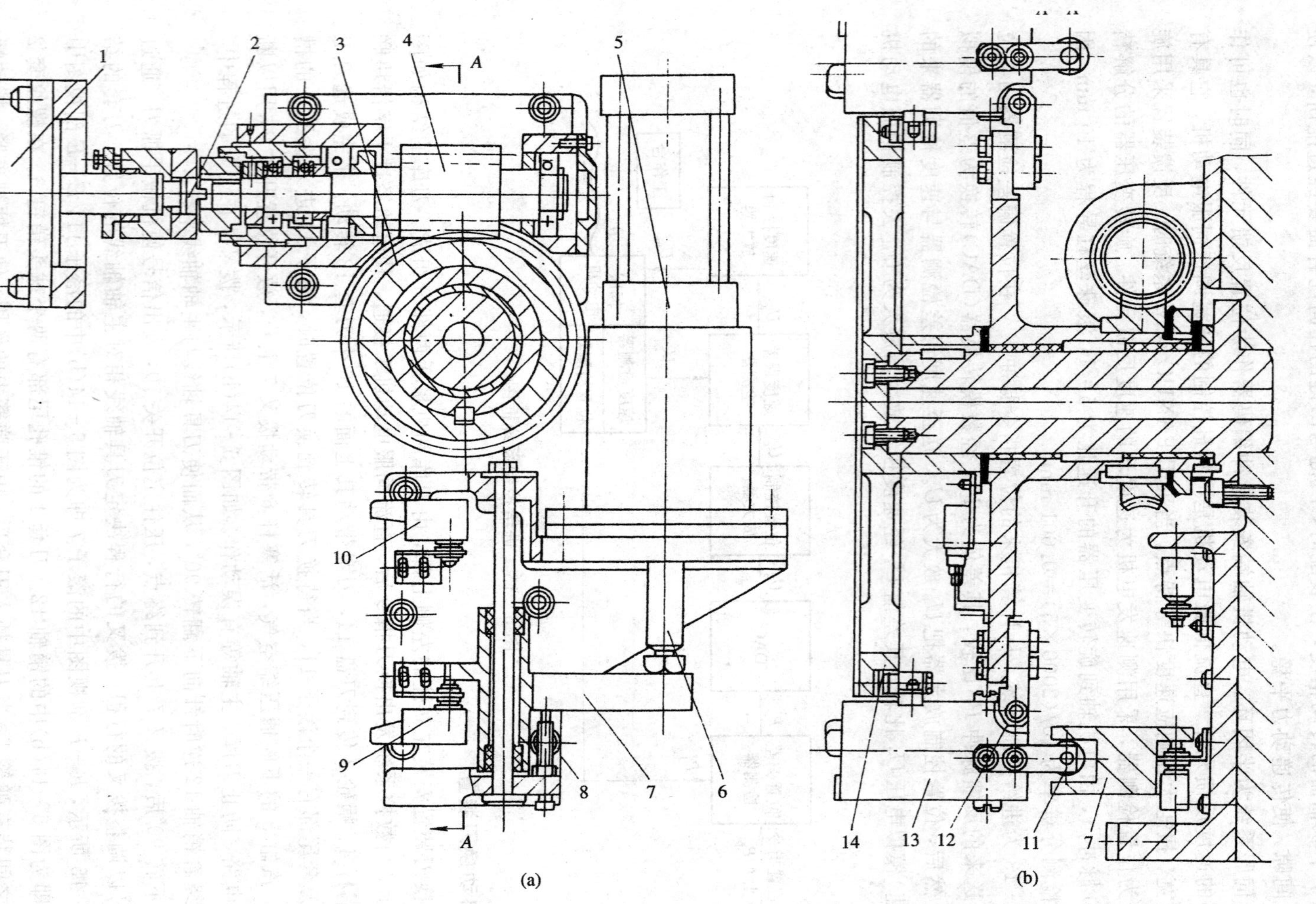

1—直流伺服电动机；2—十字滑块联轴节；3—蜗轮；4—蜗杆；5—汽缸；6—活塞杆；7—拨叉；8—螺杆；
9—位置开关；10—定位开关；11—滚子；12—销轴；13—刀套；14—刀盘(导盘)

图 5-14 刀库结构简图

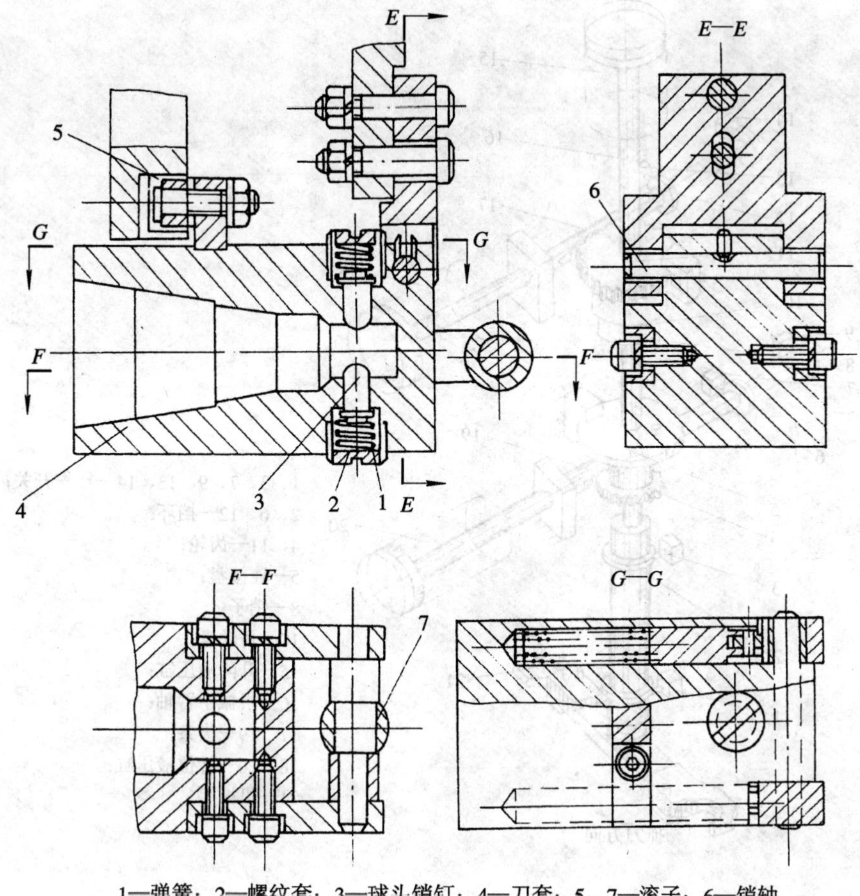

1—弹簧；2—螺纹套；3—球头销钉；4—刀套；5、7—滚子；6—销轴

图 5－15　刀套结构图

图 5－16 为机械手的传动结构图。本机床上使用的换刀机械手为回转式单臂双手机械手。如前述刀库结构，刀套下转 90°后，压下行程开关，发出机械手抓刀信号。此时，机械手 21 正处在图中所示的上面位置，转位液压缸 18 右腔通压力油，活塞杆推动齿条 17 向左移动，带动齿轮 11 转动。

如图 5－17 所示，8 为升降液压缸的活塞杆，齿轮 1、齿条 7 和机械手臂轴 2 分别为图 5－16 中的齿轮 11，齿条 17 和机械手臂轴 16，连接盘 3 与齿轮 1 用螺栓连接，它们空套在机械手臂轴 2 上，传动盘 5 与机械手臂轴 2 用花键连接，它上端的销子 4 插入连接盘 3 的销孔中，故齿轮转动时便带动机械手臂轴转动，使机械手回转 75°抓刀。

如图 5－16 所示，抓刀动作结束时，齿条 17 上的挡环 12 压下行下程开关 14，发出拔刀信号，于是升降液压缸 15 的上腔通压力油，活塞杆推动机械手臂轴 16 下降拔刀。在机械手臂轴 16 下降时，传动盘 10 也随之下降，其下端的销子 8(如图 5－17 中的销子 6)插入连接盘 5 的销孔中，连接盘 5 和其下面的齿轮 4 也是用螺栓连接的，它们空套在机械手臂轴 16 上。

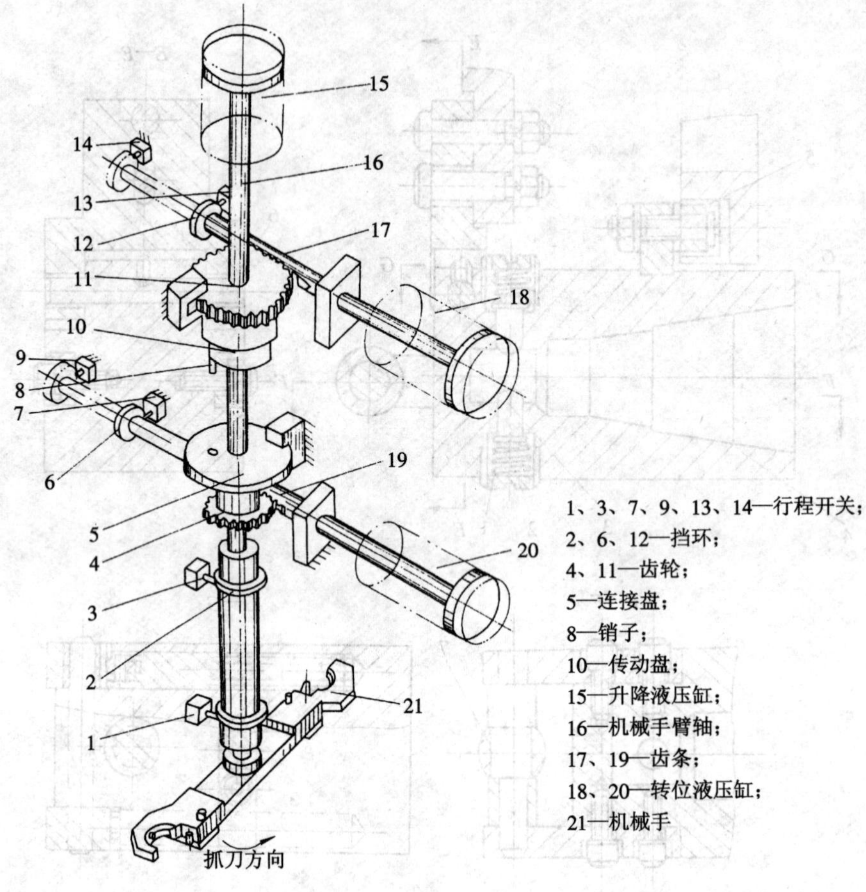

1、3、7、9、13、14—行程开关；
2、6、12—挡环；
4、11—齿轮；
5—连接盘；
8—销子；
10—传动盘；
15—升降液压缸；
16—机械手臂轴；
17、19—齿条；
18、20—转位液压缸；
21—机械手

图 5－16　机械手的传动结构图

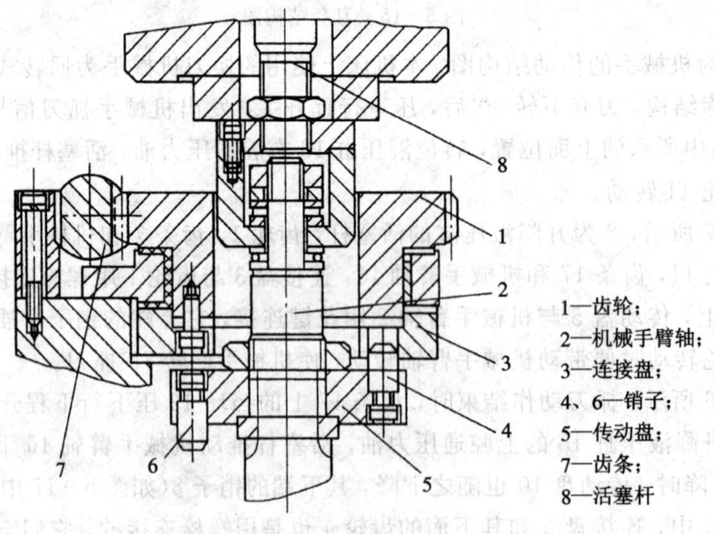

1—齿轮；
2—机械手臂轴；
3—连接盘；
4、6—销子；
5—传动盘；
7—齿条；
8—活塞杆

图 5－17　机械手的传动结构局部示意图

当拔刀动作完成后，机械手臂轴 16 上的挡环 2 压下行程开关 1，发出换刀信号。这时转位液压缸 20 的右腔通压力油，活塞杆推动齿条 19 向左移动，带动齿轮和连接盘 5 转动，通过销子 8 由传动盘带动机械手转动 180°，交换主轴上和刀库上的刀具位置。换刀动作完成后，齿条 19 上的挡环 6 压下行程开关 9，发出插刀信号，使升降液压缸下腔通压力油，活塞杆带着机械手臂轴上升插刀，同时转动下面的销子 8 从连接盘 5 的销孔中移出。插刀动作完成后，机械手臂轴 16 上的挡环压下行程开关 3，使转位液压缸 20 的左腔通压力油，活塞杆带着齿条 19 向右移动复位，齿轮 4 空转，机械手无动作。齿条 19 复位后，其上挡环压下行程开关 7，使转位液压缸 18 的左腔通压力油，活塞杆带着齿条 17 向右移动，通过齿轮 11 使机械手反转 75°后复位。机械手复位后，齿条 17 上的挡环压下行程开关 13，发出换刀完成信号，使刀套向上翻转 90°，为下次选刀做好准备，同时机床继续执行后面的操作。换刀过程如图 5-18 所示。

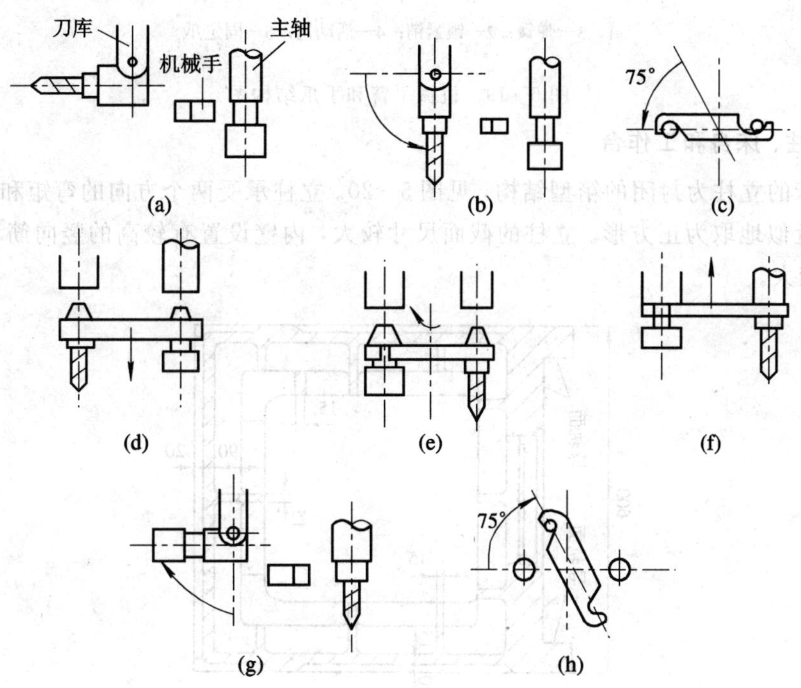

图 5-18　换刀过程示意图

(a) 步骤一；(b) 步骤二；(c) 步骤三；(d) 步骤四

(e) 步骤五；(f) 步骤六；(g) 步骤七；(h) 步骤八

图 5-19 为机械手臂和手爪结构图。手臂的两端各有一手爪。刀具在带弹簧 1 的活动销作用下紧靠着固定爪 5。锁紧销 2 被弹簧 3 弹起，使活动销 4 被锁位，不能后退，这就保证了在机械手的运动过程中，手爪中的刀具不会被甩出。当手臂在上方位置从初始位置转过 75°时，锁紧销 2 被挡块压下，活动销 4 就可以活动，使得机械手可以抓住(或放开)主轴和刀套中的刀具。

该机床的整个换刀过程由可编程控制器(PLC)控制。它采用“随机换刀”方式，即刀具在刀库中无固定的刀座位置，换刀时，按刀具本身的编码来选择刀具。

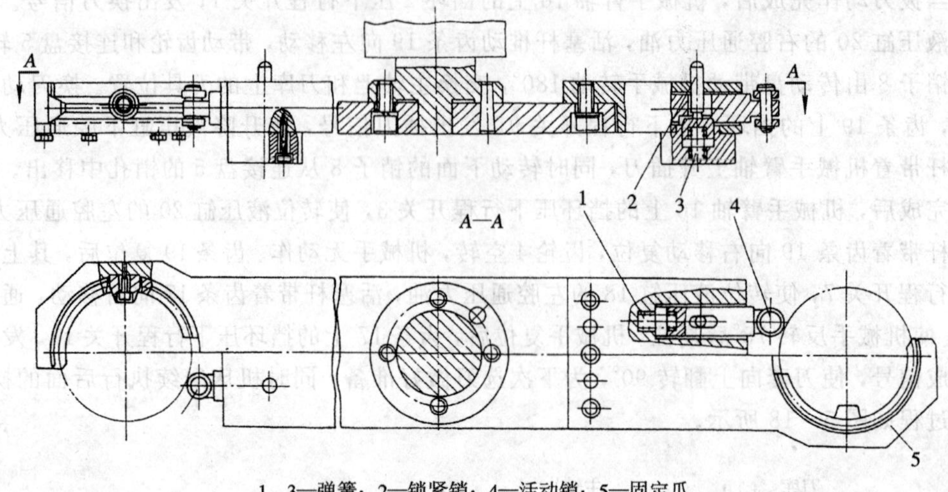

1、3—弹簧；2—锁紧销；4—活动销；5—固定爪

图 5-19　机械手臂和手爪结构图

4. 立柱、床身和工作台

本机床的立柱为封闭的箱型结构，见图 5-20。立柱承受两个方向的弯矩和扭矩，故其截面形状近似地取为正方形。立柱的截面尺寸较大，内壁设置有较高的竖向筋和横向环形筋，刚度较大。

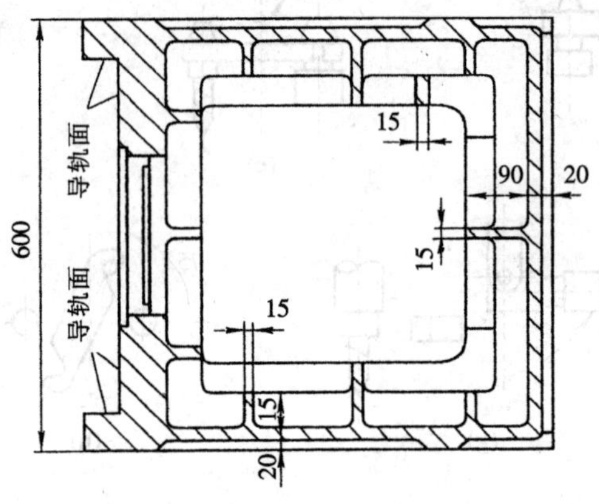

图 5-20　立柱结构

该机床是在工作台不升降式铣床的基础上设计的，工作台见图 5-21，滑座见图 5-22。工作台与滑座之间为燕尾形导轨，丝杠位于两导轨的中间。滑座与床身之间为矩形导轨。工作台与滑座之间、滑座与床身之间，以及立柱与主轴箱间的动导轨面上，都贴有氟化乙烯导轨板。X、Y 轴以机床的最低进给速度运动时，皆无爬行现象发生。

由于氟化乙烯导轨板的润滑性良好，而且对润滑油的供油量要求不高，因此，机床只用了间隙式润滑泵供油。每 7.5 min 泵油一次，每次泵油量为 1.5～2.5 mL。润滑油由油泵通过油管送到各润滑点。润滑点的管接头内有单向阀和节流小孔，节流小孔的直径只有零点几毫米。管接头有几种节流小孔直径不同的规格。单向阀用于当油泵停止泵油时防止导轨间的润滑油被挤回油管。根据润滑点到油泵的距离不同(管路中阻力不同)，导轨位置

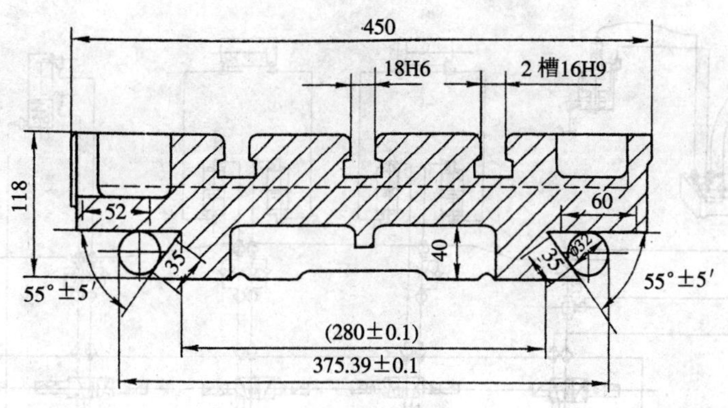

图 5-21 工作台

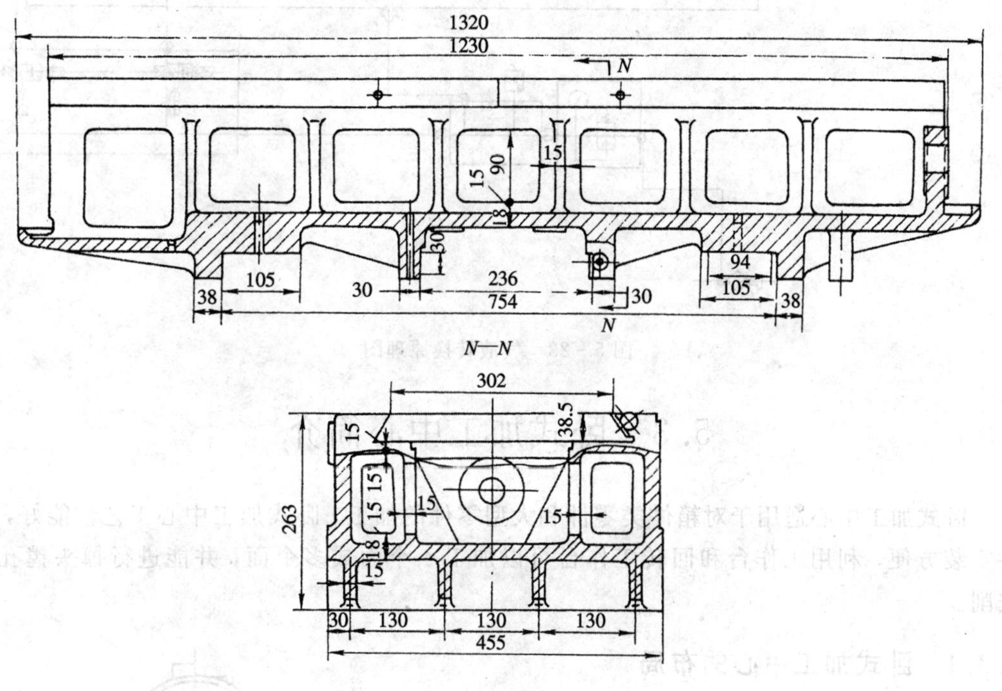

图 5-22 滑座

不同(水平和竖直)，形状不同(平面和圆柱面等)，可适当选择不同规格的管接头，以保证各润滑点的供油量基本一致。

5. 气液转换系统

机床刀具交换系统中的机械手动作及刀套上、下，主轴松刀等动作，都是依靠气液转换系统实现的。图 5-23 为气液转换原理图。图 5-23 中，压力为 49～68 MPa 的压缩空气通过空气过滤装置后，一部分压缩空气通过电磁阀，送至汽缸等执行元件中去；一部分压缩空气通过电磁阀和管路，送至执行元件前的气液转换器中实现气液转换，然后液压油驱动液压缸使动作平稳；另一部分压缩空气经电磁阀和管路，送至立柱上部的增压器内，转换输出 53 MPa 的液压油，驱动液压缸实现松刀动作。这种气液转换系统的优点是：反应速度快，可实现快速换刀。

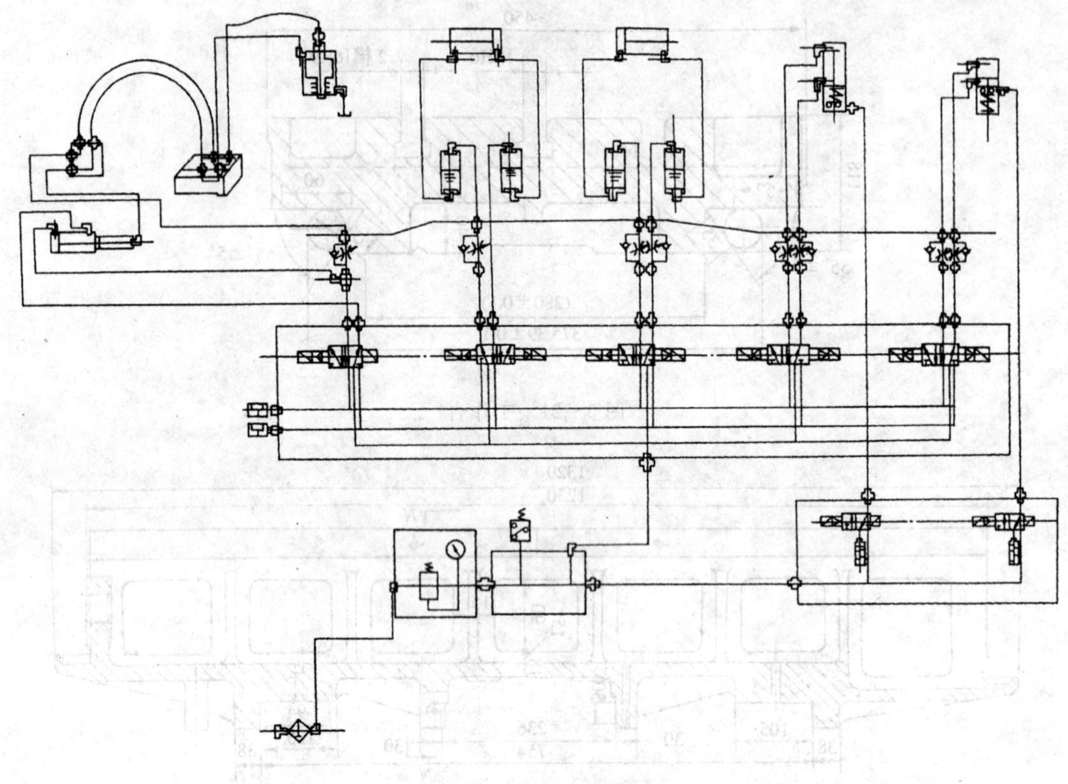

图 5-23 气液转换原理图

5.3 卧式加工中心简介

卧式加工中心适用于对箱体类零件和大型零件的加工。卧式加工中心工艺性能好，工件安装方便，利用工作台和回转工作台可以加工 4 个面或多个面，并能进行掉头镗孔和铣削。

5.3.1 卧式加工中心的布局

1. 立柱不动式

立柱不动式布局的工作台能实现两个方向的进给，刚性差，往往用于小型、经济型卧式加工中心，其布局如图 5-24 所示。

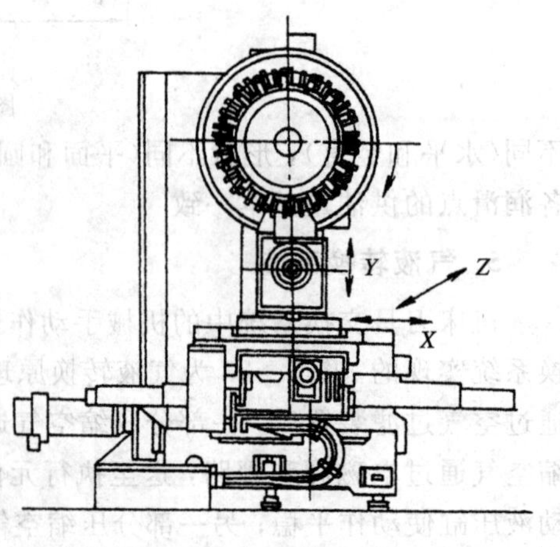

图 5-24 立柱不动式布局

2. 立柱移动式

立柱移动式卧式加工中心大体又可分为两类。一类是立柱 Z 向进给运动，X 向运动由工作台或交换工作台进行，利于提高床身和工作台的刚性，立柱进给时，有利于保证对加工孔的直线性和平行性。当采用双立柱时，主轴中心线位于两立柱之间，受力时不影响精度，主轴中心线能避免因发热而产生的变形。这种布局形式近年来采用得比较多。另一类是立柱双向移动式，即立柱安装在十字拖板上，进行 Z 向及 X 向运动，适用于大型工件加工。立柱移动式卧式加工中心的最大优点就是工作台能够适应不同的工件进行柔性组合，它可以用长工作台和圆工作台，也可用交换工作台，由于机床的前、后床身可以分离，故在加工大型工件时，不安置工作台也可以，特别适合组成柔性制造系统和柔性制造单元。

3. 滑枕式

滑枕式卧式加工中心的主轴箱大多数采用侧挂式，滑枕带动刀具前、后运动，如图 5-25 所示。这类机床最大的优点是滑枕运动代替了立柱工作的运动，从而使工件以良好的固定状态接受切削加工。解决好滑枕悬臂的自重平衡是保证切削精度的关键。

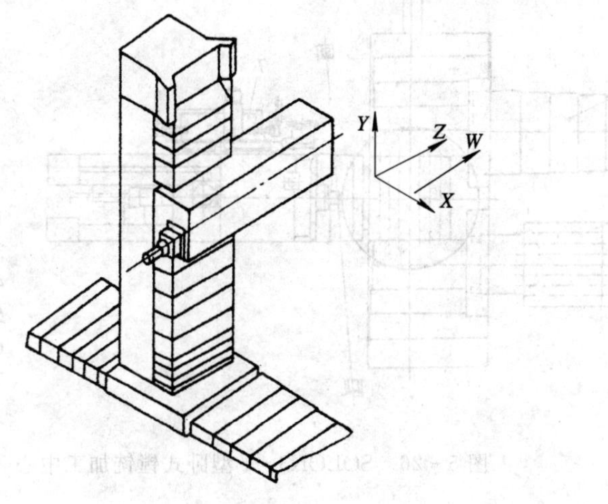

图 5-25 滑枕式布局

5.3.2 SOLON3－1 型卧式镗铣加工中心简介

SOLON3－1 型卧式镗铣加工中心如图 5-26 所示。床身 6 呈 T 字形(刨台式)。立柱 4 在床身上进行横向移动。工作台 3 在床身上进行纵向移动。立柱呈龙门式(或称为框式)，主轴箱 5 在龙门间上、下移动。立柱和主轴箱的这种布局形式有利于改善机床的热态性能和动态性能，可较好地保证箱体类工件要求镗孔时的孔的同轴度。主轴箱用两个铸铁重锤平衡，重锤分别位于龙门的两个立柱内。重锤与立柱的导向部位黏上一层硬橡胶，再在外面蒙一层 0.5 mm 厚的薄钢板，以吸收重锤在快速移动时与立柱产生的撞击能。机床有两个交换工作台站 1 和 2，每个交换工作台站上可安放一个交换工作台，两个交换工作台轮换使用。当其中一个交换工作台被送到机床上对其上的工件进行加工时，另一个交换工作台则被送回到其工作站上装卸工件，以节省辅助时间，从而提高机床的使用率。该机床有链式刀库 7，刀库可容纳 60 把刀。刀库是一个独立组件，安装在立柱侧边的基础上。机床所有的直线运动导轨都采用单元滚动体导轨支撑，用密封性好的拉板防护。整个工作区用防护板和门窗密封，以防止切屑和冷却液向外飞溅。切屑与冷却液由排屑装置搜集，切屑经处理后排出。冷却液回收后经过滤可循环使用。

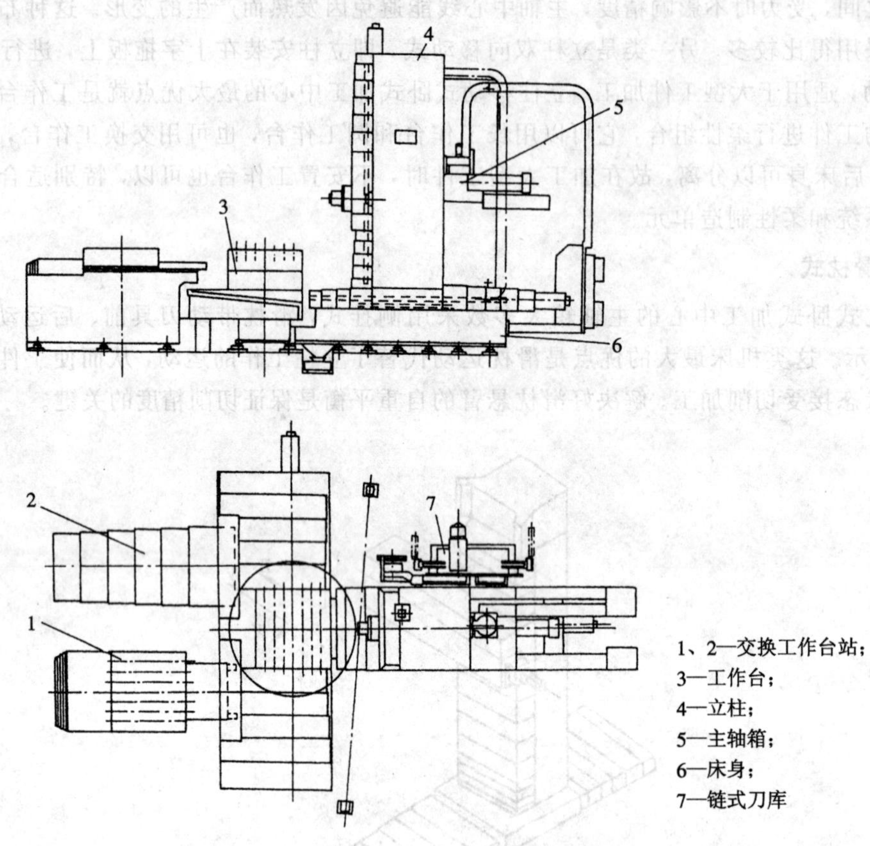

图 5-26　SOLON3—1 型卧式镗铣加工中心

本章小结

本章通过对加工中心的特点、分类、发展以及典型的 JCS—018A 型立式加工中心的介绍，使我们懂得了加工中心与普通数控铣床的主要区别：加工中心具有刀库和自动换刀装置，工件一次装夹后可以进行多工序加工。

JCS—018A 型加工中心由基础部件(立柱、床身、工作台)、主轴部件、进给伺服系统、CNC 系统、自动换刀装置以及辅助装置等构成。主运动为主轴的旋转运动。主轴部件能实现带动刀具旋转、刀具自动夹紧、切屑清除和主轴准停等功能。进给伺服系统为半闭环系统，能实现 3 轴联动。刀库为圆盘式刀库，自动换刀系统采用"随机换刀"方式，即刀具在刀库中无固定的刀座位置，换刀时，按刀具本身的编码来选择刀具。立柱为封闭的箱型结构，导轨为贴塑导轨，低速运行时无爬行现象。机械手动作及刀套上、下和主轴松刀等动作，都是依靠气液转换系统实现的。

卧式加工中心适用于对箱体类零件和大型零件的加工。卧式加工中心工艺性能好，工件安装方便，利用工作台和回转工作台可以加工四个面或多个面，并能进行掉头镗孔和铣削。

思考与练习题

一、选择题

1. 数控加工中心与普通数控铣床、镗床的主要区别是(　　)。

A. 一般具有三个数控轴　　B. 主要用于箱体类零件的加工

C. 能完成钻、铰、攻丝、铣、镗等加工功能

D. 设置有刀库，在加工过程中由程序自动选用和更换刀具

2. 数控机床主轴锥孔的锥度通常为7∶24。之所以采用这种锥度，是为了(　　)。

A. 靠摩擦力传递扭矩　　B. 自锁

C. 定位和便于装卸刀柄　　D. 以上三种情况都是

3. 在加工中心上，左刀补采用(　　)代码。

A. G41　　B. G42　　C. G43　　D. G44

4. (　　)内设有自动松拉刀装置，能在短时间内完成装刀、卸刀，使换刀较方便。

A. 数控铣床的主轴套筒　　B. 加工中心的主轴

C. 加工中心的主轴套筒　　D. 数控铣床的刀架

5. 加工中心上的数控回转工作台不是机床的一个旋转坐标轴，(　　)与其他坐标轴联动。

A. 不能　　B. 能　　C. 都不对

6. 铣削过程中的主运动为(　　)。

A. 工作台的进给　　B. 铣刀的旋转　　C. 工件的移动

7. 铣削刀具常用的刀具材料为(　　)。

A. 硬质合金　　B. 高速钢　　C. 工具钢板　　D. 陶瓷刀片

8. 加工中心工作台纵向进给是(　　)。

A. X轴　　B. Y轴　　C. Z轴

二、判断题(将判断结果填入括号中，正确的填"√"，错误的填"×")

1. 加工中心所进行的顺铣是指铣刀的切削速度方向与工件的进给运动方向相一致。(　　)

2. 切削中的主运动可以由工件来完成，也可以由刀具来完成。(　　)

3. 铣削平面轮廓时，刀具切入和切出工件的位置为工件的法向位置。(　　)

4. 数控机床的机械零点是不受限制任意设定的。(　　)

5. 在加工中心上铰孔时，铰刀退离工件时应使铣床主轴逆时针反转。(　　)

三、简答题

1. 加工中心的种类有哪些？它们各具有哪些功能？

2. 说明JCS—018A型加工中心主轴部件的结构组成、功能及特点。

3. 主轴为何需要准停？JCS—018A型加工中心如何实现准停？

4. JCS—018A 型加工中心如何实现刀具的夹紧与松开？

5. 简述 JCS—018A 型加工中心主传动系统的工作原理。

6. 试简述 JCS—018A 型加工中心半闭环进给系统的工作原理。

7. 根据图 5 - 18 说明 JCS—018A 型加工中心的换刀过程。

8. 立式加工中心与卧式加工中心的主要区别是什么？

第六章　特种数控加工机床

学习目的与要求

- 了解电火花加工的基本原理、主要特点及在模具制造中的应用；
- 熟悉数控电火花机床基本组成及作用；
- 了解电火花加工时影响工件质量的主要因素；
- 了解数控线切割机床的工作原理、加工特点；
- 熟悉数控线切割机床的基本组成及作用；
- 了解影响线切割工艺指标的主要因素。

6.1　数控电火花加工机床

电火花加工也称为放电加工或电蚀加工(Electrical Discharge Machining，EDM)，在20世纪40年代开始研究并逐步用于生产，属于特种加工方法(利用热能、电能、声能、光能、化学能、电化学能去除材料的新颖加工方法)中的一种。它能对具有高硬度、高韧性、高强度、高脆性等难以加工的材料，以及精密细小、形状复杂和结构特殊的模具零件进行加工，并且能获得用传统切削加工方法很难达到的精度、表面粗糙度和生产率。按工具电极与工件相对运动的方式和用途不同，电火花加工方法大致可以分为电火花穿孔成型加工、电火花线切割、电火花磨削和镗削、电火花同步共轭回转加工、电火花高速小孔加工、电火花表面强化与刻字等类型。在模具制造中常用的有电火花加工和电火花线切割加工，它们是目前模具成型表面的重要加工工艺方法。

6.1.1　电火花加工的基本原理

电火花加工建立在“电蚀现象”基础上，在一定介质中通过工具电极和工件之间脉冲性火花放电的电腐蚀作用来蚀除多余的金属，从而获得所需零件的尺寸、形状及表面质量。

图6-1是电火花加工的原理图。由脉冲电源2输出的电压加在液体介质中的工件1和工具电极(亦称电极)4上，自动进给调节装置3(图中仅为该装置的执行部分)使电极和工件间保持一定的放电间隙。当电压升高时，会在某一间隙最小处或绝缘强度最低处击穿介质，产生火花放电，瞬时高温使电极和工件表面都被蚀除(熔化或汽化)掉一小块材料，

各自形成一个小凹坑，如图 6－2 所示，图(a)表示单个脉冲后电蚀坑。电火花加工实际是电极和工件间的连续不断的火花放电，电极和工件由于电腐蚀不同程度的损耗，电极不断地向工件进给，工件不断产生电腐蚀，就可将电极的形状复制在工件上，加工出所需要的成型表面，整个加工表面将由无数个小凹坑组成，如图 6－2(b)所示。

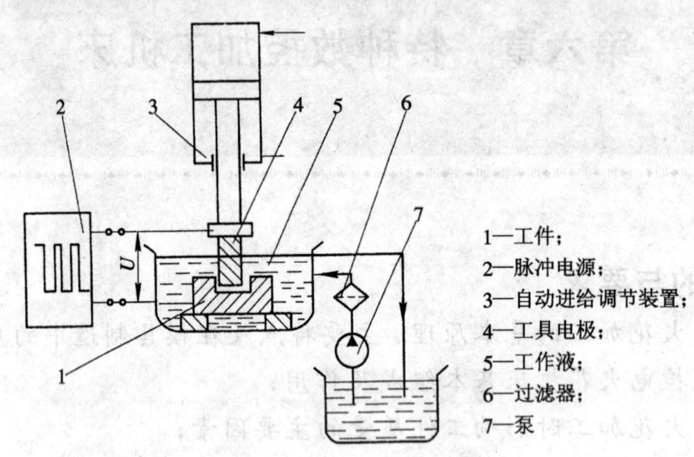

图 6－1　电火花加工原理图

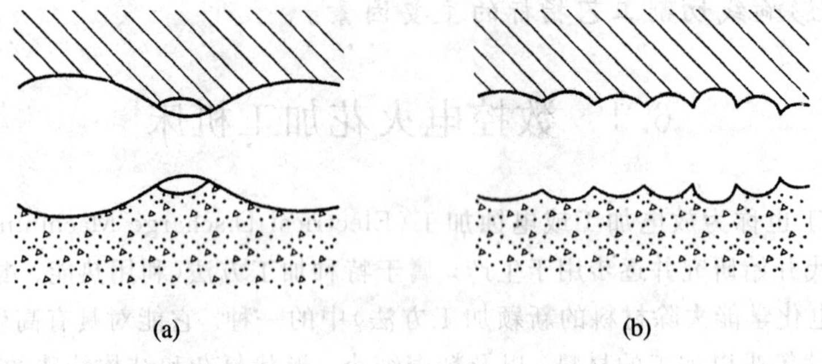

图 6－2　电火花加工表面形状示意图

(a) 单脉冲电蚀；(b) 连续脉冲电蚀

6.1.2　电火花加工的主要特点

1. 电火花加工的优点

(1) 因为脉冲放电产生的高温通道足以熔化和汽化任何材料，所以工具电极无须比工件材料硬。因此，电火花加工适合于加工用传统机械加工方法难以加工的特殊材料，包括各种淬火钢、硬质合金、耐热合金等任何硬、脆、韧、高熔点的导电材料。

(2) 加工时工具电极与工件不接触，两者之间不存在因切削力而产生的一系列设备和工艺问题。因此不受工件几何形状的影响，有利于加工通常机械切削方法难以加工或无法加工的形状复杂的工件和具有特殊工艺要求的工件，如薄壁、窄槽、各种型孔、立体曲面等。

(3) 脉冲宽度可以调节，在同一台机床上能连续进行粗、中、精加工。

(4) 直接利用电能加工，便于实现自动控制和加工自动化。

(5) 可以改进结构设计，改善结构的工艺性。例如可以将拼镶结构的硬质合金冲模改为用电火花加工的整体结构，这样既减少了加工工时和装配工时，又延长了使用寿命。又如喷气发动机中的叶轮，采用电火花加工后可以将拼镶、焊接结构改为整体叶轮，这样既大大提高了工作的可靠性，又大大减小了工件的体积和质量。

2. 电火花加工的缺点

(1) 必须制作工具电极。电火花加工的最大问题就是电极制作问题。同别的加工方法相比，它增加了制作电极的费用和时间。

(2) 加工部分形成残留变质层。工件上进行电加工的部位虽然很细微，但由于要经受上万度高温加热后急速冷却，表面受到强烈的热影响，因而生成电加工表面变质层。这种变质层容易造成加工部位的碎裂与崩刃。

(3) 放电间隙使加工误差增大。由于电极和工件之间要有一定的加工间隙，这使得电极的形状尺寸与工件不能完全相同，因而产生了一定的加工误差。误差的大小与间隙的大小有很大关系。

(4) 加工精度受到电极损耗的影响。电极在加工过程中同样会受到电腐蚀而损耗，如果电极损耗不均匀，就会影响加工精度。电极的损耗还会造成更换与修整电极的次数增加。

尽管如此，由于电火花加工具有许多其他加工方法无可替代的优点，因此它已成为较先进的一种加工方法。

6.1.3 电火花加工在模具制造中的应用

自从电火花加工发明以来，它在金属加工领域已成为不可缺少的加工工艺之一。而首先获得大量使用的就是模具制造行业，最初是冲裁模的加工，后来在成型模具的加工方面也得到了广泛的使用，例如锻模，其70%的工作量可由电火花加工来完成。

电火花加工在模具制造中的应用，主要有以下几个方面。

(1) 加工各种模具零件的型孔。如冲裁模、复合模、连续模等各种冲模的凹模，凹凸模、固定板、卸料板等零件的型孔，拉丝模、拉深模等具有复杂型孔的零件等。

(2) 加工形状复杂的型腔。如锻模、塑料模、压铸模、橡皮模等各种模具的型腔加工。

(3) 加工小孔。对各种圆形、异形孔的加工(可达 ϕ0.1 mm)，如线切割的穿缝孔、喷丝板型孔等。

(4) 电火花磨削。如对淬硬钢件、硬质合金工件进行平面磨削、内外圆磨削、坐标孔磨削以及成型磨削等。

(5) 强化金属表面。如对凸模和凹模进行电火花强化处理后，可提高其耐用度。

(6) 其他加工。如刻文字、刻花纹、电火花攻螺纹等。

6.1.4 电火花加工机床的基本组成

电火花加工机床的基本结构如图 6-3 所示，它由机床本体、脉冲电源、自动调节系统和工作液循环过滤系统等四部分组成。

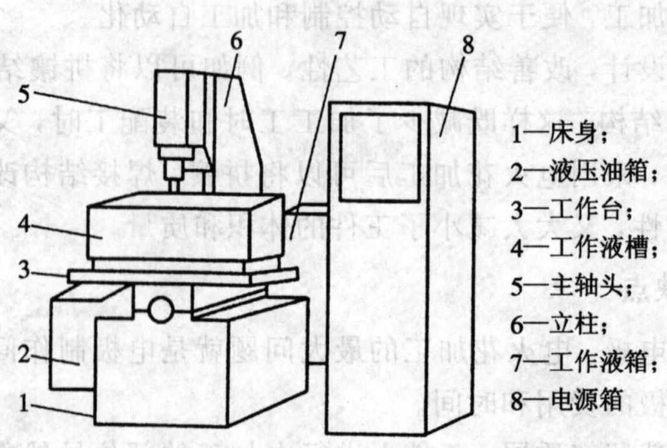

图 6-3　电火花加工机床的基本结构

1. 机床本体

电火花加工机床本体的作用是保证工具电极与工件之间的相互位置尺寸要求。它主要包括床身、立柱、工作台和主轴头。图 6-4 是典型的电火花加工机床的机床本体和机械传动系统。

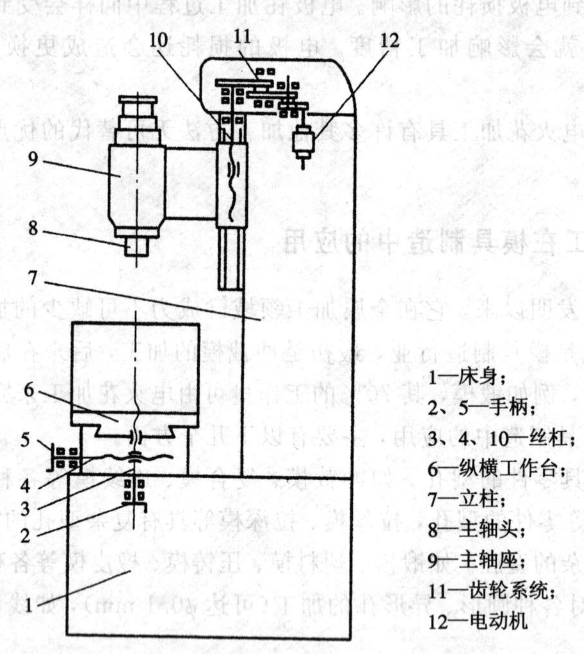

图 6-4　电火花加工机床的机床本体和机械传动系统

(1) 床身和立柱。床身和立柱是机床的主要基础件，要有足够的刚度。床身、工作台与立柱导轨之间有一定的垂直度要求。它们的刚度、精度和耐磨性对电火花加工质量有直接影响。

(2) 工作台。工作台是支撑和安装工件的。工作液槽安装在工作台上。通过转动纵、横手轮，带动丝杠来移动纵、横工作台，从而改变工具电极和工具的位置。

(3) 主轴头。主轴头是电火花加工机床的一个关键部件，它是自动调节系统的执行机构，控制工具电极与工件之间的间隙，主轴头的性能和质量对电火花加工工艺指标起着重大的影响。对主轴头的要求是结构简单，传动链短，传动间隙小，有一定的轴向和侧向刚度及精度，有足够的进给和回升速度；主轴运动的直线性和防扭性能好，灵敏度要高，无爬行现象，有足够的负载电极重量能力。普通电火花加工机床的主轴头多为液压式主轴头。

2. 脉冲电源

电火花加工机床脉冲电源的作用是将工频交流电转变成一定频率的单向脉冲电流，以提供电火花加工所需要的能量。脉冲电源的性能直接影响到电火花加工的生产效率、加工稳定性、电极损耗、加工精度和表面粗糙度。因此，对脉冲电源的基本要求是：

(1) 要有足够的脉冲放电能量，保持一定的生产效率，否则金属只能被加热而不能被瞬时熔化和汽化。

(2) 脉冲波形基本上是单向脉冲，以便充分利用极性效应，来减少电极的损耗。

(3) 脉冲电源的主要参数(脉冲宽度、脉冲间隙和峰值电流)应该有较宽的调节范围，以满足粗、半精及精加工的需要。

(4) 工具电极损耗要小，粗规准时相对损耗要小于0.5%，中、精规准时应该更小。

(5) 脉冲电压波形的前后沿应该较陡，这样才能减少电极间隙的变化及油污程度等对脉冲放电宽度和能量等参数的影响，使工艺过程较稳定。因此一般常采用矩形波脉冲电源。

(6) 性能稳定可靠，结构简单，操作和维修方便。

电火花加工机床脉冲电源的种类很多，关于电火花加工脉冲电源的分类，目前尚无统一的规定。脉冲电源按其作用原理和所用的主要元件、脉冲波形等可分为多种类型，见表6-1。

表 6-1 电火花加工脉冲电源的分类

分类标准	脉冲电源的类型
按主回路中主要元件的种类	弛张式、电子管式、闸流式、脉冲发电机式、晶闸管式、晶体管式、大功率集成器件式
按输出脉冲的波形	矩形波式、梳状波分组脉冲式、三角形波式、阶梯波式、正弦波式、高低压复合脉冲式
按间隙状态对脉冲参数的影响	非独立式、独立式

3. 自动调节系统

在电火花加工中，工件与电极之间发生火花放电时要保持一定的距离，这段距离称为放电间隙。放电间隙随粗、精加工所选用的电参数的不同而有所变化，以满足不同加工的需要。电火花加工是个动态过程，工件和电极都有一定的损耗，这就使得放电间隙逐渐增大，当间隙大到不足以维持放电时，加工便告以停止。为了使加工能继续进行，电极必须不断地、及时地进给，以维持所需的放电间隙。当外来的干扰使放电间隙一旦发生变化(如排屑不良而造成短路)时，电极的进给也应随之作相应的变化，以保持最佳放电间隙。这一任务由电火花加工机床的自动调节系统来完成。目前使用较多的有偶电液自动调节系统和电动机自动调节系统两大类。

这两种自动调节系统都有测量环节，利用放电间隙与加工电压的近似的线性关系，可把间隙电压作为测量对象，便于间接地反映放电间隙的大小。然后，把测量到的信号通过比较、放大等环节，反馈给执行机构，由执行机构根据控制信号的大小及时进给工具电极，来调整放电间隙，从而保证电火花加工正常进行。

4. 工作液循环过滤系统

电火花加工用的工作液循环过滤系统包括工作液泵、容器、过滤器及管道等，它能使工作液强迫循环。冲、抽油方式如图 6－5 所示，其中，图(a)、图(b)为冲油式，图(c)、图(d)为抽油式。冲油是把经过过滤的清洁工作液经油泵加压，强迫冲入电极与工件之间的放电间隙里，并将放电蚀除的电蚀残物随同工作液一起从放电间隙中排除，以达到稳定加工的目的。在加工时，冲油的压力可根据不同工件和几何形状及加工的深度随时改变，一般选在 0～200 kPa 之间。对盲孔加工采用如图 6－5 (b)和图 6－5 (d)所示的方式。从图 6－5 中可看出，采用冲油方式的循环效果比抽油式的更好，特别是在型腔加工中，采用这种方式可以改善加工的稳定性。

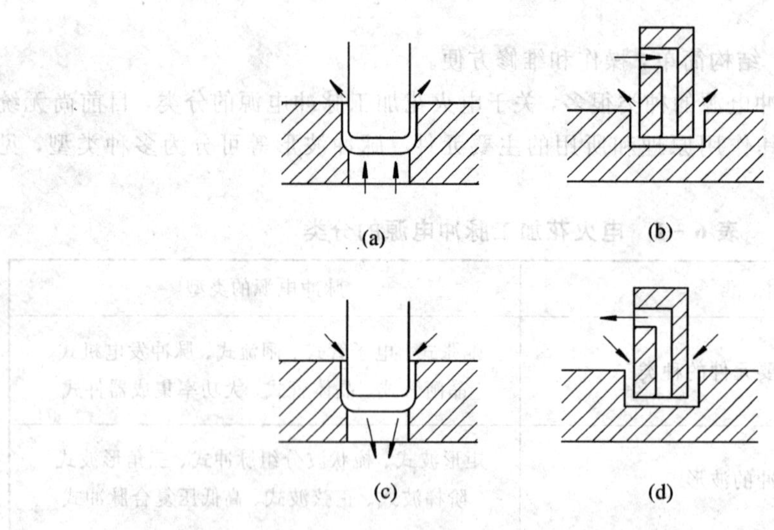

图 6－5　冲、抽油方式

(a) 下冲油式；(b) 上冲油式；(c) 下抽油式；(d) 上抽油式

图 6－6 是工作液循环系统油路，它既能实现冲油，又能实现抽油。其工作过程是：储油箱的工作液首先经粗过滤器 1、单向阀 2 吸入涡旋油泵 3，这时高压油经过不同形式的精过滤器 7 输向机床工作液槽。溢流安全阀 5 控制系统的压力不超过 400 kPa。快速进油控制阀 11 为快速进油用，待油注满油箱时，可及时调节冲油选择阀 10，由压力调节阀 8 来控制工作液的循环方式及压力，当冲油选择阀 10 在冲油位置时，补油和冲油都不通，这时油杯中油的压力由压力调节阀 8 控制。当冲油选择阀 10 在抽油位置时，补油和抽油两路都通，这时压力工作液穿过射流抽吸管 9，利用流体速度产生负压，达到实现抽油的目的。

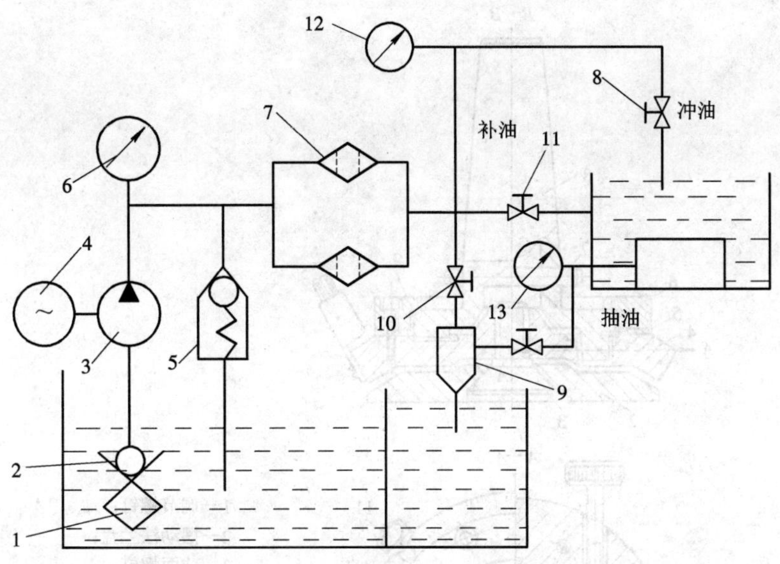

1—粗过滤器；2—单向阀；3—涡旋油泵；4—电极；5—溢流安全阀；6—压力表；7—精过滤器；
8—压力调节阀；9—射流抽吸管；10—冲油选择阀；11—快速进油控制阀；12—冲油压力表；13—抽油压力表

图 6-6 工作液循环系统油路

当前我国的电火花加工所用工作液主要是煤油，由于加工中电蚀残物的颗粒很小，这些小颗粒存在于放电间隙中，使加工处于不稳定状态，这就直接影响到了生产率和光洁度。为了解决这些问题，人们采用了介质过滤的方法。

介质过滤器广泛采用木屑、黄砂或棉纱等作为介质，其优点是材料来源广泛，可以就地取材，缺点是过滤能力有限，不适于大流量、粗加工，且每次更换介质，要消耗大量煤油，故新式机床中，介质过滤器目前已被纸过滤器所代替。

纸过滤器的优点是过滤的精度较高，阻力小，更换方便，本身的耗油量比木屑等少，特别适合中、大型电火花加工机床，一般可连续应用 250～500 h 之多，用后经反冲或清洗，仍可继续使用，而且有专业纸过滤器芯生产厂可供订购，故现已被大量应用。

6.1.5 电火花加工机床的主要附件及其作用

机床配备有各种附件，并根据不同的生产需要来进行配置。常见的机床附件有可调节工具电极角度的夹头、平动头和油杯。

1. 可调节工具电极角度的夹头

装夹在主轴下的工具电极，在加工前需要调节到与工件基准面垂直，在加工型腔时，还需要在水平面内调节，转动一个角度，使工具电极的界面形状与工件型腔预定的位置一致。前一垂直度调节功能常用球面铰链来实现；后一调节功能靠主轴与工具电极安装面的相对转动机构来调节。垂直度与水平转角调节正确后，都应用螺钉卡紧(见图 6-7)。此外，机床主轴、床身在电路上连成一体接地，而装工具电极的夹持调节部分应单独绝缘。这种有绝缘层的主轴夹头如图 6-8 所示。

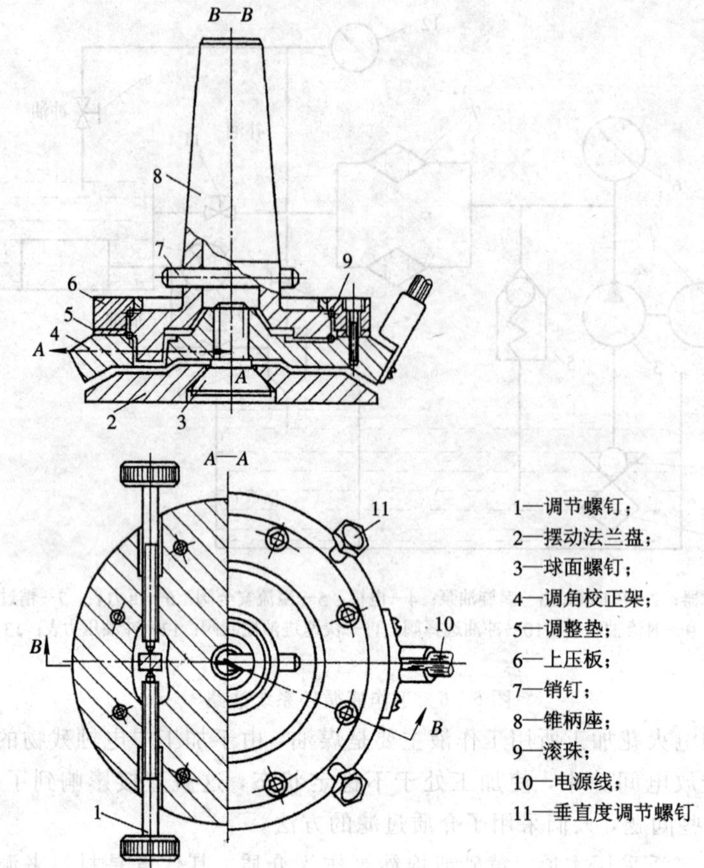

图 6－7　垂直和水平转角调节装置的夹头

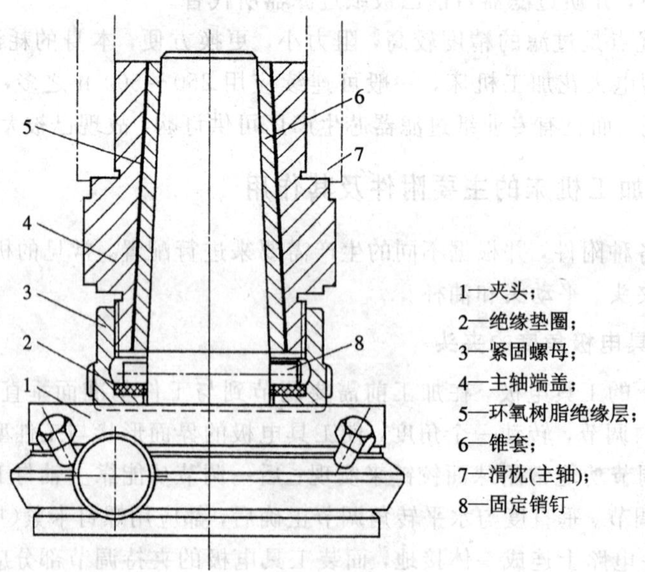

图 6－8　带有绝缘层的主轴夹头

2. 平动头

平动头是电火花加工机床最重要的主轴头附件，也是实现单电极型腔电火花加工所必备的工艺装备。在加工大间隙冷冲模和零件上的异形孔等方面，平动头也经常得到应用。

1）平动头的作用

我们知道，电火花加工时粗加工的火花间隙比中加工的要大，而中加工的火花间隙比精加工的又要大一些。当用一个电极进行粗加工时，将工件的大部分余量蚀除掉后，工件底面和侧壁四周的表面粗糙度值很大，为了将其修光，就得转换规准逐挡进行修整。由于后挡规准的放电间隙比前一挡小，因此，对工件底面可通过主轴进给进行修光，而四周侧壁就无法修光了。平动头就是为解决修光侧壁和提高其尺寸精度而设计的。普通加工与平动加工的比较如图 6-9 所示。

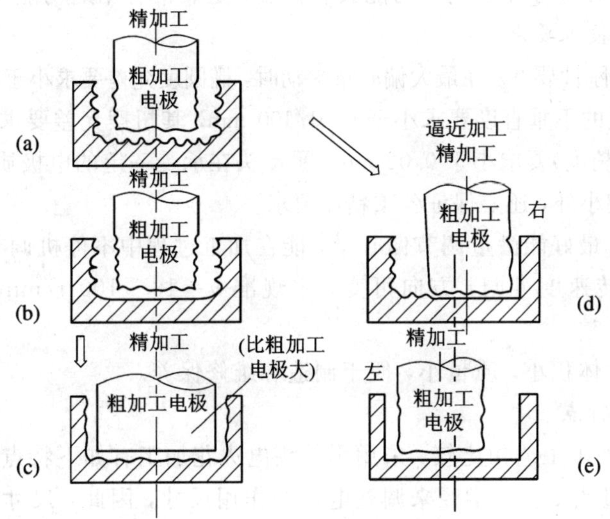

图 6-9　普通加工与平动加工的比较

(a) 单电极粗加工表面粗糙度很差；(b) 用粗加工电极采用精规准已无法加工
(c) 更换一个精加工电极并采用精规准；(d)、(e) 用粗加工电极采用精规准平动加工

2）平动头的动作原理

利用偏心机构将伺服电机的旋转运动通过平动轨迹保持机构，转化成电极上每一个质点都能围绕其原始位置在水平面内作平面小圆周运动。这样，许多小圆的外包络线就形成了加工表面。平动加工时电极的运动轨迹如图 6-10 所示。电极的运动半径 Δ 通过调节可由零逐步扩大，以补偿粗、中、精加工的火花放电间隙 d 之差，从而达到修光型腔的目的。其中每个质点运动轨迹的半径就称为平动量。

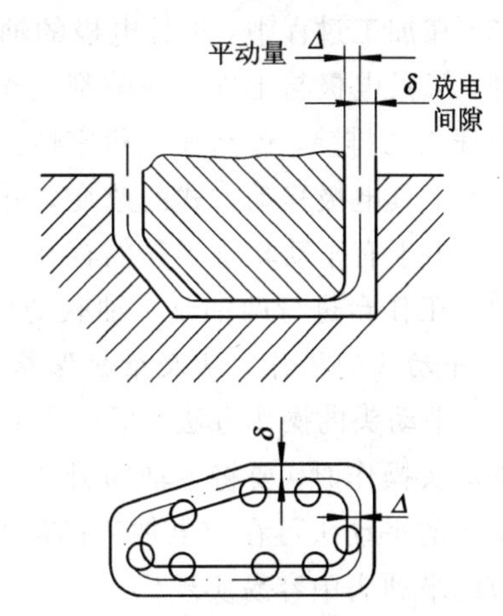

图 6-10　平动加工时电极的运动轨迹

3）平动头的结构

一般平动头都由两部分组成，即由电动机驱动的偏心机构和平动轨迹保持机构。

(1) 偏心机构。国内生产的平动头，其偏心机构大都采用双偏心式(偏心轴、偏心套)。后来北京机床研究所设计的DPDT型平动头采用45°斜滑轨机构，比原来的双偏心机构结构简单、动作可靠，可以三向伺服平动。一旦发生短路，工具电极不是垂直回退，而是斜向中心回退，很快就可消除短路，因此对加工型孔、型腔有较好的效果。

(2) 平动轨迹保持机构。现在平动头的形式基本上取决于平动轨迹保持机构。国内最早生产的弹簧片式平动头，是通过两对不同平面的弹簧片约束电极支撑板，使之产生给定轨迹半径的刚体圆周平移运动，并由两对弹簧片及两块支撑板组成平动轨迹保持机构。以后又有以四连杆、十字滚动溜板等组成的平动轨迹保持机构，它们分别被称之为四连杆式平动头及十字滚动溜板平动头等。

近年来，有少数专业生产单位已研制出能用于工业生产的数控平动头，它除了可作圆形平动外，还可作X、十字平动等，功能大有扩展，是非常有用的功能附件。

4) 对平动头的技术要求

(1) 精度要高，刚性要好。在最大偏心量平动时，椭圆度允差要求小于0.01 mm，其回转平面与主轴头进给轴线的不垂直度要求小于0.01/100 mm，其扭摆允差要求小于0.01/100 mm，最小偏心量(即回零精度)要求小于0.02 mm。平动头在承受一定的电极质量和冲油压力等外力作用下，除变形应小外，还要保证各项精度要求。

(2) 调量方便，最好能微量调节偏心量，能在加工过程中不停机调节。

(3) 平动头回转速度可调，方向可变，中规准 $n=10\sim100$ r/min，精规准 $n=30\sim120$ r/min。

(4) 结构简单，体积小，质量小，便于制造和维修保养。

5) 平动加工的特点

与一般电火花加工工艺相比较，采用平动头电火花加工有如下特点：

(1) 它可以通过改变轨迹半径来调整电极的作用尺寸，因此，尺寸加工不再受放电间隙的限制。

(2) 用同一尺寸的工具电极，通过轨迹半径的改变，可以实现换规准修整。即采用一个电极就能由粗至精直接加工出一副型腔。

(3) 在加工过程中，工具电极的轴线与工件的轴线相偏移，除了电极处于放电区域的部分外，工具电极与工件的间隙都大于放电间隙，实际上减小了同时放电的面积，这有利于电蚀残物的排除，提高加工稳定性。

(4) 工具电极移动方式的改变，可使加工的表面粗糙度大大改善，特别是底平面处。

(5) 由于有平动轨迹半径的存在，因此它无法加工有清角的型腔。只有采用数控平动头或数控工作台进行两轴或三轴联动摇动加工，才能加工出清棱清角的型孔和型腔。

6) 平动头的操作方法及维护保养

(1) 平动头的操作方法。平动头一般可分为停车调节与不停车调节两大类型。停车调节的平动头操作时，要将主轴回升，切断电源，然后松开平动头的锁紧螺钉进行调节。不停车调节的平动头可在放电加工的同时进行调节。偏心量最好能微量调节，这一点在不停车调节的平动头中容易实现。

(2) 平动头的维护保养。不停车调节的平动头，其驱动电机带动的蜗轮副是外裸的，因此一定要用牛油或其他油脂进行润滑，并经常注意除尘保洁。平动头使用一段时期后，

可用百分表校对 X、Y 方向偏心量的大小，看是否有差异。若差异较大，可将平动头拆开进行清洗加油，并调换磨损件。

3. 油杯

图 6-11 所示为一种油杯的结构。在电火花加工中，油杯是实现工作液冲油或抽油强迫循环的一个主要附件，其侧壁和底边上开有冲油和抽油孔。在放电加工时，可使电蚀残物及时排出，因此，油杯的结构好坏对加工效果有很大影响。放电加工时，工件也会分解产生气体，这种气体如不及时排出，就会积存在油杯里。当这种气体被电火花放电引燃时，将会产生放炮现象，造成电极与工件位移，给加工带来很大麻烦，从而影响被加工工件的尺寸精度。因此，对油杯的应用要注意以下几点：

(1) 油杯要有合适的高度，应具备冲、抽油的条件，但不能在顶部积聚气泡。

(2) 油杯的刚度和精度要好，油杯的两端面不平度应小于 0.01 mm，同时密封性要好，以防止漏油现象的发生。

(3) 图 6-11 中油杯底部的抽油孔，如在底部安装不方便，也可安置在靠底部侧面，或省去抽油抽气管 4 和底板 5，而直接安装在油杯侧面的最上部。

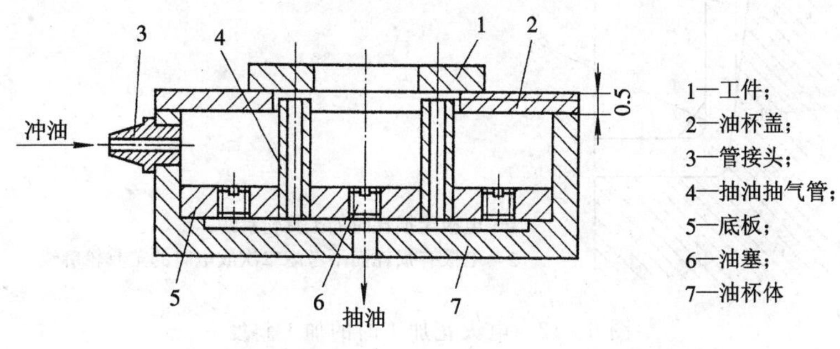

图 6-11　油杯结构

6.1.6　影响工件质量的主要因素

工件的质量主要包括加工精度、表面粗糙度、表面结构和机械性能等。

1. 影响加工精度的主要因素

与通常的机械加工一样，机床本身的各种误差以及工件和工具电极的定位、安装误差都会影响到加工精度，这里主要讨论与电火花加工工艺有关的因素。

1) 放电间隙的大小及其一致性

电火花加工时，工具电极与工件之间存在着一定的放电间隙，如果加工过程中放电间隙保持不变，则可以通过修正工具电极的尺寸对放电间隙进行补偿，以获得较高的加工精度。然而，放电间隙的大小实际上是变化的，影响着加工精度。

除了间隙能否保持一致性外，间隙大小对加工精度(特别是仿形精度)也有影响，尤其是对复杂形状的加工表面，棱角部位电场强度分布不均，间隙越大，影响越严重。因此，为了减少加工误差，应该采用较弱小的加工电规准，缩小放电间隙，这样不但能提高仿形精度，而且放电间隙愈小，可能产生的间隙变化量也愈小；另外，还必须尽可能使加工过程稳定。电参数对放电间隙的影响是非常显著的，精加工的放电间隙一般只有 0.01 mm(单面)，而在粗加工时则为 0.5 mm 左右。

2) 工具电极的损耗

工具电极的损耗对尺寸精度和形状精度都有影响。电极损耗分为绝对损耗和相对损耗，绝对损耗是指单位时间内工具电极损耗的长度、重量或体积。相对损耗是指工具电极的绝对损耗与加工速度的百分比。在实际生产中，常常用相对损耗作为衡量工具电极损耗指标。工具电极损耗的不均匀是使加工精度下降的重要因素。

3) “二次放电”与加工斜度

二次放电是指已加工表面上由于电蚀残物等的介入而再次进行的非必要的放电，它能使加工深度方向产生斜度和使加工棱角棱边变钝。

电火花加工时的加工斜度如图 6-12 所示，由于工具电极下端部加工时间长，绝对损耗大，而电极入口处的放电间隙则由于电蚀残物的存在，以致“二次放电”的概率大，而使得放电间隙扩大，因此产生了加工斜度，俗称喇叭口。

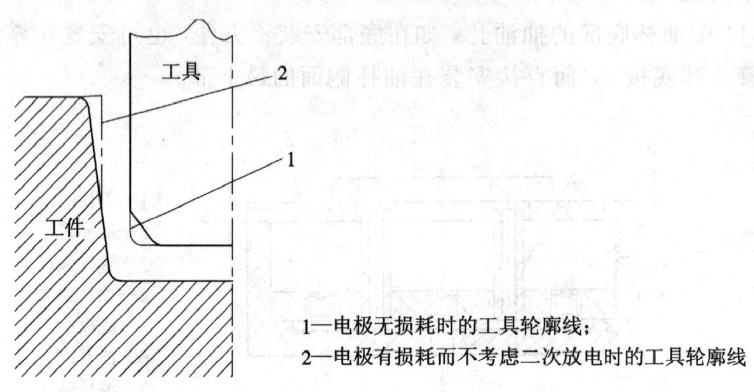

图 6-12　电火花加工时的加工斜度

电火花加工时，工具的尖角或凹角很难精确地复制在工件上，这是因为当工具为凹角时，工件上对应的尖角处放电蚀除的概率大，容易遭受腐蚀而成为圆角，如图 6-13 (a)所示。当工具为尖角时，一则由于放电间隙的等距性，工件上只能加工出以尖角顶点为圆心、放电间隙 s 为半径的圆弧；二则，工具上的尖角本身因尖端放电蚀除的概率大而损耗成圆角，如图 6-13 (b)所示。采用高频窄脉宽精加工，放电间隙小，圆角半径可以明显减少，因而提高了仿形精度，可以获得圆角半径小于 0.01 mm 的尖棱，这对于加工精密小模数齿轮等冲模是很重要的。

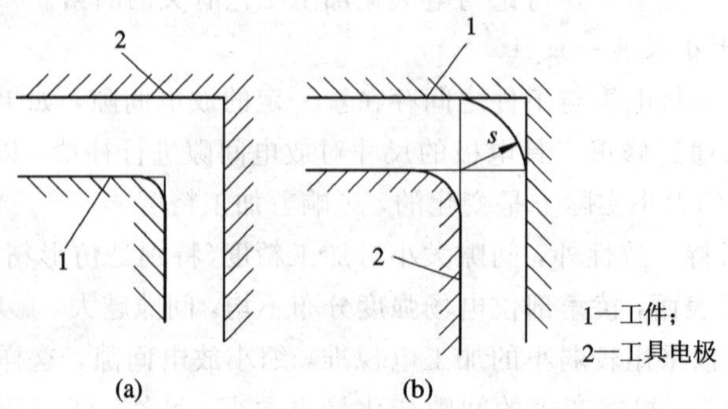

图 6-13　电火花加工时尖角变圆

(a) 工具为凹角；(b) 工具为尖角

目前，电火花加工的精度可达 0.01～0.05 mm，在精密加工时可小于 0.0005 mm。

2. 影响表面粗糙度的因素

影响表面粗糙度的因素主要是脉宽 t_i 与峰值电流 i_e 的乘积，即单个脉冲能量的大小。但实践中发现，即使单脉冲域很小，但当电极面积较大时，粗糙度也很难低于 2 μm，也就是说，加工面积越大，可达到的最佳表面粗糙度越差。

工件材料对加工表面粗糙度也有影响，在相同能量下，熔点高的材料(如硬质合金)其加工表面的粗糙度要比熔点低的材料(如钢)好。当然，加工速度会相应下降。

精加工时，工具电极的表面粗糙度也将影响到加工粗糙度。由于石墨电极的表面很难加工得非常光滑，因此用石墨电极加工的表面粗糙度较差。

电火花加工的表面粗糙度和加工速度之间存在着很大的矛盾，例如粗糙度从 2.5 μm 提高到 1.25 μm，加工速度要下降十多倍。按目前的工艺水平，较大面积的电火花加工要达到粗糙度优于 0.32 μm 是比较困难的，但是如果采用平动或摇动加工工艺，其表面粗糙度可大为改善。

值得一提的是，电火花加工后形成的表面粗糙度和机械加工后形成的表面粗糙度的性质是不同的。电火花加工表面是由无方向性的无数小坑和硬凸边所组成的，特别有利于保存润滑油；而机械加工表面则存在着切削或磨削刀痕，具有方向性。两者相比，在相同的表面粗糙度和有润滑油的情况下，电火花加工表面的润滑性能和耐磨损性能均比机械加工表面的好。

3. 影响表面结构和机械性能的因素

经电火花加工后的工件表面将产生包括凝固层和热影响层等在内的表面变化层，其剖面示意图如图 6－14 所示。其化学、物理及金相组织性能均有所变化。凝固层是由未被抛出的残留熔融的部分金属再凝固后形成的，晶粒结构非常细小，其化学成分因工作介质和石墨电极的碳元素渗入工件表面而发生变化，表面上留有许多微细裂纹。热影响层位于凝固层和工件基体材料之间，该层金属受到放电高温影响，使材料的金相组织发生了变化。一般热影响层硬度达 60HRC 以上，而凝固层的硬度更高。

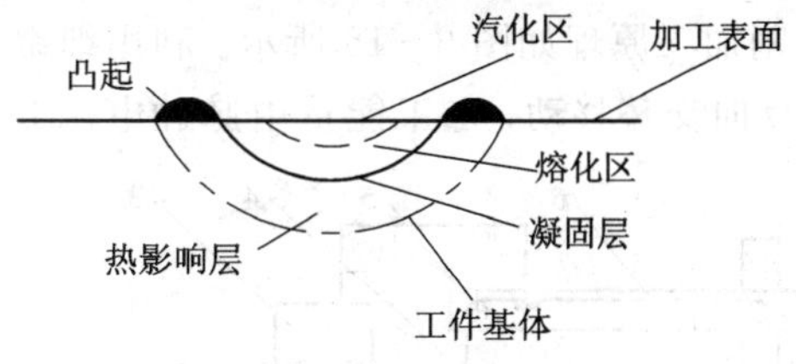

图 6－14　表面变化层剖面示意图

表面变化层的厚度与工件材料的种类和加工电规准参数有关。单个脉冲能量越大，表面变化层就越厚。

由于凝固层和热影响层的高硬度特性，使得加工后的工件耐磨性和使用寿命都大大提高，但给后续加工工序(研磨、抛光等)增加了困难。另外，由于表面变化层金相组织的变化，使得工件抗疲劳强度下降，并造成表面裂纹。

采用回火处理和喷丸处理等，有助于降低残余应力，或使残余拉应力转变为压应力，从而提高其耐疲劳性能。

电火花加工表面存在着由于瞬时先热后冷作用而形成的残余应力，而且大部分表现为拉应力。残余应力的大小和分布主要与材料在加工前的热处理状态及加工时的脉冲能量有关。因此，对表面层质量要求较高的工件，应尽量避免使用较大的加工规准。

6.2 数控电火花线切割加工机床

电火花线切割加工(Wire Cut Electron Discharge Machining，WEDM)是在电火花加工的基础上于20世纪50年代末最早在前苏联发展起来的一种新型的工艺形式。虽然它也是利用电腐蚀来加工金属的，但其加工方式与电火花加工不同。电火花加工模具型孔，离不开成型电极，当被加工的模具零件精密细小，形状复杂时，不仅电极的制作难度大，而且穿孔加工的效率也很低；而电火花线切割加工能弥补电火花加工的不足，不用电极就能实现微细加工，而且比电火花机床操作更方便，效率更高。电火花线切割加工机床配有电子计算机进行数字程序控制，能按加工要求自动切割任意角度的直线和圆弧。其主要用于切割淬火钢、硬质合金等特殊材料，加工一般金属切割机床难以正常加工的细缝、槽或形状复杂的零件，因此在模具行业中的应用非常广泛。

6.2.1 电火花线切割加工的基本原理、特点及应用范围

1. 电火花线切割加工的基本原理

电火花线切割加工的基本原理是利用移动的细金属丝(铜丝或钼丝)作为工具电极(接高频脉冲电源的负极)，对工件(接高频脉冲电源的正极)进行脉冲火花放电，切割成型。

根据电极丝的运行速度，电火花线切割加工机床通常分为两大类：一类是高速走丝电火花线切割加工机床(WEDM－HS)，这类机床的电极丝作高速往复运动，一般走丝速度为8～12 m/s，这是我国生产和使用的主要机种，也是我国独创的电火花线切割加工模式；另一类是低速走丝电火花线切割加工机床(WEDM－LS)，这类机床的电极丝作低速单向运动，一般走丝速度为0.2 m/s，这是国外生产和使用的主要机种。

高速走丝电火花线切割加工原理如图6－15所示。利用细钼丝4作为工具电极进行切割，储丝筒7使钼丝作正反向交替移动，加工能量由脉冲电源3供给。脉冲电源发出连续

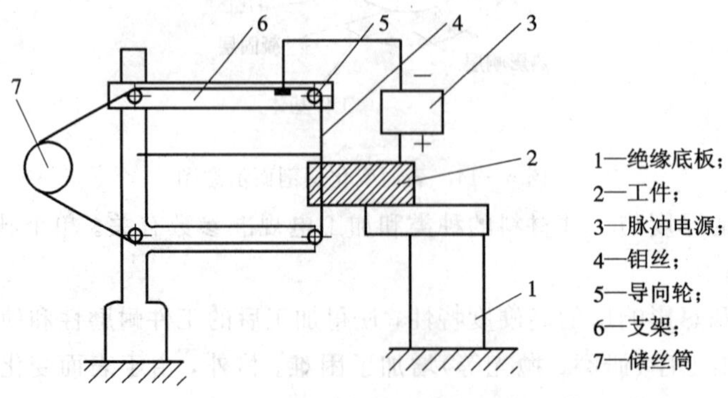

图6－15　高速走丝电火花线切割加工原理图

的高频脉冲电压，加到工件电极和工具电极(电极丝)上，同时在电极丝与工件之间注有足够的具有一定绝缘性能的工作液，当电极丝与工件间的距离小到一定程度时(通常认为电极丝与工件之间的放电间隙 $d_{电}=0.01$ mm 左右)，工作液介质被击穿，电极丝与工件之间形成瞬时火花放电，产生瞬间高温，使工件表面的金属局部熔化甚至汽化，再加上工作液介质的冲洗作用，使得金属被蚀除下来，这就是电火花线切割加工机床的加工原理。

2. 电火花线切割加工的特点

电火花线切割加工具有电火花加工的共性，金属材料的硬度和韧性并不影响加工速度，常用来加工淬火钢和硬质合金；对于非金属材料的加工，也正在开展研究，当前绝大多数的线切割机都采用数字程序控制，其工艺特点为：

(1) 不像电火花加工那样制造特定形状的工具电极，而是采用直径不等的细金属丝(铜丝或钼丝等)作为工具电极，因此切割用的刀具简单，大大降低了生产准备工时；

(2) 利用计算机辅助制图自动编程软件，可方便地加工形状复杂的直纹表面；

(3) 电极丝直径较细($\phi0.025$ mm～$\phi0.3$ mm)，切缝很窄，这样不仅有利于材料的利用，而且适合细小零件的加工；

(4) 电极丝在加工中是移动的，不断更新(低速走丝)或往复使用(高速走丝)，可以完全或短时间不考虑电极丝损耗对加工精度的影响；

(5) 依靠计算机对电极丝轨迹的控制和偏移轨迹的计算，可方便地调整凹凸模具的配合间隙，依靠锥度切割功能，有可能实现凹凸模一次加工成型；

(6) 对于粗、中、精加工，只需调整电参数即可，操作方便、自动化程度高；

(7) 加工对象主要是平面形状，台阶盲孔型零件还无法进行加工，但是当机床加上能使电极丝作相应倾斜运动的功能后，就可实现锥面加工；

(8) 当零件无法从周边切入时，工件上需钻穿丝孔。

3. 电火花线切割加工的应用范围

(1) 加工模具。适用于各种形状的冲模。调整不同的间隙补偿量，只需一次编程就可以切割凸模、凸模固定板、凹模及卸料板等。还可以用于加工挤压模、粉末冶金模、弯曲模和塑料模等通常带锥度的模具。

(2) 加工电火花加工用的电极。一般穿孔加工用的电极和带锥度型腔加工用的电极，以及铜钨、银钨合金之类的电极材料，都可以用线切割机来加工。另外也适用于加工微细复杂形状的电极。

(3) 加工零件。试制新产品时，直接用线切割在坯料上切割零件，不需要另行制造模具，大大缩短了生产周期，降低了成本。另外，修改设计、变更加工程序比较方便，多片薄片零件可叠加在一起加工。可用于加工品种多、数量少的零件，特殊难加工材料的零件，材料试验样件，各种型孔、特殊齿轮凸轮、样板和成型刀具。同时还可进行微细加工，以及异形槽和标准缺陷的加工等。

6.2.2 电火花线切割加工机床的基本组成

数控电火花线切割加工机床如图 6 - 16 所示，它由脉冲电源、机床本体、工作液循环系统和数字程序控制系统四大部分组成。

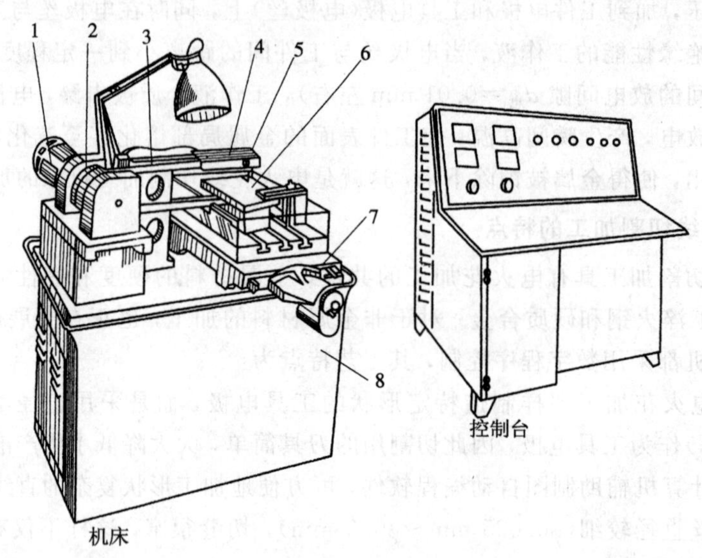

1—电动机；2—储丝筒；3—钼丝；4—丝架；5—导轮；6—工件；7—十字托板；8—床身

图 6-16　数控电火花线切割加工机床

1. 脉冲电源

电火花线切割加工和电火花成型加工一样，都是利用火花放电对金属工件进行电腐蚀加工的，因此加在电极丝和工件间隙上的电压必须是脉冲电压，否则放电将成为连续的电弧，加工过程将变成电弧焊接或切割，达不到尺寸加工的目的。在电火花线切割加工中，蚀除量较少，而且一般都用精规准一次切割成型，加工中不必考虑电极丝的损耗，因此要求脉冲电源能保证较高的加工速度、较高的加工质量和电极丝允许的承载电流等因素。目前电火花线切割加工机床采用高频脉冲电源，其功率较小，脉冲宽度窄(2～60 μs)，单个脉冲能量和平均电流(1～5 A)一般较小，频率较高，峰值电流较大，因此，线切割加工总是采用正极性加工。脉冲电源的形式很多，如晶体管矩形波脉冲电源、高频分组脉冲电源、并联电容型脉冲电源和低损耗电源等。电火花线切割加工机床的高频脉冲电源主要是晶体管脉冲电源，利用晶体管作开关元件控制 *RC* 电路进行精微加工。一般电源的电规准设有粗、中、精三种，以满足不同加工的要求。脉冲宽度为 2～50 μs，脉冲间隙为 10～200 μs，峰值电流为 4～40 A，加工电流为 0.2～7 A，开路电压为 80～100 V。这其中，粗规准一般采用较大的峰值电流，较长的脉冲宽度(20～60 μs)；中规准采用的脉冲宽度一般为 6～20 μs；精规准采用小的峰值电流、高频率和短的脉冲宽度(2～6 μs)。

2. 机床本体(这里我们以 DK7725 型线切割机床为例)

机床本体由床身、工作台、储丝走丝部件、丝架、导轮部件、锥度切割装置、工作液箱、附件和夹具等几部分组成。

1) 床身

床身是机床本体的基础，支撑和安装坐标工作台、绕丝机构及丝架，应该有足够的强度和刚度。一般电火花线切割机床的床身为铸造箱式结构和焊接箱式结构，精密电火花线切割机床也有采用大理石结构的。床身内部安置电源和工作液箱，考虑电源的发热和工作液泵的振动，也有机床将电源和工作液箱搬移出床身外另行安置的。

2）工作台

DK7725 型线切割机床工作台的结构如图 6－17 所示。工作台分上、下拖板（上拖板为工作台面）均可独立前、后运动，下拖板 21 移动表示横向运动（Y 坐标），上拖板 3 移动表示纵向运动（X 坐标），如同时运动可形成任意复杂图形。工作台移动由步进电机 16 带动无间隙精密双齿轮 14 通过丝杠 7 和滚动导轨实现 X 和 Y 方向的伺服进给运动，当电极丝和工件间维持一定间隙时，即产生火花放电。工作台的定位精度和灵敏度是影响加工曲线轮廓精度的重要因素。为了保证工作台的移动精度，本机床采用复合螺母自动消除丝杠与螺母间隙，使其失动量小于 0.004 mm。工作台移动的灵敏度由中间放有高精度滚柱的 V 形平台导轨获得。

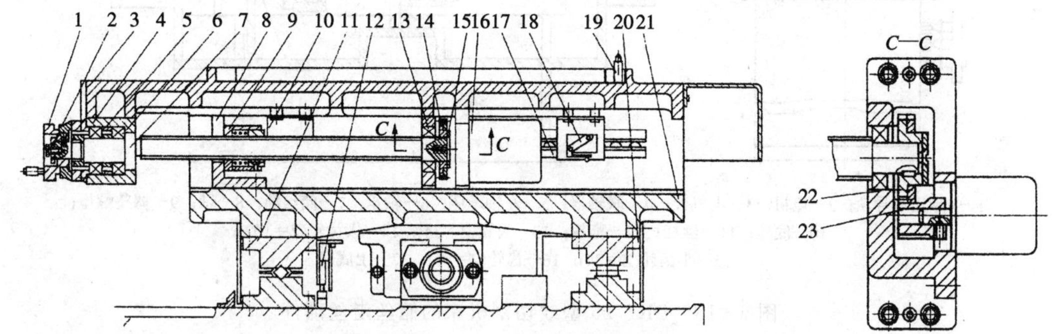

1—手轮；2—刻度盘；3—上拖板；4—轴承座；5—内外隔板；6—轴承；7—丝杠；8—螺母座；9—调整螺母；10—限位开关挡块；11—V形导轨；12—限位开关；13—轴承；14—精密双齿轮；15—端盖；16—步进电机；17—上V形导轨；18—限位开关；19—接线柱；20—平导轨；21—下拖板；22—电机座；23—小齿轮

图 6－17　DK7725 型线切割机床工作台的结构

切割工件前需使手轮刻度盘对“0”，对“0”时可松开手轮端面前的滚花螺钉，转动刻度盘使“0”线对准刻度盘的标记，再拧紧滚花螺钉即可。

3）储丝走丝部件

DK7725 型线切割机床的储丝走丝部件如图 6－18 所示，它由储丝筒组合件、上下拖板、齿轮副、丝杠副、换向装置和绝缘件等部分组成。储丝筒 7 由电机 2 通过联轴器 4 带动，以 1400 r/min 的转速正、反向转动。储丝筒另一端通过 3 对齿轮减速后带动丝杠 11。储丝筒、电机、齿轮都安装在两个支架上。支架及丝杠则安装在拖板 12 上，调整螺母 9 装在底座 10 上，拖板与底座采用装有滚珠的 V 形滚动导轨 1 连接，拖板在底座上来回移动。螺母具有消除间隙的副螺母及弹簧，齿轮及丝杠螺距的搭配为滚筒每旋转一圈拖板移动 0.275 mm。因此，该储丝筒适用于 ϕ0.25 mm 以下的钼丝。

4）丝架和导轮部件

DK7725 型线切割机床的丝架和导轮部件如图 6－19 所示。上丝架 3 与立柱连接，下丝架 6 固定不动；上丝架可以转动立柱上方的手轮使其在 200 mm 的范围内自由调节，下丝架有两个导轮，上、下丝架的两个导轮为蓝宝石导轮。导轮座用金属材料制作，内装精密型轴承，用于支撑导轮，在丝架上的两个前导轮座装配过程中，调整钼丝在 X 向的垂直度。Y 向垂直度的调整只需平移下丝架上的两个前导轮座即可。钼丝与工作台面的调整是否合适，可采用钼丝垂直度量具（测量杯）采用透光法检查。

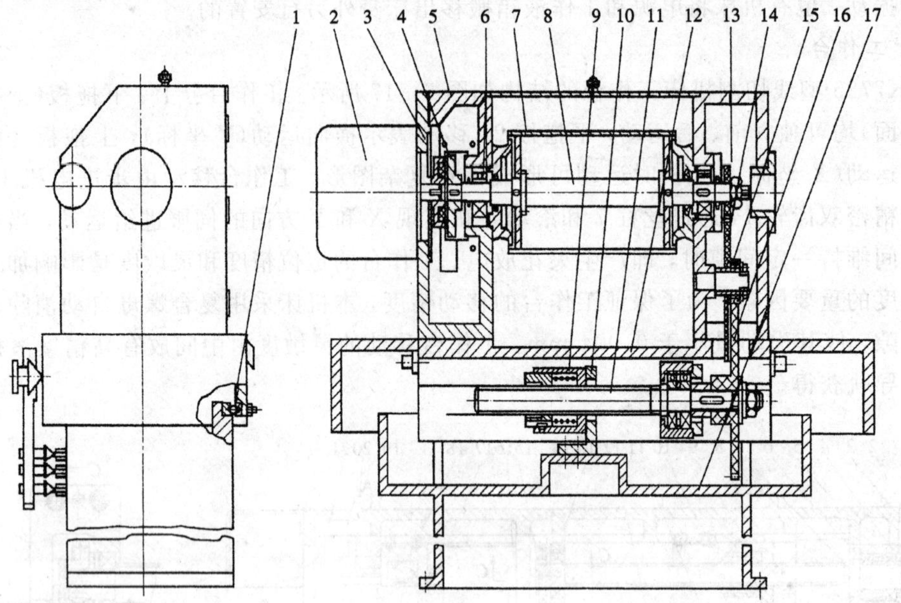

1—V形滚动导轨；2—电机；3—电机架；4—联轴器；5—左轴承座；6—轴承；7—储丝筒；8—轴；9—调整螺母；
10—底座；11—丝杠；12—拖板；13—齿轮(Z=34)；14—大齿轮(Z=102)；
15—小齿轮(Z=34)；16—齿轮(Z=95)；17—上底座

图 6-18　DK7725 型线切割机床的储丝走丝部件

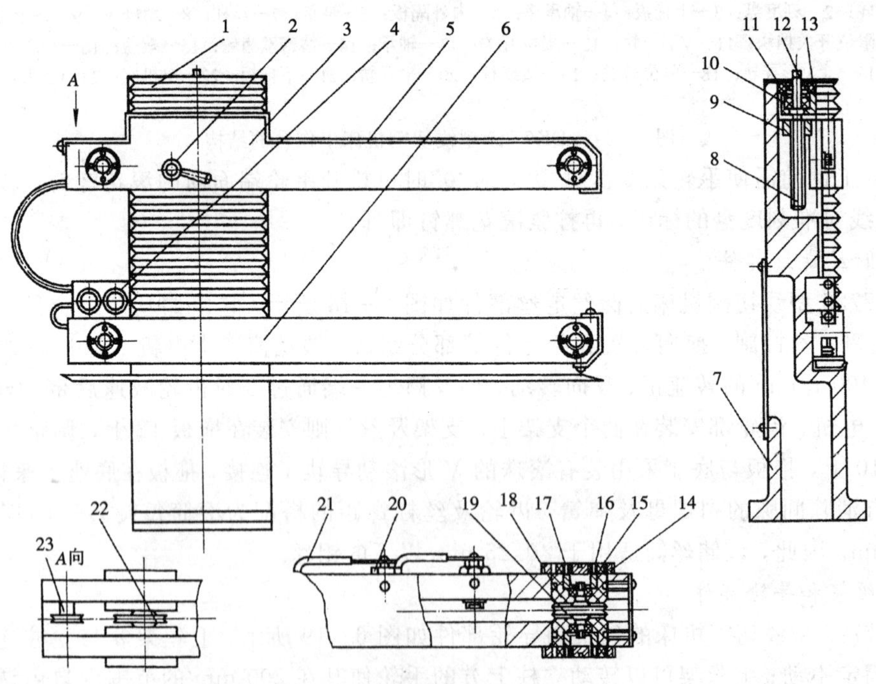

1—防护罩；2—锁紧手柄；3—上丝架；4—冷却液调节阀；5—护板；6—下丝架；7—立柱；8—丝杠；9—螺母；
10—轴承；11—法兰盖；12—螺帽；13—轴承座；14—圆螺母；15—压紧螺母；16—小圆螺母；17—轴承；
18—导轮座；19—前导轮；20—接线柱；21—高频进线；22—后导轮；23—过渡轮

图 6-19　DK7725 型线切割机床的丝架和导轮部件

丝架与走丝机构组成了电极丝的运动系统。丝架的主要功用是在电极丝按给定速度运动时，对电极丝起支撑作用，并使电极丝的工作部分与工作台平面保持一定的几何角度。

导轮是线切割机床的关键零件，它影响到切割的质量，对导轮部件的要求如下：

(1) 导轮V形槽面应有较高的精度，V形槽底的圆弧半径必须小于选用的电极丝半径，以保证电极丝在导轮槽内运动时不产生轴向移动。

(2) 在满足一定强度的要求下，应尽量减轻导轮质量，以减少电极丝换向时的电极丝与导轮间的滑动摩擦。导轮槽工作面应有足够的硬度，以提高其耐磨性。

(3) 导轮装配后，转动应轻便灵活，尽量减小轴向窜动和径向跳动。

(4) 进行有效的密封，以保证轴承的正常工作条件。

导轮部件的结构主要有三种形式：悬臂支撑导轮结构、双边支撑导轮结构和双轴尖支撑结构。

(1) 悬臂支撑导轮结构如图6-20所示。其结构简单、上丝方便，但因悬臂支撑，张紧的电极丝运动的稳定性较差，因此难于维持较高的运动精度，同时也影响到导轮和轴承的使用寿命。

(2) 双边支撑导轮结构如图6-21所示。其中导轮居中，两端用轴承支撑，结构较复杂，上丝较麻烦，但此种结构的运动稳定性较好，刚度较高，不易发生变形及跳动。

(3) 双轴尖支撑结构的导轮两端加工成30°的锥形轴尖，硬度在60HRC以上，轴承由红宝石或锡磷青铜制成。该结构易于保证导轮运动组合件的同轴度，导轮轴向窜动和径向跳动量均可控制在较小的范围内。缺点是轴尖运动副摩擦力大，易于发热和磨损。为补偿轴尖运动副的磨损，常利用弹簧的作用力使运动副良好接触。

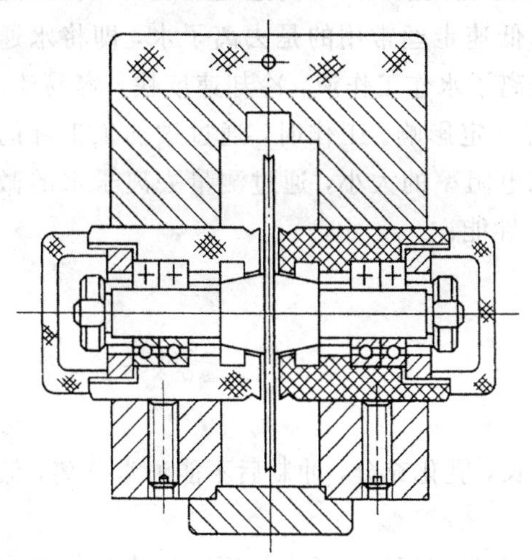

图6-20　悬臂支撑导轮结构

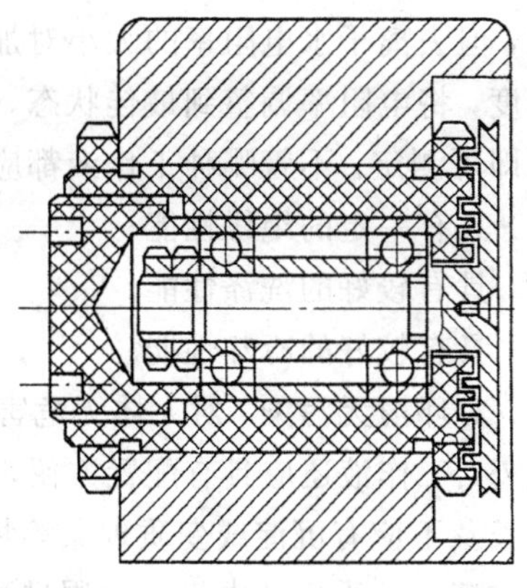

图6-21　双边支撑导轮结构

5) 锥度切割装置

为了切割有锥度的内外表面，有些切割机床有锥度切割功能。实现锥度切割的方法很多，这里只介绍其中两种。

(1) 偏移式丝架。偏移式丝架主要用于在高速走丝线切割机床上实现锥度切割，其工作原理如图6-22所示。图6-22(a)为上(或下)丝臂平动，上(或下)丝臂沿X、Y方向平移，此法锥度不宜过大，否则钼丝易拉断，导轮易磨损，工件上有一定的加工圆角。图6－22(b)为上、下丝臂同时绕中心移动的方法，如果模具刃口放在中心“O”上，则加工圆角近似为电极丝半径。此法加工锥度也不宜过大。图6－22(c)为上、下丝臂分别沿导轮径向平动和轴向摆动的方法，此法加工锥度不影响导轮磨损，最大切割锥度可达1.5°。

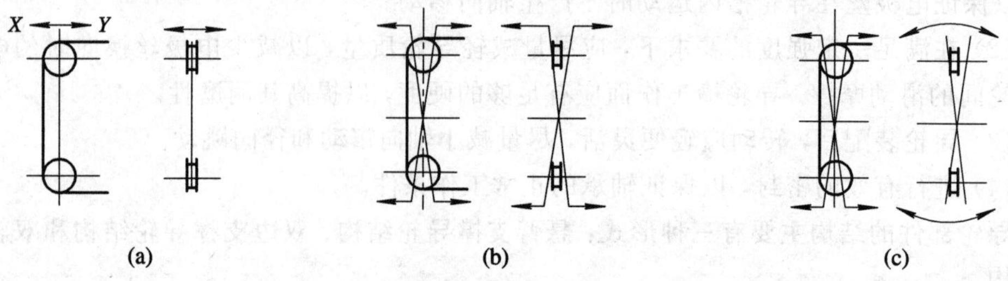

图6－22　偏移式丝架实现锥度切割的原理

(a) 上(或下)丝臂平动；(b) 上、下丝臂绕一中心移动；(c) 上、下丝臂分别沿导轮径向平动和轴向摆动

(2) 双坐标联动装置。它在低速走丝线切割机床上广泛采用。走丝结构的上、下丝架臂不动，通过电极丝上、下导轮在纵横两个方向的偏移，使电极丝倾斜，可以切割各个方向的斜度。电极丝的偏移通过U、V轴步进电动机驱动，其运动轨迹和加工轨迹由计算机同时控制，实现X、Y、U、V四轴联动。最大倾斜角度为5°，有的甚至可达30°。

3. 工作液循环系统

在线切割加工中，工作液对加工工艺指标的影响很大，如对切割速度、表面粗糙度和加工精度等都有影响。高速走丝时采用的工作液是乳化液，由于高速走丝能自动排除短路现象，因此可用介电强度较低的乳化油水溶液。低速走丝常用的是去离子水，即将水通过离子交换树脂净化器，驱除水中的离子。采用去离子水作工作液，冷却速度快，容易流动，不易燃，但去离子水电阻率的大小对加工性能有一定影响。工作时，通过被加工工件的材料和厚度，将电阻率调整到最佳状态。去离子水电阻率的大小，通过测量去离子水的微弱电流值即可测定。不管哪种工作液都应具有以下性能：

(1) 具有一定的绝缘性能；

(2) 具有较好的洗涤性能；

(3) 具有较好的冷却性能；

(4) 对环境无污染，对人体无危害。

此外，工作液还应具有配置方便，使用寿命长，乳化充分，冲制后不能油水分离，储存时间较长及不应有沉淀或变质现象等特性。

工作液一般采用从电极丝四周进液的方法流向加工区域。通常是用喷嘴将工作液直接冲到工件与电极丝之间，喷嘴如图6－23所示。由于工作液液流实际上是不稳定的，因此容易使电极丝产生振动。当丝架的跨距较大，且直接进液产生的冲击力和振动会影响到工件的精度时，建议使用环形喷嘴结构，如图6－24所示。

电火花线切割加工中，由于切缝很窄，如何顺利排除电蚀残物是极为重要的问题，因此，工作液的循环与过滤装置是线切割加工必不可少的部分。必须充分连续地向加工区域提供足够的工作液，以顺利及时地排除电蚀残物，并对电极丝和工件进行冷却。

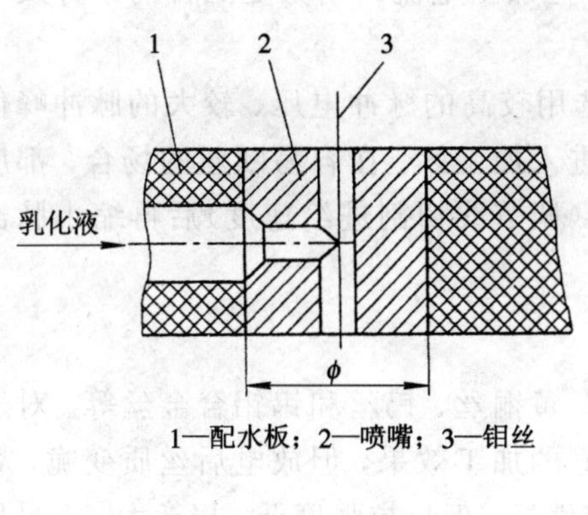

图 6-23　喷嘴

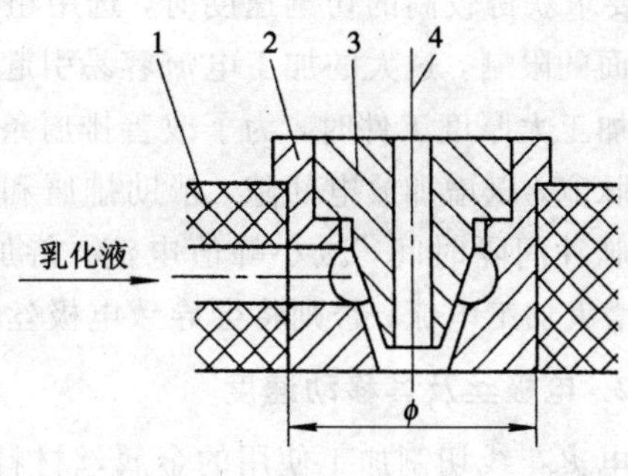

图 6-24　环形喷嘴

4. 数字程序控制系统

在电火花线切割加工中，数字程序控制系统的作用是：按照加工要求自动控制电极丝和工件之间的相对运动轨迹和进给速度，完成对工件形状和尺寸的加工。电极丝和工件之间的相对运动轨迹的控制，是根据被加工工件的形状尺寸，分解成 XY 平面的直线和圆弧组成的平面几何图形。在进给运动轨迹自动控制的同时，通过放电间隙大小和放电状态，使进给速度和工件蚀除速度相平衡，维持正常的稳定加工，实现进给速度的自动控制。

数字程序控制系统主要由一台专用小型计算机或通用小型计算机构成。数字程序控制系统的工作原理如图 6-25 所示。

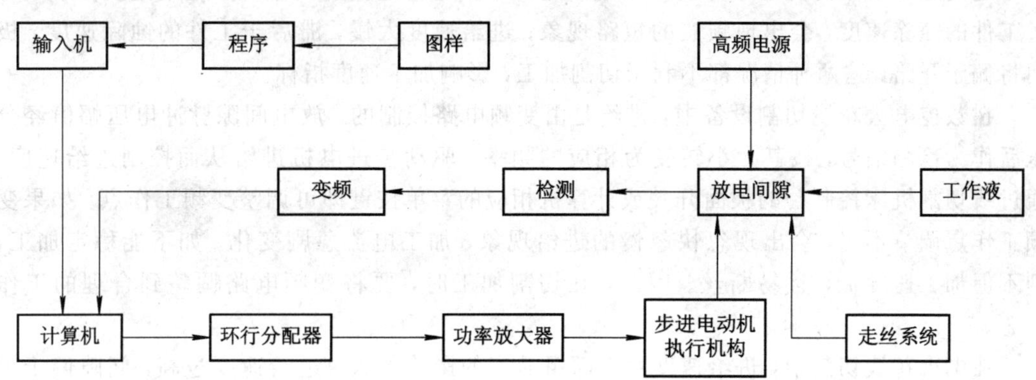

图 6-25　数字程序控制系统工作原理图

6.2.3　影响线切割加工工艺指标的主要因素

评价电火花线切割加工工艺指标的好坏，一般是用切割速度、加工精度和加工表面粗糙度来衡量的。影响线切割加工工艺指标的因素很多，而且是相互制约的。下面就几个主要因素作简单的讨论。

1. 脉冲参数

线切割加工一般都选用晶体管高频脉冲电源等，用单脉冲能量小、脉宽窄、频率高的脉冲参数进行正极性加工。要求获得较低的表面粗糙度值时，选用精电规准，但加工不稳定；要求获得较高的切割速度时，选用粗电规准，但加工电流的增大受到排屑条件及电极丝截面的限制，过大的加工电流容易引起断丝。

加工大厚度工件时，为了改善排屑条件，应选用较高的脉冲电压、较大的脉冲峰值电流和脉宽，以增加放电间隙，帮助排屑和工作液进入加工区。在容易断丝的场合，都应该增大脉冲间隔时间，减小峰值电流，待加工稳定（调节线切割进给速度）后再缩小脉冲间隙，增大加工电流，否则将会导致电极丝的烧断。

2. 电极丝及其移动速度

电火花线切割加工使用的金属丝材料有钼丝、黄铜丝、钨丝和钨钼合金丝等。对于高速走丝，采用钨丝和钨钼合金丝加工可以获得较好的加工效果，但放电后丝质变脆，容易断丝，一般不采用。黄铜丝切割速度高，加工稳定性好，但抗拉强度低、损耗大，不易用于快速走丝线切割。采用钼丝，加工速度不如前几种，但它抗拉强度高、不易变脆、断丝少。因此，在实际中快速走丝线切割广泛采用钼丝做电极丝，其直径一般选用 0.08～0.2 mm，对于低速走丝，采用黄铜丝，直径一般选用 0.12～0.3 mm。

走丝速度影响加工速度，走丝速度提高，加工速度也提高。提高走丝速度有利于脉冲结束时放电通道的迅速消电离；同时，高速运动的金属丝将工作液带入厚度较大的工件放电间隙中，有利于电蚀残物的排除和放电加工的稳定。但走丝速度过高，将引起机械振动，易造成断丝。快速走丝线切割机床走丝速度一般为 6～12 m/s。

3. 进给速度

进给速度要维持接近工件被蚀除的线速度，使进给速度均匀平稳。进给速度太快，超过工件的蚀除速度，会出现频繁的短路现象；进给速度太慢，滞后于工件的蚀除速度，极间将偏于开路，这两种情况都不利于切割加工，影响加工速度指标。

在数控电火花线切割设备中，进给是由变频电路控制的。放电间隙脉冲电压幅值经分压后作为检测信号，按其大小转变为相应的频率，驱动步进电机进给从而控制进给速度。通过线切割机床控制台的板面开关或计算机相应的菜单按键即可调整变频工作点。如果变频工作点调节不当，会出现忽快忽慢的进给现象，加工电流急剧变化。如不能稳定加工，则不但加工速度低，且易断丝。因此，在切割加工时，要将变频电路调整到合理的工作状态。

在电火花线切割中，进给速度对表面粗糙度的影响较大。进给速度过高，间隙偏于短路，实际进给量小，加工表面成褐色，工件的上、下端面均有过烧现象。进给速度过低，间隙将时而开路时而短路，加工表面和工件上、下端面也会出现过烧现象。只有进给速度适宜时，才能使工件蚀除速度与进给速度相匹配，加工丝纹均匀，得到表面粗糙度值小、精度高的加工效果，生产率也较高。

4. 工件材料及其厚度

在采用快速走丝方式和乳化液介质的情况下，通常切割铜、铝、淬火钢等材料比较稳定，切割速度也较快，而切割不锈钢、磁钢、硬质合金等材料时，加工不太稳定。切割速度较慢。对淬火后低温回火的工件，用电火花线切割进行大面积去除金属和切断加工时，会因材料内部残余应力发生变化而产生很大变形，影响加工精度，甚至在切割过程中造成材料突然开裂。

工件材料薄，工作液容易进入并充满放电间隙，对排泄和消电离有利，灭弧条件好，加工稳定，但工件太薄，金属丝易产生抖动，对加工精度和表面粗糙度不利。工件材料厚，工作液难以进入和充满放电间隙，加工稳定性差，但电极丝不易振动，因此精度较高、表面粗糙度值较小。

本章小结

本章主要介绍了数控电火花加工机床和数控电火花线切割加工机床两种特种数控加工机床。对于这两种常见的特种加工机床都简单地介绍了其工作原理、加工特点与基本组成，使读者对这两种机床有个浅显的认识。同时还简单介绍了影响其加工质量的一些主要因素，对初学者能有一些借鉴作用。

思考与练习题

一、填空题

1. 电火花加工机床由机床本体、__________、__________ 和 __________ 等四部分组成。

2. 主轴头是电火花加工机床的一个关键部件，它能控制 __________ 之间的间隙。普通电火花加工机床的主轴头多为 __________ 式主轴头。

3. 电火花加工机床脉冲电源的作用是将工频交流电转变成一定频率的 __________ 电流，以提供电火花加工所需要的能量。

4. 常见的电火花机床附件有可调节工具电极角度的夹头、________ 和 ________。

5. 影响电火花加工精度的主要因素有：放电间隙的大小及其一致性、__________、__________。

6. 二次放电是指已加工表面上由于电蚀残物等的介入而再次进行的 ____________ 的放电。

7. 数控电火花线切割加工机床由 __________、__________、__________ 和数字程序控制系统四大部分组成。

8. 影响线切割加工工艺指标的主要因素有：__________、__________、__________ 和工件材料及其厚度等。

二、简答题

1. 简述数控电火花加工的原理。
2. 简述数控电火花线切割加工的原理。
3. 数控电火花线切割加工机床由哪几部分组成？各组成部分的主要作用是什么？
4. 如何才能加工出带锥度的零件？
5. 数控电火花加工有何特点？
6. 影响线切割加工工艺指标的主要因素有哪些？

第七章　高速数控机床及其技术

学习目的与要求

- 了解高速数控机床的特点与关键技术；
- 掌握高速数控机床电主轴单元的结构和工作原理；
- 了解高速数控机床的主轴轴承；
- 掌握高速数控机床进给系统的结构、类型和工作原理；
- 了解高速刀具系统；
- 了解高速控制系统的特点。

7.1　概　　述

高速切削技术是一种采用超硬材料刀具和能可靠地通过高速运动的高精度、高自动化、高柔性的制造设备以极大地提高切削速度来达到提高材料切除率、加工精度和加工质量的现代制造加工技术。它是提高切削效果、加工质量、加工精度和降低加工成本的重要手段。

从提高生产效率的角度，制造技术的发展经历了三个阶段。第一阶段为加工辅助时间阶段。在数控机床出现以前，机械零件加工过程所花的时间，超过70%是辅助时间——用于零件的上下料、测量、换刀和调整机床等。第二阶段为数控加工阶段。以数控机床为基础的柔性制造自动化技术的发展与应用，大大降低了零件加工的辅助时间，极大地提高了生产率。加工中心是数控机床进一步发展的产物，加工中心、柔性制造单元(FMC)和柔性制造系统(FMS)的应用，解决了自动换刀和自动装卸工件等问题，更大程度上提高了整个零件加工的自动化水平。计算机集成制造系统(CIMS)和自动化工厂(AF)更使制造自动化技术达到空前的高峰，在提高生产效率的同时，大大地提高了产品质量。第三阶段为高速加工阶段。由于加工零件的辅助时间大幅度降低，在机械零件加工的总工时中，切削所占的时间比例就变得越来越大。因此，要想进一步提高机床的生产率，除了优化生产工艺外，只能减少切削时间。降低切削工时就意味着要提高切削速度，它包括提高主轴转速和进给速度两个方面。

高速切削是个相对的概念，如果加工方法和切削材料不同，高速切削的速度范围也就不同。如从加工方法的角度，车削加工速度范围是700～7000 m/min，铣削加工速度范围是300～6000 m/min，钻削加工速度范围是200～1100 m/min，磨削加工速度范围是

150～360 m/min。从材料的角度看，目前铝合金的高速切削范围是1500～5500 m/min，铸铁的高速切削范围是750～4500 m/min，普通钢的高速切削范围是600～800 m/min。一般认为高速加工的速度范围是普通加工的5～10倍。随着高速机床设备和刀具等关键技术领域的突破性进展，高速加工的速度范围还会不断扩展。

高速切削技术是在机床结构及材料、机床设计、制造技术、高速主轴系统、快速进给系统、高性能CNC系统、高性能刀具夹具系统、高性能刀具材料及刀具设计制造技术、高效高精度测试技术、高速切削机理，高速切削工艺等诸多技术发展的基础上综合而成的。图7-1反映了高速加工技术的体系结构。

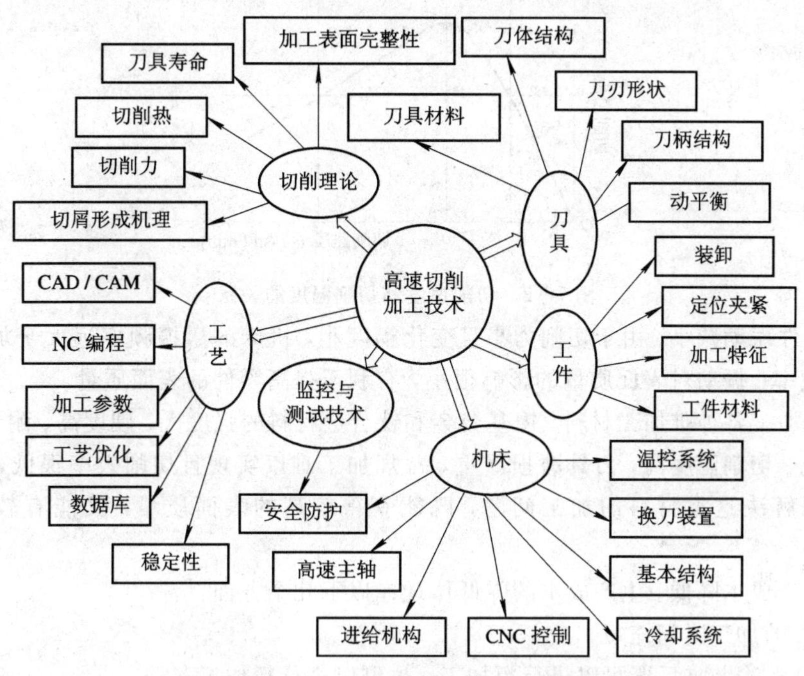

图7-1 高速加工技术的体系结构

7.2 高速切削和高速机床的关键技术

7.2.1 高速切削的特点

高速切削时由于切削速度的大幅度提高，决定了高速切削具有以下特点。

(1) 生产效率提高。高速加工时，由于机动时间、辅助时间以及非切削空行程时间的大幅度减少，因此单位时间内材料的切除率大为提高，通常可达到常规切削的3～6倍，极大地提高了机床的生产效率。

(2) 切削力降低。在切削速度达到一定数值后，切削力可降低30%以上。尤其是径向切削力的减小和工件加工变形的减小，有利于提高薄壁工件的加工精度。

(3) 工件的热变形减小。高速加工理论研究表明：在切削速度提高到一定数值后，随着切削速度的提高，切削温度反而会降低，而不同材料的这样一个速度值是不同的。图

7-2 表明了材料加工时切削速度和切削温度的关系。从图中可以看出，A 区是常规切削速度范围，在该范围内，随着切削速度的提高，切削温度会越来越高；当切削速度达到一定的区域后(图中的 B 区)，由于切削温度过高，刀具材料无法承受，加工无法进行，当速度值到达 v_{ε} 点，切削温度达到最大值；当切削速度过了这个区域到达 C 区后，随着切削速度的提高，切削温度降低，使得高速切削成为可能且高速切削温度与常规切削温度基本相同。同时由于高速切削时速度极快，使得 95%～98%以上的切削热量来不及传递给工件，就被切屑带走，工件基本上仍保持冷态加工，从而减少了热敏材料工件的热变形。

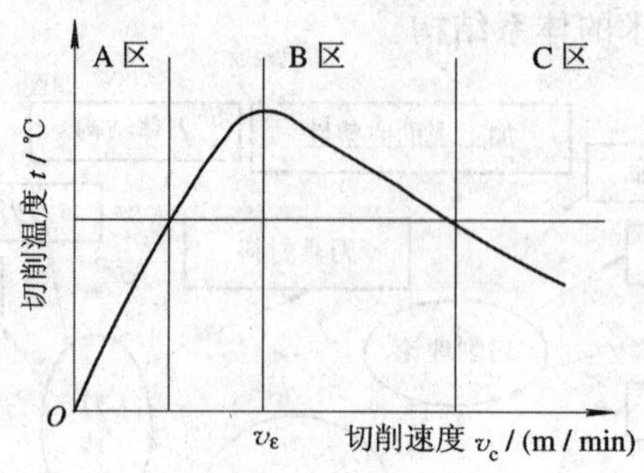

图 7-2　切削速度和切削温度的关系

(4) 工件振动减小。由于切削力小且变化幅度小，机床的激振频率远大于加工工艺系统的固有频率，振动对表面质量的影响很小，有利于提高零件的表面质量。

(5) 可加工各种难加工材料。镍基合金和钛合金材料的强度大、硬度高、耐冲击，加工中容易硬化，切削温度高，刀具磨损严重，常规加工难以实现且切削效率很低，用高速加工技术可以解决这类材料的加工问题，既能获得较高的表面质量，又能有较高的生产效率。

(6) 生产成本降低。生产成本的降低体现在以下几个方面：

① 零件的加工时间缩短。

② 工件一次装夹后既可以进行粗加工，也可以进行精加工。

③ 由于切削力和切削温度的降低，使得刀具磨损降低，使用寿命延长。而刀具的造价在工件加工的成本价中占有一定的比例。

④ 高速加工可以实现以切代磨。用切削工艺代替磨削工艺具有刀具结构简化，工艺灵活性强，节省能源等优越性，这些都使得工件的加工成本降低。

⑤ 与常规加工工艺比较，可以简化加工工序从而降低加工成本。如模具型腔的加工，用常规加工工艺是：毛坯退火—粗加工—半精加工—淬火处理—电极加工—电加工—局部精加工—人工抛光。而采用高速加工技术，则加工工艺可简化为：毛坯淬火处理—粗加工—精加工—超精加工—局部加工。这样就省去了电极制作的加工工序，降低了生产成本。

7.2.2　高速加工的关键技术

并不是提高了主轴的加工速度就能实现高速加工，实际上，高速加工是一个系统工程，牵涉到机床整体结构、CAD/CAM 技术、刀具的结构及其材料、夹具、工艺和维修等问题。

1. 高速加工的理论支持

高速切削技术的应用和发展是以高速切削机理为理论基础的。通过对高速加工中的切屑形成机理、切削力、切削热、刀具磨损、表面质量等技术的研究，为开发高速机床、高速加工刀具、高速加工时针对不同的材料选择合适的工艺参数提供了理论依据。高速切削机理的研究在高速加工技术中占有重要的地位，但高速切削机理和相关理论还远远没有完善，因此，高速加工向更高速度发展依赖于高速加工理论的研究。

2. 高速切削机床结构

高速切削机床结构是否合理是实现高速切削的关键因素。由于普通数控机床的传动与结构设计已不能适应高速切削技术的要求，因此高速切削加工机床必须进行全新设计。相对于普通数控机床，高速切削技术对机床提出了许多新的要求，概括起来有以下几点：

(1) 机床结构要有优良的静、动态特性和热态特性；

(2) 主轴单元能够提供高转速、大功率、大扭矩；

(3) 进给单元能够提供大进给量；

(4) 主轴和进给单元都能够提供高的加(减)速度。

针对这样的要求，高速加工机床全新的结构设计包括以下几方面内容：

(1) 高速主轴单元制造技术。高速切削机床的主轴采用内装式电主轴结构或内埋式电主轴结构。传统的皮带和齿轮传动的主轴系统的最高转速不超过 15 000 r/min，由于中间环节多，传动误差和转动惯量大，无法达到高速加工所要求的速度和加速度，同时由于侧向间隙的存在，造成跟随误差和轮廓误差。采用电主轴结构可以实现零传动链传动，它具有结构紧凑、质量小、惯性小、响应速度快、可避免振动与噪声等特点。高速主轴单元制造技术所涉及的关键技术有高速主轴材料、结构、轴承的研究，高速主轴系统动态特性及热态特性研究，柔性主轴及其轴承的弹性支撑技术的研究和高速主轴系统的润滑与冷却技术研究等。

(2) 高速加工进给系统制造技术。高速加工进给系统是高速加工机床的重要组成部分，不仅要求进给系统能达到很高的速度，而且由于要在瞬时达到高速、瞬时准停等，还要求具有大的加减速度以及高的定位精度。高速进给单元技术包括进给伺服驱动技术、滚动元件技术、监测单元技术以及防尘、防屑、降噪声和冷却润滑等。所涉及的关键技术有高速位置环芯片的研制，高速精密交流伺服系统及电机的研究，直线伺服电机的设计与应用的研究，加减速控制技术的研究，高速进给系统的优化设计技术，高速精密滚珠丝杠副及大导程滚珠丝杠副的研究，高精度导轨及新型导轨摩擦副的研究等。

(3) 高速机床支撑制造技术。高速切削机床的结构应确保机床的快速移动能力、承载能力、高刚性、热稳定性、耐冲击性和抗振性。高速加工机床支撑制造技术是指高速加工机床的支撑构件如床身、立柱、箱体、工作台、底座、拖板和刀架等的制造技术。它所涉及的关键技术主要有新型材料及结构的支撑构件设计制造技术，快速刀具自动交换和快速工件装夹自动交换技术，主轴和刀架总成后的动平衡技术。它们对评定高速加工技术的高速高效、高精度、高自动化、高安全性等具有重大的影响和作用。目前，高速切削机床多采用龙门式立柱型对称结构，该结构可提高机床的承载能力和刚性，增强机床的耐冲击性和抗振性，降低机床的固有振动频率，减少机床因热变形所造成的几何误差。此外，高速切削机床也有箱型结构、高床身结构和防尘密封结构等。

3. 高速加工的刀具系统

高速加工机床的刀具系统要承受较高的温度和摩擦力，刀具通常采用钛基硬质合金、聚晶金刚石、聚晶立方氮化硼和陶瓷等材料。刀具几何角度和刀具结构要经过合理设计。高速切削的刀柄部分必须满足刚性好、传递力矩大、体积小、动平衡好、高速下切削振动小、装夹刀具后能够承受高的加减速度和应力集中等要求。高速加工刀具所涉及的关键技术有高速加工用刀具材料及制造技术和高速加工用刀具结构及刀具几何参数的研究。在影响金属切削发展的各种因素中，刀具材料及刀具制造技术起着决定性的作用，并推动了高速加工的实用化。

4. 高速加工的数控系统

高速加工数控系统与传统数控系统没有本质区别。但为了同时获得高速度和高精度，CNC 系统必须根据被加工零件的形状、轨迹选择最佳的进给速度，在允许的误差范围内以尽量高的进给速度产生位置指令，特别在拐角处和小半径处，CNC 应能判别在多大的加工速度变化范围内会影响精度，而在刀具到达这样的点前使刀具的切线速度自动降低。对于模具加工，一般程序段很小，但是程序很长，因此还必须利用特殊的控制方法，来实现高精度和高速度的加工。除此以外，较先进的 CNC 系统还应包括以下几个方面的功能：

(1) 故障诊断人工智能功能；

(2) 工艺数据库功能；

(3) 较强的图形功能；

(4) 自动测量功能；

(5) 较强的插补功能。

5. 高速加工的工艺系统

高速切削不同工件材料时，所用的刀具、工艺方法、切削用量均有很大的不同。此外高速加工编程时，还要考虑高速加工的进刀、退刀、移刀、拐角、重复加工、高效率切削加工和插入式加工等工艺。

6. 高速加工测试技术

高速加工测试技术主要指在高速加工过程中通过传感、分析、信号处理，对高速机床及其系统的状态进行实时在线的监测和控制。测试技术的成功应用可大大延长刀具寿命、保证产品质量、提高效率、保证设备及人员安全。高速监测技术所涉及的关键技术主要有基于监控参数的在线监测技术，多传感信息融合检测技术，机床功能部件的检测技术，高速加工中工件状态的测试技术和自适应控制及智能控制技术等。

7.3 高速主轴单元

高速主轴是高速、超高速机床的重要组成部件，它不仅要求主轴在很高的速度下旋转，而且要有很高的同轴度和大而恒定的转矩，要有过热检测装置以及动平衡校正措施。

7.3.1 高速加工电主轴结构

传统数控机床主轴驱动通常有三种方式：电机经过有限级齿轮传动驱动主轴的方式，电机经过同步带传动驱动主轴的方式，电机直接驱动主轴的方式。它们分别适用于大、中、小转矩的场合。

这几种传动方式如果用于高速场合，会出现皮带打滑，振动和噪声加大，转动惯量大的缺点，从而影响零件的表面加工质量。

为了避免上述主轴传动方式带来的缺点，高速加工主轴常采用电主轴的结构形式。

1. 电主轴结构的基本构成

所谓电主轴结构就是将电机的转子直接作为机床的主轴，主轴单元的壳体就是电机座，并配合其他安全保障措施，实现电机与机床主轴的一体化。电主轴结构的基本构成如图 7-3 所示，它通常由电主轴单元、轴承及其润滑单元、主轴冷却单元以及动平衡单元组成。

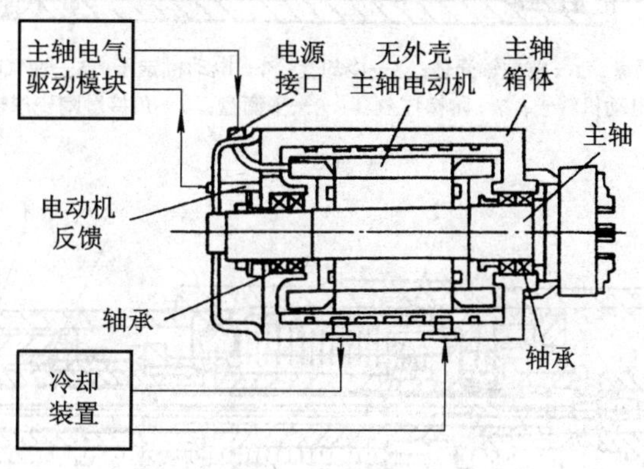

图 7-3　电主轴结构的基本构成

2. 典型结构

图 7-4 为内装式电主轴结构。电动机的转子与机床的主轴间是靠过盈套筒的过盈配合实现扭矩传递的，其过盈量是按所传递扭矩的大小计算出来的。在主轴上取消了一切形式的键连接和螺纹连接，便于使主轴运转部分达到精确的动平衡。由于转子内孔与主轴配合面之间有很大的过盈量，因此，在装配时必须先在油浴中将转子加热到 200℃左右，然后迅速进行热压装配。电动机的定子通过一个冷却套固装在电主轴的壳体中。电主轴的过盈套筒直径在 ϕ33～ϕ250 mm 之间有十几个规格，最高转速可达 180 000 r/min，功率可达 70 kW。

根据电动机和主轴轴承相对位置的不同，电主轴的布局有两种方式：

(1) 电动机置于主轴前后两轴承之间(如图 7-4(a)所示)。此种布局的优点是：电主轴单元的轴向尺寸较小，主轴刚度高、出力大，适用于大中型加工中心。大多数加工中心采用此种结构的布局方式。

(2) 电动机置于后轴承之后(如图 7-4(b)所示)。此时主轴箱与电动机作轴向同轴布置(也可用联轴节)。其优点是：前端的径向尺寸可减小，电动机的散热条件较好。但整个电主轴单元的轴向尺寸较大，与主轴的同轴度不易调整。这种布局方式常用于小型高速数控机床，尤其适用于加工模具型腔的高速精密机床。

前后轴承间的跨距及主轴前端的伸出量，均应按静刚度和动刚度的要求来计算。

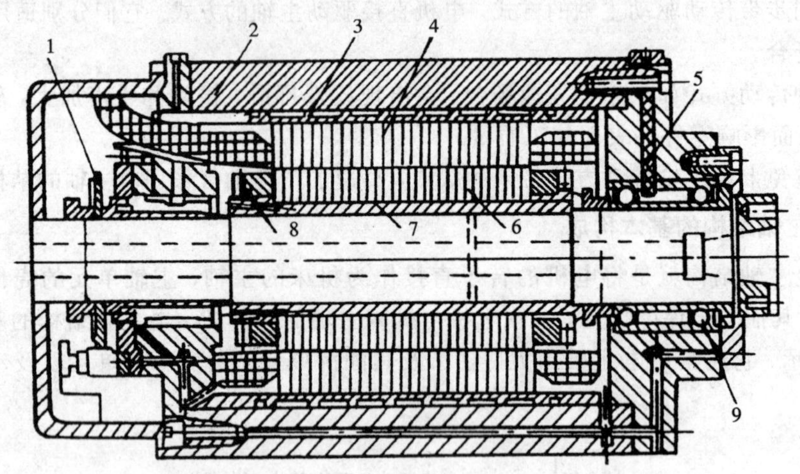

1—编码盘；2—电主轴壳体；3—冷却套；4—电动机定子；5—油气喷嘴；
6—电动机转子；7—阶梯过盈套；8—平衡盘；9—角接触陶瓷球轴承

(a)

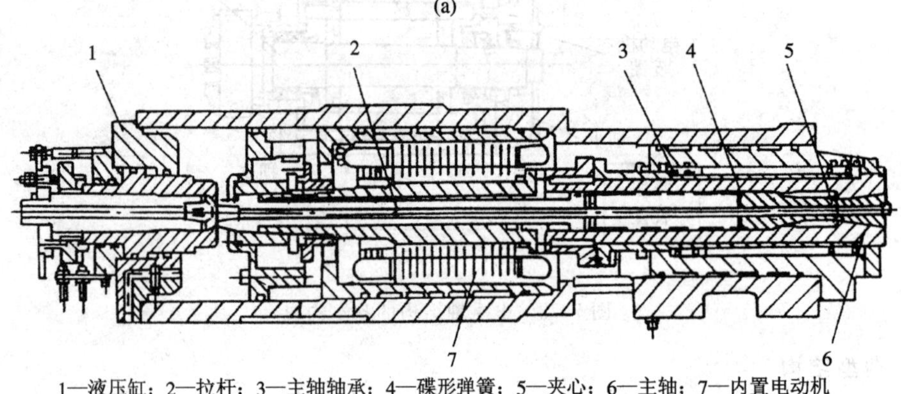

1—液压缸；2—拉杆；3—主轴轴承；4—碟形弹簧；5—夹心；6—主轴；7—内置电动机

(b)

图 7-4　内装式电主轴结构

(a) 电动机置于主轴前后两辆承之间；(b) 电动机置于后轴承之后

电主轴的轴侧结构如图 7-5 所示。

另一种类型的电主轴结构采用内埋式永磁同步电动机，如图 7-6 所示。主轴部件由高速精密陶瓷轴承支撑于电主轴的外壳中，外壳中还安装有电动机的定子铁芯和三相定子绕组。为了有效地散热，在外壳体内设置有冷却管路。主轴系统工作时，由冷却泵打入冷却液带走主轴单元内的热量，以保证电主轴的正常工作。主轴为空心结构，其内部和顶端安装有刀具的拉紧和松开机构，以实现刀具的自动换刀。主轴外套内有电动机转子，主轴端部还装有激光角位移传感器，以实现对主轴旋转位置的闭环控制，保证在自动换刀时能实现主轴的准停和螺纹加工时 C 轴与 Z 轴的准确联动。

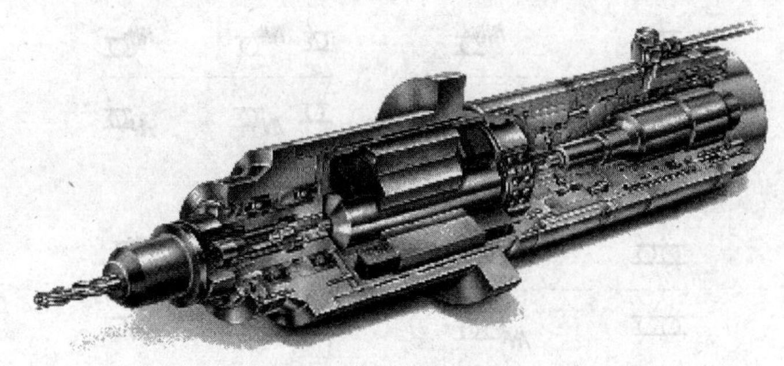

图 7-5 电主轴的轴侧结构

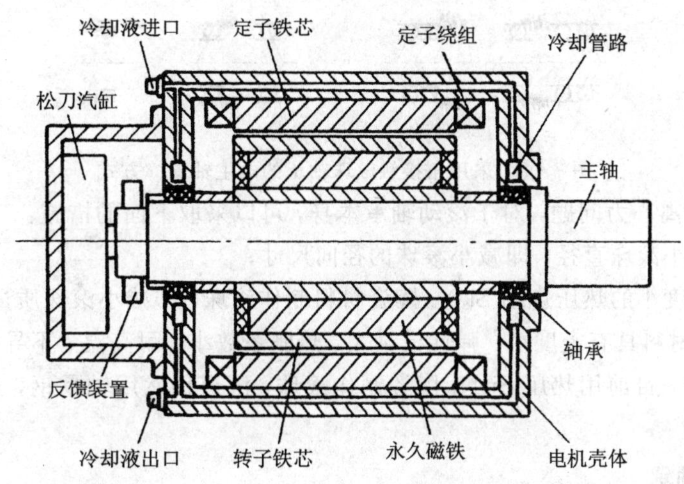

图 7-6 内埋式永磁同步电动机电主轴结构

7.3.2 高速电主轴轴承

高速电主轴单元设计中，电主轴轴承类型的选择与配置是非常关键的。要求电主轴轴承有高的刚度和大的承载能力，以及较长的使用寿命。到目前为止，有四种类型的轴承可以选做高速电主轴轴承，即滚珠轴承、空气静压轴承、液体动静压轴承和磁悬浮轴承。

1. 滚珠轴承

电主轴结构一般采用角接触滚珠轴承支撑，轴承的配置形式取决于载荷的大小、方向，主轴的转速以及主轴的工作要求。角接触滚珠轴承的电主轴一般采用图 7-7 所示的支撑方式。

角接触滚珠轴承在有轴向预加载荷的条件下才能正常工作。预加载荷不仅可消除轴承的轴向游隙，还可以提高轴承刚度以及主轴的旋转精度，抑制振动和滚珠自转时的打滑现象等。一般来说，预加载荷越大，提高刚度和旋转精度的效果就越好；但是另一方面，预加载荷越大，温升就越高，可能造成烧伤，从而降低使用寿命，甚至不能正常工作。因此，要根据不同转速和负载的电主轴来选择轴承最佳的预加载荷值。

滚珠轴承在高速旋转时，滚珠会产生很大的离心力和陀螺力矩，此时的离心力远大于切削时作用给滚珠的力，故此时轴承设计的主要参数不再是工作载荷，而应是转速。为了

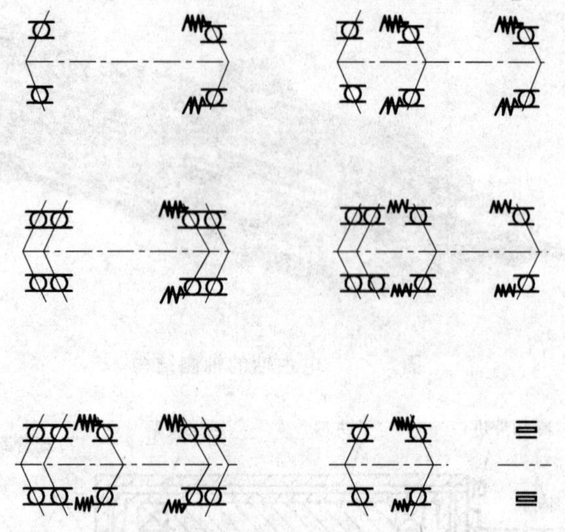

图 7-7 采用角接触滚珠轴承的电主轴支撑方式

解决高速旋转的离心力问题，对于滚动轴承本身，可以采取下面的措施：

(1) 尽量减小滚珠直径，即减小滚珠的径向尺寸；

(2) 采用密度小的热压烧结 Si_3N_4 陶瓷材料制作滚珠，即减小滚珠质量。

Si_3N_4 陶瓷材料具有密度小、弹性模量大、热胀系数小、耐高温、不导电、不导磁和导热系数小等优点。目前用热压 Si_3N_4 陶瓷制作滚珠，滚道仍然用轴承钢，这种轴承被称为陶瓷混合轴承。

2. 非接触轴承

非接触轴承是指空气静压轴承、液体动静压轴承以及磁悬浮轴承。

空气静压轴承用于高精度、高转速、轻载荷的场合。使用空气轴承的主轴单元，主轴转速可达 150 000 r/min 以上，但输出的扭矩和功率很小，主要用于零件的小孔磨削、钻孔加工和光整加工。

液体动静压轴承目前主要用于重载大功率场合。这种轴承是采用液体的动力和静力相结合的方法，使主轴在油膜中支撑旋转。其优点是径向和轴向跳动小、刚度高、阻尼特性好、寿命长，因此粗、精加工均适用。

磁悬浮轴承是用磁力将主轴无接触地悬浮起来的新型智能化轴承。它的高速性能好、无接触、无摩擦、无磨损、高精度，不需润滑和密封，能实现实时诊断和在线监控，故被美国、法国、瑞士、日本和我国等很多国家作为研究对象。它是超高速主轴合适而且理想的主轴轴承，但价格昂贵，而且还有些技术问题尚未完全解决，因此它的推广使用受到了限制。

7.3.3 电主轴的冷却和轴承的润滑

与一般主轴部件不同，电主轴最突出的问题之一就是内装式高速电动机的发热问题。因为电动机安装在主轴的两支撑轴承的中央，所以电动机的发热会直接影响主轴轴承的工作精度，即影响主轴的工作精度。解决的办法之一就是在电动机定子的外面加一带螺旋槽的铝质冷却套 3(见图 7-4(a))。机床工作时，冷却油-水不断地在该螺旋槽中流动，从而把电动机发出的热量及时带走。冷却油-水的流量可根据电动机发出的热量计算确定。图 7-8 给出了广东工业大学研制的 GD—2 型电主轴的油-水热交换系统。

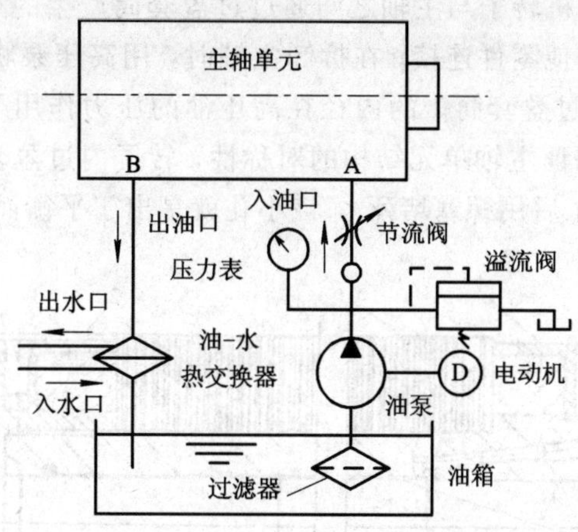

图 7-8　GD—2 型电主轴油-水热交换系统

与此同时，还必须解决主轴轴承的发热问题。由于电主轴的转速高，对主轴轴承的动态和热态特性要求十分严格。除个别超高速电主轴采用磁悬浮轴承或液体动静压轴承外，目前国内外绝大多数高速电主轴都采用角接触的 Si_3N_4 陶瓷滚珠轴承，为了降低主轴轴承的温升，GD—2 型电主轴轴承采用了油-气润滑系统，如图 7-9 所示。它利用分配阀，对所需润滑的不同部位，按照其实际需要，定时、定量地供给油-气混合物，以保证轴承的各个不同部位既不缺润滑，又不会因润滑过量而造成更大的温升，并可将油雾污染降至最低程度。

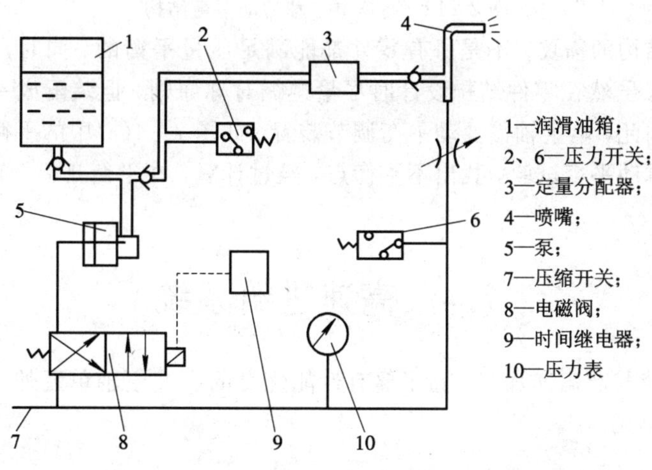

图 7-9　GD—2 型电主轴轴承油-气润滑系统

7.3.4　电主轴的动平衡

电主轴的最高转速高达 60 000～180 000 r/min，旋转部分的任何微小不平衡量都可能引起巨大的离心力，造成机床的振动，从而影响零件的加工质量。因此，必须对电主轴进行十分严格的校动平衡，使得动平衡精度达到 ISO 标准 G0.4 级，即在最高转速时，由于残余动不平衡引起振动的速度最大允许值为 0.4 mm/s。

为此，在电主轴结构设计时，必须严格遵守结构对称的原则。高速电主轴的动平衡结构如图 7-10 所示，电动机转子与主轴之间通过过盈套筒产生的过盈配合来传递扭矩，尽量避免采用键、螺纹和其他零件连接；在拆卸主轴时，用高压泵将高压油从转子内套左端小孔 a 压入环形内孔 e，过盈套筒 1 的内径在高压油的压力作用下要胀大，这样就可以方便地将转子拆下。为了保证主轴单元结构的对称性，转子内过盈套筒 1 的左端面上对称地加工出另一个小孔 b(加工后用螺塞堵死)，该小孔就是出于平衡而考虑的。

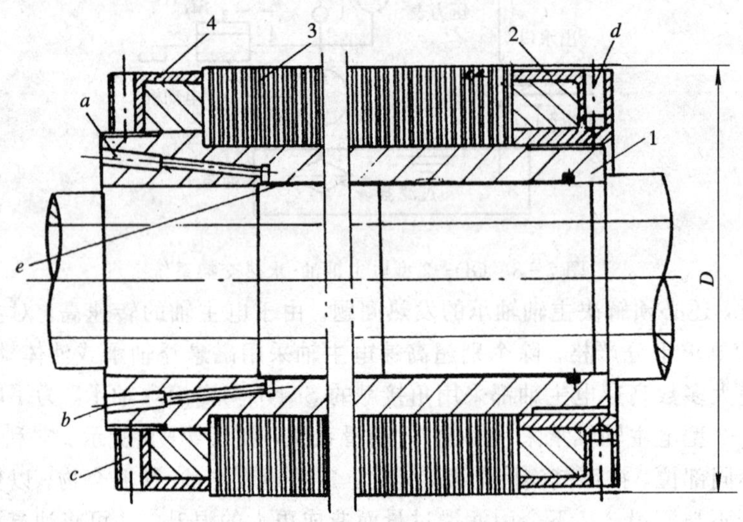

1—过盈套筒；2、4—端盖；3—转子硅钢片

图 7-10 高速电主轴的动平衡结构

此外，因为结构的需要，不是所有零件都能满足质量平衡的。同时，当若干零件组装成组件或部件时，虽然在零件结构设计时尽量遵循对称原则，但装配成一个整体后可能又会出现不平衡，因此，电主轴需要动平衡调节装置。如图 7-4(a)中的平衡盘便是起动平衡调节作用的，通过动平衡试验，找出不平衡点，经过计算，在平衡盘上合理配重，从而达到动平衡的效果。

7.4 高速进给系统

为了实现高速与超高速加工，除了要有性能优良的高速主轴单元外，还应该有与之相适应的高速进给单元。

7.4.1 高速机床对进给系统的要求

(1) 高速度。由于高速机床的主轴转速比常规机床要高得多，并且还有继续上升的趋势，因此，为了保证高速切削的顺利进行，减少空程时间，提高加工效率，同时为了保证刀具的每齿进给量不变，延长刀具的使用寿命，保证零件的加工质量，就要求进给系统必须提供足够高的进给速度。目前，高速机床对进给速度的基本要求为 60 m/min 以上，特殊情况可达 120 m/min，甚至更高。

(2) 高加速度。由于大多数高速机床加工零件的工作行程范围只有几十到几百毫米，如果不能提供极大的加速度来保证在瞬间(极短的行程内)达到高速和在高速行程中瞬间准停，高速度是没有意义的，因此对高速机床进给运动的加速度也提出了很高的要求。目前，一般高速机床要求进给加速度为 $1\sim2g$，某些超高速机床要求进给加速度达到 $2\sim10g$。

(3) 高精度。精度是机床的关键技术指标，高速机床对精度的要求尤为突出。在高速运动情况下，进给驱动系统的动态性能对机床加工精度的影响很大。随着进给速度的不断提高，各坐标轴的跟随误差对合成轨迹精度的影响将变得越来越突出，因此，高速机床一方面要提高各坐标轴自身位置闭环控制的精度，另一方面也要从合成轨迹和闭环控制的角度来研究高速情况下的轨迹控制方法与实现技术。

(4) 高可靠性和高安全性。在高速加工情况下，如果机床的可靠性与安全性差，将会造成灾难性的后果，这方面比普通数控机床的要求更加严格。由于进给伺服系统是数控机床中强、弱电之间的接口环节，其故障率一般比较高，对机床整机的可靠性造成的影响也比较大；另一方面，进给系统包含有运动部件，高速下一旦失控，将非常危险。因此，提高高速进给系统的可靠性和安全性对提高高速机床的整机性能具有重要的意义。

(5) 合理的成本。在保证质量和性能的前提下，降低高速机床的制造成本，提高其性能价格比。

7.4.2 传统进给系统存在的问题

传统滚珠丝杠进给系统虽然在中低速数控机床上应用广泛，但由于存在下面的问题，在高速机床应用时需要改进其结构或参数，更高速时则要采用新型进给机构。

(1) 刚度低，惯量大，难以获得高的进给速度和高的加速度。旋转伺服电动机和一普通滚珠丝杠副构成的进给传动系统，由于丝杠的扭曲刚度低，限制了进给系统临界转速的提高，因此在高速运行时很容易产生扭振，这就对提高进给运动的速度和加速度造成了一定的困难。一般滚珠丝杠的进给速度很难超过 60 m/min，加速度很难超过 $1.5g$。如果靠增加滚珠丝杠的直径来提高扭曲刚度，则会大幅度提高丝杠轴的转动惯量，也难以提高进给运动的速度和加速度。

(2) 非线性严重，不易实现闭环控制，影响机床加工精度。由于传统进给运动传动链较长，传动副存在侧隙，因此普遍存在较严重的非线性误差，如间隙、失动量等，同时传统滚珠丝杠传动系统刚度较低，高速下发热比较严重，这些因素均会形成非线性环节，从而给驱动控制系统的稳定性造成很大威胁，使得包含机械传动链的进给系统不易实现精确的全闭环控制，降低高速机床的加工精度。虽然可以通过软件误差补偿等方法来消除部分传动误差，但在高速运动情况下，机械传动链的磨损较快，传动误差规律不稳定，这就使得误差补偿的效果难以长时间维持。

(3) 机械传动链结构复杂。从驱动装置到执行机构，经过了机械传动链环节，使得机床的结构比较复杂，特别是在重型机床和多坐标机床中，这个问题尤为突出。例如，在进给行程超过 4 m 的重型数控机床中，进给传动多采用静压蜗杆—蜗母条机构和预加载荷的双齿轮—齿条机构；在多坐标数控机床中，摆头和转台的传动多采用蜗轮—蜗杆、弧齿锥齿轮等机构。带有复杂机械传动链的高速进给驱动系统不仅设计和制造复杂，而且维护和保养也相当麻烦。

(4) 机械噪声大。传统的含有机械传动链的进给系统，不可避免地会产生噪声，并且其强度将随着速度的提高而增大。因此，如果将这样的系统用于超高速机床，将会对车间的生产环境造成严重的噪声污染。

7.4.3 典型高速直线进给机构

1. 新型滚珠丝杠副传动

为了使得传统的滚珠丝杠副能够在高速机床中发挥作用，就必须对其进行改造，以满足高速机床对进给系统的要求。

1) 对滚珠丝杠螺母副的改造措施

(1) 提高系统的刚度。高的动、静态刚度是实现高速进给传动的基础。为提高滚珠丝杠螺母传动系统的进给速度和加速度，必须首先提高丝杠的扭曲刚度和轴向刚度。主要措施有：丝杠采用中空结构进行预拉伸处理，通过选用推力角接触轴承，提高丝杠的支撑刚度。此外，通过优化设计和采用先进制造工艺，使滚珠与滚道的适应度处于最佳状态，从而有效提高接触刚度。

(2) 提高滚珠丝杠螺母副的运动速度。在保证足够刚度的基础上，增大丝杠螺母的导程和螺纹头数是提高滚珠丝杠螺母副直线运动速度的有效途径。在某些情况下，还可以对滚珠丝杠副实施双电机驱动，即用一个伺服电机驱动滚珠丝杠副，另一个伺服电机以相反方向驱动由轴承支撑的滚珠螺母，使得在不增加丝杠转速的情况下，让工作台的进给速度提高一倍。

(3) 减小系统的发热量。丝杠的高速转动，滚珠在滚道内的高速循环运动，必将产生大量的热量。此外，为提高刚度对丝杠进行的预拉伸也会加剧发热。因此，高速滚珠丝杠副传动系统的发热将比常规滚珠丝杠副大得多。解决高速滚珠丝杠螺母副传动系统发热问题的有效办法之一就是将冷却液通入空心丝杠内部进行强制循环冷却，这样可有效保证滚珠丝杠副系统的精度。

(4) 减小转动惯量、改善工作性能。适当减小滚珠直径，钢珠采用空心结构或将滚珠链中的钢珠按一大一小间隔排列等均可减小高速运动时的转动惯量及改善滚珠快速滚动时的流畅性。陶瓷材料(如 Si_3N_4 等)具有硬度高、密度小、弹性模量大、线膨胀系数小、耐磨损、寿命长等优点，以陶瓷等新材料制造滚珠将显著降低温升，减小噪声，有效提高滚珠丝杠副传动系统的高速性能。

另外，提高滚珠丝杠两端的支撑刚度和滚珠螺母的安装精度，对提高滚珠丝杠的临界转速，保证进给系统的精度，改善运动的平稳性都有着重要的作用。

2) 新型滚珠丝杠螺母副适用场合

由于滚珠丝杠螺母副传动摩擦系数小，传动效率较高，制造成本较低，对环境的适应性较强，更由于滚珠丝杠螺母副的技术成熟，因此，经改造后，在高速机床中仍有一定的席位。它主要适用于中小载荷、速度介于 10～40 m/min、加速度介于 0.5～1.0g、行程范围不大于 6 m 的场合，即适用于中低档高速数控机床。

2. 直线电动机驱动

1）直线电动机驱动进给单元的构成

高速直线电动机驱动进给单元如图 7－11 所示，它由直线电动机、工作台、滚动导轨、精密测量反馈系统和防护系统等部分构成。

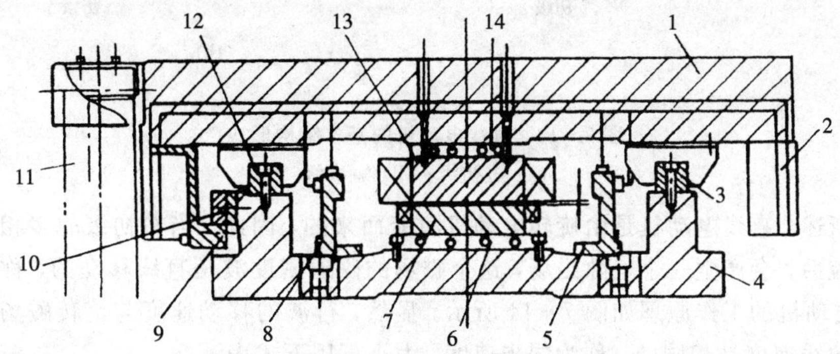

1—工作台；2—防护罩；3、12—导轨；4—床身；5、8—辅助导轨；6、14—冷却板；7—次级；9—测量系统；10—光栅尺；11—拖链；13—初级

图 7－11　高速直线电动机驱动进给单元的基本构成

2）直线电动机

直线电动机是一种做直线运动的电机。由于直线电动机和执行机构之间没有中间传动机构，使得传动系统结构简单，同时加减速速度快，可实现快速启动和正反向运动。

如图 7－12(a)所示，如果将笼型异步电动机沿径向剖开，并将电动机的圆周展成直线，就得到图 7－12(b)所示的直线异步电动机。其中定子与初级对应，转子与次级对应。由图 7－12(a)演变而来的直线电动机，其初级和次级的长度是相等的。由于初级和次级之间要做相对运动，因此，为保证初级与次级之间的耦合保持不变，实际应用中，初级和次级的长度是不相等的。直线电动机的基本结构形式如图 7－13 所示，如果初级的长度较短，则称为短初级；反之，则称为短次级。由于短初级结构比较简单，成本较低，因此在高速数控机床进给系统中通常使用这种结构。

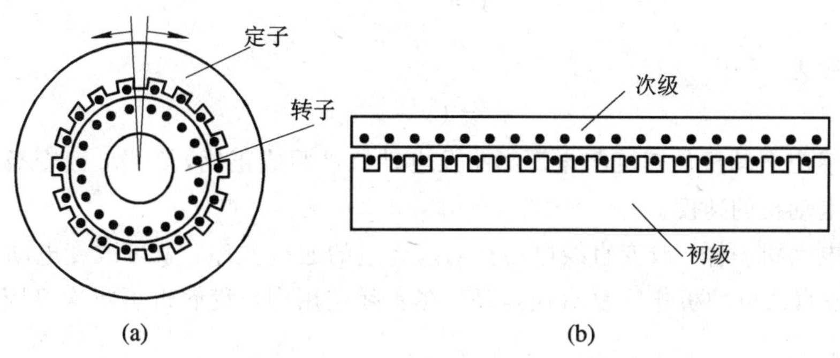

图 7－12　直线电动机的演化
(a) 笼型异步电动机；(b) 直线异步电动机

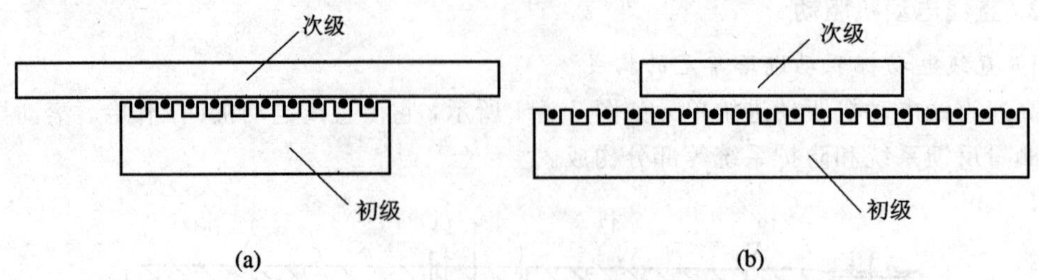

图 7-13　直线电动机的基本结构形式

(a) 短初级；(b) 短次级

由上所述，直线电动机是由旋转电动机演变而来的，因此，当在初级的多相绕组中通入多相电流后，会产生一个气隙磁场，这个磁场的磁通密度波是直线移动的，称为行波磁场。直线电动机的工作原理如图 7-14 所示。显然，行波的移动速度与旋转磁场在定子内圆表面上的线速度是相同的，称为同步速度，大小可用下式表示：

$$v_s = 2f\tau$$

式中，v_s 为同步速度；f 为电源频率；τ 为极距。

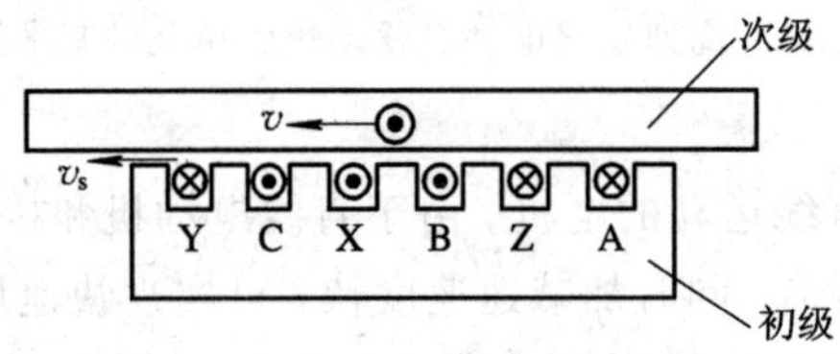

图 7-14　直线电动机的工作原理图

在行波磁场的切割下，次级中的导条将产生感应电动势和电流，所有导条的电流和气隙磁场相互作用，产生切向电磁力(图中只画出一根导条)。如果初级是固定不动的，那么次级就沿着行波磁场行进的方向作直线运动。若次级移动的速度用 v 表示，则转差率的大小为

$$s = \frac{v_s - v}{v_s}$$

次级移动速度为

$$v = (1 - s)v_s$$

这表明直线感应电动机的速度与电源频率及电动机极距成正比，因此，改变极距或电源频率都可改变电动机的速度。

与旋转电动机一样，改变直线电动机初级绕组的通电次序，就可改变电动机运动的方向，因而可使直线电动机作往复直线运动。在实际应用中，我们也可将次级固定不动，而让初级运动。

3）直线电动机与机床工作台的连接方式

图 7-15 为感应异步直线电动机截面图，它采用的是动短初级、定长次级的结构形式。带三相绕组的初级 6 通过冷却板 3(内有多路冷却油道)，用固定螺钉 5 反装在工作台 4 上。

带栅条的次级 2 通过冷却板 1 用固定螺钉 8 装在直线电动机的底座 7 上，然后再固定在机床床身上。

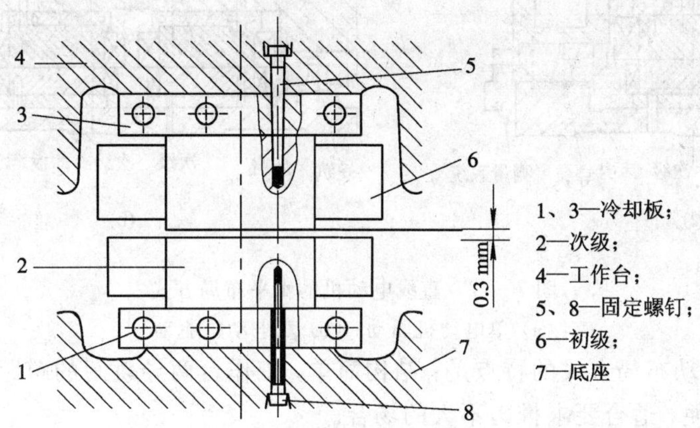

图 7-15　感应异步直线电动机截面图

从工作台的角度看，直线电动机驱动的工作台是直线电动机的初级载体，同时为了减小摩擦、保证正确的运动导向和防止颠覆力矩，通常在工作台下平面上安装有 4 个与滚动导轨相连的滑块，工作台与动短初级和滑块的连接如图 7-16 所示。

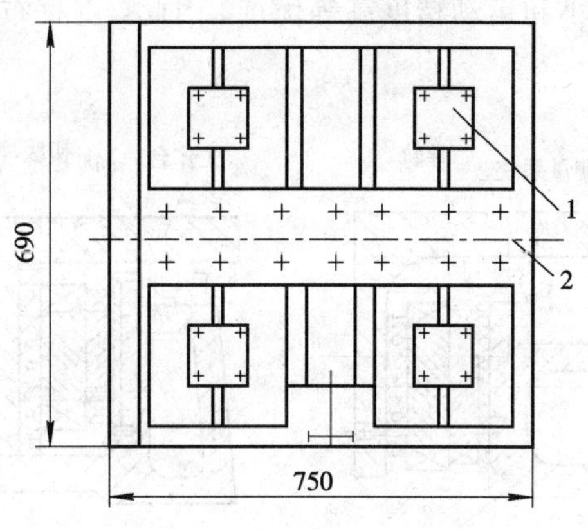

1—导轨滑块安装面；2—初级安装面

图 7-16　工作台与动短初级和滑块的连接

4) 直线电动机驱动进给单元的合理布局

根据直线电动机的安装方式，进给单元的结构布局可分水平与垂直两种方式。图 7-17 所示为水平布局方式，它的优点是：结构简单，安装维护方便，工作台高度较小。缺点是：初级与次级间的电磁吸力与工作台重力的方向相同，如果工作台的刚度不足，将会使初级与次级间的间隙减小，从而影响直线电动机的正常工作。因此，水平布局方式的进给单元只宜用于小于中等载荷的情况。

水平布局方式又可分为单电动机驱动(见图 7-17(a))与双电动机驱动(见图 7-17(b))两种。

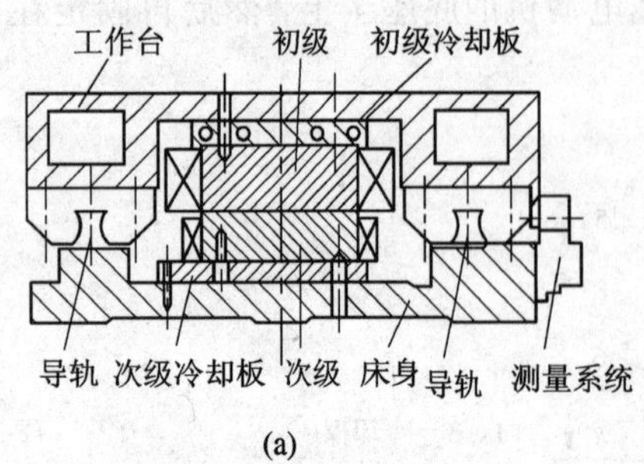

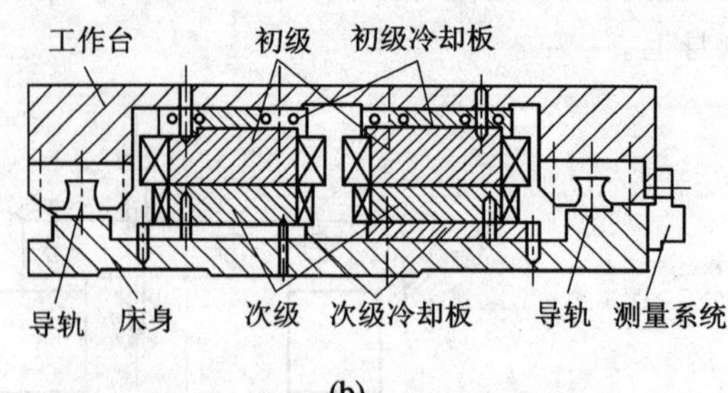

图 7-17　直线电动机的水平布局方式

(a) 单电动机驱动；(b) 双电动机驱动

单电动机驱动布局方式的特点是：结构简单，工作台两导轨间的跨距较小，测量装置的安装与维修方便，适合要求推力不大的场合。

双电动机驱动布局方式的特点是：合成推力大，两导轨间的跨距较大，工作台受电磁吸力的变形较大，对工作台的刚度要求较高，安装也较困难，测量与控制也较复杂，故只适用于特殊场合。

垂直布局方式均为双电动机驱动，如图 7-18 所示。它可抵消直线电动机的吸力对工作台的影响。此外，该布局方式还具有推力大，工作台垂直变形小，工作载荷对电动机的初级与次级间的间隙影响小和运动精度高等优点。因此，垂直布局方式适用于载荷较大的高速运动场合。

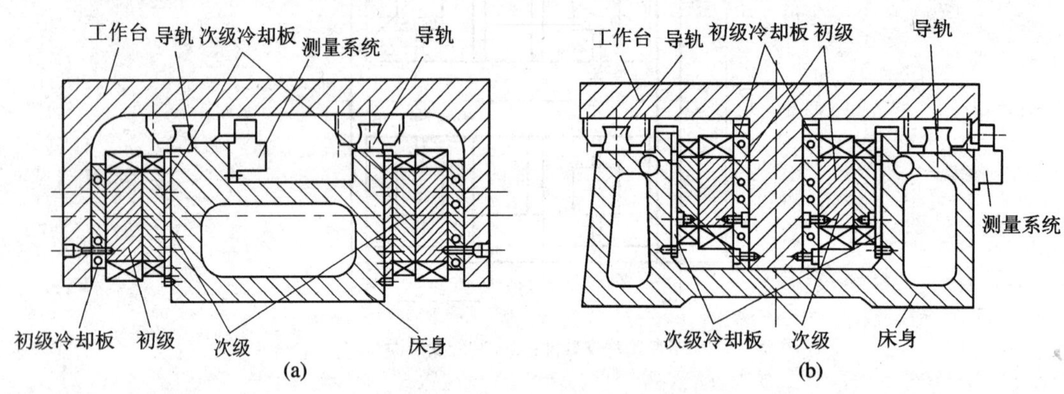

图 7-18　直线电动机的垂直布局方式

(a) 外垂直安装；(b) 内垂直安装

双电动机驱动的垂直布局方式又可分为外垂直安装(如图 7-18(a))与内垂直安装(如图 7-18(b))两种。前者可保证导轨间的跨距较小，电磁吸力产生的弯矩与重力引起的弯距方向相反，这样可抵消一部分工作台的弯曲变形，对初级与次级间的间隙影响也较小。但这种布局方式的电动机的安装高度较高，工作台两端的悬伸较大，所占空间也较大，工作台的结构较复杂。

而内垂直安装方式可使两电动机的电磁吸力方向相反，从而完全消除电磁吸力对工作台弯曲变形的影响，以保证进给调速过程中电动机的初级与次级间的间隙量变化最小。但这种布局方式的两导轨间跨距较大，安装与维修困难，适用于大推力高精度的场合。

5）直线电动机驱动进给单元的其他结构装置

(1) 导轨。由于直线电动机进给单元的运动速度高，工作时导轨将承受很大的动载荷和静载荷，并受到多方面的颠覆力矩。另外，工作台与导轨的摩擦也会影响进给单元的加速度和发热等。因此必须选用高精度、高刚度和承载能力大的导轨结构，同时选用摩擦系数小的材料。

图 7-19 是四向等截面圆弧接触型高速高刚度滚动导轨。这种滚动导轨的摩擦系数仅为 0.02，且动、静摩擦系数相差很小，可有效地避免发热和爬行，可以预加载荷和消除反向间隙，其刚度高，承载能力大，使用寿命长，能较长期保持工作精度。

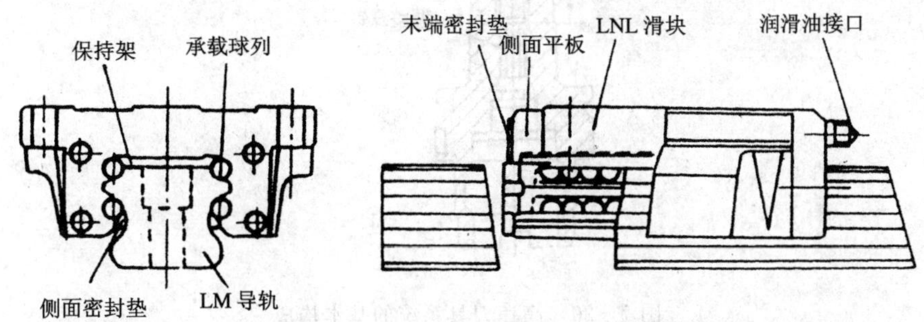

图 7-19　四向等截面圆弧接触型高速高刚度滚动导轨

(2) 测量系统。由于直线电动机的动子直接与工作台相连，因此只能构成闭环系统。通常选用机构精密光栅尺作为工作台位置检测元件。

(3) 散热装置。由于直线电动机工作时会产生大量的热量，因此必须采取散热措施。直线电动机的初级、次级与工作台和导轨连接时，中间都有冷却板装置，这样就可以由通入冷却板中工作的介质将热量带走。

(4) 防磁装置。由于直线电动机的磁场是开放式的，很容易吸附磁性物质从而影响加工精度，因此必须采取防磁措施。如采用三维折叠式密封罩将整个机床都遮蔽起来。

6）直线电动机驱动的适用场合

由于直线电动机驱动可以获得高速度和超高速（60～180 m/min 或更高）、高加速度（1.0～10g）、长行程和高精度，因此可用于高档高速加工中心以及其他类型的高速和超高速数控机床。

7.5　高速刀具系统

7.5.1　高速切削对刀具系统的要求

1. 高速刀具系统的基本构成

高速刀具系统如图 7-20 所示，它由刀具、过渡装置、刀具夹紧套和主轴刀具定位面等部分构成。正是由于机床处于高速运转状态，才使得高速刀具系统与传统刀具系统在材料、结构和接口等方面有着很大的不同。

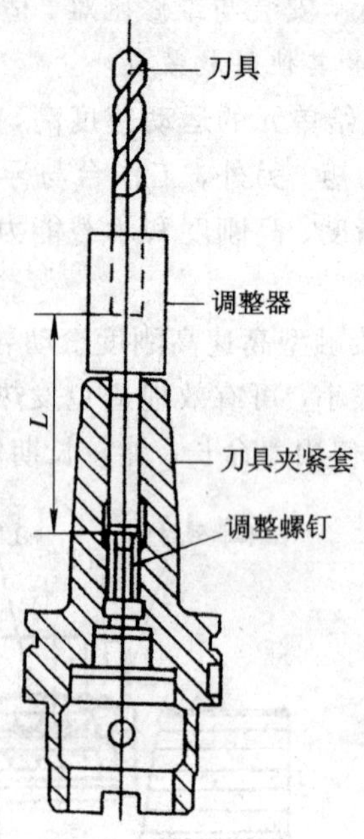

图 7－20　高速刀具系统的基本构成

2. 对高速刀具系统的基本要求

高速切削面临的最大问题就是刀具材料能否耐高温、耐磨损，刀具系统能否克服离心力的影响并同时保证较高的定位精度。这就要求刀具材料具有高硬度和高热硬度，具有高强度、高耐磨性、高韧性、强抗冲击能力及抗热冲击能力；要求刀具具有合理的几何参数；要求刀具和刀夹、刀柄和主轴连接部位的夹紧精度高，传递转矩大，动平衡性能好，便于快速自动装夹和拆卸。

3. 传统刀具系统用于高速时存在的问题

传统刀具系统所使用的刀具材料常为高速钢和硬质合金钢，虽然这两种材料抗冲击能力强，但适用的切削速度低，耐磨性差，热硬性不好，化学稳定性差。采用弹性夹头或螺钉的刀具连接方式在高速下的定位精度和重复定位精度不高，由于强大离心力的作用，甚至连安全性也得不到保障。传统的 7：24 锥度刀柄的结构中，主轴前端锥孔在高速运转条件下，由于离心力的作用而发生膨胀，膨胀量的大小随着旋转半径与转速的增大而增大，但是与之配合的 7：24 实心刀柄则膨胀量较小，因此，总的锥度连接刚度会降低，在拉杆拉力的作用下，刀具的轴向位置也会发生改变。7：24 锥度刀柄与主轴的配合如图 7－21 所示。主轴锥孔呈“喇叭口”状扩张，引起刀具及夹紧机构质心的偏离，从而影响主轴的动平衡。要保证这种连接在高速下仍有可靠的接触，需有一个很大的过盈量来抵消高速旋转时主轴锥孔端部的膨胀。另外，传统

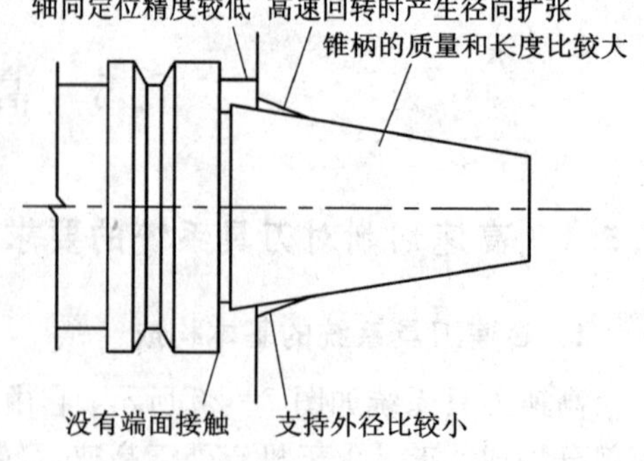

图 7－21　7：24 锥度刀柄与主轴的配合

7∶24 刀具锥柄较长，很难实现全长无间隙配合，从而引起刀具的径向圆跳动，影响加工质量。

7.5.2 高速刀具系统

1. 刀具材料

目前适用于高速切削的刀具主要有：涂层刀具、金属陶瓷刀具、陶瓷刀具、立方氮化硼(CBN)刀具和聚晶金刚石(PCD)刀具等。

1) *涂层刀具*

涂层刀具是在刀具基体上涂覆硬质耐磨金属化合物薄膜，以达到提高刀具表面硬度和耐磨性的一种用于高速切削的刀具。常用的刀具基体材料主要有高速钢、硬质合金、金属陶瓷和陶瓷等。涂层材料有 TiN、TiC、Al_2O_3、TiCN、TiAlN 和 TiAlCN 等。涂层可以是单涂层，也可以是双涂层或多涂层，甚至是几种涂层材料复合而成的复合涂层。复合涂层可以是 TiC - Al_2O_3 - TiN、TCN 和 TiAlN 多元复合涂层，最新又发展了 TiN/NbN 和 TiN/CN 等多元复合薄膜。如商品名为“Fire”的孔加工刀具复合涂层，它用 TiN 作底层，以保证与基体间的结合强度；由多层薄涂层构成的中间层为缓冲层，用来吸收断续切削产生的振动；顶层是具有良好耐磨性和耐热性的 TiAlN 层。另外，还可在“Fire”的外层上涂减磨涂层。其中，TiAlN 层在高速切削中性能优异，最高切削温度可达 800℃。近年开发出的一些 PVD 硬涂层材料，有 CBN、CN、Al_2O_3、多晶氮化物(TiN/NbN，TiN/VN)等，它们在高温下具有良好的热稳定性，很适合高速与超高速切削。金刚石膜涂层刀具主要用于有色金属加工，而 C - C_3N_4 超硬涂层的硬度则有可能超过金刚石。

软涂层刀具，如 MoS_2 和 WS_2 作为涂层材料的高速钢刀具主要用于高强度铝合金和钛合金等的加工。此外，最新开发的纳米涂层材料刀具在高速切削中的应用前景也很广阔。如日本住友公司的纳米 TiN/AlN 复合涂层铣刀片，共 2000 层涂层，每层只有 2.5 nm 厚。

2) *金属陶瓷刀具*

金属陶瓷主要包括高耐磨性能的 TiC 基硬质合金(TiC＋Ni 或 Mo)、高韧性的 TiC 基硬质合金(TiC＋TaC＋WC)、强韧的 TiN 基硬质合金和高强韧性的 TiCN 基硬质合金(TiCN＋NbC)等。这些合金做成的刀具可在 v_c＝300～500 m/min 的范围内高速精车钢和铸铁。金属陶瓷可制成钻头、铣刀和滚刀。如日本研制的金属陶瓷滚刀，v_c＝600 m/min，约是硬质合金滚刀的 10～20 倍，加工表面的粗糙度值为 2 μm，比 HSS 滚刀(粗糙度值为 15 μm)和硬质合金滚刀(粗糙度值为 8 μm)小得多，耐磨性是 HSS 的 4 倍，是硬质合金的 2 倍。

3) *陶瓷刀具*

陶瓷刀具可在 v_c＝200～1000 m/min 的范围内切削软钢、淬硬钢和铸铁等材料。

4) *CBN 刀具*

CBN 刀具是高速精加工或半精加工淬硬钢、冷硬铸铁和高温合金等的理想刀具材料，可以实现“以车代磨”。国外还研制了 CBN 含量不同的 CBN 刀具，以充分发挥 CBN 刀具的切削性能(见表 7 - 1)。据报导，CBN300 加工灰铸铁的速度可达 2000 m/min。

表 7-1 不同 CBN 含量的刀具及其用途

CBN 含量(%)	用　　途
50	连续切削淬硬钢(45～65HRC)
65	半断续切削淬硬钢(45～65HRC)
80	Ni-Cr 铸铁
90	连续重载切削淬硬钢(45～65HRC)
80～90	高速切削铸铁(500～1300 m/min)，粗、半精切削淬硬钢

5) PCD 刀具

PCD 刀具可实现有色金属和非金属耐磨材料的高速加工。据报导，镶 PCD 的钻头加工 Si-Al 合金的切削速度 v_c 可达 300～400 m/min，PCD 刀具在加工铝合金、镁合金、石墨和粉末冶金坯料上，与硬质合金刀具相比，其寿命提高了 60～145 倍；采用高强度铝合金刀体的 PCD 面铣刀加工铝合金的速度 v_c 可达 3000～4000 m/min，有的则达到了 7000 m/min。20 世纪 90 年代以后，美、日相继研发了金刚石薄膜刀具(车铣刀片、麻花钻、立铣刀和丝锥等)，其寿命是硬质合金刀具的 10～140 倍。

这其中，涂层硬质合金刀具是应用最多、使用范围最广的一类刀具，其性能价格比较好。陶瓷刀具的性能介于涂层硬质合金刀具和超硬材料刀具之间，陶瓷刀具的硬度比硬质合金高而价格比 CBN 和金刚石刀具低，在一些场合下可以代替超硬材料刀具进行高速硬切削和干切削。

CBN 刀具和金刚石刀具硬度高、寿命长，适用于大批量生产的场合以及有特殊要求的场合，如精密切削高硬度材料等。CBN 刀具材料具有高的热硬性、高强度和高的抗热冲击性，是高速精加工或半精加工淬硬钢、冷硬铸铁和高温合金等的理想刀具材料，但不能切削硬度低于 45HRC 的材料。金刚石刀具的耐磨性高，高速性能好，但抗冲击能力差，切削铁质金属化学稳定性差，主要用于高速粗、精切有色金属和非金属材料。

2. 刀具夹头

前面谈到传统的刀具夹头不能满足高速加工的需要。世界上许多开发生产刀具夹具的公司开发出了许多适用于高速加工的刀具夹头。下面介绍其几种典型的结构。

1) 三棱变形精压夹头

德国雄克公司生产的一种无夹紧元件的三棱变形静压夹头的工作原理如图 7-22 所示。该夹头的内孔在自由状态下为三棱形，三棱的内切圆直径小于要装夹的刀柄直径。利

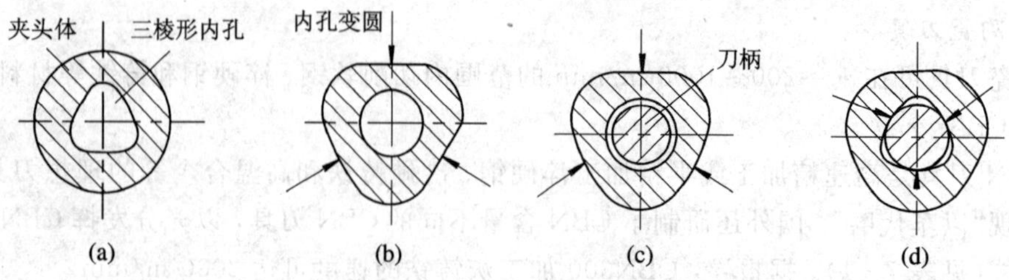

图 7-22 德国雄克公司生产的无夹紧元件的三棱变形静压夹头的工作原理

用一个液压加力装置，对夹头施加外力，使夹头变形，内孔变为圆孔，孔径略大于刀柄直径。此时插入刀柄，然后卸掉所加的外力，内孔重新收缩成三棱形，对刀柄实行三点夹紧。此种夹头结构紧凑、对称性好、精度高，刀具装卸简单，且对不同膨胀系数的硬质合金刀柄和高速钢刀柄均可适用。

2) 热装夹头

热装夹头也是一种无夹紧元件的夹头。它通常利用高能场的感应加热线圈，把刀柄的夹持部分在短时间(10 s)内加热，刀柄内径随之扩张，此时立即把刀具装入刀柄内，当刀柄冷却收缩时，即可赋予刀具夹持面均匀的压力，从而产生很高的径向夹紧力将工具牢牢夹持住。装上或卸下切削工具后，夹头迅速冷却，因此，热量极少传递至夹头的其他部位或刀具的柄部。

除此之外还有一些适用于高速加工的刀具夹头，如弹簧夹头、液压夹头、动平衡夹头和 TRIBOS 夹头等。

3. 刀柄结构

传统的刀柄结构不能适应高速加工的需要，主要是不能满足连接刚度、精度、动平衡以及快速换刀的要求。目前有两种思路可以解决高速加工刀柄结构问题：一是仍采用现有的 7∶24 锥度而对其结构进行改进，如美国生产的 WSU 刀柄；另一方面是摒弃原有的 7∶24 锥度而采用新的替代型结构，如 HSK 刀柄和 KM 刀柄等。

WSU 刀柄利用了虚拟锥度的概念，即以离散的点或线形成一个锥面，与主轴内锥孔面接触，如图 7-23 所示。实现这些点线接触的元件是弹性的。因此，当拉杆轴向拉力使刀柄与主轴端面定位接触时，只会使刀柄锥体这些弹性元件变形，而刀柄不变形。这种方法可使接触锥部获得较大的过盈量，而不需太大的拉力，也不会使主轴膨胀，对接触面的污染不敏感。

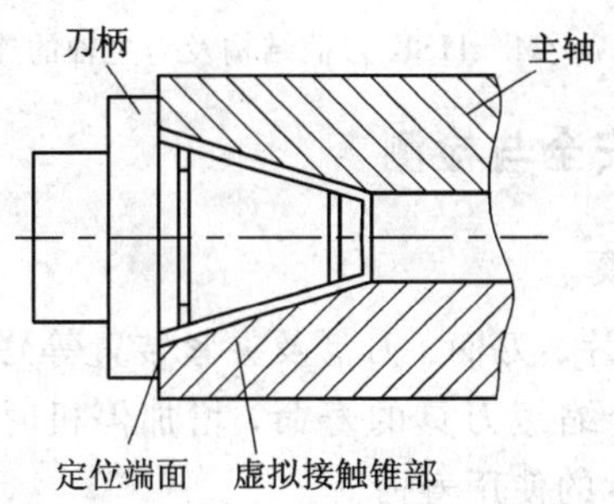

图 7-23　WSU 刀柄结构及与主轴的连接

例如，WSU-1 刀柄要求的加工精度与普通刀柄相同，刀柄的锥部仍采用 7∶24 锥度，但它的直径比相同法兰尺寸的标准刀柄锥度的直径要小，锥柄的外表面套有由金属或塑料保持架固定的直径相同的滚珠，由滚珠形成的虚拟锥直径约比主轴内锥孔直径大 5～10 μm，在拉杆拉力作用下，滚珠发生弹性变形，刀柄在主轴锥孔内移动到刀柄法兰与主轴端面接触为止。

滚珠的材料为金属、塑料或者玻璃，其制造精度要求很高，球面精度和直径制造精度都在 1 μm 以下，严格的制造精度可以保证虚拟锥与主轴锥孔有良好的配合。

这种连接的主要优点有：实现了端面与锥面的同时接触定位，刚度和高速性能好，主轴不会膨胀，对轴承没有影响；接触区变形大，虚拟锥部与主轴锥孔没有间隙，刀杆的径向圆跳动小，拉杆产生的轴向力在接触锥部损失小，施加在刀轴接触端面的压力大，接触面摩擦力增大，在某种程度上可用来传递转矩，具有良好的动平衡性能。

HSK刀柄是一种新型的高速锥形刀柄，其接口采用锥面和端面两面同时定位的方式。HSK刀柄结构及与主轴的连接如图7-24所示，HSK工具系统采用1∶10锥度，刀柄为中空短柄，刀柄长度约为传统刀柄长度的1/2，楔形效果好，抗扭能力强。其工作原理是靠锁紧力及主轴内孔的弹性膨胀来补偿端面间隙的。由于中空刀柄自身有较大的弹性变形，因此对刀柄的制造精度要求相对较低。刀柄与主轴之间由扩张爪锁紧，转速越高，扩张爪的离心力越大，锁紧力越大，因此具有良好的高速性能。又由于HSK工具系统质量较小、柄部又较短，因此有利于高速自动换刀及机床的小型化，但中空短柄结构也使其系统的刚性和强度受到了一定影响。HSK整体式刀柄采用平衡式设计，刀柄结构有A、B、C、D、E、F六种，其中A、B型为自动换刀刀柄，C、D型为手动换刀刀柄，E、F型为无键连接的对称结构。实际应用时，HSK50和HSK63刀柄适用的主轴转速可达25 000 r/min，HSK100适用的主轴转速为12 000 r/min。

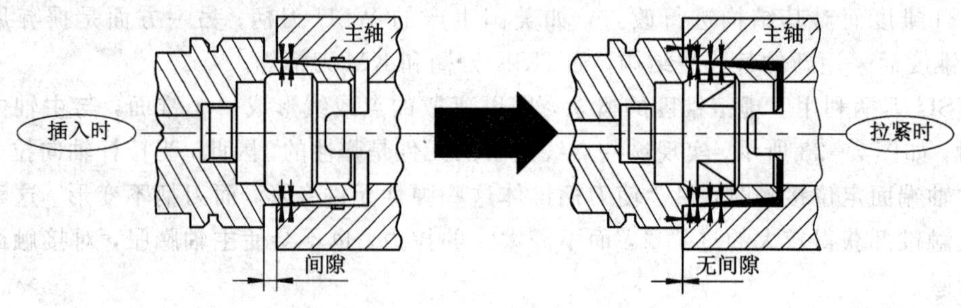

图7-24　HSK刀柄结构及与主轴的连接

7.5.3　高速刀具系统的安全与检测

1. 高速刀具系统的动平衡

高速加工对刀具总成(刀片、刀柄、刀盘及夹紧装置等)的动平衡性能提出了很高的要求，因为刀具总成的不平衡会缩短刀具的寿命，增加停机时间，加大加工表面粗糙度值，降低加工精度和缩短主轴轴承的使用寿命。

引起不平衡的主要因素有：刀具结构的不平衡、刀柄不平衡、刀具及夹头的安装不对称和残余不平衡等。

针对引起不平衡的原因，通常可以采用以下几种措施来提高其动平衡性能：

(1) 在制造阶段对刀具和刀柄分别进行动平衡。方法是在动平衡机上找出不平衡量和偏移位置，然后在相反的位置切去相应的量。

(2) 采用可调平衡刀柄结构。尽管刀具和刀柄在制造阶段分别校过平衡，但在安装过程中，由于刀具要夹紧在刀柄上，然后由拉杆拉紧在主轴锥孔里，有多个中间装配环节的影响，往往会出现总体不平衡，满足不了加工质量要求。这时，需要对“刀具—刀柄”的总体检测其不平衡量，然后调整可调平衡刀柄，最后达到总体平衡的要求。

(3) 针对各种主轴转速的动平衡调节。刀具系统装入主轴后，高速旋转的主轴对刀柄的夹持力及离心力会产生新的不平衡。平衡刀柄系统应该能够针对各种主轴转速自动调节平衡，即把刀具装在主轴上，在工作转速下测量和调整平衡。只有这样，才能保证工作安全及所要求的工作精度。

2. 高速切削刀具的监测

刀具的监测技术对高速与超高速切削加工的安全性十分重要。高速切削刀具的监测主要包括以下几个方面：

(1) 通过监测切削力来在线控制刀具的磨损；

(2) 通过监测机床功率来间接获得刀具磨损信息；

(3) 在线监测刀具的破损，对切削过程中的不正常迹象实行报警和安全保护控制。

7.6 高速加工数控系统

高速加工数控系统是对传统数控系统的新发展，它可把根据零件图形编制的程序转变成加工形状的轨迹。CNC 系统必须选择最佳的进给速度，在允许的误差范围内以尽量高的进给速度产生位置指令，从而驱动机床的运动部件运动。

7.6.1 高速主轴控制

高速加工的主轴主要采用矢量控制的脉冲宽度控制交流变频系统(PWM)。矢量控制包括坐标变换、矢量运算及参数检测。高速运算是交流电机瞬时值控制的必要条件，应用专用 CPU 的 32 位数据信号处理器来提高运算速度，通常执行一条指令只需几纳秒，从而达到了扭矩的快速响应目的。高速化的另一因素是采用固体驱动电路、全数字化的 H/W 电流控制系统和电机转速的自适应识别系统把电压、电流测试信号经过采样数据的处理，求出可信度极高的电动机动态参数值。这种矢量控制的 PWM 变频器的性能及规格要求为：

(1) 采用矢量控制，在 1 Hz 时要有 150%以上的高启动扭矩；

(2) 采用 IGBT 智能功率模块，载波频率要高(大于 15 kHz)；

(3) 采用 32 位数据信号处理器及 MPU 芯片，由双 CPU 实现全信号数字处理的复杂矢量运算和 PWM 控制；

(4) 有故障自诊断监控及显示功能；

(5) 有参数自检测和离线自设定功能；

(6) 有基于神经网络的自适应转速识别能力；

(7) 有恒扭矩和恒功率两种速度控制方式。

7.6.2 高速伺服控制系统

对高速伺服系统的要求就是高性能、高精度和高灵敏度。对于高速伺服控制系统，通常采用全数字交流伺服驱动系统，用专用的 CPU 进行电流环、速度环和位置环的全闭环控制。通过采用前馈控制与伺服跟踪预测进行前向补偿，以减少跟踪误差，加快响应速度，增加非线性补偿控制功能，补偿驱动机械静摩擦和粘性阻力产生的误差。采用鲁棒控制理论进行自校正控制，以克服扭矩惯性及负载变化引起的误差。为保证高速运动中的高定位精度，应用磁式高分辨率绝对位置编码器进行速度和位置检测。为了达到高速加工中响应速度快、抗干扰能力强及高定位精度的目的，目前多采用变结构的伺服控制方式，它能在系统的瞬态变化过程中改变系统结构，该变化是由系统当时的状态所决定的。

FANUC 16i 是适合于高速加工的典型数控系统，可实现 6 轴联动。它具有如下一些功能：

(1) 实现了纳米插补，即把送到数字伺服系统的位置信号以纳米作为单位，使得进入数字伺服系统的波动最小化，以达到机床平稳移动的目的；

(2) 控制伺服电动机最佳的加减速转矩；

(3) 能够缩短段处理时间；

(4) 能够进行前瞻控制；

(5) 由于具有多轴联动的功能，因此能够对复杂型面进行高速加工；

(6) 主轴能进行矢量控制；

(7) 加工过程中对尖锐的曲线或拐角处进行冲击控制，自动降低加工速度以实现平稳运动，减小机械冲击，从而获得较高的表面质量；

(8) 具有复杂曲线、曲面的插补功能。

7.6.3 精简指令集计算机系统结构的 CNC 系统

为在超高速加工复杂工件时获得高精度，许多 CNC 系统都采用了精简指令集系统(RISC)。它可把计算系统参数产生的预期误差根据实际需要进行修正，从而使实际轨迹精确地跟踪编程轨迹，消除跟踪误差。RISC 还具有控制加减速和优化执行程序等功能，这种系统(如 FANUC16 和西门子 840)均已采用了 32 位 CPU，有些已采用了 64 位 CPU 并带有小型数据库，还具有 CAM 功能和 MAP3.0 的通信能力，并采用了 C 语言编程，具有工具的监控功能。

目前较先进的 CNC 系统均有下述功能：

(1) 故障诊断的人工智能(AI)功能。在系统中存储了引起机械故障原因的信息及如何消除故障的知识库，具有推理系统，可从知识库中找出产生机械故障的原因。

(2) 随着 CNC 内存的扩大而装有小型工艺数据库，可进行一些刀具、材料和切削用量工艺参数等的选择控制。

(3) 有很强的图形功能。可显示加工零件图形、走刀轨迹与加工过程的动态模拟过程，具有形象、直观、高效的优点，便于提高效率，减少高速加工过程中各种误差的出现。

(4) 为实现加工高速化必须尽可能提供较强的插补功能。在直线和圆弧插补的基础上应有样条、渐开线、极坐标、圆柱、指数函数和三角函数等特殊曲线插补。

(5) 为缩短非加工时间，CNC 系统开发了提高基本指令执行时间的专用高速可编程控制器。

(6) 配置了自动测量机功能，以进行加工零件的自动检测，采用刀具长度测量功能并配有五轴刀具补偿功能以进行刀具校正。

(7) 有重新自动运转功能。在 NC 加工中一旦刀具破损，必须有刀具的退出、返回、重新开始加工功能。

（8）有双边同步技术。在龙门移动型高速铣床中，当龙门行程大于 2 m 时必须采用双边同步随动系统。在功率大于 20 kW 的重型机床中，应采用主从式交叉反馈原理的双边同步随动系统，最大双边间跟随误差不大于 0.01 mm。

（9）有新一代控制器（Next Generation Controller，NGC）。它是一个实时加工的工作站控制器，具有知识库、过程输入/输出、运动控制、实时控制、工作站控制和通信功能。在该控制器中可将刀具参数优化，即在选择合理刀具材料和刀具结构的情况下自动确定刀具的切削速度和切削深度，这对提高加工效率十分有利。

7.6.4　由可编程控制器实现的其他控制功能

通过可编程控制器 PMC 使机床快速响应完成下列控制：

（1）在机床热变形过程中实行多变量控制算法，在多输入多输出系统中对多个变量实现辅助热源或冷源的快速控制，以实现机床的预热或预冷。

（2）通过 PMC 控制高压冷却液，使其起到冷却和排屑的双重作用，以解决切屑造成的阻塞，高温切屑造成机床的热变形和对人体的灼伤。

（3）为确保自动换刀系统的绝对安全，高速加工中心往往不用机械手换刀，而采用主轴头移动方式直接换刀（多主轴换刀、双主轴换刀与转塔方式换刀），换刀时间最快仅为 0.5 s。

本 章 小 结

本章从高速数控机床的特点和关键技术入手，主要介绍了高速主轴单元、高速进给系统、高速刀具系统以及高速加工控制系统。由此我们可以了解到数控机床的发展方向，了解到电主轴、直线电机、涂层刀具、CBN 刀具、PCD 刀具、矢量控制的交流变频系统以及精简指令集计算机系统结构的 CNC 系统等，使我们对高速机床有个初步的认识。

思考与练习题

一、填空题

1. 一般认为高速加工的速度范围是普通加工的 ________ 倍。

2. 高速加工机床应具有全新的结构设计，主要包括：____________、____________、____________。

3. 高速加工机床的刀具主要有：________ 刀具、__________刀具、________ 刀具、________ 刀具及聚晶金刚石（PCD）刀具等。

4. 所谓电主轴结构就是将电机的 ________ 直接作为机床的主轴，________ 的壳体就是电机座，并配合其他安全保障措施，实现电机与机床主轴的一体化。

5. 电主轴结构的典型形式主要有 ________ 式电主轴结构和 ________ 式永磁同步电动机电主轴结构。

6. 高速电主轴轴承主要有四种类型：滚珠轴承、________ 轴承、________ 轴承和磁悬浮轴承。

7. 高速直线电动机驱动进给单元由直线电动机、________、________、________和防护系统等部分构成。

8. 直线电动机是一种做直线运动的电动机。由于直线电动机和执行机构之间没有________，使得传动系统结构简单，同时加减速速度________，可实现快速启动和正反向运动。

二、简答题

1. 什么是高速切削技术？高速切削技术具有什么特点？

2. 要实现高速加工将涉及到哪些关键技术？请分析说明。

3. 高速加工为什么采用电主轴结构？传统的数控机床传动方式用于高速加工时存在什么问题？

4. 高速机床的电主轴由哪几个部分构成？有几种支撑方式？为了降低主轴工作温度及保证主轴运行安全，通常有哪些具体措施？

5. 传统滚珠丝杠传动方式用于高速数控机床进给系统时存在哪些问题？

6. 说明高速数控机床直线进给机构中直线电动机的结构及工作原理。

7. 高速机床中通常采用什么材料作为刀具材料？列举两种刀具夹头的结构及工作原理，并说明这种夹头的优点。

第八章　数控机床的典型部件

学习目的与要求

- 了解对数控机床主轴系统的要求；
- 理解数控机床主轴系统的传动方式、典型部件结构及工作原理；
- 理解并掌握进给传动系统的典型部件结构及工作原理；
- 了解床身与立柱；
- 熟悉数控机床导轨的种类及结构特点；
- 理解自动换刀装置、刀库、机械手和位置检测装置等的结构及工作原理；
- 了解自动排屑装置的作用与种类。

8.1　数控机床的主轴系统

8.1.1　对数控机床主轴系统的要求

数控机床主轴系统是数控机床的主运动传动系统。数控机床主轴运动是机床成型运动之一。它的精度决定了零件的加工精度。数控机床是具有高效率的机床，因此它的主轴系统必须满足如下要求：

(1) 具有更大的调速范围并实现无级调速。数控机床为了保证加工时能选用合理的切削用量，从而获得更高的生产率、加工精度和表面质量，必须要求能在较大的调速范围内实现无级调速。一般要求主轴具备 1∶(100～1000)的恒转矩调速范围和 1∶10 的恒功率调速范围。

(2) 具有较高的精度与刚度，传递平稳，噪声低。数控机床加工精度的提高，与主轴系统具有较高的精度密切相关。为此，要提高传动件的制造精度与刚度，就要对齿轮齿面高频感应加热淬火，以增加耐磨性；最后一级采用斜齿轮传动，使传动平稳；采用精度高的轴承及合理的支撑跨距等，以提高主轴组件的刚性。

(3) 具有良好的抗振性和热稳定性。数控机床加工时，可能由于断续切削、加工余量不均匀、运动部件不平衡以及切削过程中的自振等原因引起的冲击力的干扰，会使主轴产生振动，从而影响加工精度和表面粗糙度，严重时甚至可能破坏刀具和主轴系统中的零件，使其无法工作。主轴系统发热使其中的零部件产生热变形，降低传动效率，破坏零部件之间的相对位置精度和运动精度，造成加工误差。为此，主轴组件要有较高的固有频率，实现动平衡，保持合适的配合间隙并进行循环润滑等。

(4) 在车削中心上，要求主轴具有 C 轴控制功能。在车削中心上，为了使之具有螺纹车削功能，要求主轴与进给驱动实行同步控制，即主轴具有旋转进给轴(C 轴)的控制功能。

(5) 在加工中心上，要求主轴具有高精度的准停功能。在加工中心上自动换刀时，主轴须停止在一个固定不变的方位上，以保证换刀位置的准确以及某些加工工艺的需要，即要求主轴具有高精度的准停功能。

(6) 具有恒线速度切削控制功能。利用车床和磨床进行工件端面加工时，为了保证端面加工时粗糙度的一致性，要求刀具切削的线速度为恒定值，随着刀具的径向进给，切削直径的逐渐减小，应不断提高主轴转速，并维持线速度为常数。

此外，为了获得更高的运动精度，要求主运动传动链尽可能短，同时，由于数控机床特别是加工中心通常配备有多把刀具，要求能够实现主轴上刀具的快速及自动更换。

8.1.2 数控机床主轴的传动方式

数控机床主运动调速范围很宽，其主轴的传动方式主要有以下几种。

1. 带有变速齿轮的主轴传动

如图 8-1(a)所示，这是大中型数控机床较常采用的配置方式，通过少数几对齿轮传动，扩大变速范围，确保低速时有较大的扭矩，以满足主轴输出扭矩特性的要求。滑移齿轮的移位大多采用液压拨叉或直接由液压缸驱动齿轮来实现。

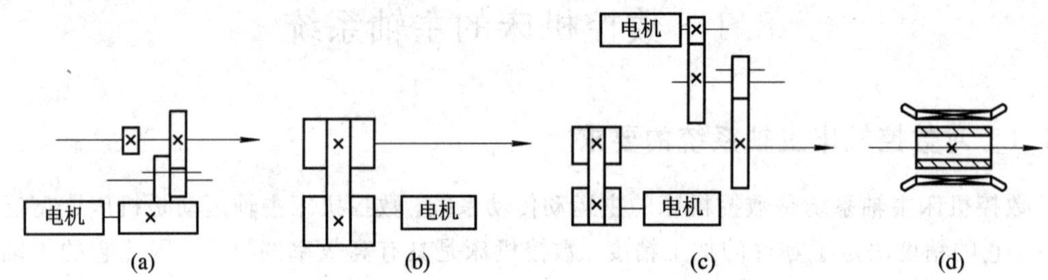

图 8-1 数控机床主传动的四种配置方式

(a) 齿轮变速；(b) 带传动；(c) 两个电机分别驱动；(d) 调速电机直接驱动

2. 通过带传动的主轴传动

如图 8-1(b)所示，这种传动主要用在转速较高、变速范围不大的小型数控机床上。电机本身的调整就能够满足要求，不用齿轮变速，可以避免由齿轮传动所引起的振动和噪声。它适用于高速低转矩特性的主轴，常用的有多楔带和同步齿形带。

数控机床上应用的多楔带又称为复合三角带，其横向断面呈多个楔形，楔角为 40°，如图 8-2(a)所示。传递负载主要靠强力层。强力层中有多根钢丝绳或涤纶绳，具有较小的伸长率、较大的抗拉强度和抗弯疲劳强度。多楔带综合了 V 带和平带的优点，运转时振动小，发热少，运转平稳，重量小，因此可在 40 m/s 的线速度下使用。此外，多楔带与带轮的接触好，负载分布均匀，即使瞬时超载，也不会产生打滑，而传递功率比 V 带大 20%～30%，因此能够满足主传动高速、大转矩和不打滑的要求。多楔带在安装时需要较大的张紧力，使得主轴和电机承受较大的径向负载，这是多楔带的一大缺点。

多楔带按齿距可分为三种规格：J型齿距为2.4 mm，L型齿距为4.8 mm，M型齿距为9.5 mm。可依据功率转速选择图选出所需的多楔带的型号。

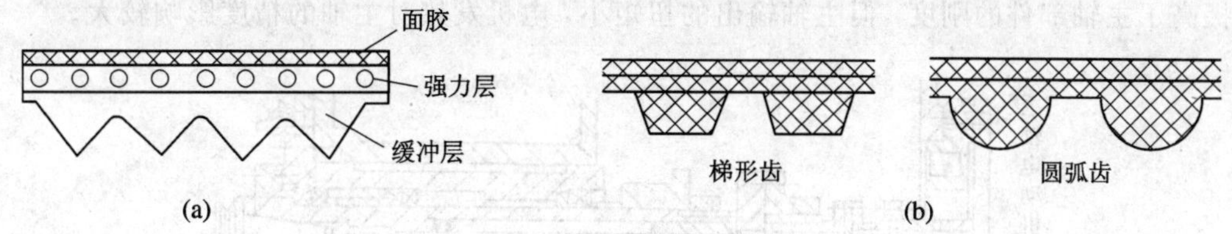

图8-2　带的结构形式

(a) 多楔带；(b) 同步齿形带

同步齿形带传动是一种综合了带传动和链传动优点的新型传动方式。同步齿形带的带型有梯形齿和圆弧齿，如图8-2(b)所示。同步齿形带的结构和传动如图8-3所示。带的工作面及带轮外圆上均制成齿形，通过带轮与轮齿相嵌合，进行无滑动的啮合传动。带内采用了加载后无弹性伸长的材料做强力层，以保持带的节距不变，可使主、从动带轮进行无相对滑动的同步传动。

与一般带传动相比，同步齿形带传动具有如下优点：

(1) 传动效率高，可达98%以上；

(2) 无滑动，传动比准确；

(3) 传动平稳，噪声小；

(4) 使用范围较广，速度可达50 m/s，速比可达10左右，传递功率由几瓦至数千瓦；

(5) 维修保养方便，不需要润滑；

(6) 安装时中心距要求严格，带与带轮制造工艺较复杂，成本高。

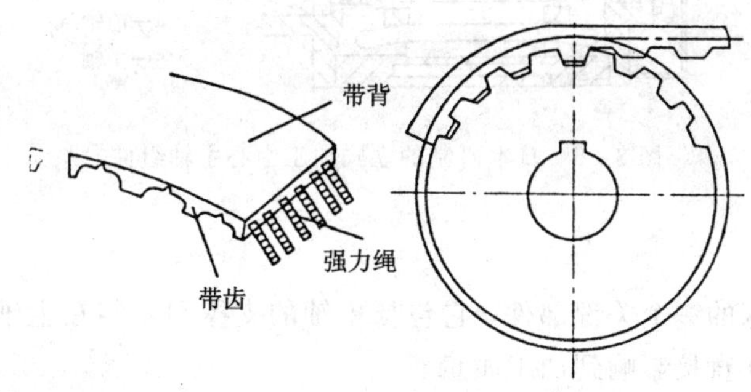

图8-3　同步齿形带的结构和传动

3. 用两个电机分别驱动的主轴传动

用两个电机分别驱动的主轴传动如图8-1(c)所示，它是上述两种方式的混合传动，具有上述两种方式的性能。高速时，由一个电机通过带传动；低速时，由另一个电机通过齿轮传动，齿轮起到降速和扩大变速范围的作用，这样就使恒功率区增大，扩大了变速范围，避免了低速时转矩不够且电机功率不能充分利用的问题。但两个电机不能同时工作，也是一种浪费。

4. 调速电机直接驱动的主轴传动

由调速电机直接驱动的主轴传动如图 8-1(d)所示。这种主轴传动方式由电机直接带动主轴旋转，即直接驱动式，如图 8-4 所示。它大大简化了主轴箱体与主轴的结构，有效地提高了主轴部件的刚度，但主轴输出的扭矩小，电机发热对主轴的精度影响较大。

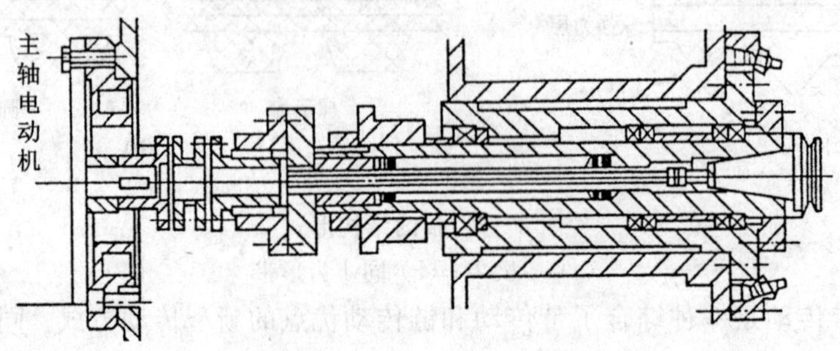

图 8-4 直接驱动式

近年来出现了一种新式的内装电机主轴，即主轴与电机转子合为一体。其优点是主轴组件结构紧凑，重量和惯量小，可提高启动、停止的响应特性，并利于控制振动和噪声；缺点是电机运转产生的热量易使主轴产生热变形。因此，温度控制和冷却是使用内装电机主轴的关键问题。图 8-5 所示为日本研制的立式加工中心主轴组件，其内装电机主轴最高转速可达 180 000 r/min。其详细介绍见 7.3.1 节。

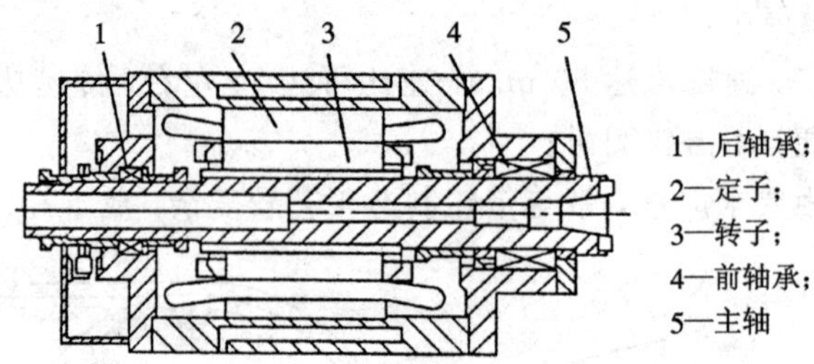

图 8-5 日本研制的立式加工中心主轴组件

8.1.3 主轴部件

主轴部件是机床的一个关键部件，它包括主轴的支撑和安装在主轴上的传动零件等。主轴部件质量的好坏直接影响到加工质量。

1. 主轴端部的结构形状

主轴端部用于安装刀具或夹持工件的夹具，在设计要求上，应能保证定位准确、安装可靠、连接牢固、装卸方便，并能传递足够的转矩。主轴端部的结构形状都已标准化。图 8-6 所示为普通机床和数控机床所通用的几种主轴端部的结构形式。

图 8-6 (a)所示为车床主轴端部，卡盘靠前端的短圆锥面和凸缘端面定位，用拨销传递转矩。卡盘装有固定螺栓，当卡盘装于主轴端部时，螺栓从凸缘上的孔中穿过，转动快卸卡板将数个螺栓同时拴住，再拧紧螺母将卡盘固牢在主轴端部。主轴为空心，前端有莫氏锥度孔，用以安装顶尖或心轴。

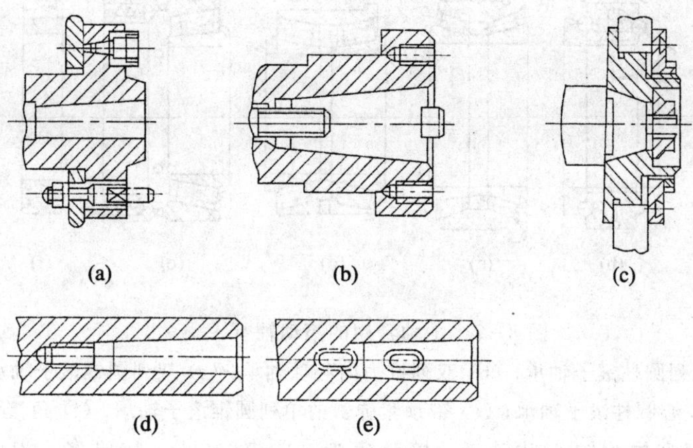

图 8-6　主轴端部的结构形式

(a) 车床主轴端部；(b) 铣、镗类机床主轴端部；(c) 外圆磨床砂轮主轴端部；

(d) 内圆磨床砂轮主轴端部；(e) 普通镗杆装在钻床主轴上的端部

图 8-6 (b)所示为铣、镗类机床主轴端部，铣刀或刀杆在前端 7∶24 的锥孔内定位，并用拉杆从主轴后端拉紧，而且由前端的端面键传递转矩。

图 8-6 (c)所示为外圆磨床砂轮主轴端部。图 8-6 (d)所示为内圆磨床砂轮主轴端部。图 8-6 (e)所示为普通镗杆装在钻床主轴上的端部，刀杆或刀具由莫氏锥孔定位，用锥孔后端第 1 个扁孔传递转矩，第 2 个扁孔拆卸刀具，但在数控镗床上要使用如图 8-6 (b)所示的形式，7∶24 的锥孔没有自锁作用，便于自动换刀时拔出刀具。

2. 主轴轴承的类型

机床主轴带着刀具或夹具在支撑中进行回转运动，应能传递切削转矩，承受切削抗力，并保证必要的旋转精度。在数控机床上，主轴轴承常用的有滚动轴承和滑动轴承。对于精度要求高的主轴则采用动压或静压滑动轴承作为支撑。下面着重介绍主轴部件所用的滚动轴承和滑动轴承。

1) 滚动轴承

滚动轴承摩擦阻力小，可以预紧，润滑维护简单，能在一定的转速范围和载荷变动范围内稳定地工作。滚动轴承由专业化工厂生产，选购和维修方便，在数控机床上被广泛采用。但与滑动轴承相比，滚动轴承的噪声大，滚动体数目有限，刚度是变化的，抗振性略差并且对转速有很大的限制。数控机床主轴组件在有可能的条件下，应尽量使用滚动轴承，特别是对于大多数立式主轴和装在套筒内能够作轴向移动的主轴，滚动轴承可以用润滑脂润滑以避免漏油。图 8-7 为主轴常用的滚动轴承类型。

图 8-7(a)为锥孔双列圆柱滚子轴承，内圈为 1∶12 的锥孔，当内圈沿锥形轴颈轴向移动时，内圈胀大以调整滚道的间隙。滚子数目多，两列滚子交错排列，因而承载能力大，刚性好，允许转速高。由于它的内、外圈均较薄，因此要求主轴颈与箱体孔均有较高的制造精度，以免轴颈与箱体孔的形状误差使轴承滚道发生畸变而影响主轴的旋转精度。该轴承只能承受径向载荷。

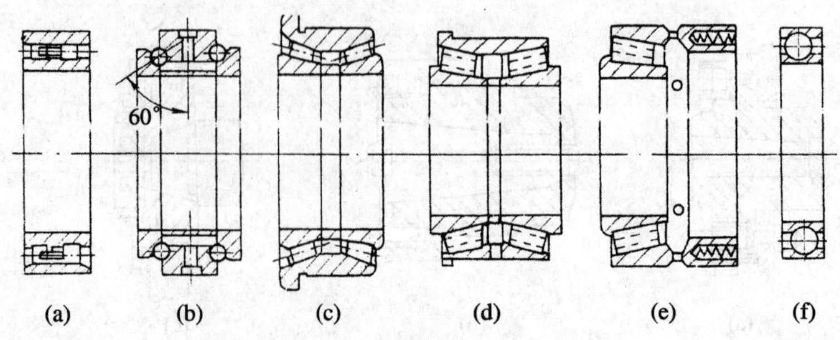

图 8-7　主轴常用的滚动轴承

(a) 锥孔双列圆柱滚子轴承；(b) 双列推力向心球轴承；(c) 双列圆锥滚子轴承；
(d) 带凸肩的双列空心圆柱滚子轴承；(e) 带预紧弹簧的单列圆锥滚子轴承；(f) 角接触滚子轴承

图 8-7 (b)为双列推力向心球轴承，接触角为 60°，球径小，数目多，能承受双向轴向载荷。磨薄中间隔套可以调整间隙或预紧，轴向刚度较高，允许转速高。该轴承一般与双列圆柱滚子轴承配套用作主轴的前支撑，并将其外圈外径作成负公差，以保证只承受轴向载荷。

图 8-7 (c) 为双列圆锥滚子轴承，它有一个公用外圈和两个内圈，由外圈的凸肩在箱体上进行轴向定位，箱体孔可以镗成通孔。磨薄中间隔套可以调整间隙或预紧，两列滚子的数目相差一个，能使振动频率不一致，从而明显改善了轴承的动态特性。这种轴承能同时承受径向和轴向载荷，通常用作主轴的前支撑。

图 8-7 (d) 为带凸肩的双列空心圆柱滚子轴承，结构上与图 8-7 (c) 相似，可用作主轴前支撑。滚子做成空心的，保持架为整体结构，充满滚子之间的间隙，润滑油由空心滚子端流向挡边摩擦处，可有效地进行润滑和冷却。空心滚子承受冲击载荷时可产生微小变形，能增大接触面积并有吸振和缓冲作用。

图 8-7(e)为带预紧弹簧的单列圆锥滚子轴承，弹簧数目为 16～20 根，均匀增减弹簧，可以改变预加载荷的大小。

图 8-7(f)为角接触滚子轴承，这种类型的轴承既可承受径向载荷，又可承受轴向载荷。接触角有 15°、25°和 40°三种。15°接触角多用于轴向载荷较小、转速较高的场合；25°和 40°接触角多用于轴向载荷较大的场合。将内、外圈相对轴向位移，可以调整间隙，实现预紧。角接触滚子轴承多用于高速主轴。为了提高轴的刚度和承载能力，多个轴承可以组合使用。

2) 滑动轴承

在数控机床上最常使用的滑动轴承是静压滑动轴承。静压滑动轴承的油膜压强是由液压缸从外界供给的，它和主轴转与不转、转速的高低无关(忽略旋转时的动压效应)。它的承载能力不随转速而变化，而且无磨损，启动和运转时摩擦阻力力矩相同，因此静压轴承的刚度大，回转精度高，但静压轴承需要一套液压装置，成本较高。

3. 主轴轴承的支撑形式

主轴轴承的支撑形式主要取决于主轴转速特性的速度因素和对主轴刚度的要求。主轴轴承常见的支撑形式有以下三种，如图 8-8 所示。

(1) 前支撑采用双列短圆柱滚子轴承和 60°角接触双列向心推力球轴承组合，后支撑

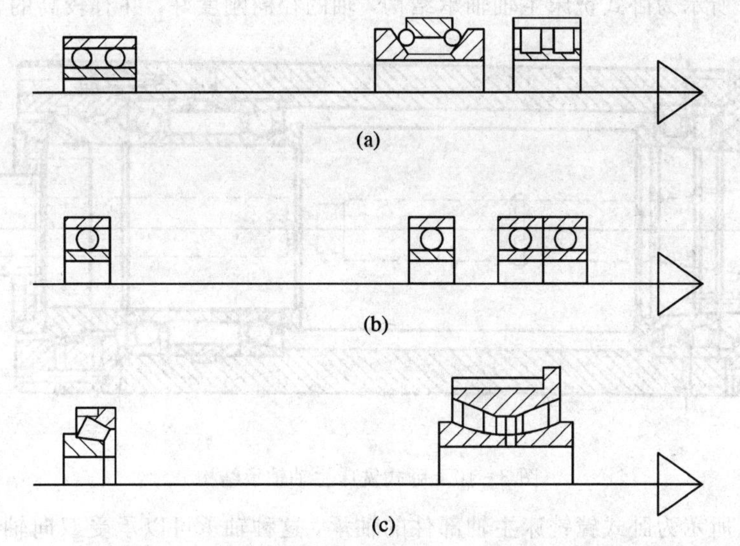

图 8-8 主轴轴承常见的支撑形式

(a) 形式一；(b) 形式二；(c) 形式三

采用成对向心推力球轴承(见图 8-8(a))。此配置可提高主轴的综合刚度，满足强力切削的要求。它普遍用于各类数控机床主轴。

(2) 前支撑采用高精度双列向心推力球轴承(见图 8-8(b))。向心推力轴承有良好的高速性，主轴最高转速可达 4000 r/min，但它的承载能力小，适于高速、轻载、高精密的数控机床主轴。

(3) 前后支撑分别采用双列和单列圆锥滚子轴承(见图 8-8(c))。这种轴承的径向和轴向刚度高，能承受重载荷，尤其是可承受较强的动载荷。其安装、调整性能好，但这种支撑方式限制了主轴转速和精度，因此可用于中等精度、低速、重载的数控机床主轴。

图 8-9 所示为数控车床主轴轴承结构，前轴承采用双列短圆柱滚子轴承承受径向载荷和 60°角接触双列向心推力球轴承承受轴向载荷，后轴承采用双列短圆柱滚子轴承，适用于中等转速，主轴刚性高，能承受较大的切削负载。

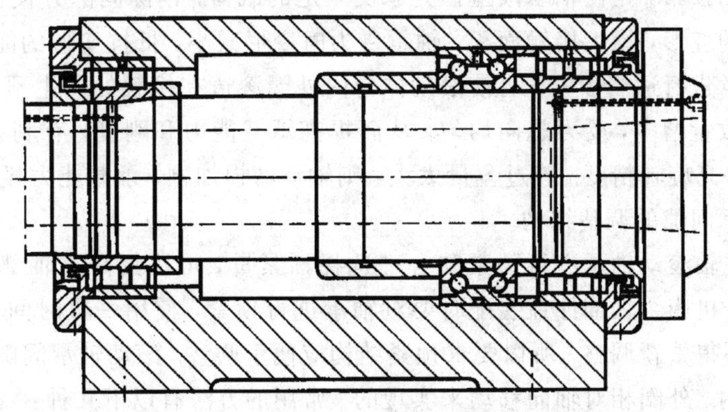

图 8-9 数控车床主轴轴承结构

图 8-10 所示为卧式铣床主轴轴承结构，轴的径向刚度好，并有较高的转速。

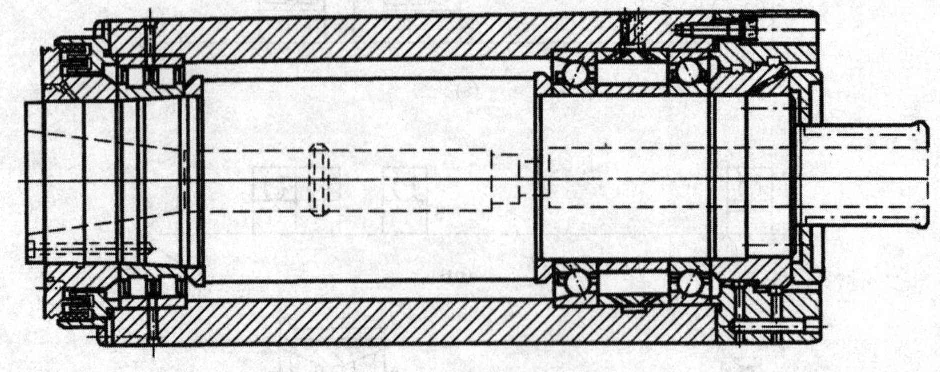

图 8-10　卧式铣床主轴轴承结构

图 8-11 所示为卧式镗铣床主轴部件的轴承，这种轴承可以承受双向轴向载荷和径向载荷，承载能力大，刚性好，结构简单。

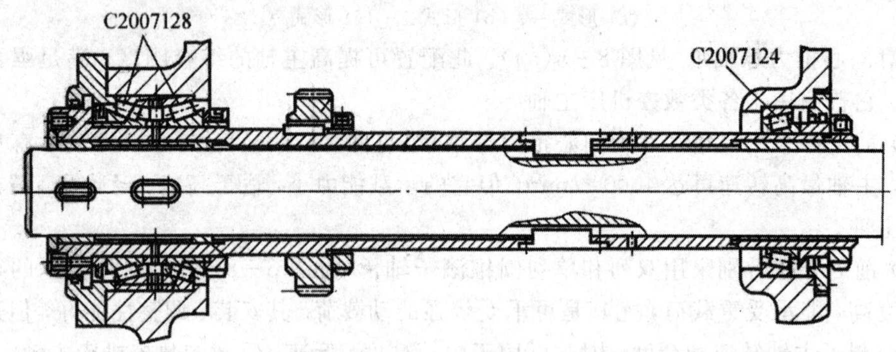

图 8-11　卧式镗铣床主轴部件的轴承

4. 滚动轴承的间隙与预紧

所谓轴承的预紧，是使轴承滚道预先承受一定的载荷，消除间隙并使得滚动体与滚道之间发生一定的变形，增大接触面积，轴承受力时变形减小，抵抗变形的能力增大。

将滚动轴承进行适当预紧，可使滚动体与内外圈滚道在接触处产生预变形，使受载后承载的滚动体数量增多，受力趋向均匀，从而提高承载能力和刚度，有利于减少主轴回转轴线的漂移，提高旋转精度。若过盈量太大，则轴承磨损加剧，承载能力显著下降。主轴组件必须具备轴承间隙的调整结构。

因此，对主轴滚动轴承进行预紧和合理选择预紧量，可以提高主轴部件的回转精度、刚度和抗振性。机床主轴部件在装配时要对轴承进行预紧，使用一段时间以后，间隙或过盈有了变化，还得重新调整，所以要求预紧结构应便于调整。滚动轴承间隙的调整或预紧，通常是使轴承内、外圈相对轴向移动来实现的。常用的方法有以下几种：

(1) 轴承内圈移动。如图 8-12 所示，这种方法适用于锥孔双列圆柱滚子轴承，用螺母通过套筒推动内圈在锥形轴颈上做轴向移动，使内圈变形胀大，在滚道上产生过盈，从而达到预紧的目的。图 8－12(a)所示结构简单，但预紧量不易控制，常用于轻载机床主轴部件。图 8－12(b)所示用右端螺母限制内圈的移动量，易于控制预紧量。

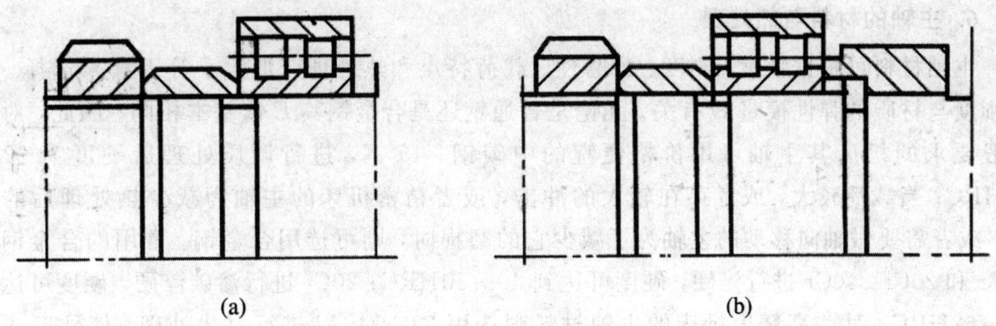

图 8－12　轴承内圈移动

(2) 修磨座圈或隔套。图 8－13(a)所示为轴承外围宽边相对(背对背)安装，这时修磨轴承内圈的内侧；图 8－13(b)所示为外围窄边相对(面对面)安装，这时修磨轴承外圈的窄边。在安装时按图示的相对关系装配，并用螺母或法兰盖将两个轴承轴向压拢，使两个修磨过的端面紧贴，这样使用两个轴承的滚道之间产生预紧。另一种方法是将两个厚度不同的隔套放在两轴承内、外圈之间，同样将两个轴承轴向相对压紧，使滚道之间产生预紧，如图 8－14(a)、(b)所示。

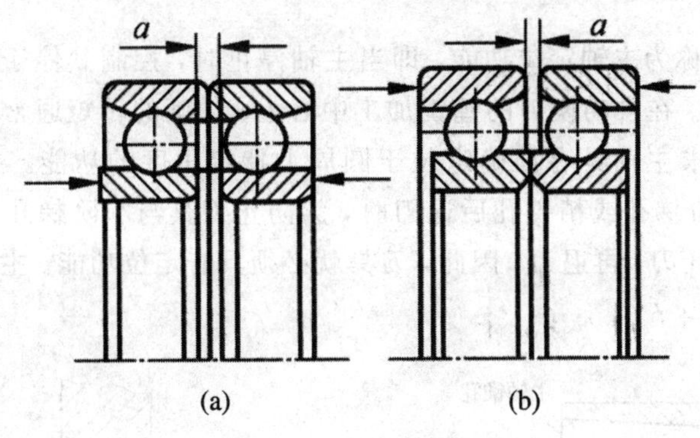

图 8－13　修磨轴承座圈

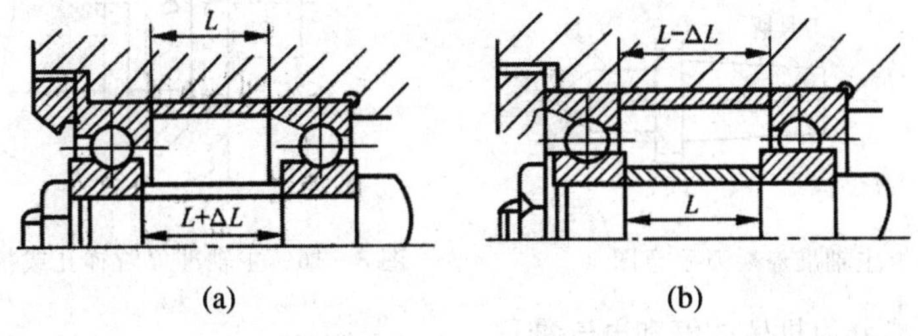

图 8－14　隔套的应用

5. 滚动轴承的精度

主轴部件所用滚动轴承的精度有高级 E、精密级 D、特精级 C 和超精级 B。前支撑的精度一般比后支撑的精度高一级，也可以用相同的精度等级。普通精度的机床通常前支撑取C、D级，后支撑用D、E级。特高精度的机床前后支撑均用B级。

6. 主轴的材料与热处理

主轴材料可根据强度、刚度、耐磨性、载荷特点和热处理变形大小等因素来选择。主轴刚度与材质的弹性模量 E 有关。无论是普通钢还是合金钢其 E 值基本相同。因此，对于一般要求的机床其主轴可用价格便宜的中碳钢、45 钢，进行调质处理后硬度为 22～28HRC；当载荷较大，或者存在较大的冲击，或者精密机床的主轴为减少热处理后的变形，或者需要做轴向移动的主轴为了减少它的磨损时，则可选用合金钢。常用的合金钢有40Cr 和 20Cr。40Cr 进行淬硬，硬度可达到 40～50HRC；20Cr 进行渗碳淬硬，硬度可达到56～62HRC。某些高精度机床的主轴材料则选用 38CrMoAl 进行氮化处理，使硬度达到850～1000HV。

7. 主轴轴承的装配

采用选配定向法进行装配可提高主轴部件的精度，应尽可能使主轴支承孔与主轴轴颈的偏心量和轴承内圈与滚道的偏心量接近，并使其方向相反。

此外，在维修机床过程中，拆装主轴轴承时，因原生产厂家已调整好轴承的偏心位置，所以要在拆卸前做好轴向位置记号。

8.1.4 主轴的准停功能

主轴准停功能又称为主轴定位功能，即当主轴停止时，控制其停于固定位置，这是自动换刀所必需的功能。在自动换刀的镗铣加工中心上，切削的转矩通常是通过刀杆的端面键来传递的，这就要求主轴具有准确定位于圆周上特定角度的功能。主轴准停换刀如图8-15所示。当加工阶梯孔或精镗孔后退刀时，为防止刀具与小阶梯孔碰撞或拉毛已精加工的孔表面，必须先让刀，再退刀，因此，刀具就必须具有定位功能。主轴准停阶梯孔或精镗孔如图8-16所示。

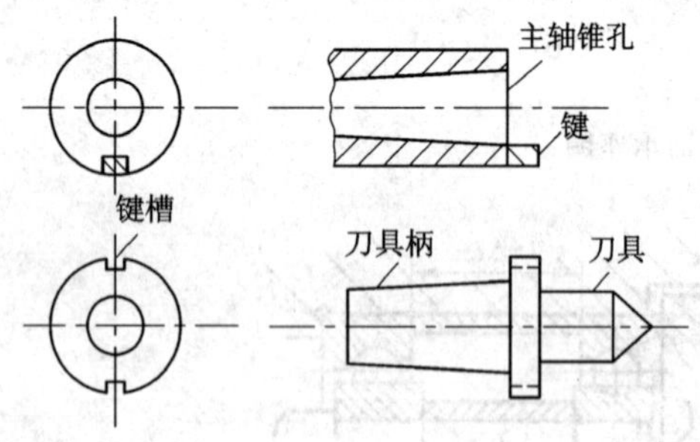

图 8-15 主轴准停换刀示意图

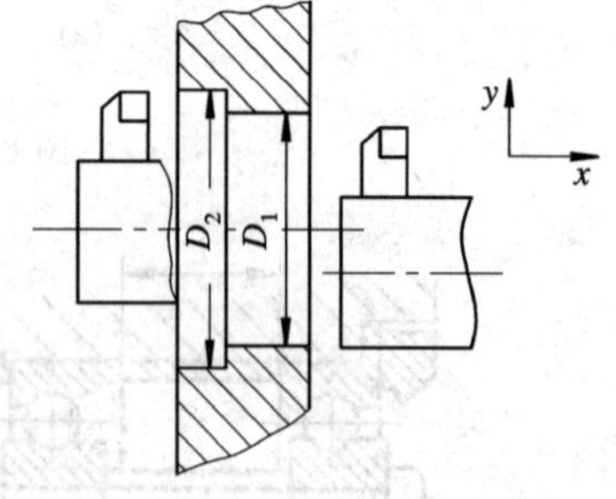

图 8-16 主轴准停阶梯孔或精镗孔示意图

主轴准停功能分为机械准停和电气准停。

1. 机械准停控制

图8-17为典型的V形槽轮定位盘机械准停原理示意图。带有V形槽的定位盘与主轴端面保持一定的关系，以确定定位位置。当准停指令到来时，首先使主轴减速至某一可

以设定的低速转动，当无触点开关有效信号被检测到后，立即使主轴电动机停转并断开主轴传动链，此时主轴电动机与主轴传动件依惯性继续空转，同时准停油缸定位销伸出并压向定位盘。当定位盘V形槽与定位销正对时，由于油缸的压力，定位销插入V形槽中，准停到 LS_2 信号有效，表明准停动作完成。这里 LS_1 为准停释放信号。采用这种准停方式，必须有一定的逻辑互锁，即 LS_2 有效时才能进行下面诸如换刀等动作。只有当 LS_1 有效时才能启动主轴电动机正常运转。上述准停功能通常可由数控系统所配的可编程控制器完成。

机械准停还有其他方式，如端面螺旋凸轮准停等，但基本原理是一样的。

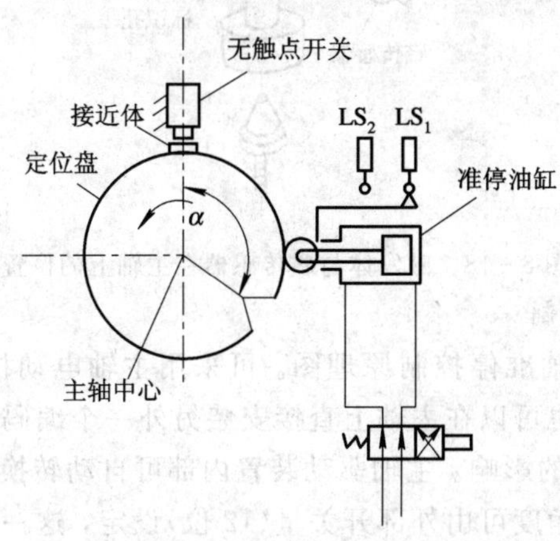

图 8-17　典型的V形槽轮定位盘机械准停原理示意图

2. 电气准停控制

目前国内外中高档数控系统均采用电气准停控制。采用电气准停控制有如下优点：

(1) 简化机械结构。与机械准停相比，电气准停只需在这种旋转部件和固定部件上安装传感器即可。

(2) 缩短准停时间。准停时间包括在换刀时间内，而换刀时间是加工中心的一项重要指标。若采用电气准停，即使主轴在高速转动时，也能快速定位于准停位置。

(3) 可靠性增加。由于无需复杂的机械、开关和液压缸等装置，也没有机械准停所形成的机械冲击，因此准停控制的寿命与可靠性大大增加。

(4) 性能价格比提高。由于简化了机械结构和强电控制逻辑，因此这部分的成本大大降低。但电气准停常作为选择功能，这是因为订购电气准停附件需另加费用。但总体来看，其性价比比机械准停大大提高。

目前电气准停通常有以下三种方式。

1) 磁传感器主轴准停控制

磁传感器主轴准停控制由主轴驱动自身完成。主轴驱动完成准停后会向数控装置回答完成信号ORE，然后数控系统再进行下面的工作。

当主轴转动或停止时，一旦接收到数控装置发来的准停开关信号，主轴立即加速或减速至某一准停速度(可在主轴驱动装置中设定)。主轴到达准停速度且准停位置到达(即磁发体与磁传感器对准)时，主轴立即减速至某一爬行速度(可在主轴驱动装置中设定)。然后当磁传感器信号出现时，主轴驱动立即进入磁传感器作为反馈元件的位置闭环控制，目标位置为准停位置。准停完成后，主轴驱动装置输出准停完成信号给数控装置，从而可进行自动换刀(ATC)或其他动作。磁发体与磁传感器在主轴上的位置如图 8-18 所示。

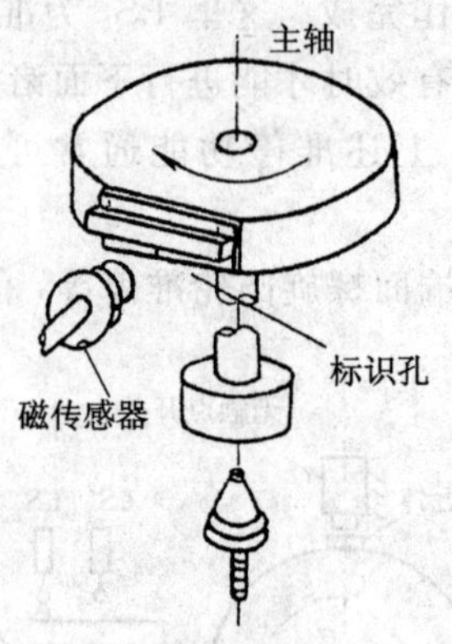

图 8-18　磁发体与磁传感器在主轴上的位置

2）编码器主轴准停控制

图 8-19 为编码器主轴准停控制原理图。可采用主轴电动机内部安装的编码器信号(来自于主轴驱动装置)，也可以在主轴上直接安装另外一个编码器。采用前一种方式要注意传动链对主轴准停精度的影响。主轴驱动装置内部可自动转换，使主轴驱动处于速度控制或位置控制状态。准停角度可由外部开关量(12 位)设定，这一点与磁准停不同，磁准停的角度无法随意设定，要想调整准停位置，只有调整磁发体与磁传感器的相对位置。其步骤与传感器类似。

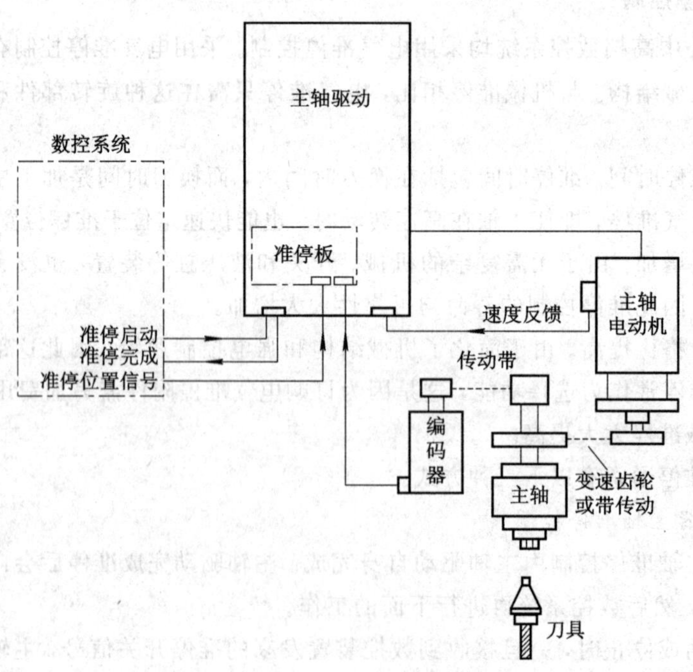

图 8-19　编码器主轴准停控制原理图

无论采用何种准停方案(特别是对磁传感器主轴准停控制)，当需在主轴上安装元件时应注意动平衡问题，因为数控机床精度很高，转速也很高，所以对动平衡要求严格。一般对中速以上的主轴来说，有一点不平衡还不至于有太大的问题。但对高速主轴来说，这一不平衡量会引起主轴振动。为适应主轴高速化的需要，国外已开发出整环式磁传感器主轴准停装置，由于磁发体是整环，因此其动平衡好。

3）数控系统主轴准停控制

这种准停控制方式是由数控系统完成的。采用这种控制方式时需注意以下问题：

(1) 数控系统须具有主轴闭环控制功能。通常为避免冲击，主轴驱动都具有软启动功能，但这对主轴位置闭环控制会产生不良影响。此时，若位置增益过低，则准停精度和刚度(克服外界扰动的能力)不能满足要求；若过高，则会产生严重的定位振荡现象。因此必须使主轴进入伺服状态，此时其特性与进给伺服系统相近，才可进行位置控制。

(2) 当采用电动机轴端编码器信号反馈给数控装置时，主轴传动链精度可能对主轴精度产生影响。

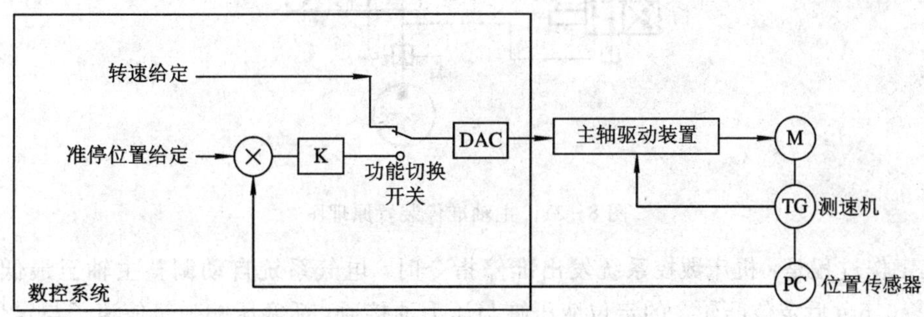

图 8-20　数控系统主轴准停控制原理图

数控系统控制主轴准停的原理与进给位置控制的原理非常相似，如图 8-20 所示。

当采用数控系统控制主轴准停时，角度由数控系统内部设定，因此准停角度的设定更加方便。其工作原理是：

数控系统执行准停指令 M19 或 M19 S＊＊时，首先将 M19 送至可编程控制器，可编程控制器经译码送出控制信号使主轴驱动进入伺服状态，同时数控系统控制主轴电动机降速并寻找零位脉冲 C，然后进入位置闭环控制状态。如执行 M19，无 S 指令，则主轴定位于相对于零位脉冲 C 的某一缺省位置(可由数控系统设定)。如执行 M19 S＊＊，则主轴定位于指令位置，也就是相对零位脉冲 S＊＊的角度位置。

例
```
M03    S1000    //主轴以 1000 r/min 正转
M19             //主轴准停于缺省位置
M19    S100     //主轴准停转至 100°处
S1000           //主轴再次以 1000 r/min 正转
M19    S200     //主轴准停至 200°处
```

8.1.5 主轴的准停装置

图 8－21 所示为 THK6380 机床主轴(机械)准停装置原理图。

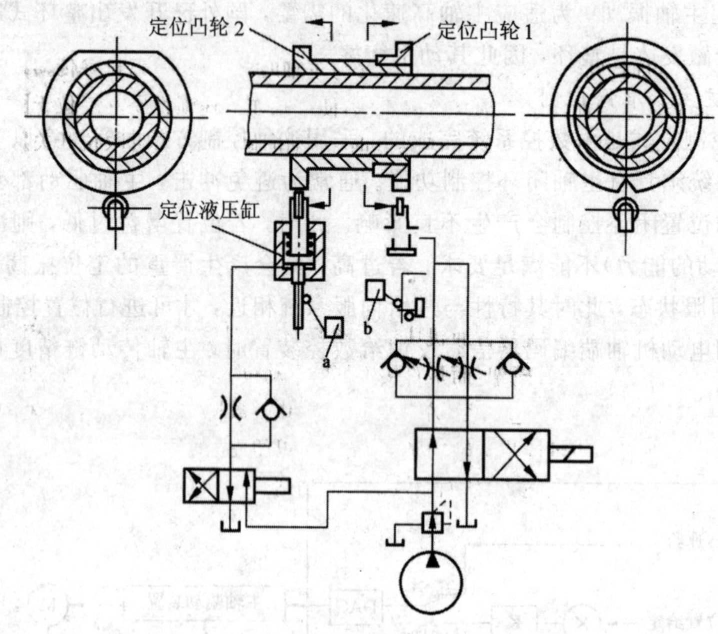

图 8－21　主轴准停装置原理图

其工作过程是：机床数控系统发出准停指令时，电气系统自动调整主轴至最低转速，约 0.2～0.6 s 后定位凸轮 2 的定位液压缸与压力油接通，活塞压缩弹簧使滚子与定位凸轮 2 的外圆接触。当主轴旋转使滚子落入定位凸轮 2 的直线部分时，由于活塞杆的移动，与其相连的挡块使微动开关 a 动作，通过控制回路的作用，一方面使主轴传动的各电磁离合器都脱开而使主轴以惯性慢慢转动，并且断开定位凸轮 1 的定位液压缸的压力油，在弹簧力作用下，活塞杆带动滚子退回，另一方面，隔 0.2～0.5 s 后，定位凸轮 1 的定位液压缸下腔接通压力油，活塞杆带着滚子移动，使滚子与定位凸轮 1 的外圆接触。当主轴以惯性转动，使滚子落入定位凸轮 1 上的 V 形槽内时，即将主轴定位，同时微动开关 b 动作，发出主轴准停完毕信号。当刀具连同刀夹装入主轴并使主轴重新转动时，先发出信号控制换向阀使定位凸轮 1 的油路变换，将定位器滚子从定位凸轮 1 的 V 形槽中退出，同时使微动开关动作，发出主轴准停定位器释放信号。

图 8－22 所示为加工中心主轴的(磁传感器)准停机构图，其工作过程是：交流调速电动机 11 通过带轮 10 和多联 V 形带 9 带动主轴旋转，当主轴需要停车换刀时，发出降速信号，主轴箱自动改变传动路线，使主轴换到最低转速运转。在时间继电器延时数秒后，开始接通无触点开关。在凸轮上的感应片对准无触点开关时，发出准停信号，立即切断主轴电动机电源，脱开与主轴的传动联系，以排除传动系统中大部分回转零件的惯性对主轴准停的影响，使主轴作低速惯性空转。位于图中带轮 5 左侧的永久磁铁 4 对准磁传感器 3 时，主轴准确停止，同时限位开关发出信号，表示已结束。

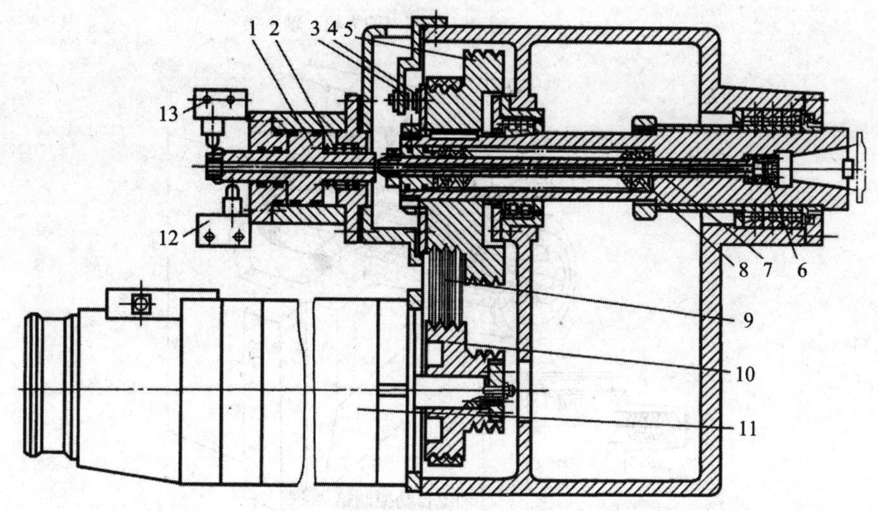

1—活塞；2—弹簧；3—磁传感器；4—永久磁铁；5，10—带轮；6—钢球；
7—拉杆；8—碟形弹簧；9—V形带；11—电动机；12，13—弹簧限位开关

图 8-22 加工中心主轴的准停机构

8.1.6 主轴的润滑与密封

主轴部件的润滑与密封是机床使用和维护过程中值得重视的两个问题。良好的润滑效果可以降低轴承的工作温度，延长其使用寿命。密封不仅要防止灰尘屑末和切削液进入，而且要防止润滑油的泄露。

1. 主轴轴承的润滑方式

在数控机床上，主轴轴承的润滑方式有：油脂润滑、油液循环润滑、油雾润滑和油气润滑等。

(1) 油脂润滑方式。它是目前在数控机床的主轴轴承上最常用的润滑方式，特别是在前支撑轴承上更为常用。当然，如果主轴箱中没有冷却润滑油系统，那么后支撑轴承和其他轴承一般也采用油脂润滑方式。

主轴轴承油脂封入量通常为轴承空间容量的10%，切忌随意填满，因为油脂过多，会加剧主轴发热。

若用油脂润滑方式，则要采用有效的密封措施，以防止切削液或润滑油进入轴承中。

(2) 油液循环润滑。在数控机床主轴上，有采用油液循环润滑方式的，例如装有GAMET轴承的主轴，即可使用这种方式。对一般主轴轴承来说，后支撑上采用这种润滑方式比较常见。

恒温油液循环润滑冷却方式如图 8-23 所示。由油温自动控制箱控制的恒温油液，经油泵打到润轴箱，其中一路沿主轴前支撑套外圈上的螺旋槽流动，以带走主轴轴承所发出的热量；另一条路通过主轴箱内的分油器，把恒温油喷射到传动齿轮和传动轴支撑轴承上，以带走它们所产生的热量。这种方式的润滑和降温效果都很好。

(3) 油雾润滑方式。油雾润滑方式是将油液经高压气体雾化后，从喷嘴喷到需润滑的部位的润滑方式。由于是雾状油液，其吸热性好，又无油液搅拌作用，因此常用于高速主

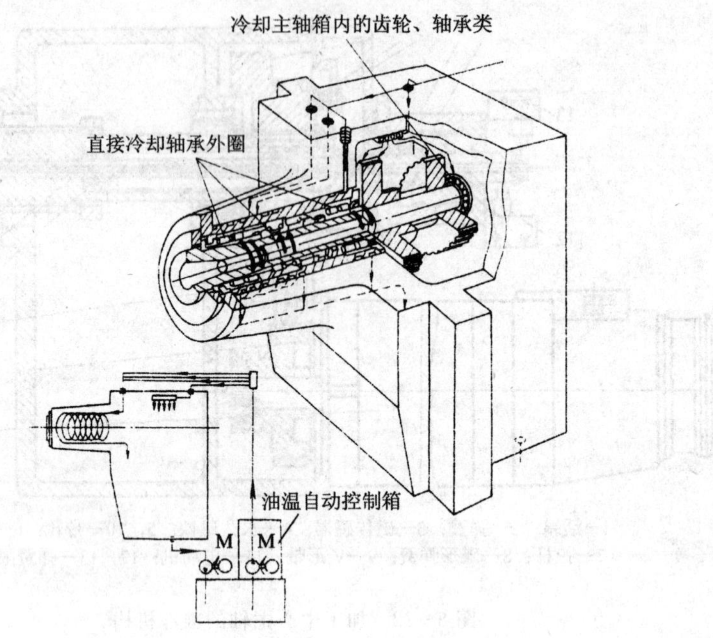

图 8－23　恒温油液循环润滑冷却方式

轴轴承的润滑。但是油雾容易吹出，污染环境，目前欧洲有些国家已经禁止使用这种润滑方式。

(4) 油气润滑方式。油气润滑方式是针对高速主轴而开发的新型润滑方式。它是用极微量油(8～16 min 约 0.03 cm^3 油)润滑轴承，以抑制轴承发热。其润滑原理如图 8－24 所示。油箱中的油位开关和管路中的压力开关确保在油箱中无油或压力不足时，能自动切断主电动机电源。

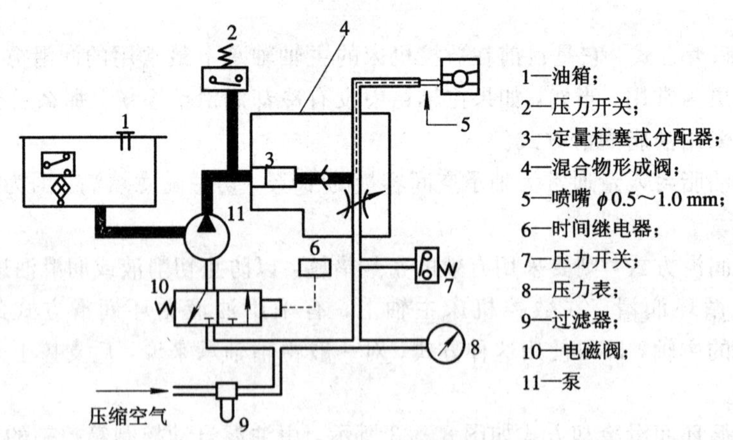

图 8－24　油气润滑原理图

2. 主轴的密封

主轴的密封分接触式和非接触式两种。

图 8－25 是几种非接触式密封的形式。

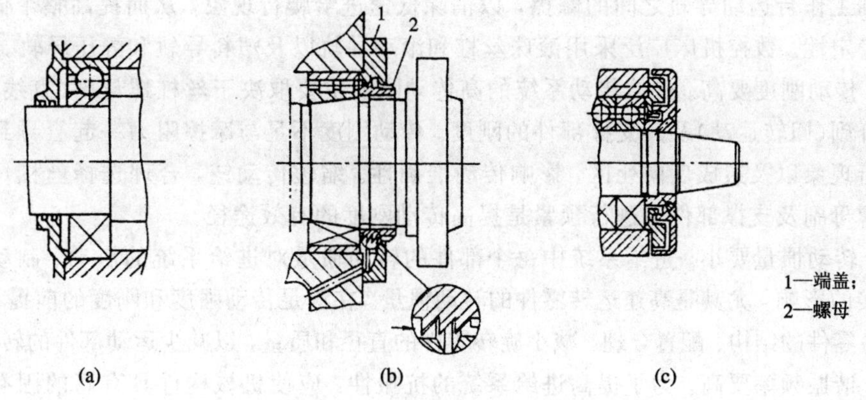

图 8-25　非接触式密封

(a) 形式一；(b) 形式二；(c) 形式三

图 8-25(a)是利用轴承盖与轴的间隙密封的，轴承盖的孔内开槽则是为了提高密封效果，这种密封形式用在工作环境比较清洁的油脂润滑处；图 8-25(b)是在螺母的外圆上开锯齿形环槽，当油向外流时，靠主轴传动的离心力把油沿斜面甩到端盖 1 的空腔内，油液流回箱内；图 8-25(c)是迷宫式密封结构，在切屑多、灰尘大的工作环境下可获得可靠的密封效果，这种结构适用油脂或油液润滑的密封。非接触式的油液密封时，为了防漏，应保证回油能尽快排掉以及回油孔的畅通。

接触式密封主要有油毡圈密封和耐油橡胶密封圈密封，如图 8-26 所示。

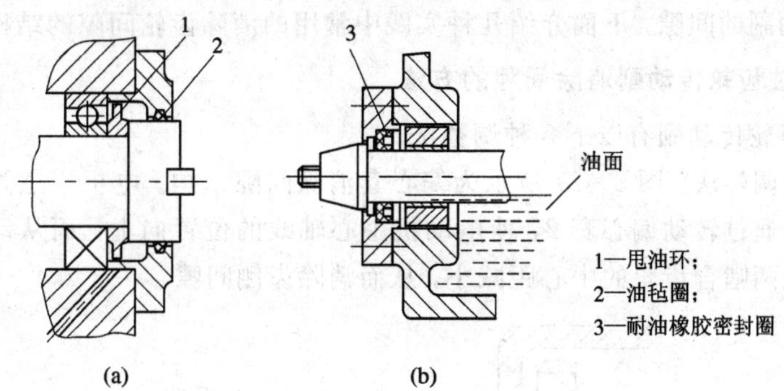

图 8-26　接触式密封

(a) 油毡圈密封；(b) 耐油橡胶密封圈密封

8.2　数控机床的进给系统

8.2.1　对数控机床进给系统的要求

进给系统即进给驱动装置，是指将伺服电动机的旋转运动变为工作台直线运动的整个机械传动链。为确保数控机床进给系统的传动精度和工作平稳性等，数控机床进给传动系统必须满足如下要求：

(1) 摩擦阻力要小。在进给系统中要尽量减少传动件之间的摩擦阻力，尤其是减少丝杠传动和工作台运动导轨之间的摩擦，以消除低速进给爬行现象，从而提高整个伺服进给系统的稳定性。数控机床广泛采用滚珠丝杠和滚动导轨以及塑料导轨和静压导轨。

(2) 传动刚度要高。进给传动系统的高传动刚度主要取决于丝杠螺母副(直线运动)或蜗轮蜗杆副(回转运动)及其支撑部件的刚度。传动刚度不足与摩擦阻力一起会导致工作台产生爬行现象以及造成反向死区，影响传动准确性。缩短传动链，合理选择丝杠尺寸以及对丝杠螺母副及支撑部件等进行预紧是提高传动刚度的有效途径。

(3) 转动惯量要小。进给系统中每个部件的转动惯量对进给系统的启动、制动特性等都有直接的影响，尤其是高速运转零件的转动惯量。在满足传动强度和刚度的前提下，应尽可能使各零件的结构、配置合理，减小旋转零件的直径和质量，以减少运动部件的转动惯量。

(4) 谐振频率要高。为了提高进给系统的抗振性，应使机械构件具有高的固有频率和合适的阻尼，一般要求机械传动系统的固有频率应高于伺服驱动系统的 2～3 倍。

(5) 传动间隙要小。机械间隙是造成进给系统反向死区的另一主要原因，因此，对传动链的各个环节，包括齿轮副、丝杠螺母副、联轴器及其支撑部件等均应采用消除间隙的结构措施。

8.2.2 齿轮传动副

在数控设备的进给系统中，考虑到惯量、转矩或脉冲当量的要求，有时要在电机到丝杠之间加入齿轮传动副，而齿轮传动副存在的间隙会使进给运动反向滞后于指令信号，造成反向死区而影响其传动精度和系统的稳定性。因此，为了提高进给系统的传动精度，必须消除齿轮传动副的间隙。下面介绍几种实践中常用的消除齿轮间隙的结构形式。

1. 直齿圆柱齿轮传动副消除间隙的方法

直齿圆柱齿轮传动副有以下 3 种调整法。

(1) 偏心套调整法。图 8－27 所示为偏心套消除间隙结构。电机 1 通过偏心套 2 安装到机床壳体上，通过转动偏心套 2，使电动机中心轴线的位置向上，而从动齿轮轴线位置固定不变，因此两啮合齿轮的中心距减小，从而消除齿侧间隙。

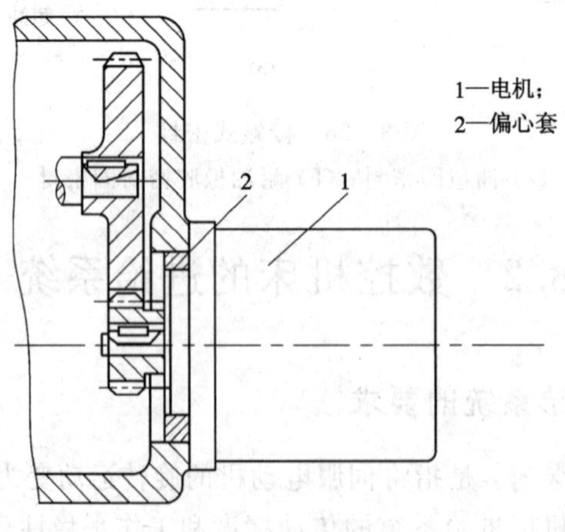

图 8－27　偏心套消除间隙结构

(2) 锥度齿轮轴向垫片调整法。锥度齿轮轴向垫片消除间隙结构如图 8－28 所示。齿轮 1 和齿轮 2 相啮合，其分度圆齿厚沿轴向方向略有锥度，这样就可用垫片 3 使齿轮 2 沿轴向移动，从而消除两齿轮的齿侧间隙。

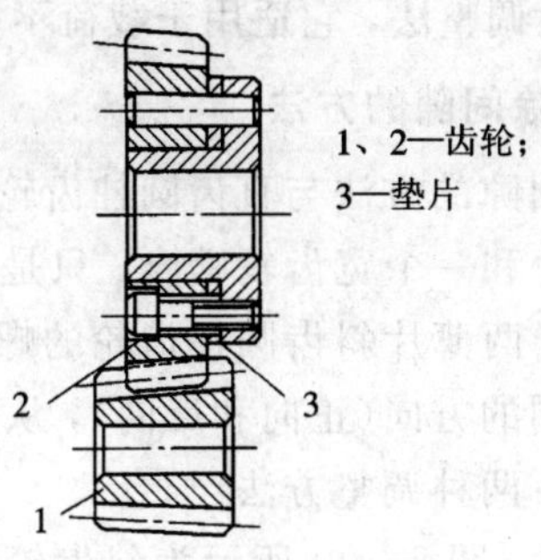

图 8-28　锥度齿轮轴向垫片消除间隙结构

以上两种方法的特点是结构简单，能传递较大转矩，传动刚度较好，但齿侧间隙调整后不能自动补偿，又称为刚性调整法。

(3) 双片薄齿轮错齿调整法。双片薄齿轮错齿消除间隙结构如图 8-29 所示，它是一种双片薄齿轮轴向可调弹簧错齿消隙结构。两个相同齿数的薄片齿轮 1 和 2 与另一个宽齿轮啮合，两薄片齿轮可相对回转。在两个薄片齿轮 1 和 2 的端面均匀分布着 4 个螺孔，分别装上凸耳 3 和 8。薄片齿轮 1 的端面还有另外 4 个通孔，凸耳 8 可以在其中穿过，弹簧 4 的两端分别钩在凸耳 3 和螺钉 7 上。通过螺母 5 调节弹簧 4 的拉力，调节完后用螺母 6 锁紧。弹簧的拉力使薄片齿轮错位，即两个双片齿轮的左、右齿面分别贴在宽齿轮齿槽的左、右齿面上，从而消除了齿侧间隙。

图 8-29(b)是另一种双片薄齿轮轴向弹簧错齿消隙结构。薄片齿轮 1 和 2 套装在一起，每片齿轮各开有两条轴向通槽，在齿轮的端面上装有短柱 3，用来安装弹簧 4。装配时使弹簧 4 具有足够的拉力，使两个薄片齿轮的左、右面分别与宽齿轮的左、右面贴紧，以消除齿侧间隙。

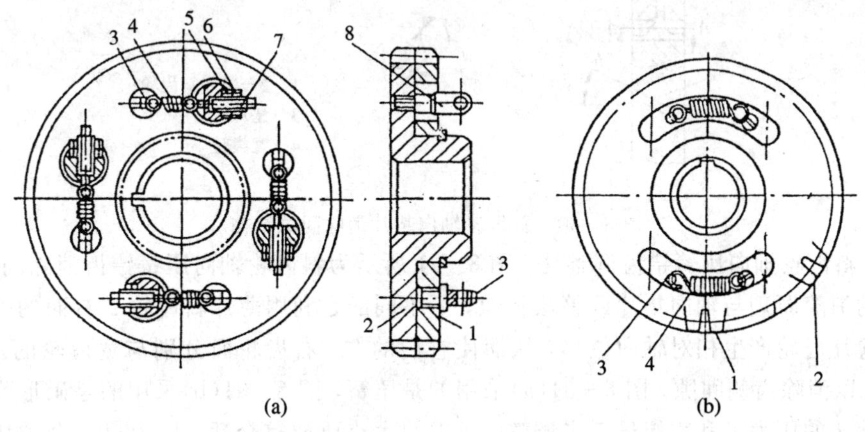

图 8-29　双片薄齿轮错齿消除间隙结构
(a) 结构一；(b) 结构二

双片薄齿轮错齿调整法调整间隙，在齿轮传动时，由于正向和反向旋转分别只有一片齿轮承受转矩，因此承载能力受到限制，并且弹簧的拉力要足以克服最大转矩，否则起不到消隙作用，这种方法称为柔性调整法，它适用于载荷不大的传动装置中。

2. 斜齿圆柱齿轮传动副消除间隙的方法

斜齿圆柱齿轮传动副消除间隙的方法与直齿圆柱齿轮传动副中双片薄齿轮消除间隙的思路相似，也是用两个薄片齿轮和一个宽齿轮啮合，只是通过不同的方法使两个薄片齿轮沿轴向移动合适的距离，相当于两薄片斜齿圆柱齿轮的螺旋线错开了一定的角度。两个齿轮与宽齿轮啮合时分别负责不同的方向(正向和反向)，从而起到消除间隙的作用。

斜齿圆柱齿轮传动副有以下两种调整方法：

(1) 斜齿轮轴向垫片调整法。图 8-30 所示为斜齿轮轴向垫片消除间隙结构，其原理与错齿调整法相同。薄片斜齿轮 1 和 2 的齿形拼装在一起加工，装配时在两薄片齿轮间装入已知厚度为 t 的垫片 3，这样它的螺旋线便错开了，使两薄片斜齿轮分别与宽齿轮 4 的左、右齿面贴紧，从而消除间隙。垫片 3 的厚度 t 与齿侧间隙 Δ 的关系可用下式表示：

$$t = \Delta\cot\beta\ (\beta \text{为螺旋角})$$

垫片厚度一般由测试法确定，往往要经几次修磨才能调整好。这种结构的齿轮承载能力较小，且不能自动补偿消除间隙，属刚性消除间隙的范畴。

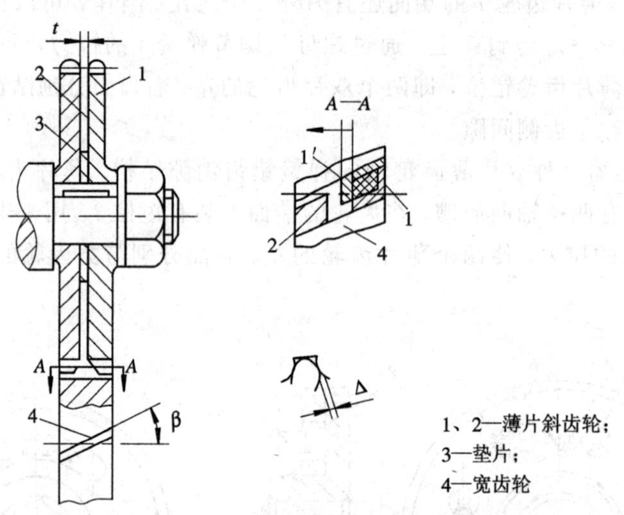

图 8-30　斜齿轮轴向垫片消除间隙结构

(2) 斜齿轮轴向压簧错齿调整法。图 8-31 所示为斜齿轮轴向压簧错齿消除间隙结构。该结构的消隙原理与轴向垫片调整法相似，所不同的是利用薄片斜齿轮 2 右面的弹簧压力使两个薄片齿轮产生相对轴向位移，从而使它们的左、右齿轮面分别与宽齿轮的左、右齿面贴紧，以消除齿侧间隙。图 8-31(a)采用的是压簧，图 8-31(b)采用的是碟形弹簧。

弹簧 3 的压力可利用螺母 5 来调整，压力的大小要调整合适，压力过大会加快齿轮磨损，压力过小达不到消隙作用。这种结构能使齿轮间隙自动消除，并始终保持无间隙的啮合，但这种结构轴向尺寸较大，只适合于负载较小的场合。

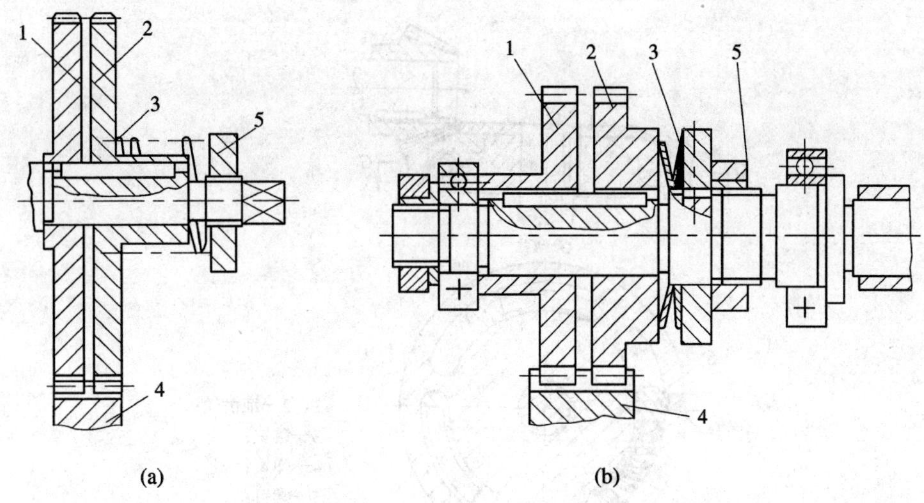

1、2—薄片斜齿轮；3—弹簧；4—宽齿轮；5—螺母

图 8 - 31　斜齿轮轴向压簧错齿消除间隙结构

3. 锥齿轮传动副消除间隙的方法

锥齿轮同圆柱齿轮一样，可用上述类似的方法来消除齿侧间隙。

(1) 锥齿轮轴向压簧调整法。图 8 - 32 所示为锥齿轮轴向压簧消除间隙结构。锥齿轮 1 和 2 啮合，在装有锥齿轮 1 的传动轴 5 上装有压簧 3，锥齿轮 1 在弹簧力的作用下可稍作轴向移动，从而消除间隙。弹簧力的大小由螺母 4 调节。

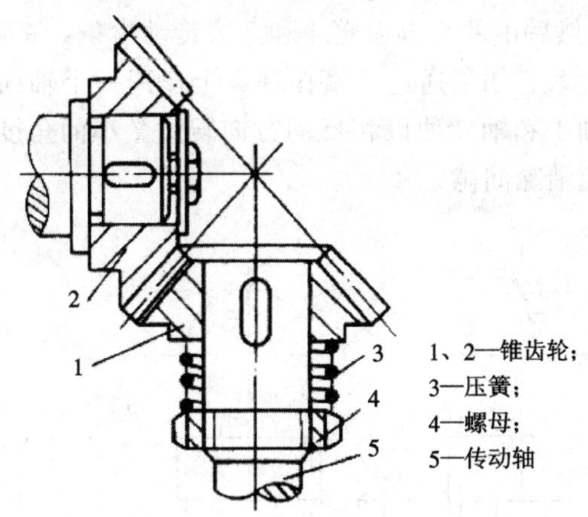

图 8 - 32　锥齿轮轴向压簧消除间隙结构

(2) 锥齿轮轴向弹簧调整法。图 8 - 33 为轴向弹簧消除间隙结构。将一对啮合锥齿轮中的一个齿轮做成大小两片 1 和 2，在大片上制有三个圆弧槽，而在小片的端面上制有三个凸爪 6，凸爪 6 伸入大片的圆弧槽中。弹簧 4 一端顶在凸爪 6 上，而另一端顶在镶块 3 上。为了安全起见，用螺钉 5 将大小片齿圈相对固定，安装完毕之后将螺钉卸去，利用弹簧力使大小片锥齿轮稍微错开，从而达到消除间隙的目的。

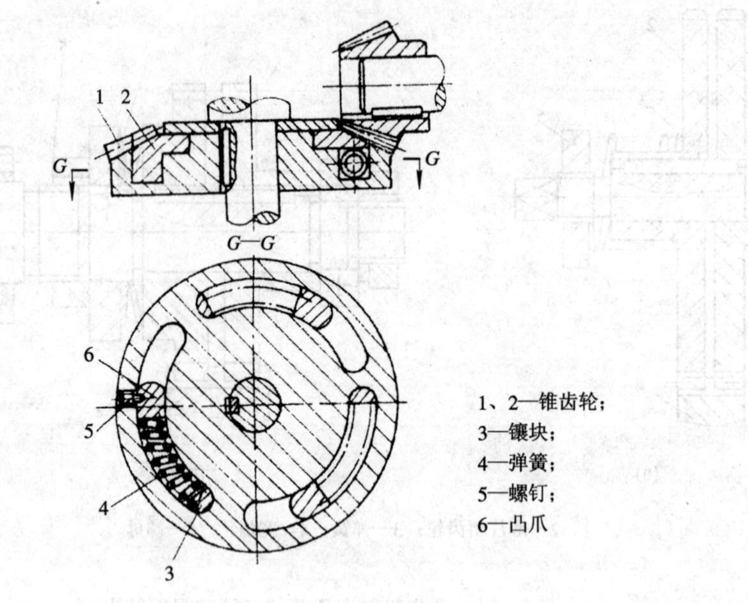

图 8-33　锥齿轮轴向弹簧消除间隙结构

4. 齿轮齿条传动副消除间隙的方法

在大型数控机床中，工作台的行程很大，因此，它的进给运动不宜采用滚珠丝杠副来实现，而常采用齿轮齿条来实现。

当驱动时，可采用双片薄齿轮错齿调整法，分别与齿条齿槽左、右侧面贴紧，从而消除齿侧隙。图 8-34 所示为齿轮齿条消除间隙结构。进给运动由轴 2 输入，通过两对斜齿轮将运动传给轴 1 和 3，然后由两个直齿轮 4 和 5 去传动齿条，带动工作台移动。轴 2 上两个斜齿轮的螺旋线方向相反。如果通过弹簧在轴 2 上作用一个轴向力 F，则使斜齿轮产生微量的轴向移动，这时轴 1 和轴 3 便以相反的方向转过微小的角度，使齿轮 4 和 5 分别与齿条的两齿面贴紧，从而消除间隙。

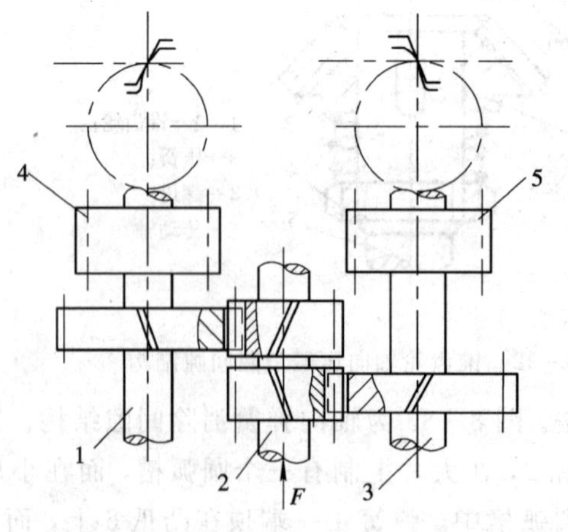

图 8-34　齿轮齿条消除间隙结构

8.2.3 联轴器

无论是通过驱动源直接驱动滚珠丝杠螺母副，还是经过有限级齿轮变速后再驱动滚珠丝杠螺母副，轴与轴之间都需要用联轴器进行连接，以传递转矩和运动。为保证传动精度，消除回程误差，就必须消除扭转方向的连接间隙。在进给系统中常用的联轴器有锥环无键联轴器和套筒式联轴器。

1. 锥环无键联轴器

该机构利用锥环对之间的摩擦实现轴与毂之间的无间隙连接传递转矩，并可任意调节两连接件之间的角度位置。通过选择所用锥环的对数，可传递不同大小的转矩。图 8-35 所示为锥环(锥形夹紧环)无键消隙联轴器，它可使动力传递没有反向间隙。螺钉 5 通过压圈 3 施加轴向力时，由于锥环之间的楔紧作用，内外环分别产生径向弹性变形，消除配合间隙，同时产生接触压力以传递转矩。为了能补偿同轴度及垂直度误差引起的干涉现象，可采用图 8-36 所示的挠性联轴器。其柔性片 4 分别用螺钉和球面垫圈与两边的联轴套 2 相连，通过柔性片传递转矩。柔性片每片厚 0.25 mm，材料为不锈钢。联轴器两端的位置偏差由柔性片的变形抵消。

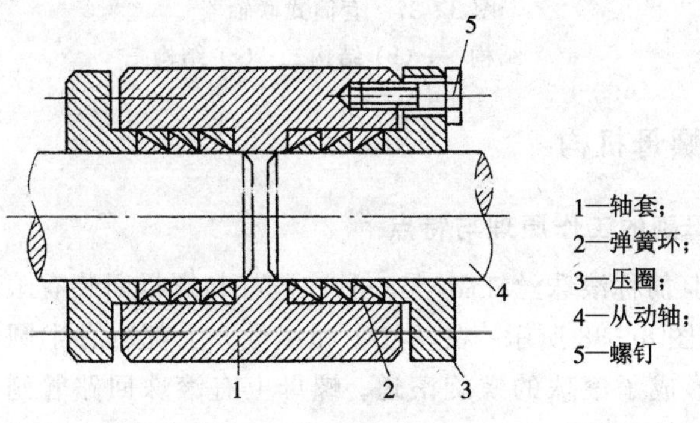

图 8-35 锥环无键消隙联轴器

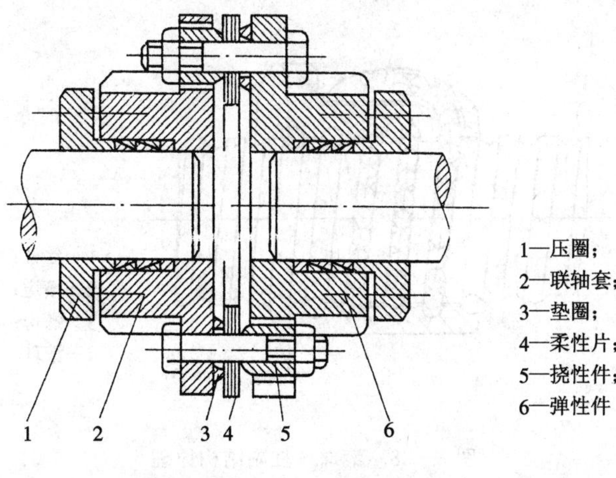

图 8-36 挠性联轴器

锥环无键联轴器定心性好，承载能力强，传递功率大，转速高，使用寿命长，具有过载保护能力，能在受振动和冲击载荷等恶劣条件下连续工作，安装、使用和维护方便。

2. 套筒式联轴器

图 8－37 所示为套筒式联轴器的几种结构形式。其结构简单，径向尺寸小，但拆装困难(要求两中心轴线严格对准，不允许存在径向及角度偏差)，使用受到一定限制。其中，图 8－37(a)结构虽简单实用，但不太可靠；图 8－37(b)结构简单，加工和安装容易，但消除轴向间隙不可靠，且易松动；图 8－37(c)是用十字滑块联轴器相连，滑块的槽口配研，这种结构无法保证完全消除传动间隙。

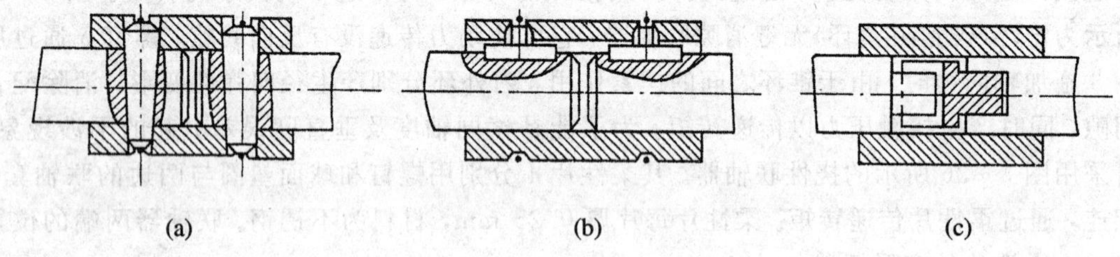

图 8－37　套筒式联轴器

(a) 结构一；(b) 结构二；(c) 结构三

8.2.4　滚珠丝杠螺母机构

1. 滚珠丝杠螺母副的工作原理与特点

滚珠丝杠螺母副(简称滚珠丝杠副)是一种在丝杠与螺母间装有滚珠作为中间元件的丝杠副，其结构原理如图 8－38 所示。在丝杠 1 和螺母 3 上都装有半圆弧形的螺旋槽，当它们套装在一起时便形成了滚珠的螺旋滚道。螺母上有滚珠回路管道(在图中 4 所指的位置)，将几圈螺旋滚道的两端连接起来，构成封闭的循环滚道，并在滚道内装满滚珠 4。当丝杠旋转时，滚珠在滚道内既自转又沿滚道循环转动，因而迫使螺母(或丝杠)轴向移动。

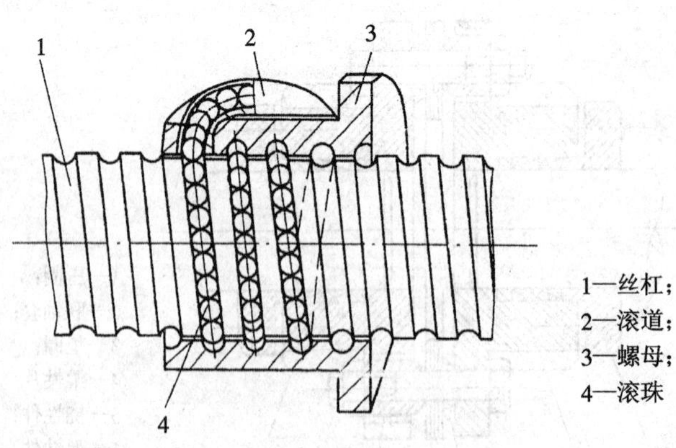

图 8－38　滚珠丝杠副结构原理

与传统的滑动丝杠螺母副比较，滚珠丝杠螺母副具有以下优点：

(1) 传动效率高，摩擦损失小。滚珠丝杠螺母副的传动效率 $h=0.92\sim0.96$，是普通丝杠螺母副的 3～4 倍，因此功率消耗只相当于普通丝杠传动的 1/4～1/3。同时由于发热小，因此可实现高速运动。

(2) 运动平稳，无爬行。由于摩擦阻力小，动、静摩擦系数之差极小，因此运动平稳，不易出现爬行现象。

(3) 传动精度高，反向时无空程。滚珠丝杠副经预紧后，可消除轴向间隙，因而无反向死区，同时也提高了传动刚度。

(4) 磨损小，精度保持性好，使用寿命长。

(5) 具有运动的可逆性。由于摩擦系数小，不能自锁，因而可以将旋转运动转换成直线运动，也可将直线运动转换成旋转运动，即丝杠和螺母均可作主动件或从动件。

滚珠丝杠副的缺点是：

(1) 由于结构复杂，丝杠和螺母等元件的加工精度和表面质量要求高，因此制造成本高。

(2) 由于不能自锁，特别是垂直安装的滚珠丝杠传动，会因部件的自重而自动下降，当部件向下运动且切断动力源时，由于部件的自重和惯性，滚珠丝杠不能立即停止运动，因此必须增加制动装置。

2. 滚珠丝杠螺母副的结构类型

滚珠丝杠螺母副按其中滚珠的循环方式可分为以下两种：

(1) 外循环。滚珠在循环过程结束后，通过螺母外表面上的螺旋槽或插管返回丝杠螺母间重新进入循环。图 8-39 所示为常见的外循环式滚珠丝杠结构。在螺母外圆上装有螺旋形的插管口，管子的两端插入滚珠螺母工作始末的两端孔中，以引导滚珠通过插管形成滚珠的多圈循环链。这种类型的结构简单，工艺性好，承载能力较高，但径向尺寸较大。目前，这种类型滚珠丝杠螺母副的应用最为广泛，也可用于重载传动系统。

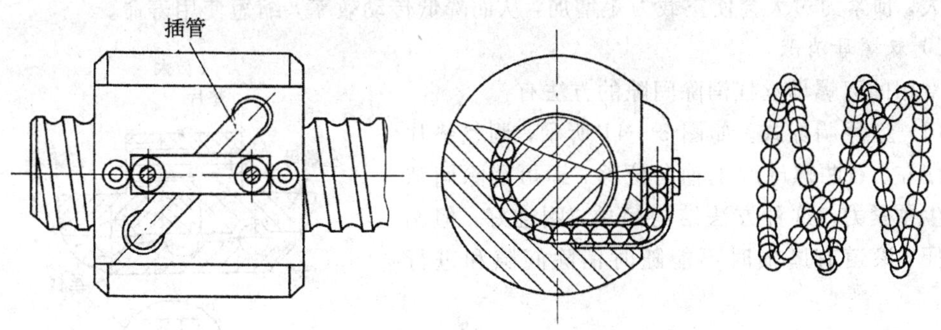

图 8-39　外循环式滚珠丝杠结构

(2) 内循环。内循环式滚珠丝杠结构如图 8-40 所示，它靠螺母上安装的反向器接通相邻滚道，使滚珠成单圈循环。反向器 2 的数目与滚珠圈数相等。这种类型的结构紧凑，刚度好，滚珠流通性好，摩擦损失小，但制造较困难，适用于高灵敏、高精度的进给系统，不宜用于重载传动。

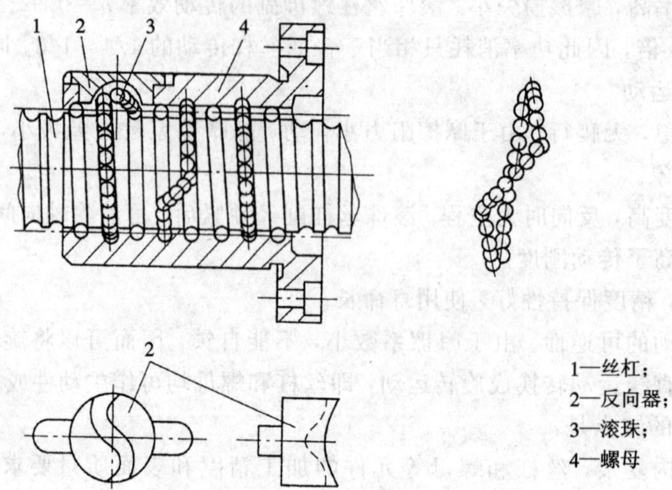

图 8-40　内循环式滚珠丝杠结构

3. 滚珠丝杠螺母副间隙的调整方法

滚珠丝杠的传动间隙是轴向间隙，其数值是指丝杠和螺母无相对转动时，二者之间的最大轴向窜动量，除了结构本身的游隙之外，还包括施加轴向载荷后产生的弹性变形所造成的轴向窜动量。

由于存在轴向间隙，当丝杠反向转动时，将产生空回误差，从而影响传动精度和轴向刚度。通常采用预加载荷（预紧）的方法来减小弹性变形所带来的轴向间隙，以保证反向传动精度和轴向刚度。但过大的预加载荷会增大摩擦阻力，降低传动效率，缩短使用寿命。因此，一般需要经过多次调整，以保证既消除间隙又能灵活运转。调整时，除螺母预紧外还应特别注意使丝杠安装部分的间隙尽可能小，并且具有足够刚度，同时应注意预紧力不宜过大。预紧力过大会使空载力矩增加，从而降低传动效率，缩短使用寿命。

1）双螺母消隙

常用的双螺母丝杠消除间隙的方法有：

（1）垫片调隙式。如图 8-41 所示，调整垫片厚度使左、右两螺母产生轴向位移，即可消除间隙和产生预紧力。这种方法结构简单，刚性好，但调整不便，滚道有磨损时不能随时消除间隙和进行预紧。

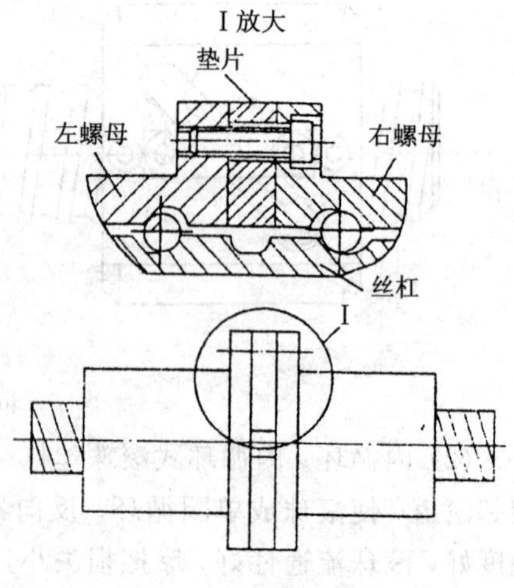

图 8-41　垫片调隙式

（2）螺纹调隙式。如图 8-42 所示，一个螺母的外端有凸缘，另一个螺母的外端没有凸缘，而制有螺纹，它伸出套筒外，并用两个圆螺母固定着。旋转圆螺母时，即可消除轴向间隙，并可达到产生预紧力的目的。调整好后再用另一个圆螺母把它锁紧。这种方法调整方便，且可在使用过程中随时调整，但预紧力的大小不能准确控制。

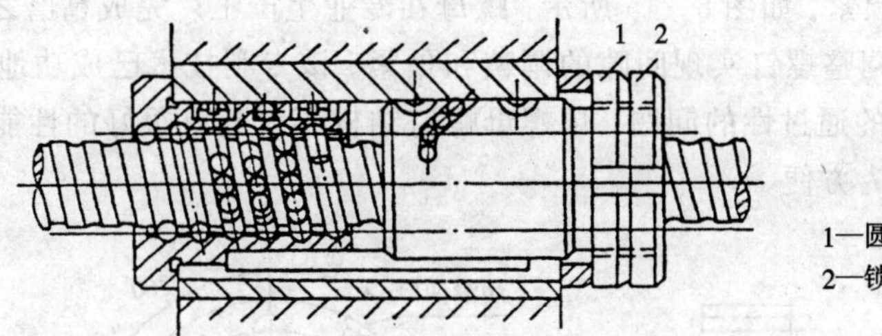

图 8-42 螺纹调隙式

(3) 齿差调隙式。如图 8-43 所示，在两个螺母的凸缘上各制有圆柱外齿轮，分别与固紧在套筒两端的内齿圈相啮合，其齿数分别为 z_1 和 z_2，并相差一个齿。调整时，先取下内齿圈，让两个螺母相对于套筒方向都转动一个齿，然后再插入内齿圈，则两个螺母便产生相对角位移，其轴向位移量 $s=(1/z_1-1/z_2)P_n$。例如，$z_1=80$，$z_2=81$，滚珠丝杠的导程 $P_n=6$ mm 时，$s=6/6480\approx0.001$ mm。这种调整方法能精确调整预紧量，调整方便、可靠，但结构尺寸较大，多用于高精度的传动。

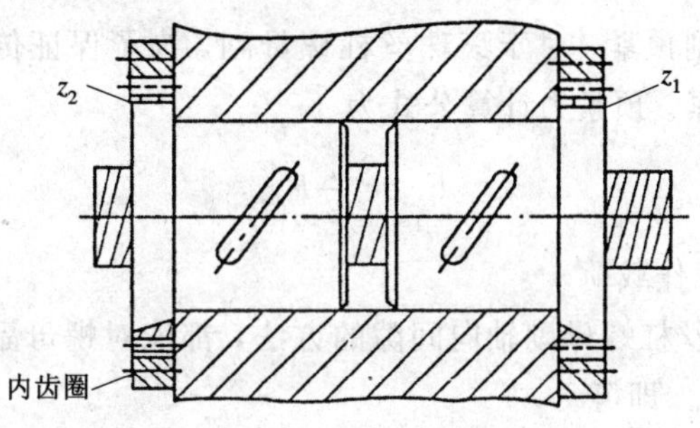

图 8-43 齿差调隙式

2) 单螺母消隙

(1) 单螺母变位螺距预紧。如图 8-44 所示，将螺母的内螺纹滚道在中部的一圈上，产生一个轴向 ΔL_0 的导程突变量，从而使左右端的滚珠在轴向错位以实现预紧。这种调隙方法结构简单紧凑，运动平稳，特别适用于小型丝杠螺母副，但负荷量须预先设定且不能随意改变。

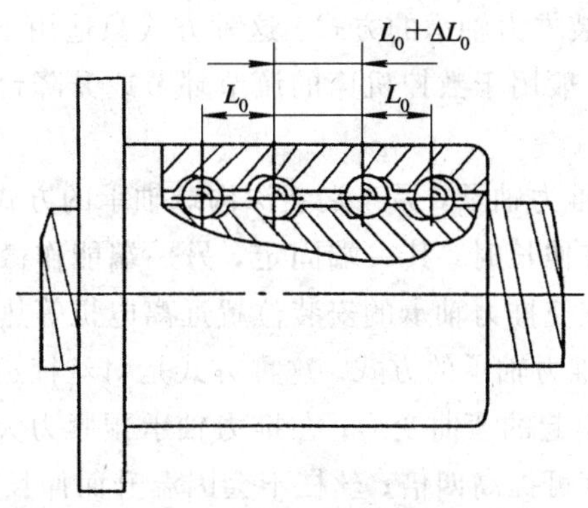

图 8-44 单螺母变位螺距预紧

(2) 单螺母螺钉预紧。如图 8-45 所示，螺母在专业生产工厂完成精磨之后，沿径向开一薄槽，通过内六角调整螺钉实现间隙的调整和预紧。该专利技术已成功地解决了开槽后滚珠在螺母中有良好的通过性的问题。单螺母螺钉结构不仅具有很好的性能价格比，而且间隙的调整和预紧极为方便。

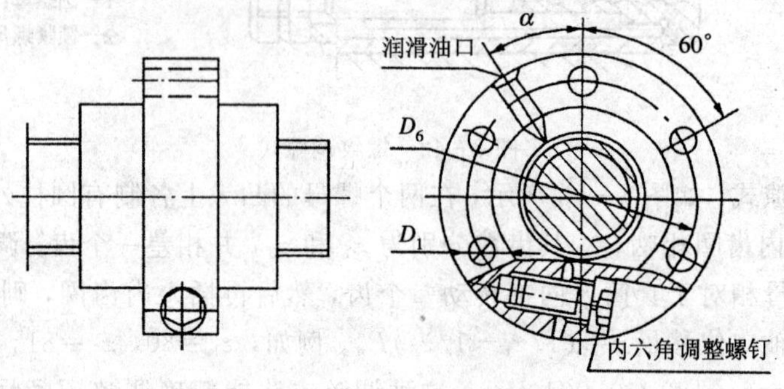

图 8-45 单螺母螺钉预紧

(3) 滚珠丝杠螺母副预紧。对于滚珠丝杠螺母副，为了保证传动精度和刚度，除消除传动间隙外，还要求预紧。预紧力计算公式为

$$F_{\mathrm{v}} = \frac{1}{3}F_{\max}$$

式中，$F_{\max}$为轴向最大工作载荷。

前述各例消除滚珠丝杠螺母副轴向间隙的方法，都能对螺母副进行预紧。调整时只要使预紧力 $F_{\mathrm{v}} = (1/3)F_{\max}$ 即可。

4. 滚珠丝杠的支撑

数控机床的进给系统要获得较高的传动刚度，除了加强滚珠丝杠副本身的刚度外，滚珠丝杠的正确安装及支撑结构的刚度也是不可忽视的因素。如为减少受力后的变形，螺母座应有加强肋，增大螺母座与机床的接触面积，并且要连接可靠。另外，采用高刚度的推力轴承可提高滚珠丝杠的轴向承载能力。

滚珠丝杠的支撑方式有以下几种，如图 8-46 所示。

图 8-46(a)为仅一端装推力轴承的方式。这种方式只适用于行程小的短丝杠，它的承载能力小，轴向刚度低。一般用于数控机床的调节环节或升降台式铣床的垂直坐标进给传动结构。

图 8-46(b)为一端装推力轴承，另一端装深沟球轴承的方式。此种方式用于丝杠较长的情况，当热变形造成丝杠伸长时，其一端固定，另一端能作微量的轴向浮动。为减少丝杠热变形的影响，安装时应使推力轴承的安装位置远离电机等热源。

图 8-46(c)为两端装推力轴承的方式。这种方式是对丝杠进行预拉伸安装。这样做的好处是可减少丝杠因自重引起的弯曲变形；在推力轴承预紧力大于丝杠最大轴向载荷 1/3 的条件下，丝杠的拉压刚度可提高四倍；丝杠不会因温升而伸长，从而保持丝杠的精度。

图 8-46(d)为两端装推力轴承和深沟球轴承的方式。采用这种方式的滚珠丝杠的两端均采用双重支撑(如推力轴承和深沟球轴承)，并施加预紧，使丝杠具有较大的刚度。这种

方式还可使丝杠的温度变形转化为推力轴承的预紧力，但设计时要求提高推力轴承的承载能力和支架刚度。

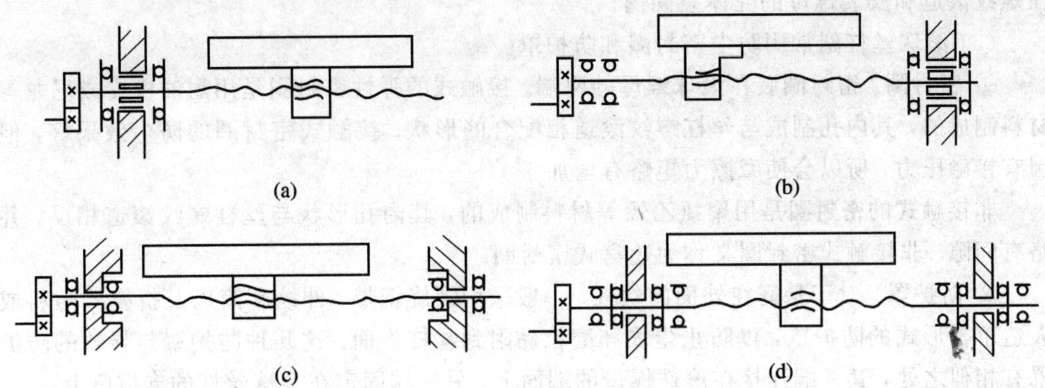

图 8-46　滚珠丝杠的支撑方式

(a) 仅一端装推力轴承；(b) 一端装推力轴承，另一端装深沟球轴承；

(c) 两端装推力轴承；(d) 两端装推力轴承和深沟球轴承

近来出现了一种滚珠丝杠轴承，其结构如图 8-47 所示。这是一种能够承受很大轴向力的特殊角接触球轴承，与一般角接触球轴承相比，接触角增大到 60°，增加了滚珠的数目并相应减小了滚珠的直径。这种新结构的轴承比一般轴承的轴向刚度提高了两倍以上，使用极为方便。该产品成对出售，而且在出厂时已经选配好内外环的厚度。装配调试时只要用螺母和端盖将内环和外环压紧，就能获得出厂时已经调整好的预紧力，使用极为方便。

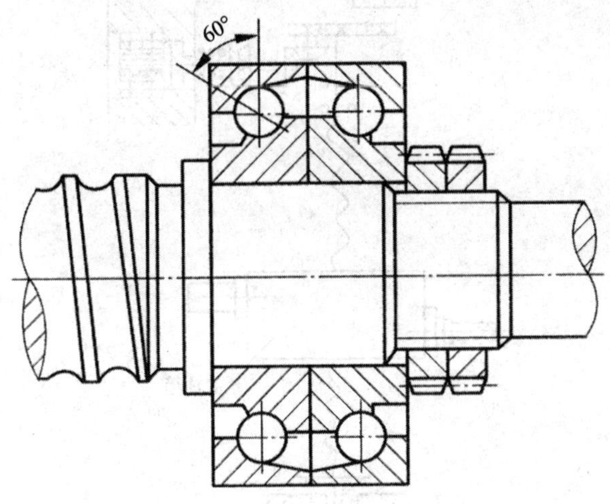

图 8-47　接触角 60°的角接触球轴承

5. 滚珠丝杠螺母副的维护

以下介绍滚珠丝杠螺母副的维护方法。

(1) 支撑轴承的定期检查。应定期检查丝杠与床身的连接是否有松动以及支撑轴承是否损坏等。如有以上问题，要及时紧固松动部位并更换支撑轴承。

(2) 滚珠丝杠副的润滑和密封。滚珠丝杠副也可用润滑剂来提高耐磨性及传动效率。

润滑剂可分润滑油及润滑脂两大类。润滑油为一般机油、90～180 号透平油或 140 号主轴油。润滑脂可采用锂基油脂。润滑油经过壳体上的油孔注入螺母的空间内，而润滑脂则加在螺纹滚道和安装螺母的壳体空间内。

(3) 滚珠丝杠副常用防尘密封圈和防护罩。

① 密封圈。密封圈装在滚珠螺母的两端。接触式的弹性密封圈是用耐油橡皮或尼龙等材料制成的，其内孔制成与丝杠螺纹滚道相配合的形状。接触式密封圈的防尘效果好，但因有接触压力，所以会使摩擦力矩略有增加。

非接触式的密封圈是用聚氯乙烯等材料制成的，其内孔形状与丝杠螺纹滚道相反，并略有间隙。非接触式密封圈又称为迷宫式密封圈。

② 防护罩。对于暴露在外面的丝杠，一般采用螺旋钢带、伸缩套筒以及折叠式塑料或人造革等形式的防护罩，以防止尘埃和磨粒黏附到丝杠表面。这几种防护罩与导轨的防护罩有相似之处，其一端连接在滚珠螺母的端面上，另一端固定在滚珠丝杠的支撑座上。

6. 滚珠丝杠副的制动装置

由于滚珠丝杠副的传动效率高，无自锁作用(特别是滚珠丝杠处于垂直传动时)，故为防止因自重下降，必须装有制动装置。图 8-48 所示为数控铣镗床主轴箱进给丝杠制动示意图。机床工作时，电磁铁通电，使摩擦离合器脱开，运动由电机经减速齿轮传给丝杠，使主轴箱上、下移动。当加工完毕或中间停车时，电机和电磁铁同时断电，借压力弹簧作用合上摩擦离合器，使丝杠不能转动，主轴箱便不会下落。

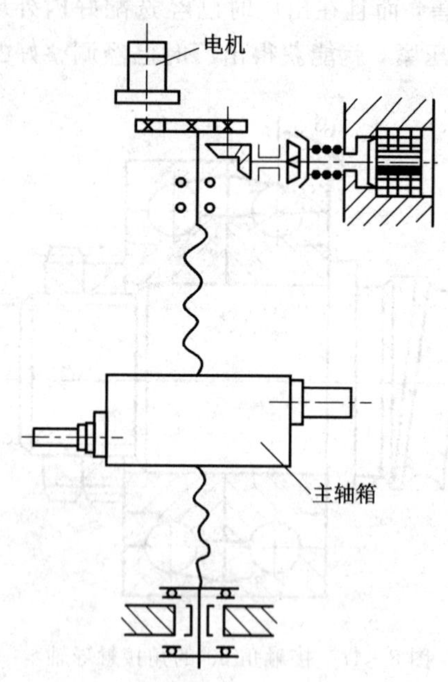

图 8-48　数控铣镗床主轴箱进给丝杠制动示意图

另外，其他的制动方式还有：

(1) 用具有刹车作用的制动电动机。

(2) 在传动链中配置逆转效率低的高速比系列，如齿轮、蜗杆减速器等。此法是靠磨损损失达到制动目的的，故不经济。

（3）采用超越离合器。

7. 滚珠丝杠的预拉伸

滚珠丝杠在工作时会发热，其温度高于床身。丝杠的热膨胀将使导程加大，影响定位精度。为了补偿热膨胀，可将丝杠预拉伸。预拉伸量应略大于热膨胀量。发热后，热膨胀量抵消了部分预拉伸量，使丝杠内的拉应力下降，但长度却没有变化。需进行预拉伸的丝杠在制造时应使其目标行程（螺纹部分在常温下的长度）等于公称行程（螺纹部分的理论长度等于公称导程乘以丝杠上的螺纹圈数）减去预拉伸量。拉伸后恢复公称行程。减去的量称为“行程补偿值”。

图 8-49 是丝杠预拉伸的一种结构图。丝杠两端有推力轴承 6 和滚针轴承 3，拉伸力通过螺母 8、推力轴承 6、静圈 5、调整套 4 作用到支座上，当丝杠装到两个支座 1、7 上之后，拧紧螺母 8 使 3 靠在丝杠的台肩上，再压紧压盖 9，使调整套 4 两端顶紧在支座 7 和静圈 5 上，用螺钉和销子将支座 1、7 定位在床身上，然后卸下支座 1、7，取出调整套 4，把 4 换上加厚的调整套，加厚量等于预拉伸量，再照样装好，固定在床身上。

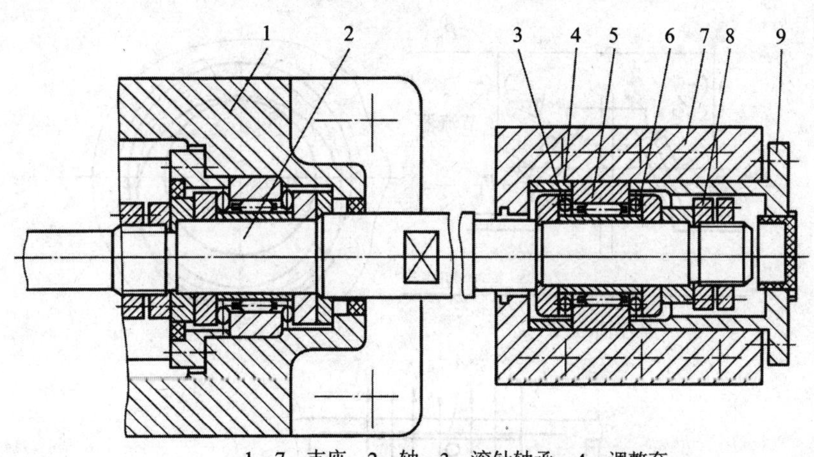

1、7—支座；2—轴；3—滚针轴承；4—调整套；
5—静圈；6—推力轴承；8—螺母；9—压盖

图 8-49　丝杠的预拉伸

将丝杠制成空心，通入冷却液强行冷却，可以有效地散发丝杠传动中的热量，对保证定位精度大有益处，由此也可获得较高的进给速度。据介绍，国外的铝合金加工端铣时，进给速度已经达到 70 m/min，这在一般的滚珠丝杠传动中是难以实现的。图 8-50 所示为带中空强冷的滚珠丝杠传动图。为了减少滚珠丝杠受热变形，在支承法兰处通入恒温油循环冷却以保持在恒温状态下工作。

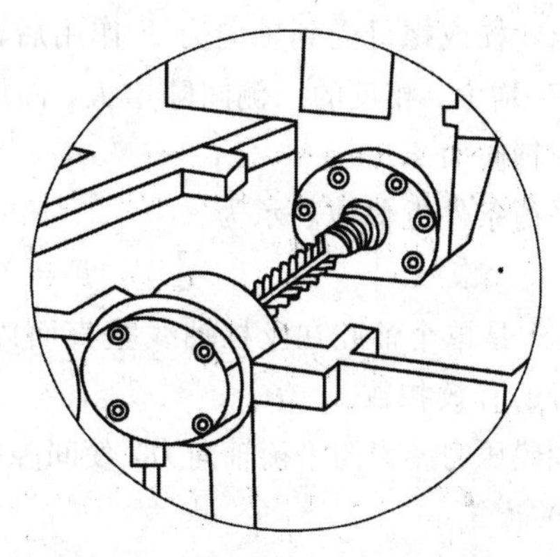

图 8-50　带中空强冷的滚珠丝杠传动图

8.2.5 静压丝杠螺母副

静压丝杠螺母副是在丝杠和螺母的螺纹之间供给压力油使之保持有一定厚度、一定刚度的静压油膜，从而使丝杠和螺母之间由边界摩擦变为液体摩擦。当丝杠转动时通过油膜推动螺母直线移动，反之，螺母转动也可使丝杠直线移动。它在国内外重型数控机床和精密机床的进给机构中被广泛采用。

1. 静压丝杠螺母副的工作原理与特点

1）工作原理

静压丝杠螺母副是丝杠和螺母之间为纯液体摩擦的传动副。如图 8-51 所示，油腔在螺旋面的两侧，而且互不相通，压力油经节流器进入油腔，并从螺纹根部与端部流出。设供油压力为 P_h，经节流器后压力为 P_1（即油腔压力）。当无外载时，螺纹两侧间隙 $h_1=h_2$，从两侧油腔流出的流量相等，两侧油腔中的压力也相等，即 $P_1=P_2$，这时丝杠螺纹处于螺母螺纹的中间平衡状态的位置。

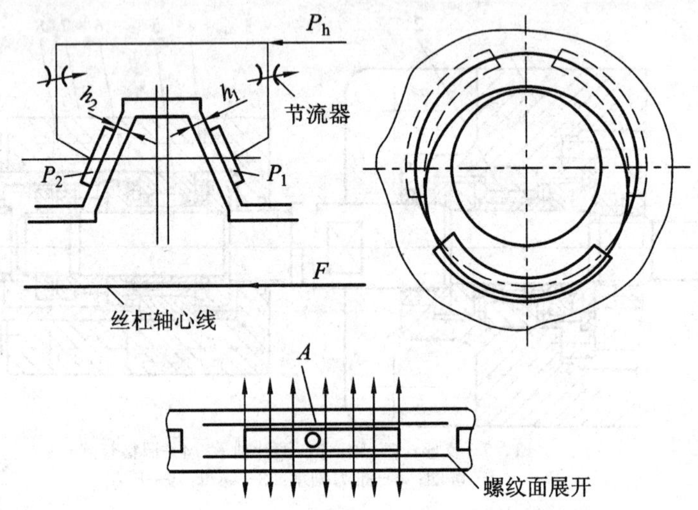

图 8-51 静压丝杠螺母副工作原理

当丝杠或螺母受到轴向力 F 作用后，受压一侧的间隙减小，由于节流器的作用，油腔压力 P_2 增大，相反的一侧间隙增大，而压力 P_1 下降，因而形成油膜压力差 $\Delta P=P_2-P_1$，以平衡轴向力 F。

平衡条件近似地表示为

$$F=(P_2-P_1)ANZ$$

式中，A 是单个油腔在丝杠轴线垂直面内的有效承载面积；N 是每扣螺纹单侧油腔数；Z 是螺母的有效扣数。

油膜压力差力图平衡轴向力，使间隙差减小并保持不变，这种调节作用总是自动进行的。

2）特点

我国于 1970 年开始在数控非圆齿轮插齿机上应用静压丝杠，随后又在螺纹磨床、高精度滚刀铲磨机床和大型精密车床上应用。

静压丝杠的主要优点有：

(1) 摩擦系数小，仅为0.0005。比滚珠丝杠(摩擦系数一般为0.002～0.005)的摩擦损失还小。启动力矩很小，传动灵敏，避免了爬行现象。

(2) 因油膜层具有一定的刚度，故可大大减小反向时的传动间隙。

(3) 油膜层可以吸振，且由于油液不断地流动，故可减少丝杠因其他热源引起的热变形，有利于提高机床的加工精度和表面粗糙度。

(4) 油膜层介于丝杠螺纹和螺母螺纹之间，对于丝杠的传动误差能起到“均化”作用，即丝杠的传动误差可比丝杠本身的制造误差还小。

(5) 承载能力与供油压力成正比，而与转速无关，提高供油压力即可提高承载能力。

静压丝杠的主要缺点有：

(1) 对原无液压系统的机床，需增加一套供油系统，且静压系统对于油液的清洁程度要求较高。

(2) 有时需考虑必要的安全措施，以防供油突然中断时造成不良后果。

2. 静压丝杠螺母副的控制方式

按油腔开在螺纹面上的形式和节流控制方式的不同，目前机床上采用的静压丝杠有以下3种。

(1) 在螺纹面中径上开一条连通的螺旋沟槽油腔，每一侧油腔只用一个节流器控制，称为集中阻尼节流，其结构如图8-52所示。这种形式的静压丝杠基本上不能承受径向载荷和颠覆力矩。

(2) 在螺纹面每侧中径上开3～4个油腔，每个油腔用一个节流器控制，称为分散阻尼节流，其结构如图8-53所示。这种形式的静压丝杠具有一定的径向承载能力和抗颠覆力矩能力，但节流器的数目较多，结构较复杂，制造和安装困难。

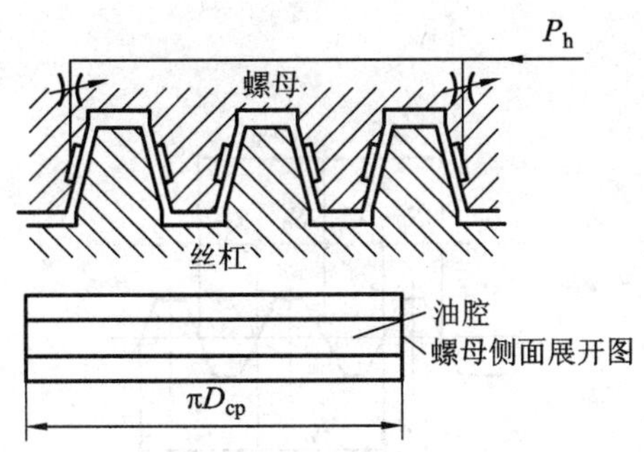

图8-52 集中阻尼节流结构示意图

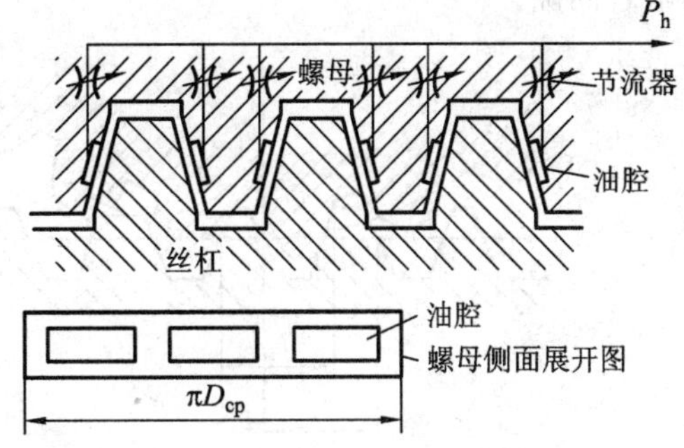

图8-53 分散阻尼节流结构示意图

(3) 在螺纹面每侧中径上开3～4个油腔，将分布于同侧、同方位上的油腔用一个节流器控制，称为分散集中阻尼节流，其结构如图8-54所示。这种形式的静压丝杠具有一定的径向承载能力和抗颠覆力矩能力，节流器的数量较少(一般为6～8个节流器)，制造和安装较方便，使用可靠。

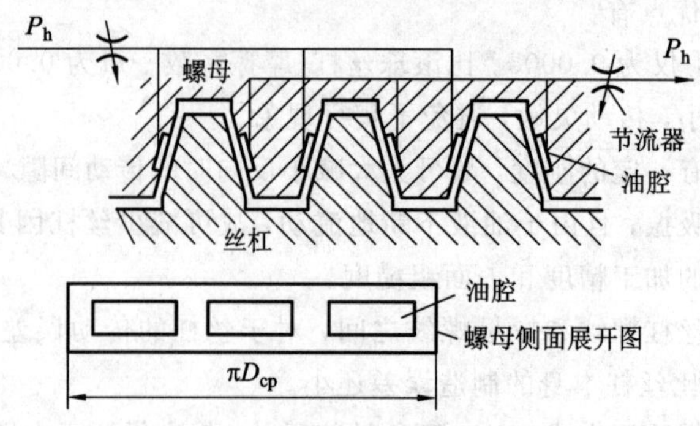

图 8-54　分散集中阻尼节流结构示意图

8.2.6　双导程蜗杆蜗轮副与静压蜗杆蜗轮条传动

1. 双导程蜗杆蜗轮副

在数控机床上要实现回转进给运动或大降速比的传动要求时，常采用蜗杆蜗轮副。蜗杆蜗轮副的啮合侧隙对传动、定位精度影响很大，因此，消除其侧隙就成为设计中的关键问题。为了消除传动侧隙，可采用双导程蜗杆蜗轮。

1）工作原理

双导程蜗杆与普通蜗杆的区别是双导程蜗杆齿的左、右两侧面具有不同的导程，而同一侧的导程则是相等的。因此，该蜗杆的齿厚从蜗杆的一端向另一端均匀地逐渐增厚或减薄。

双导程蜗杆如图 8-55 所示。图中，$t_{左}$、$t_{右}$ 分别为蜗杆齿左侧面、右侧面导程，S 为齿厚，C 为槽宽。$S_1=t_{左}-C_1$，$S_2=t_{右}-C_1$，若 $t_{右}>t_{左}$，$S_2>S_1$，同理 $S_3>S_2$，以此类推。所以双导程蜗杆又称变齿厚蜗杆，故可用轴向移动蜗杆的方法来消除或调整蜗轮蜗杆副之间的啮合间隙。

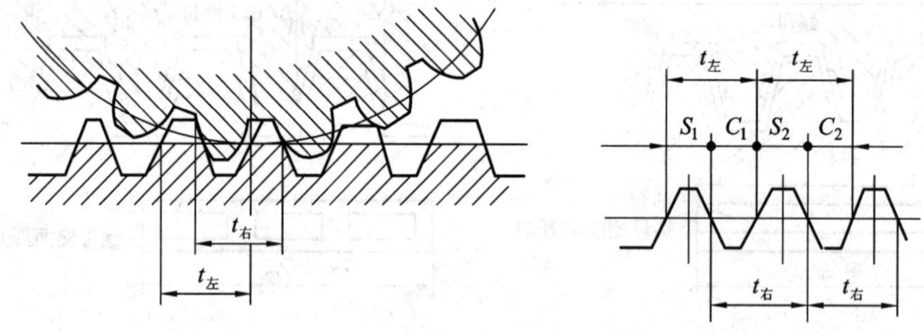

图 8-55　双导程蜗杆齿形

双导程蜗杆蜗轮副的啮合原理与一般的蜗杆蜗轮副的啮合原理相同，蜗杆的轴截面仍相当于基本齿条，蜗轮则相当于同它啮合的齿轮。由于蜗杆齿左、右侧面具有不同的模数 $M(M=t/3.14)$，而同一侧面的齿距相同，故没有破坏啮合条件，当轴向移动蜗杆后，也能保证良好的啮合。

2）特点

双导程蜗杆蜗轮副在具有回转进给运动或分度运动的数控机床上应用广泛，是因为其具有以下优点：

(1) 啮合间隙可调整得很小。根据实际经验，侧隙可以调整至 0.01～0.015 mm，而普通蜗轮副一般只能达到 0.03～0.08 mm，如果再小，就容易产生咬死现象。因此，双导程蜗轩蜗轮副能在较小的侧隙下工作，对提高数控转台的分度精度非常有利。

(2) 普通蜗杆蜗轮副是以蜗杆沿蜗轮作径向移动来调整啮合侧隙的，因而改变了传动副的中心距，从啮合原理角度看，这是很不合理的，因为改变中心距会引起齿面接触情况变差，甚至加剧它们的磨损而不利于保持蜗杆蜗轮副的精度；而双导程蜗杆蜗轮副是用蜗杆轴向移动来调整啮合侧隙的，不会改变它们的中心距，可以避免上述缺点。

(3) 双导程蜗杆蜗轮副是用修磨调整环来控制调整量的，它调整准确，方便可靠；而普通蜗杆蜗轮副的径向调整量较难掌握，调整时也容易使蜗杆轴线歪斜。

(4) 双导程蜗杆蜗轮副的蜗杆支承直接做在支座上，只需保证支承中心线与蜗轮中截面重合，中心距公差可略微放宽，装配时，用调整环来获得合适的啮合侧隙，这是普通蜗杆蜗轮副无法办到的。

双导程蜗杆的不足是蜗杆加工比较麻烦，在车削和磨削蜗杆左、右齿面时，螺纹传动链要选配不同的两套挂轮，而这两种齿距(不是标准模数)往往是繁琐的小数，精确配算挂轮很费时。在制造加工蜗轮的滚刀时，也存在同样的问题。由于双导程蜗杆左、右齿面的齿距不同，螺旋升角也不同，与它啮合的蜗轮左、右齿面也应同蜗杆相适应，才能保证正确啮合，因此，加工蜗轮的滚刀也应根据双导程蜗杆的参数来设计制造。

3）间隙调整结构

图 8-56 所示为 JCS－013 加工中心数控回转工作台的双导程蜗杆蜗轮副，8 为蜗轮，2 为蜗杆。蜗杆 2 左、右端皆采用双列滚针轴承 1 支承，以减少径向尺寸，又能保证传动刚度。调整蜗杆蜗轮副齿侧间隙时，首先松开螺母 6 上的锁紧螺钉 5，使压块 4 与调整套 7 松开，然后转动调整套 7，带动蜗杆 2 沿其轴向移动，根据传动精度和磨损量要求调整。蜗杆 2 有 10 mm 的轴向移动调整量，相当于 0.2 mm 的侧隙调整量。调整后，锁紧调整套 7。

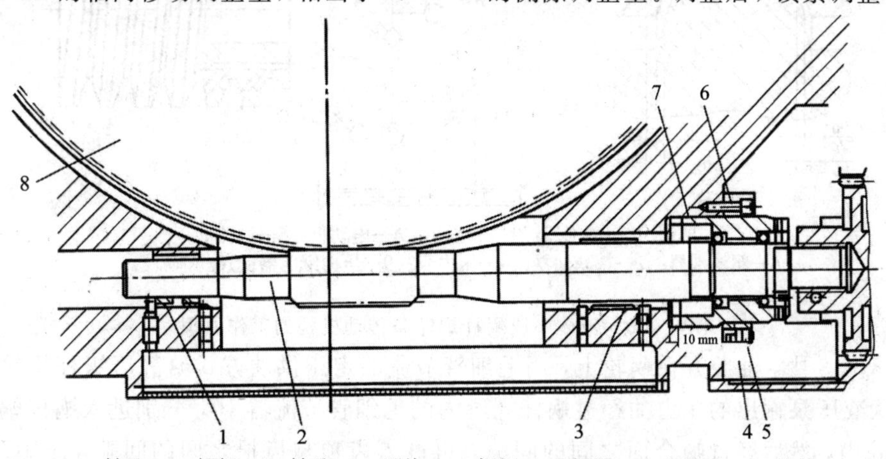

1—轴承；2—蜗杆；3—轴承；4—压块；5—螺钉；6—螺母；7—调整套；8—蜗轮

图 8-56　数控回转工作台的双导程蜗杆轮副

2. 静压蜗杆蜗轮条传动机构

大型数控机床不宜采用丝杠传动。特长的丝杠制造困难，且容易弯曲下垂，影响传动精度，同时轴向刚度与扭转刚度也难提高，如加大丝杠直径，则因转动惯量增加，伺服系统的动态特性不易保证，因此不能采用丝杠传动，而用静压蜗杆蜗轮条传动机构。

1）工作原理

蜗杆蜗轮条传动机构是丝杠螺母机构的一种特殊形式，如图 8-57 所示。蜗杆可看做是长度很短的丝杠，其长径比很小；蜗轮条则可以看做是一个很长的螺母沿轴向剖开后的一部分，其包容角常在 90°～120°之间。

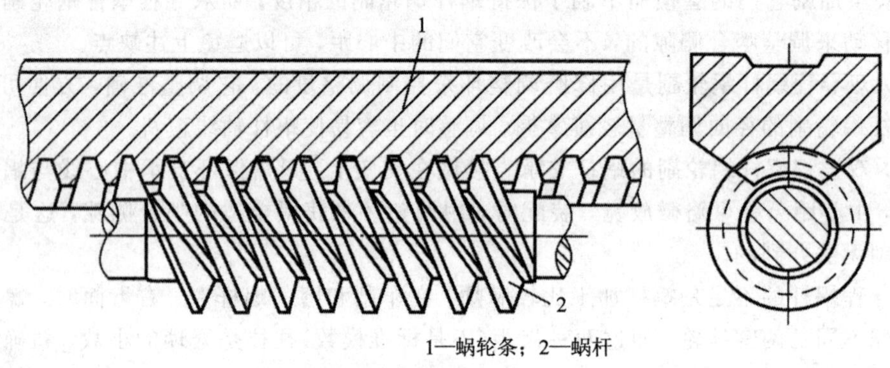

1—蜗轮条；2—蜗杆

图 8-57　蜗杆蜗轮条传动机构

液体静压蜗杆蜗轮条传动机构是在蜗杆蜗轮条的啮合面间注入压力油，以形成一定厚度的油膜，使两啮合面间成为液体摩擦，其工作原理如图 8-58 所示。

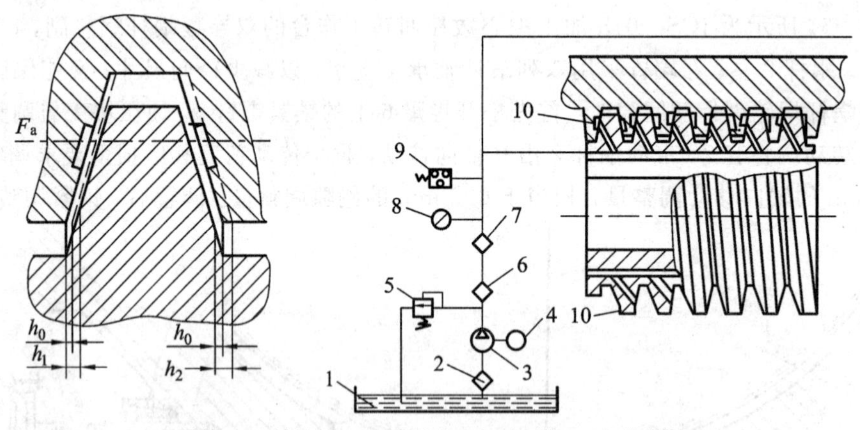

1—油箱；2—滤油器；3—液压泵；4—电动机；5—溢流阀；
6—粗滤油器；7—精滤油器；8—压力表；9—压力继电器；10—节流器

图 8-58　液体静压蜗杆蜗轮条传动机构的工作原理

图 8-58 中，油腔开在蜗轮上，用毛细管节流的定压供油方式给静压蜗杆蜗轮条供压力油，从液压泵输出的压力油经过蜗杆螺纹内的毛细管节流器 10，分别进入蜗杆蜗轮条的侧面油腔内，然后经过啮合面之间的间隙，再进入齿顶与齿根之间的间隙，压力降为零，流回油箱。

2）特点

静压蜗杆蜗轮条传动机构由于既有纯液摩擦的特点，又有蜗杆蜗轮条机构的特点，因此特别适合在重型机床的进给传动系统上应用。其优点是：

(1) 摩擦阻力小，启动摩擦因数小于0.0005，功率消耗少，传动效率高，可达0.94～0.98，在很低的速度下运动也很平稳。

(2) 使用寿命长。齿面不直接接触，不宜磨损，能长期保持精度。

(3) 抗振性能好。油腔内的压力油层有良好的吸振能力。

(4) 有足够的轴向刚度。

(5) 蜗轮条能无限接长，因此，运动部件的行程可以很长，不像滚珠丝杠受结构的限制。

3）传动方案与材料

(1) 静压蜗杆蜗轮条传动机构在数控机床上，常用的传动方案有两种：

① 蜗杆箱固定式。如图8－59所示，蜗杆箱固定，蜗轮条固定在运动件上。伺服电动机4和进给箱3置于机床床身或其他部件上，并通过联轴器2使蜗杆轴产生旋转运动。蜗轮条1与运动部件(如工作台)相连，以获得往复直线运动。这种传动方案常应用于龙门式铣床的移动工作台进给驱动机构中。

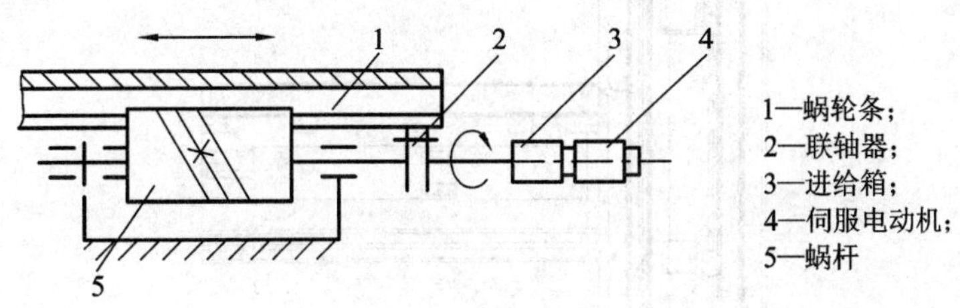

图8－59　蜗杆箱固定式

② 蜗杆箱移动式。如图8－60所示，蜗轮条固定，蜗杆箱固定在运动件上。伺服电动机4和进给箱3与蜗杆箱5相连，使蜗杆旋转。蜗轮条固定不动，蜗杆箱与运动部件(如立柱、溜板等)相连，这样行程长度可大大超过运动部件的长度。这种传动方式经常用于桥式镗铣床桥架进给驱动机构中。

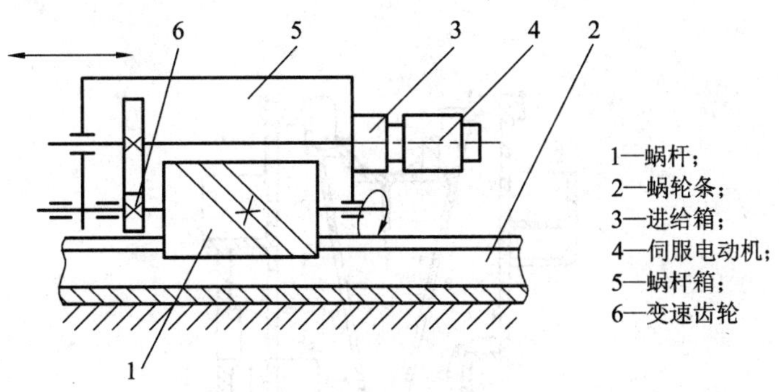

图8－60　蜗杆箱移动式

(2) 静压蜗杆蜗轮条传动机构采用的材料有：

① 钢蜗杆配铸铁蜗轮条。

② 钢蜗杆配铸铁基体涂有 SKC 耐磨涂层的蜗轮条。

③ 铜蜗杆配钢蜗轮条或铸铁蜗轮条。

一般用①、②两种材料的较多，前者的蜗轮条加工需用精加工机床，较难达到高精度；后者在铸铁基体上涂上 SKC 耐磨涂层后可用精密蜗杆挤压或注塑成型，蜗轮条制造工艺简单，且精度较高。

8.3 床身与立柱

1. 床身

床身是机床的基础件，必须具有足够的静、动刚度和精度能长久保持的特性。

1) *移动立柱式卧式床身*

移动立柱式卧式床身通常都采用 T 型床身。它由横置的前床身(又叫横床身)和与它垂直的后床身(又叫纵床身)组成。T 型床身有整体式和分离式两种。图 8－61 所示为卧式加工中心分离式 T 型床身。

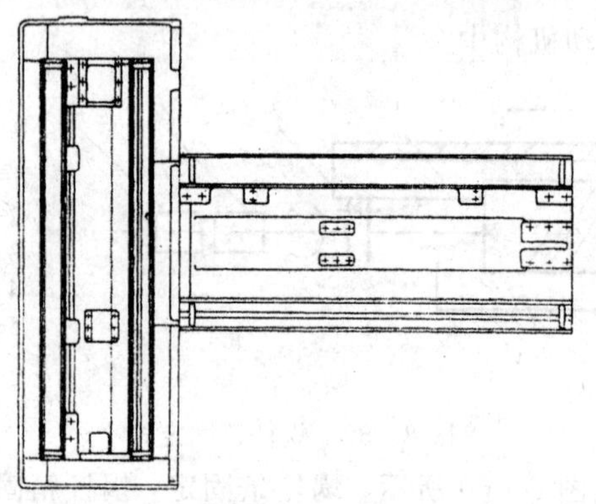

图 8－61　卧式加工中心分离式 T 型床身

图 8－62 所示为 TH6350 型卧式加工中心前床身截面。它采用箱型结构，结合斜直组合布置肋板以提高床身的抗弯、抗扭能力。

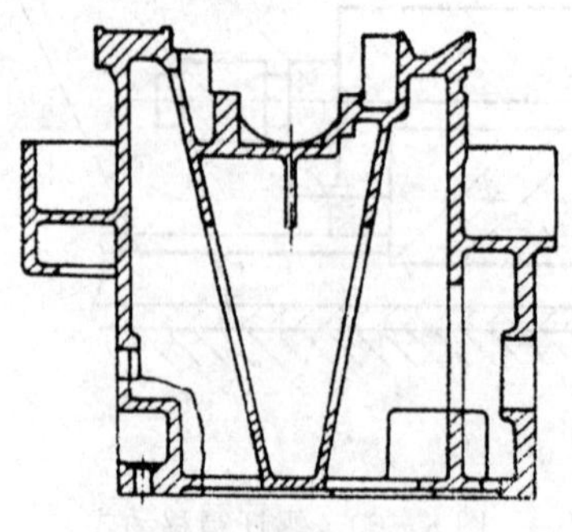

图 8－62　TH6350 型卧式加工中心前床身截面

2）固定立柱式卧式床身

这种床身适用于小型卧式机床，它一般采用整体结构，如图 8－63(a)所示。

3）斜床身

为提高床身的刚性，数控卧式车床一般采用斜床身，如图 8－63(b)所示。斜床身可以改善机床切削加工时的受力情况，截面可以做成封闭的腔形结构，以提高床身刚性。内部可以填充泥芯和混凝土等阻尼材料，在振动时利用相对磨损来耗散振动能量。

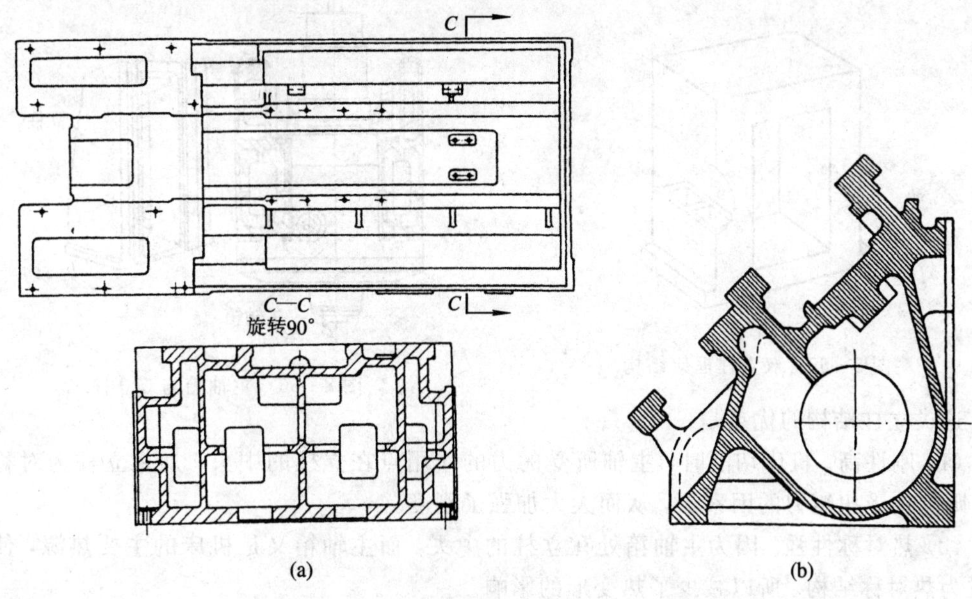

图 8－63　固定立柱式卧式床身与斜床身

(a) 固定立柱式卧式床身；(b) 斜床身

图 8－64 所示为德国 DNE480L 型数控车床底座和床身示意图。其底座内所填充的混凝土的内摩擦阻力较高，再配上封泥芯的床身，使机床有较高的抗振性。该机床为四面密封结构，中间导轨后有纵向肋条，纵向每隔 250 mm 有一横隔板。床身封闭截面可提高抗弯和抗扭刚度，纵向肋条可提高中间导轨的局部刚度，隔板可减少截面的变形。

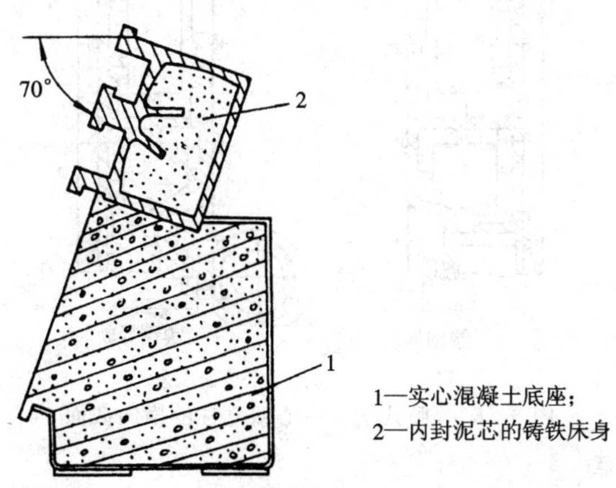

图 8－64　DNE480L 型数控车床底座和床身示意图

2. 立柱

1）卧式机床的立柱

卧式机床的立柱目前大部分采用的是如图 8－65 所示的双立柱框架结构形式。

大、中型卧式机床的移动立柱固定于滑座上，而小型卧式机床的立柱则直接固定于床身上。主轴箱装在双立柱的中间，沿立柱导轨上下运动，如图 8－66 所示。

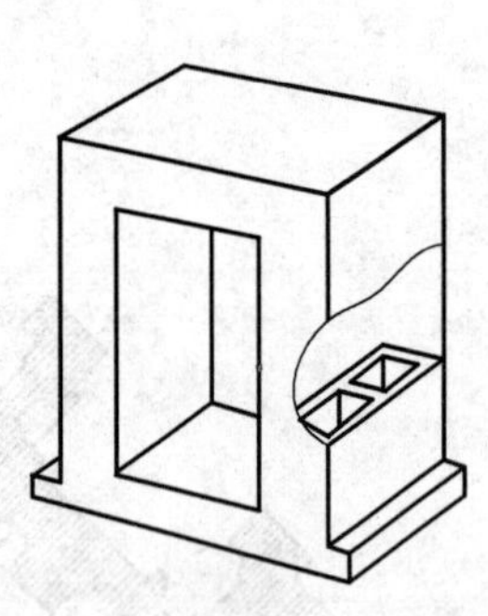

图 8－65　双立柱框架结构

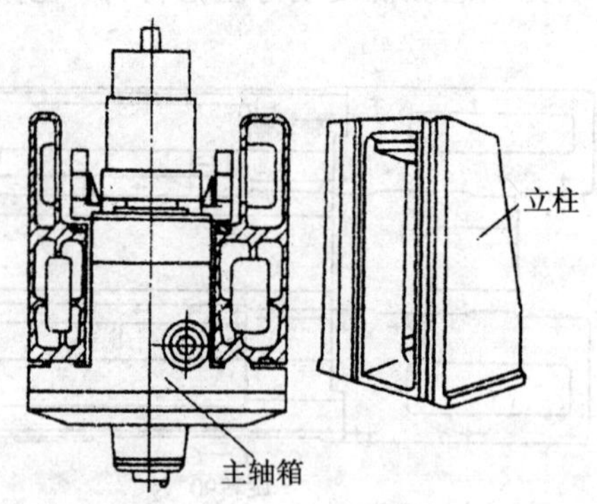

图 8－66　主轴箱与双立柱

这类立柱结构的优点是：

(1) 刚性高。机床切削时，主轴所受的力的作用点在立柱的中央，加之立柱为对称形状，则立柱受扭矩力的因素少，从而大大加强了刚度。

(2) 热对称性强。因为主轴箱处在立柱的中央，而主轴箱又是机床的主要热源，使立柱成为热对称结构，所以减少了热变形的影响。

(3) 稳定性好。由于立柱内部肋板采用框架结构箱型布置，因此使得立柱的抗弯、抗扭刚度，以及构件的固有频率都得到了提高。图 8－67 所示为卧式加工中心双立柱的横向截面。

这类立柱结构的缺点是：制造工艺性差，装配、调试不方便。

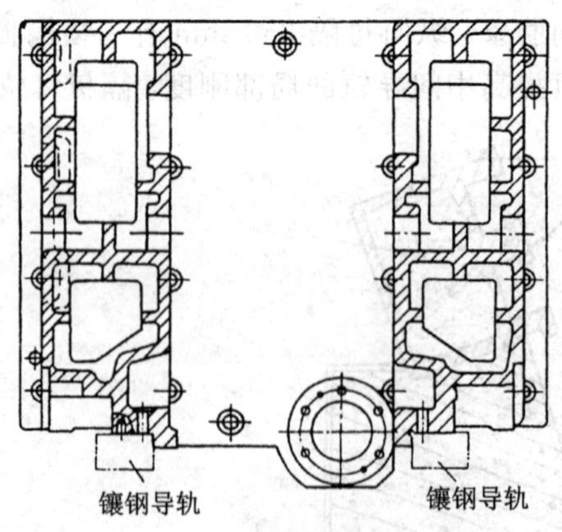

图 8－67　卧式加工中心双立柱的横向截面

2）立式机床的立柱

因为主轴箱悬挂在立柱一侧，所以一般采用封闭的箱型结构和米字形的内部肋板；又因为米字形肋板铸造时比较困难，所以有些立柱仍采用井字形的肋板。由于采用平衡锤平衡主轴箱的重量，因此平衡锤一般设在立柱内腔里，并随主轴箱的升降而升降。采用这种平衡方式的立式机床立柱，其内腔是中空的。为加强立柱的刚性也可以采用斜方双层壁和对角线交叉立柱，如图 8 - 68 所示。斜方双层壁和对角线交叉立柱都有很高的抗扭刚度和抗弯刚度，而且单位重量的刚度比其他结构的高。

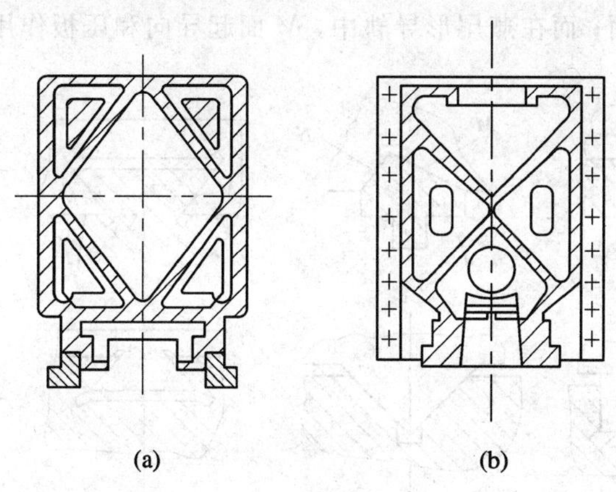

图 8 - 68　斜方双层壁和对角线交叉立柱

(a) XK—716 型立式加工中心；(b) STAMAMCI18 型立式加工中心

8.4 机床导轨

导轨用来支撑和引导运动部件沿着直线或圆周方向准确运动。运动的一方称为动导轨，不动的一方称为支撑导轨。

8.4.1 对导轨的要求

为保证机床加工的精度和稳定性，导轨必须满足以下要求：

(1) 高的导向精度。导向精度保证部件运动轨迹的准确性。导向精度受到导轨的结构形状、组合方式、制造精度和导轨间隙调整等的影响。

(2) 良好的耐磨性。耐磨性好可使导轨的导向精度得以长久保持。耐磨性受到导轨副的材料、硬度、润滑和载荷的影响。

(3) 足够的刚度。在载荷的作用下，导轨刚度高，其保持形状不变的能力就强。刚度受到导轨结构和尺寸的影响。

(4) 具有低速运动的平稳性。低速运动的平稳性使其运动部件在导轨上低速移动时，不会发生“爬行”现象。造成“爬行”的主要因素有摩擦性质、润滑条件和传动系统的刚度。

8.4.2 数控机床上常用的导轨及其特点

数控机床上常用的导轨，按其接触面间的摩擦性质的不同，可分为滑动导轨、滚动导轨和液压导轨三大类。

1. 滑动导轨

滑动导轨是导轨的基本形式，其结构简单，制造方便，刚度好，抗振性强，应用广泛。

1）滑动导轨的结构

滑动导轨常见的截面形状如图 8－69 所示。其各个平面所起的作用各不相同。在矩形和三角形导轨中，*M* 面主要起支撑作用，*N* 面是保证直线移动精度的导向面，*J* 面是防止运动部件抬起的压板面；而在燕尾形导轨中，*M* 面起导向和压板作用，*J* 面起支撑作用。

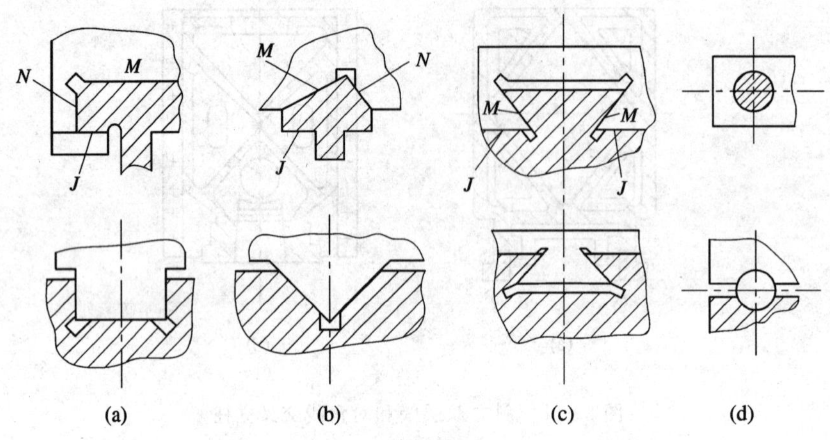

图 8－69　滑动导轨常见的截面形状

(a) 矩形导轨；(b) 三角形导轨；(c) 燕尾形导轨；(d) 圆柱形导轨

（1）矩形导轨(图 8－69(a))。这种截面导轨承载能力强，易加工制造，水平方向和垂直方向上的位置精度各不相关。其侧面间隙不能自动补偿，因此必须设置间隙调整机构。

（2）三角形导轨(图 8－69(b))。三角形有二个导向面，同时控制了垂直方向和水平方向的导向精度。这种导轨在载荷的作用下，自行补偿消除间隙，导向精度较其他导轨高。

（3）燕尾形导轨(图 8－69(c))。这种截面导轨结构紧凑，高度值最小，能承受颠覆力矩，但摩擦阻力较大，刚性较差，制造、检修不方便，因此多用于高度小，且导向精度不太高的情况。

（4）圆柱形导轨(图 8－69(d))。这种截面导轨制造简单，刚度高，可以做到精密配合，但对温度变化较敏感，小间隙时很易卡住，大间隙时导向精度差，且磨损后调整间隙困难。它与上述几种截面比较，应用较少。

以上截面形状的导轨有凸形(上排)和凹形(下排)两类。凹形容易存油，但也容易积存切屑和尘粒，因此适用于具有良好防护的环境。凸形适用于具有良好润滑条件的环境。矩形导轨也称为平导轨。三角形导轨在凸形时可称为山形导轨，在凹形时可称为 V 形导轨。

2）滑动导轨的组合形式与应用

滑动导轨一般由两条导轨组成，不同的组合形式是为了满足不同机床的工作要求。在数控机床上，滑动导轨的组合形式主要是三角形配矩形和矩形配矩形。只有少部分结构采用燕尾形。

双矩形导轨是用侧边导向，当采用一条导轨的两侧边导向时称为窄式导向(图 8－70(a))，若分别采用两条导轨的两个侧面边导向则称为宽式导向(图 8-70(b))。窄式导向制造容易，受热变形影响小。

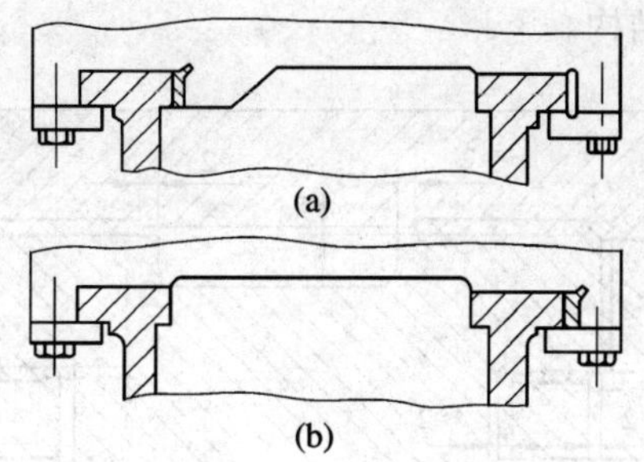

图 8-70　窄式导向与宽式导向

(a) 窄式导向；(b) 宽式导向

传统的铸铁—铸铁和铸铁—淬火钢的导轨副，静摩擦系数大，且动摩擦系数随速度变化而变化，摩擦损失大，低速时易出现“爬行”现象，影响运动平稳性和定位精度，因此在数控机床上已很少采用，取而代之的是铸铁—塑料滑动导轨或镶钢—塑料滑动导轨。目前，塑料导轨的材料可分为两种：贴塑材料和涂塑材料。

目前在国内生产使用的贴塑材料主要有塑料导轨板和塑料导轨软带两种，它们是由聚四氟乙烯和多种金属材料制成的复合材料。例如，FQ—1 塑料导轨板采用的是在渡铜钢板上烧结一层多孔青铜，在青铜层间隙中扎入聚四氟乙烯及其他填料，再经适当处理形成金属—氟塑料的复合体导轨板。这种材料的导轨板的摩擦系数小(约为 0.04～0.08)，并具有良好的自润滑作用，特别适用于垂直导轨。

塑料导轨软带是以聚四氟乙烯 PTFE 为基体，添加青铜粉、二硫化钼和石墨等多种填料所构成的复合材料。在油润滑状态下，其摩擦系数约为 0.06，使用寿命为普通铸铁导轨的 8～10 倍。塑料导轨软带有各种厚度规格，长与宽由用户自行裁剪，采用粘贴的方法固定。由于塑料导轨软带较软，容易被硬物刮伤，因此要有良好的密封防护措施。概括起来，塑料导轨软带与其他导轨相比，有以下特点：

(1) 摩擦系数低而稳定，比铸铁导轨副低一个数量级。

(2) 动、静摩擦系数相近，运动平稳性和爬行性能较铸铁导轨副好。

(3) 吸收振动，具有良好的阻尼特性，优于接触刚度较低的滚动导轨和易漂浮的静压导轨。

(4) 耐磨性好，有自身润滑作用，无润滑剂也能工作，灰尘磨粒的嵌入性好。

(5) 化学稳定性好，耐低温，耐强酸、强碱、强氧化剂及各种有机溶剂。

(6) 维护修理方便，软带耐磨，损坏后更换容易。

(7) 经济性好，结构简单，成本低，约为滚动导轨成本的 1/20。

塑料导轨副多为塑料—金属结构。塑料软带一般粘贴在短的动导轨上，不受导轨形式的限制。各种组合形式的滑动导轨均可粘贴。

涂塑材料是环氧型耐磨涂层，即以环氧树脂和二硫化钼为基体，加入增塑剂，混合成液体或膏状为一组份、固化剂为另一组份的双组份塑料涂层。当导轨间隙调整好后将两组材料按比例混和好，注涂于动导轨涂层面上，固化成塑料导轨面。涂塑导轨材料有良好的摩擦特性和耐磨性，在无润滑油的情况下仍有较好的润滑和防止爬行的效果，其抗压强度比聚四氟乙烯导轨软带高。它常用于重型机床和不易用导轨软带的复杂配合型面。图 8-71 为几种镶粘塑料—金属导轨结构。

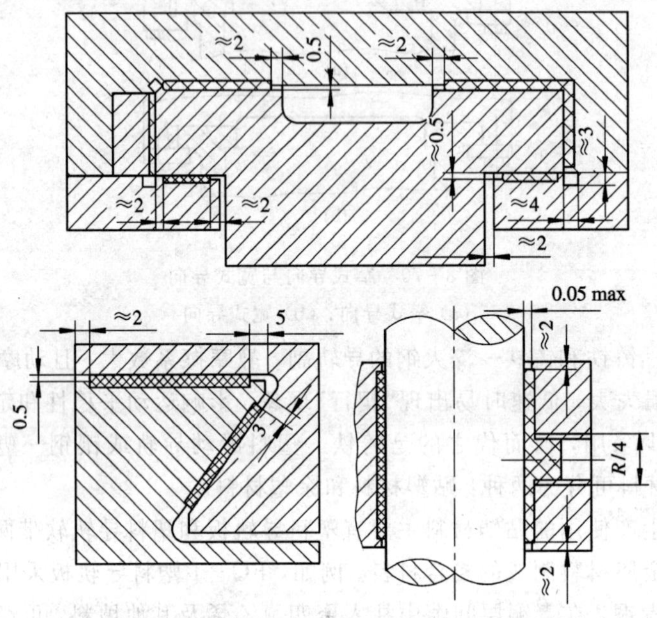

图 8-71　镶粘塑料—金属导轨结构

2. 滚动导轨

1）滚动导轨的结构形式

滚动导轨摩擦系数小，且动、静摩擦系数相近，磨损小，润滑容易，因此，低速运动平稳性好，移动精度和定位精度高。但滚动导轨比滑动导轨抗振性差，结构复杂，对脏物较为敏感，并需要良好的防护。数控机床常用的滚动导轨有如下两种：

(1) 滚动导轨块。移动部件移动时，滚动体沿封闭轨道作循环运动。滚动体为滚珠或滚柱。数控机床上采用的滚柱式滚动导轨块如图 8-72 所示，它多用于中等负荷导轨。滚动导轨块由专业厂家生产，有多种规格、形式供用户选用。使用时，导轨块装在运动部件上，每一导轨应至少用两块或更多块，导轨块的数目取决于导轨的长度和负载的大小。与之相对的导轨多用镶钢淬火导轨。

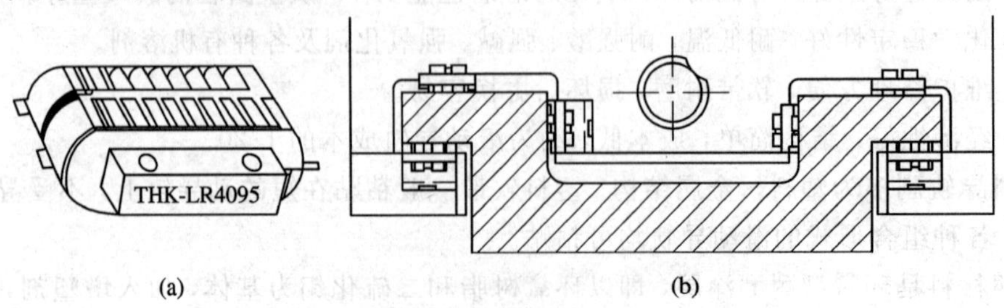

图 8-72　滚柱式滚动导轨块

(a) 单元滚动块；(b) 在加工中心上的应用

(2) 直线滚动导轨。直线滚动导轨又称单元直线滚动导轨。它除导向外还能承受颠覆力矩，其制造精度高，可高速运行，并能长时间保持精度，通过预加负载可提高刚性，具有自调的能力，安装基面允许误差大。直线滚动导轨的外形和结构如图 8-73 所示。导轨体固定在不动部件上，滑块固定在运动部件上。当滑块沿导轨体移动时，滚珠在导轨体和滑块之间的圆弧直槽内滚动，并通过端盖内的滚道，从工作负荷到非工作负荷区，然后再滚动回到工作负载区，不断循环，从而把滚动体和滑块之间的移动变成了滚珠的滚动。为防止灰尘和脏物进入导轨滚道，滑块两端及下部均有塑料密封垫。滑块上还有润滑油注油杯，只要定期将锂基润滑脂放入润滑油注油杯即可实现润滑。

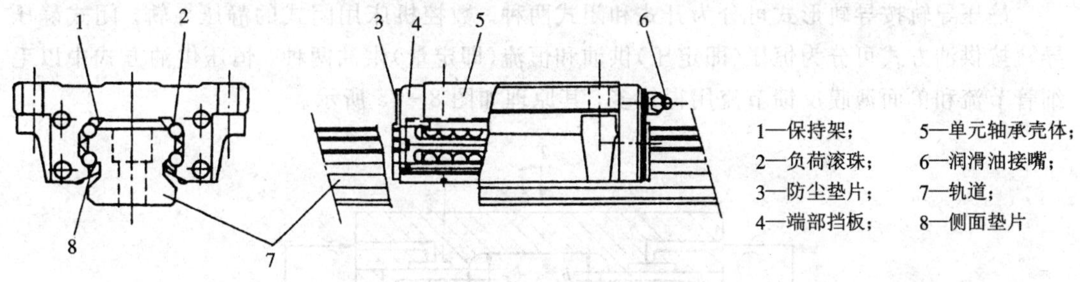

图 8-73　直线滚动导轨的外形和结构

2）滚动导轨的预紧

为了提高滚动导轨的刚度，应对滚动导轨进行预紧。预紧可提高接触刚度，消除间隙；在立式滚动导轨上，预紧可防止滚动体脱落和歪斜。常见的预紧方法有以下两种：

(1) 采用过盈配合。预加载荷大于外载荷，预紧力产生过盈量 2～3 μm，过大会使牵引力增加。若运动部件较重，其重力可起预加载荷作用，若刚度满足要求，可不施预加载荷。

(2) 调整法。调整螺钉、斜块或偏心轮来进行预紧。

图 8-74 为滚动导轨的预紧方法。

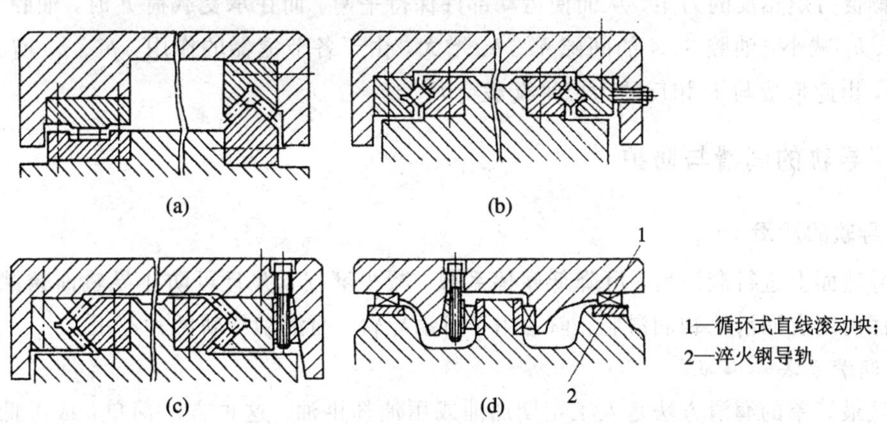

图 8-74　滚动导轨的预紧方法

(a) 滚柱或滚针导轨自由支撑；(b) 滚柱或滚针导轨预加载荷；

(c) 交叉式滚柱导轨；(d) 循环式滚动导轨块

3. 液压导轨

液压导轨在机床上的使用主要是静压导轨。在静压导轨两个相对运动的导轨面间通入压力油，可使运动件浮起。在工作过程中，导轨面上油腔中的油压能随外加负载的变化自动调节，以平衡外加负载，保证导轨面间始终处于纯液体摩擦状态。所以静压导轨的摩擦系数极小(约 0.0005)，功率消耗小，导轨不会磨损，因而导轨的精度保持性好，寿命长，油膜厚度几乎不受速度的影响，油膜承载能力大，刚性高，吸振性良好，导轨运行平稳，既无爬行，也不会产生振动。但静压导轨结构复杂，并需要一套有良好过滤效果的液压装置，因此制造成本较高。目前，静压导轨较多应用在大型、重型数控机床上。

静压导轨按导轨形式可分为开式和闭式两种。数控机床用闭式的静压导轨。闭式静压导轨按供油方式可分为恒压(即定压)供油和恒流(即定量)供油两种。恒压供油方式中以毛细管节流和单面薄膜反馈节流用得较多，其原理如图 8-75 所示。

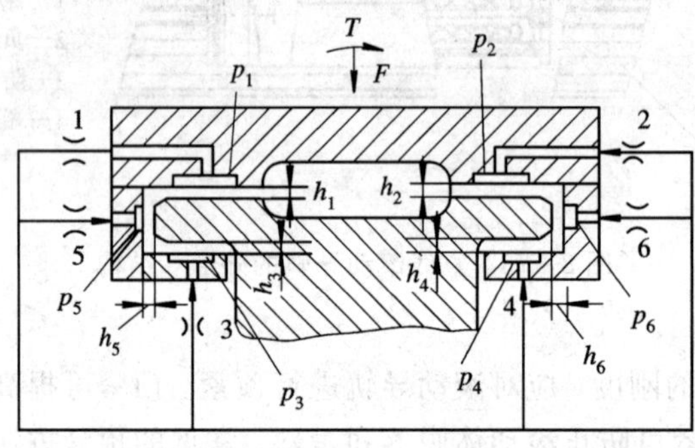

图 8-75　闭式静压导轨恒压供油原理

当动导轨受到颠覆力矩 T 后，油腔 1、4 的间隙 h_1、h_4 增大，油腔 2、3 的间隙 h_2、h_3 减小，由于各相应节流器的作用，使 p_1、p_4 压力减小，p_2、p_3 增大，由此在动导轨上形成一个与颠覆力矩相反的力矩，从而使运动部件保持平衡。而在承受载荷 F 时，油腔 1、2 的间隙 h_1、h_2 减小，油腔 3、4 的间隙 h_3、h_4 增大，由于各节流器的作用，p_1、p_2 增大，p_3、p_4 减小，由此形成与 F 相反的力以平衡载荷 F。

8.4.3　导轨的润滑与防护

1. 导轨的润滑

在导轨面上进行润滑后，可降低摩擦系数，减少磨损，并且可防止导轨面锈蚀。导轨常用的润滑剂有润滑油和润滑脂，前者用于滑动导轨，而滚动导轨两种都用。

1) *润滑方法*

导轨最简单的润滑方法是人工定期加油或用油杯供油。这种方法简单，成本低，但不可靠，一般用于调节辅助导轨及运动速度低、工作不频繁的滚动导轨。对运动速度较高的导轨，大都采用润滑泵，以压力油强制润滑。这样不但可连续或间歇供油给导轨进行润滑，而且可利用油的流动冲洗和冷却导轨表面。为实现强制润滑，机床必须备有专门的供油系统。图 8-76 为某加工中心导轨的润滑系统。

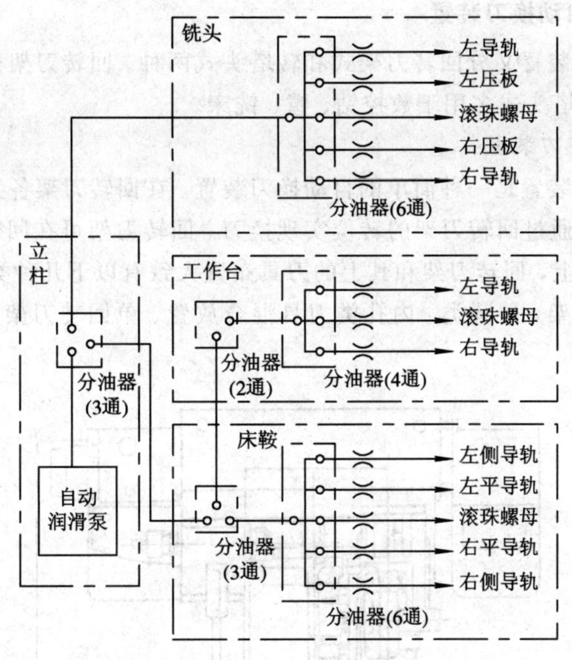

图 8-76　某加工中心导轨的润滑系统

2）对润滑油的要求

在工作温度变化时，润滑油黏度变化要小，要有良好的润滑性能和足够的油膜刚度，油中杂质应尽量少且不浸蚀机件。常用的全损耗系统用油为 L—AN10、15、32、42、68，精密机床导轨用油为 L—HG68，汽轮机用油为 L—TSA32、46 等。

2. 导轨的防护

为了防止切屑、磨粒或冷却液散落在导轨面上而引起磨损、擦伤和锈蚀，导轨面上应有可靠的防护装置。常用的刮板式、卷帘式和叠层式防护罩，大多用于长导轨机床上，如龙门刨床、导轨磨床等。另外，还有手风琴式的伸缩式防护罩等。在机床使用过程中应防止损坏防护罩，对叠层式防护罩应经常用刷子蘸机油清理移动接缝，以避免发生碰壳现象。

8.5　自动换刀装置

自动换刀装置是加工中心区别于其他数控机床的特征结构。自动换刀装置具有根据工艺要求自动更换所需刀具的功能，即自动换刀(ATC)功能。

自动换刀装置应满足换刀时间短、刀具重复定位精度高、刀具存储量足、刀库占地面积小及安全可靠等基本要求。

8.5.1　自动换刀装置的分类

加工中心自动换刀装置根据其组成结构可分为：转塔式自动换刀装置、无机械手式自动换刀装置和有机械手式自动换刀装置。其中，转塔式不带刀库，而后两种带刀库。

1. 不带刀库的自动换刀装置

转塔式自动换刀装置又分回转刀架式和转塔头式两种。回转刀架式用于各种数控车床和车削中心机床，转塔头式多用于数控钻、镗、铣床。

1）回转刀架式换刀装置

回转刀架式换刀装置是一种简单的自动换刀装置。在回转刀架各刀座安装或夹持着各种不同用途的刀具，通过回转刀架的转位实现换刀。回转刀架可在回转轴的径向和轴向安装刀具。在数控车床上，回转刀架和其上的刀具布置大致有以下几种类型：

(1) 一个回转刀架，外圆类、内孔类刀具混合放置。单回转刀架数控车床如图 8-77 所示。

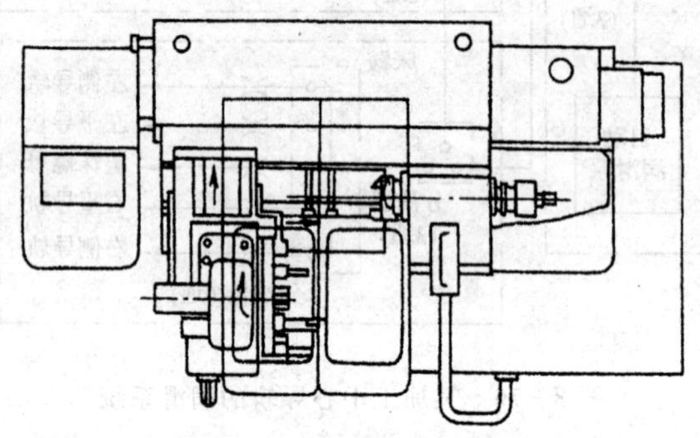

图 8-77　单回转刀架数控车床

(2) 两个回转刀架，分别布置外圆和内孔类刀具。双回转刀架数控车床如图 8-78 所示。上刀架的回转轴与主轴平行，用于装外圆类刀具；下刀架的回转轴与主轴垂直，用于装内孔类刀具。

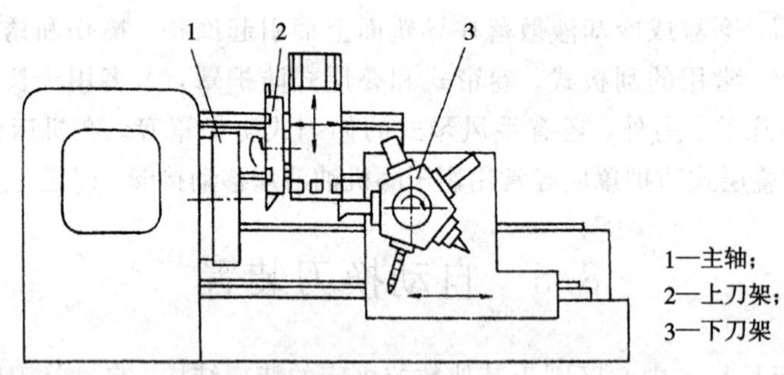

图 8-78　双回转刀架数控车床

(3) 双排回转刀架，外圆类、内孔类刀具分别布置在刀架的一侧面。双排回转刀架外形如图 8-79 所示。回转刀架的回转轴与主轴倾斜，每个刀位上可装两把刀具，用于加工外圆和内孔。

回转刀架的工位数最多可达 20 多个，但最常用的是 8、10、12 和 16 工位 4 种。工位数越多，刀间夹角越小，非加工位置刀具与工件相碰而产生干涉的可能性就越大，因此在刀架布刀时要给予考虑，避免发生干涉现象。

回转刀架在结构上必须具有良好的强度和刚度，以承受粗加工时的切削抗力，减小刀

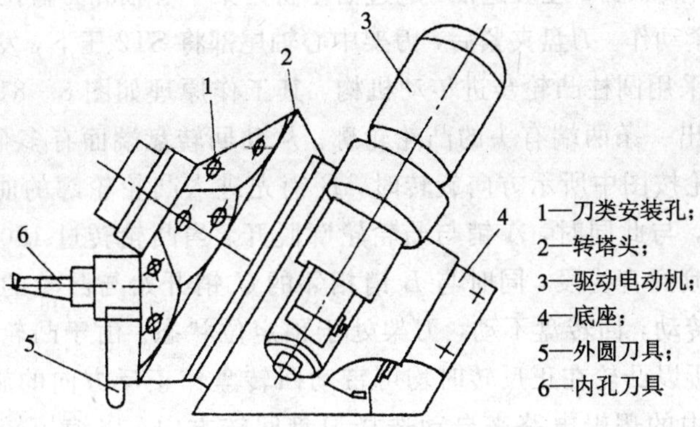

图 8－79　双排回转刀架外形图

架在切削力作用下的位移变形，提高加工精度。回转刀架还要选择可靠的定位方案和定位结构，以保证回转刀架在每次转位之后具有高的重复定位精度。

CK3263 系列数控车床回转刀架结构如图 8－80 所示。回转刀架的升起、转位、夹紧等动作都是由液压驱动的。当数控装置发出换刀指令以后，液压油进入液压缸 1 的右腔，通过活塞推动刀架中心轴 2 将刀盘 3 左移，使定位副端齿盘 4 和 5 脱离啮合状态，为转位作好准备。齿盘处于完全脱开位置时，啮合状态行程开关 ST2 发出转位信号，液压电动机带动转位凸轮 6 旋转，凸轮依次推动回转盘 7 上的分度柱销 8 使回转盘通过键带动中心轴及刀盘作分度转动。凸轮每转过一周拨过一个柱销，使刀盘旋转一个工位（$1/n$ 周，n 为刀架工位数，也等于柱销数）。刀架中心轴的尾端固定着一个有 n 个齿的凸轮，每当中心轴转过一个工位时，凸轮压合计数行程开关 ST1 一次，开关将此信号送入控制系统。当刀盘旋转到预定工位时，控制系统发出信号使液压电动机刹车，转位凸轮停止运动，刀架处于预定

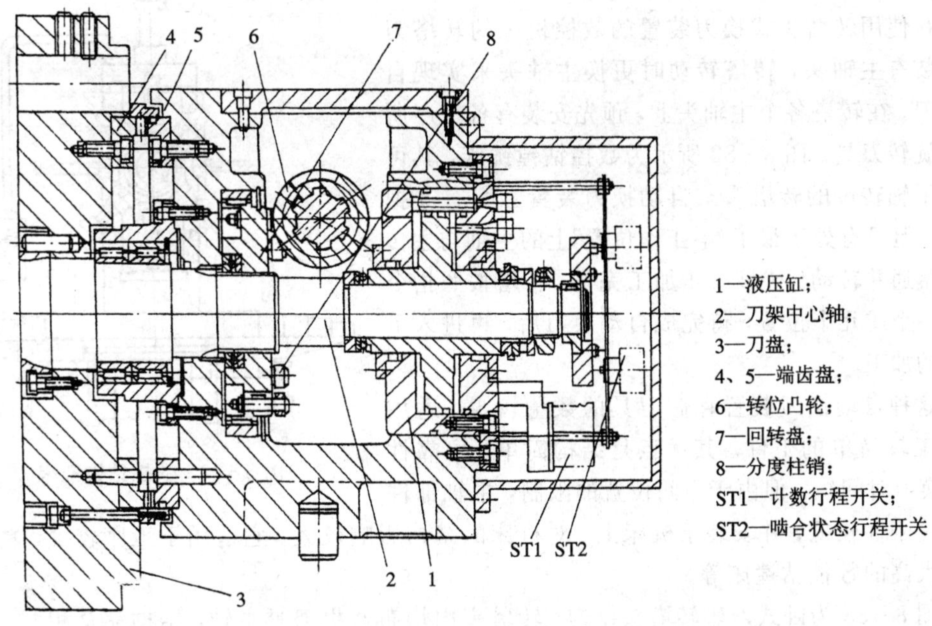

图 8－80　CK3263 系列数控车床回转刀架结构简图

位状态。与此同时，液压缸1左腔进油，通过活塞将刀架中心轴和刀盘拉回，端齿盘啮合，刀盘完成精定位和夹紧动作。刀盘夹紧后，刀架中心轴尾部将ST2压下，发出转位结束信号。

刀盘转位驱动采用圆柱凸轮步进传动机构，其工作原理如图8-81所示。圆柱凸轮是指在圆周面上加工出一条两端有头的凸轮轮廓。从动回转盘端面有多个柱销，柱销数量与工位数相等。当凸轮按图中所示方向旋转时，B 销先进入凸轮轮廓的曲线段，这时凸轮开始驱动回转盘转位，与此同时，A 销与凸轮轮廓脱开。当凸轮转过180°时，B 销接触的凸轮轮廓由曲线段过渡到直线段，同时与 B 销相邻的 C 销开始与凸轮的直线轮廓的另一侧面接触，凸轮继续转动，回转盘不动，刀架处于预定位状态。由于凸轮是一个两端开口的非闭合曲线轮廓，所以凸轮在正反转时均可带动回转盘作正反方向的旋转，因此，这种刀架可通过控制系统中的逻辑电路来自动选择刀盘回转方向，以缩短转位时间，提高换刀速度。

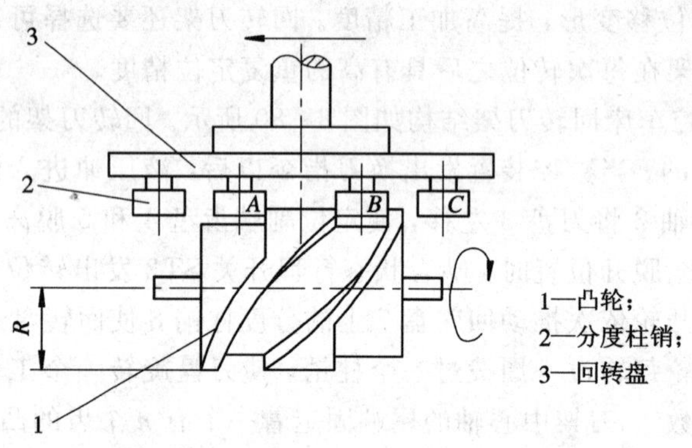

图8-81　圆柱凸轮步进传动机构工作原理

2）转塔头式换刀装置

在使用转塔头式换刀装置的数控机床的转塔刀架上装有主轴头，转塔转动时更换主轴头来实现自动换刀。在转塔各个主轴头上，预先安装有各工序所需的旋转刀具。图8-82所示为数控钻镗铣床，其可绕水平轴转位的转塔头式自动换刀装置上装有8把刀具，但只有处于最下端“工作位置”上的主轴与主传动链接通并转动。待该工步加工完毕，转塔按照指令转过一个或几个位置，待完成自动换刀后，再进入下一步的加工。

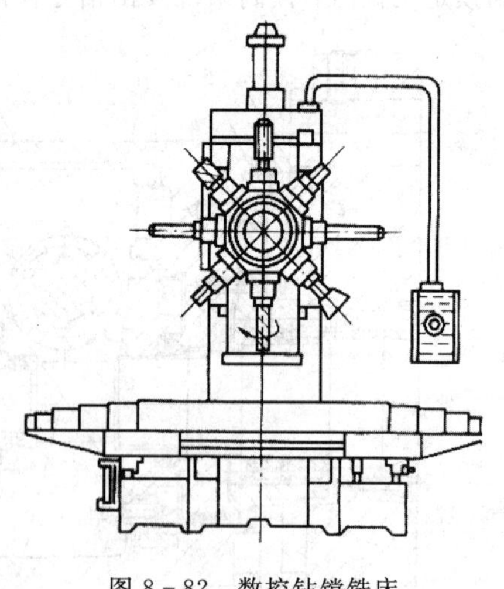

图8-82　数控钻镗铣床

这种自动换刀装置存储刀具的数量较少，适用于加工较简单的工件。其优点是结构简单，可靠性好，换刀时间短。但由于空间位置的限制，主轴部件的结构刚性较低，并安装于机床上，对机床的结构影响较大。它适用于工序较少，精度要求不太高的数控钻镗床等。

图8-83为卧式八轴转塔头结构。转塔头内均布八根刀具主轴，结构完全相同，前轴承座2连同主轴1作为一个组件整体装卸，便于调整主轴轴承的轴向和径向间隙。按压操

纵杆 12，通过顶杆 14 卸下主轴孔内的刀具。由电动机经变速机构、传动齿轮、滑移齿轮 4 到齿轮 13 传动主轴。上齿盘 5 固定在转塔体 8 上，下齿盘 6 则固定在转塔底座上。转塔体 8 由两个推力球轴承 7、9 支撑在中心液压缸 11 上，活塞和活塞杆 10 固定在转塔头底座上。当压力油进入油缸下腔时，转塔头即被压紧在底座上。

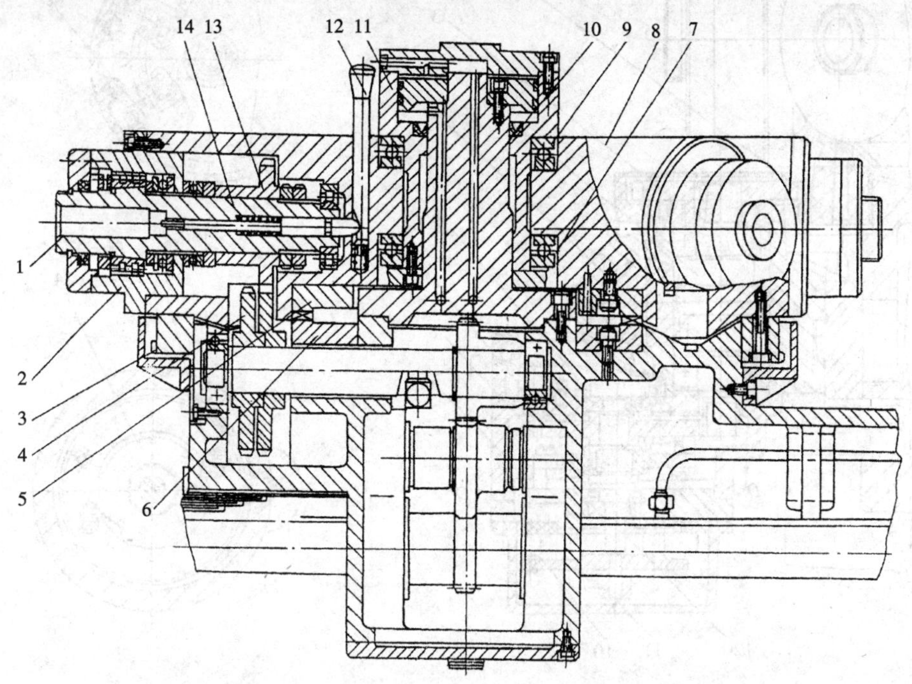

1—主轴；2—前轴承座；3—大齿轮；4—滑移齿轮；5、6—齿盘；7、9—推力球轴承；
8—转塔体；10—活塞杆；11—中心液压缸；12—操纵杆；13—齿轮；14—顶杆

图 8－83　卧式八轴转塔头结构

转塔头的转位过程如图 8－84 所示。首先由液压拨叉(图中未示出)移动滑移齿轮 4(图 8－83)，使它脱开齿轮 13(图 8－83)，然后压力油经固定活塞杆 10(图 8－83)中的孔进入中心液压缸 11(图 8－83)的上腔，使转塔体 8(图 8－83)抬起，齿盘 5(图 8－83)和齿盘 6(图 8－83)脱开。当转塔头体 1 抬起时，与其连在一起的大齿轮 2 也上移，与轴 4 上的齿轮 3 啮合。当推动转塔头转位液压缸活塞移动时，活塞杆齿条 5 经齿轮传动轴 4，使转塔头转位。同时，轴 4 下端的小齿轮通过齿轮 8、棘爪 15、棘轮 14、小轴 12 使杠杆 11 转动。当转塔头下一个刀具主轴转到工作位置时，杠杆 11 端部的金属电刷从两同心圆环上的某一组电触点转动，与下一组电触点相接，这样就可识别和记忆转塔头工作主轴的号码，并给机床控制系统发出信号。活塞杆齿条 5 每次移动，只能使转塔头做一次固定角度的分度运动，因此只适于顺序换刀。当活塞杆齿条 5 到达行程终点时，固定在齿轮 8 上并随之转动的挡杆 7 按压微动开关 6，发出信号使转塔头体下降压紧，转塔头定位夹紧时，大齿轮 2 下降与齿轮 3 脱开，此时大齿轮 2 下端面使一微动开关发出信号，使通向齿条油缸的油路换向，齿条活塞杆复位，这时齿轮 8 上的挡杆 7 按压微动开关 13，发出转塔头转位完毕的信号。液压拨叉重新将滑移齿轮 4(图 8－83)移到与齿轮 13(图 8－83)啮合的位置，使在工作位置的刀具主轴接通主运动链。

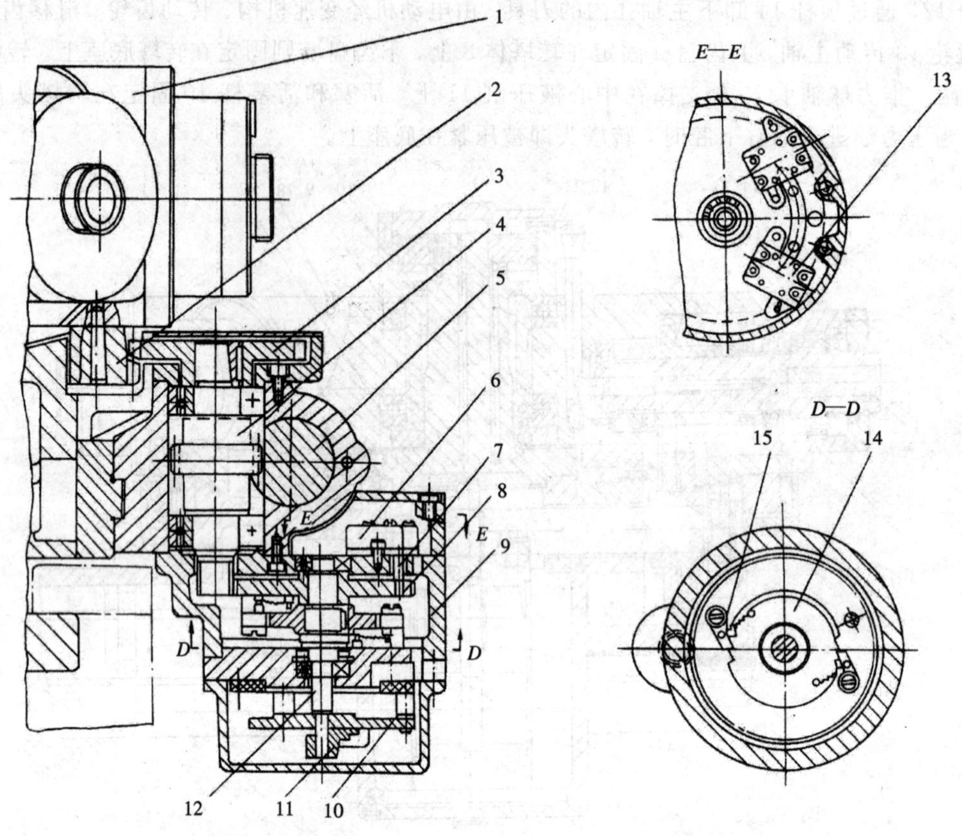

1—转塔头体；2—大齿轮；3、8—齿轮；4—轴；5—活塞杆齿条；6、13—微动开关；
7—挡杆；9—壳体；10—盘；11—杠杆；12—小轴；14—棘轮；15—棘爪

图 8-84 转塔头的转位过程

2. 带有刀库的自动换刀装置

目前大量使用的是带有刀库的自动换刀装置。与转塔头式换刀装置不同，由于有了刀库，加工中心只需要一个夹持刀具进行切削的主轴。当需要用某一刀具进行切削加工时，换刀装置将该刀具自动地从刀库交换到主轴上，切削完毕后又将用过的刀具自动地从主轴放回刀库。由于换刀过程是在各个部件之间进行的，因此要求各参与换刀的部件的动作必须准确协调。由于这种换刀方式的主轴不像转塔头式换刀结构那样受限制，因此主轴刚度得以提高，这样还有利于提高加工精度和加工效率。又由于有了单独存储刀具的刀库，因此使得刀具的存储容量增多，有利于加工复杂零件。另外，刀库可离开加工区，消除了很多不必要的干扰。

1）无机械手式自动换刀装置

无机械手式自动换刀装置，一般是把刀库放在主轴箱可以运动到的位置，或整个刀库、某一刀位移动到主轴箱可以到达的位置。同时刀库中刀具的存放方向一般与主轴箱的装刀方向一致。换刀时，由主轴和刀库的相对运动进行换刀动作，利用主轴取走或放回刀具。图 8-85 为几种无机械手式自动换刀装置的立柱不动式卧式加工中心。

图 8-86 是立柱不动式卧式加工中心的无机械手式自动换刀装置的换刀过程。

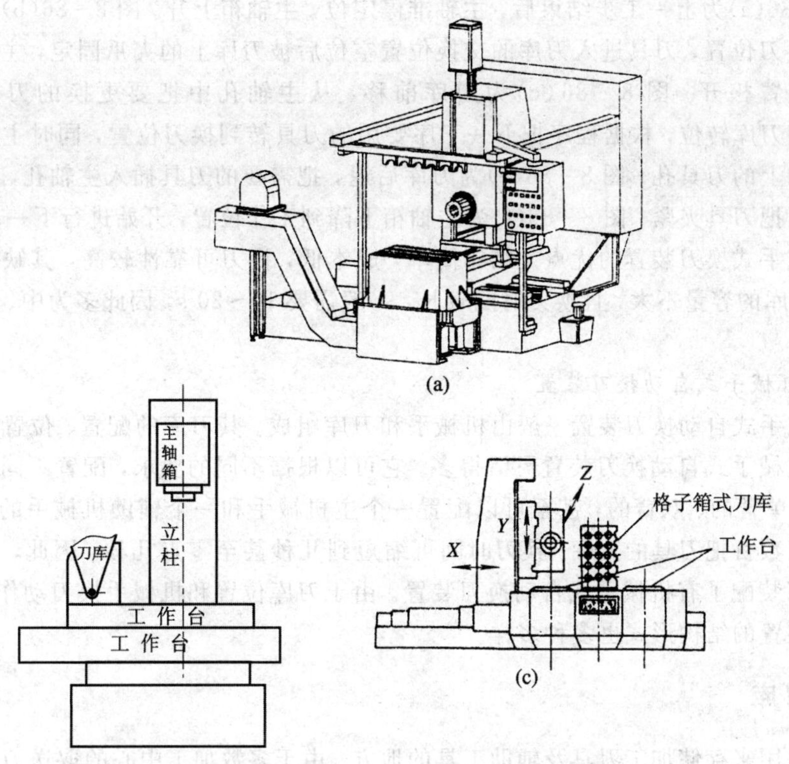

图 8-85　几种无机械手式自动换刀装置的立柱不动式卧式加工中心

(a) 种类一；(b) 种类二；(c) 种类三

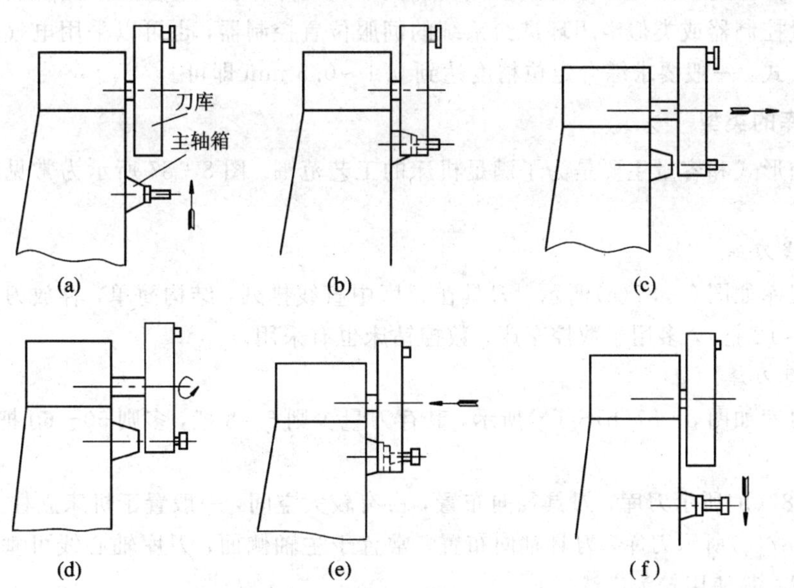

图 8-86　立柱不动式卧式加工中心的无机械手式自动换刀装置的换刀过程

(a) 步骤一；(b) 步骤二；(c) 步骤三；(d) 步骤四；(e) 步骤五；(f) 步骤六

图 8－86(a)为上一工步结束后，主轴准停定位，主轴箱上升。图 8－86(b)为主轴箱上升到顶部换刀位置，刀具进入刀库的交换位置空位后被刀库上的夹爪固定，主轴上的刀具自动夹紧装置松开。图 8－86(c)为刀库前移，从主轴孔中把要更换的刀具拔出。图 9－86(d)为刀库转位，根据程序把下一工序要用的刀具转到换刀位置，同时主轴孔清洁装置清洁主轴上的刀具孔。图 8－86(e)为刀库后退，把需要的刀具插入主轴孔，主轴上的刀具夹紧装置把刀具夹紧。图 8－86(f)为主轴箱下降到工作位置，开始进行下一步工作。

无机械手式换刀装置的优点是结构简单，成本低，换刀可靠性较高，其缺点是由于结构所限，刀库的容量不大，且换刀时间较长，一般需要 10～20 s，因此多为中、小型加工中心所采用。

2）有机械手式自动换刀装置

有机械手式自动换刀装置一般由机械手和刀库组成。其刀库的配置、位置及数量的选用要比无机械手式自动换刀装置灵活得多。它可以根据不同的要求，配置不同形式的机械手，可以是单臂的、双臂的，甚至可以配置一个主机械手和一个辅助机械手的形式。它能够配备多至数百把刀具的刀库。换刀时间可缩短到几秒甚至零点几秒。因此，目前大多数加工中心都装配了有机械手式自动换刀装置。由于刀库位置和机械手换刀动作的不同，其自动换刀装置的结构形式也多种多样。

8.5.2 刀库

刀库是用来存储加工刀具及辅助工具的地方。由于多数加工中心的取送刀位置都是在刀库中的某一固定刀位，因此刀库还需要有使刀具运动及定位的机构来保证换刀的可靠性。其动力可采用电动机或伺服电动机，如果需要的话，还要有减速机构。刀具的定位机构是用来保证要更换的每一把刀具和刀套都能准确地停在换刀位置上。其控制部分可以采用简易位置控制器或类似半闭环进给系统的伺服位置控制器，也可以采用电气和机械相结合的定位方式，一般要求综合定位精度达到 0.1～0.5 mm 即可。

1. 刀库的类型

刀库的形式和容量主要是为了满足机床的工艺范围。图 8－87 所示为常见的几种刀库的结构形式。

1）直线刀库

直线刀库如图 8－87(a)所示，刀具在刀库中直线排列，结构简单，存放刀具数量有限(一般为 8～12 把)，多用于数控车床，数控钻床也有采用。

2）圆盘刀库

圆盘刀库如图 8－87(b)～(g)所示，其存刀量少则 6～8 把，多则 50～60 把，并且有多种形式。

图 8－87(b)所示刀库，刀具径向布置，占有较大空间，一般置于机床立柱上端。

图 8－87(c)所示刀库，刀具轴向布置，常置于主轴侧面，刀库轴心线可垂直放置，也可水平放置，其使用较为广泛。

图 8－87(d)所示刀库，刀具为伞状布置，多斜放于立柱上端。

上述三种圆盘刀库是较常用的形式，存刀量最多为 60 把，存刀量过多则结构尺寸庞大，与机床布局不协调。

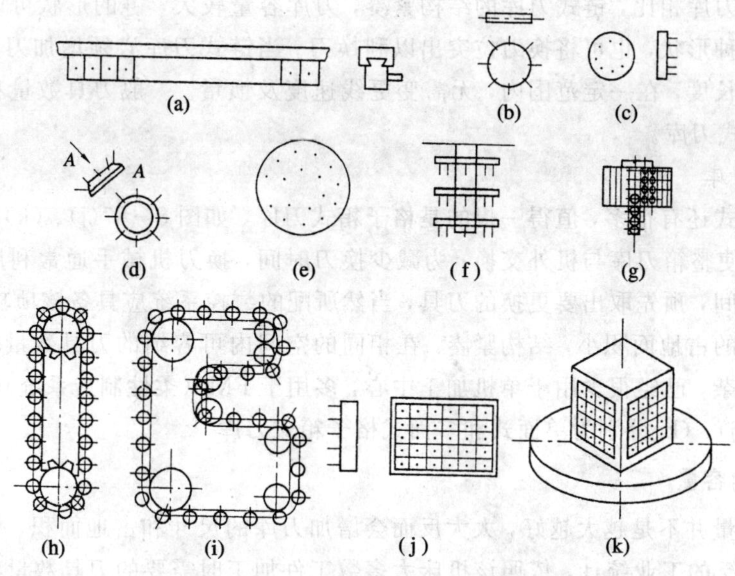

图 8-87 常见的几种刀库的结构形式

(a) 直线刀库；(b) 刀具径向布置的圆盘刀库；(c) 刀具轴向布置的圆盘刀库；(d) 刀具伞状布置的圆盘刀库；(e) 刀具多圈布置的圆盘刀库；(f) 多层圆盘刀库；(g) 多排圆盘刀库；(h) 单排链式刀库；(i) 加长链条的链式刀库；(j) 单面格子箱式刀库；(k) 多面格子箱式刀库

为进一步扩充存刀量，有的机床使用刀具多圈布置的圆盘刀库(见图 8-87(e))、多层圆盘刀库(见图 8-87(f))和多排圆盘刀库(见图 8-87(g))。多排圆盘刀库每排 4 把刀，可整排更换。这三种刀库形式使用较少。

总的来说，圆盘式刀库结构简单、应用较多，但由于刀具环形排列，空间利用率低，若使用多圈分布刀具的圆盘刀库，刀库的外径将扩大，转动惯量也很大，选刀时间也较长。因此，一般当刀具容量较小时采用圆盘式刀库。

3) 链式刀库

链式刀库也是较常使用的一种形式(见图 8-87(h)、(i))，这种刀库的刀座固定在链节上，常用的有单排链式刀库(见图 8-87(h))，一般存刀量小于 30 把，个别能达到 60 把。若要进一步增加存刀量，则可使用加长链条的链式刀库(见图 8-87(i))。图 8-88 给出了各种链式刀库。

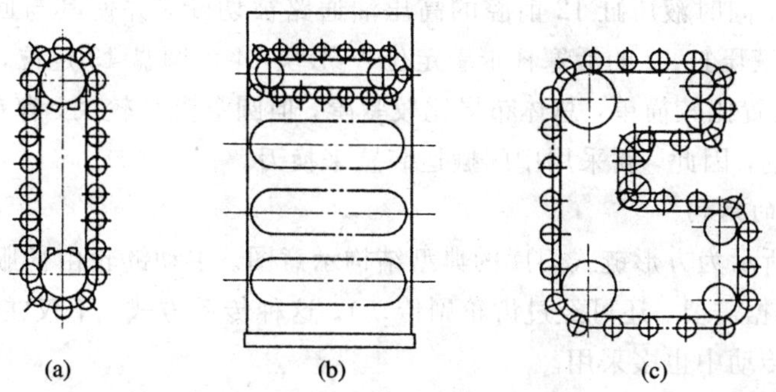

图 8-88 各种链式刀库

(a) 单排链式刀库；(b) 多排链式刀库；(c) 加长链条的链式刀库

与圆盘式刀库相比，链式刀库的结构紧凑，刀库容量较大，链的形状可以根据机床的布局配置成各种形状，也可将换刀位突出以利换刀。当链式刀库必须增加刀具容量时，只需增加链条的长度，在一定范围内，无需变更线速度及惯量。一般刀具数量在 30～120 把时，都采用链式刀库。

4）其他刀库

刀库的形式还有很多，值得一提的是格子箱式刀库，如图 8-87(j)、(k)所示，其刀库容量较大，可使整箱刀库与机外交换。为减少换刀时间，换刀机械手通常利用前一把刀具加工工件的时间，预先取出要更换的刀具，当然所配的数控系统应具备该项功能。

这种刀库的占地面积小，结构紧凑，在相同的空间内可容纳的刀具数量较多，但选刀和取刀动作复杂，已经很少用于单机加工中心，多用于 FMS(柔性制造系统)的集中供刀系统。图 8-87(j)、(k)分别为单面式和多面式格子箱式刀库。

2. 刀库的容量

刀库的容量并不是越大越好，太大反而会增加刀库的尺寸和占地面积，使选刀时间增长。应根据广泛的工业统计，依照该机床大多数工件加工时需要的刀具数量来确定刀库容量。据资料分析，对于钻削加工，用 10 把刀具就能完成 80%的工件加工，用 20 把刀具就能完成 90%的工件加工；对于铣削加工，只需 4 把铣刀就可以完成 90%的铣削工艺；对于车削加工，只需 10 把刀具即可完成 90%的工艺加工。若是从完成被加工工件的全部工序考虑进行统计，得到的结果是大部分(超过 80%)的工件完成其全部加工只需 40 把左右刀具就足够了。因此从使用角度出发，刀库的容量一般为 10～40 把，盲目地加大刀库容量，会使刀库的利用率降低，结构过于复杂，而造成很大的浪费。

3. 刀库的结构

1）圆盘式刀库的结构

如图 8-89(a)、(b)所示为圆盘式刀库的结构图，可容纳 40 把刀具，图(a)为刀库的驱动装置，由液压电动机驱动，通过蜗杆 4 蜗轮 5、端齿离合器 2 和 3 带动与圆盘 13 相连的轴 1 转动。如图(b)所示，圆盘 13 上均匀布有 40 个刀座 9，其外侧边缘上有相应的 40 个刀座编码板 8。在刀库的下方装有固定不动的刀座号读取装置 7。当圆盘 13 转动时，刀座号板 8 依次经过刀座号读取装置，并读出各刀座的编号，与输入指令相比较，当找到所要求的刀座号时，即发出信号，液压缸 6 右腔进入高压油，使端齿离合器 2 和 3 脱开，使圆盘 13 处于浮动状态。同时液压缸 12 前腔的高压油通路被切断，并使其与回油箱连通，在弹簧 10 的作用下，液压缸 12 的活塞杆带着定位 V 形块 14 使圆盘 13 定位，以便换刀装置换刀。这种方法，装置比较简单，总体布局比较紧凑，但圆盘直径较大，存在转动惯量，且由于刀库离主轴较远，因此，要采用中间搬运装置来换刀。

2）链式刀库的结构

如图 8-90 所示为方形链式刀库的典型结构示意图。主动链轮由伺服电动机通过蜗轮减速装置驱动(根据需要，还可经过齿轮副传动)。这种传动方式，不仅在链式刀库中采用，其他形式的刀库传动中也多采用。

导向轮一般做成光轮，圆周表面硬化处理。兼起张紧轮作用的左侧两个导轮，其轮座必须带有导向槽(或导向键)，以免松开安装螺钉时，轮座位置歪扭，对张紧调节带来麻

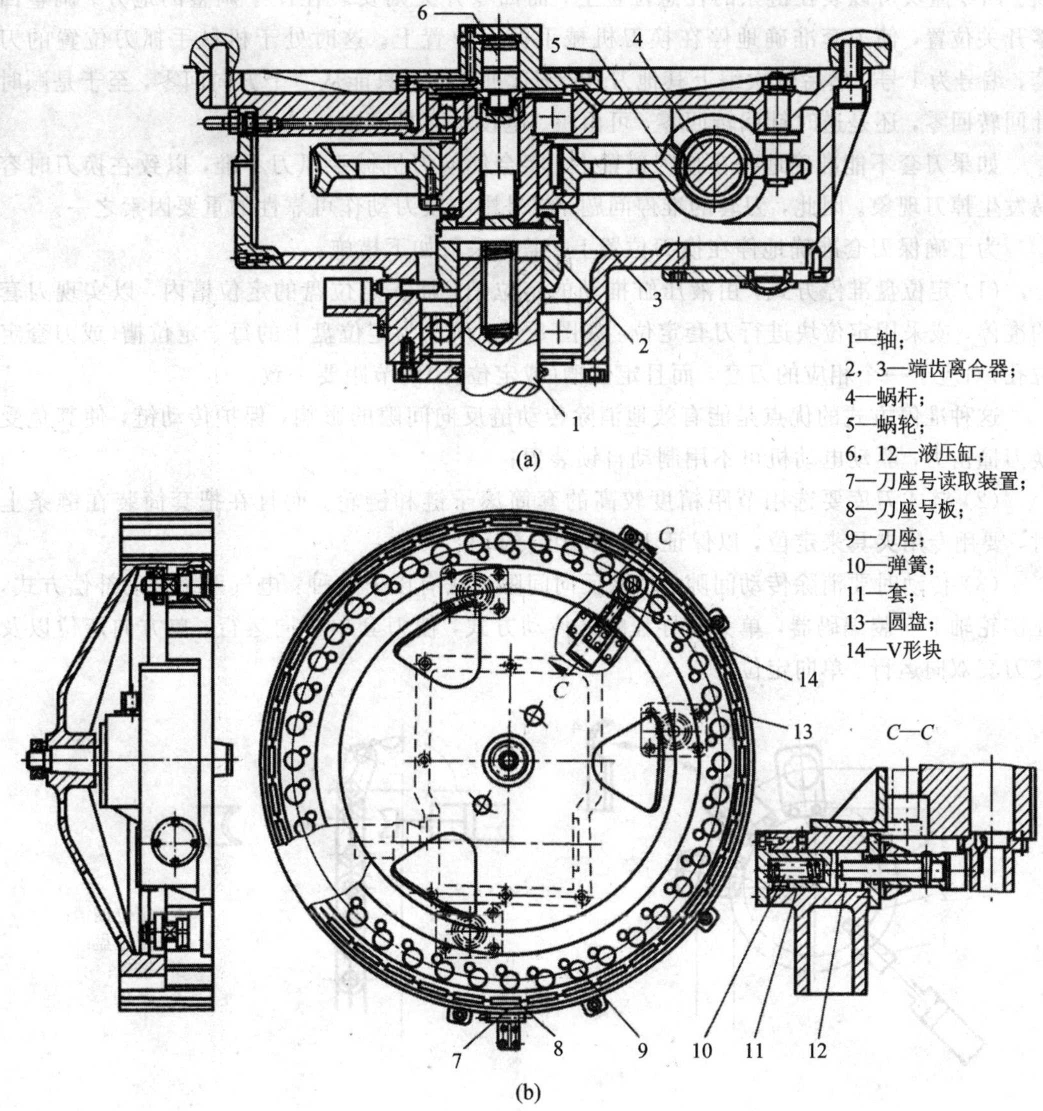

6
5
4
3
2
1
(a)
1—轴；
2，3—端齿离合器；
4—蜗杆；
5—蜗轮；
6，12—液压缸；
7—刀座号读取装置；
8—刀座号板；
9—刀座；
10—弹簧；
11—套；
13—圆盘；
14—V形块
C
C
14
13
C—C
7
8
9
10
11
12
(b)

图 8－89　圆盘式刀库的结构

导向轮
(张紧轮)
主动链轮
刀具
链条
回零开关
(左右可移)
回零撞块
导向轮

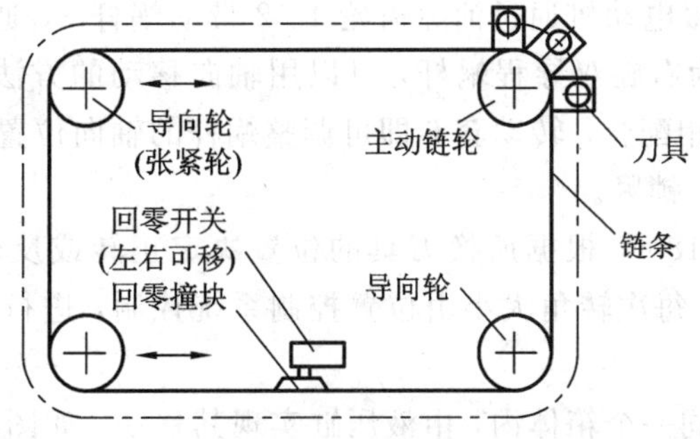

图 8－90　方形链式刀库示意图

烦。回零撞块可以装在链条的任意位置上，而回零开关则安装在便于调整的地方。调整回零开关位置，使刀套准确地停在换刀机械手抓刀位置上。这时处于机械手抓刀位置的刀套，编号为1号，然后依次编上其他刀号。刀库回零时，只能从一个方向回零，至于是顺时针回转回零，还是逆时针回转回零，可由机、电设计人员商定。

如果刀套不能准确地停在换刀位置上，将会使换刀机械手抓刀不准，以致在换刀时容易发生掉刀现象。因此，刀套的准停问题，将是影响换刀动作可靠性的重要因素之一。

为了确保刀套准确地停在换刀位置上，需要采取如下措施：

(1) 定位盘准停方式，由液压缸推动的定位销，插入定位盘的定位槽内，以实现刀套的准停，或采用定位块进行刀套定位。如图8-91所示为定位盘上的每个定位槽(或刀套定位孔)对应于一个相应的刀套，而且定位槽(或定位孔)的节距要一致。

这种准停方式的优点是能有效地消除传动链反向间隙的影响，保护传动链，使其免受换刀撞击力，驱动电动机可不用制动自锁装置；

(2) 链式刀库要选用节距精度较高的套筒滚子链和链轮。而且在把套筒装在链条上时，要用专用夹具来定位，以保证刀套节距一致；

(3) 传动时要消除传动间隙。消除反向间隙方法有以下几种：电气系统自动补偿方式，在链轮轴上安装编码器，单头双导程蜗杆传动方式，使刀套单方向运行、单方向定位以及使刀套双向运行、单向定位等。

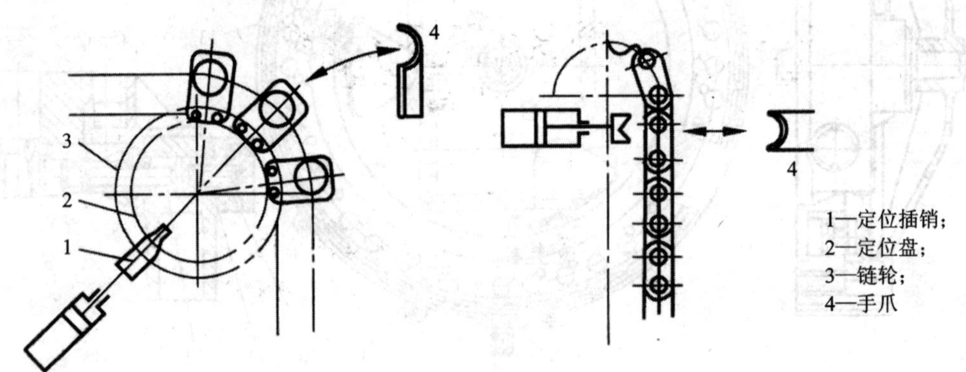

图8-91　刀套的准停

4. 刀库的转位

刀库转位机构由伺服电动机通过消隙齿轮1、2带动蜗杆3，通过蜗轮4使刀库转动，如图8-92所示。蜗杆为右旋双导程蜗杆，可以用轴向移动的方法来调整蜗轮副的间隙。压盖5内孔螺纹与套6相配合，转动套6即可调整蜗杆的轴向位置，也就调整了蜗轮副的间隙。调整好后用螺母7锁紧。

刀库的最大转角为180°，根据所换刀具的位置决定正转或反转、由控制系统自动判别，以使找刀路径最短。每次转角大小由位置控制系统控制，进行粗定位，最后由定位销精确定位。

刀库及转位机构在同一个箱体内，由液压缸实现其移动。如图8-93所示为刀库液压缸结构图。2是液压缸，3是立柱顶部平面。这种刀库，每把刀具在刀库上的位置是固定的，从哪个刀位取下的刀具，用完后仍然送回到那个刀位去。

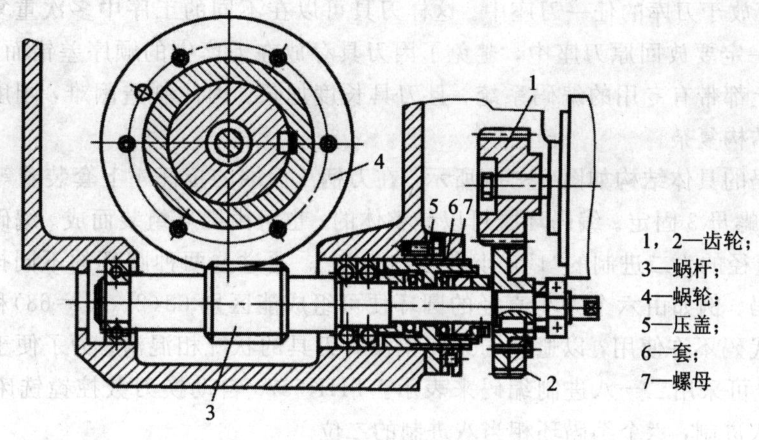

图 8－92　刀库转位机构

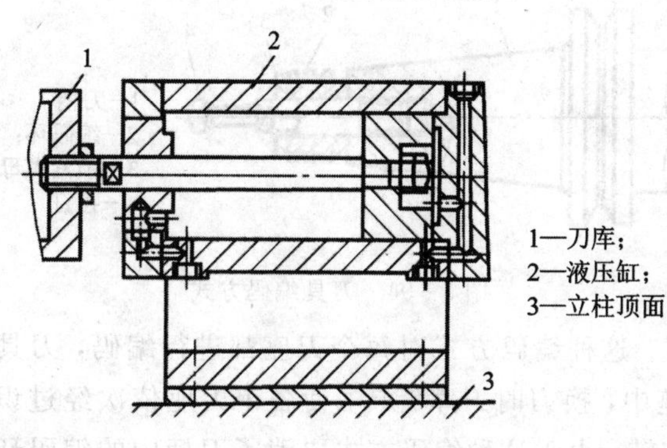

图 8－93　刀库液压缸结构图

5. 刀库的选刀方式

1）顺序选刀

顺序选刀方式是按照预定工序的先后顺序将所用刀具插入刀库刀座中，使用时按顺序转到取刀位置。用过的刀具放回原来的刀座内。该法不需要刀具识别装置，驱动控制也较简单，工作可靠。但刀库中每一把刀具在不同的工序中不能重复使用。为了满足加工需要，只有增加刀具的数量和刀库的容量，这就降低了刀具和刀库的利用率。此外，装刀时必须十分谨慎，如果刀具不按顺序装在刀库中，将会造成严重的后果。因此，这种方式适合加工批量较大，工件品种数量较少的中、小型自动换刀机床。

2）任意选刀

任意选刀方式是根据程序指令的要求任意选择所需要的刀具，刀具在刀库中不必按照工件的加工顺序排列，可以任意存放。每把刀具(或刀座)都编上代码，自动换刀时刀库旋转，每把刀具(或刀座)都经过“刀具识别装置”接受识别。当某把刀具的代码与数控指令的代码相符合时，该刀具被选中，刀库将刀具送到换刀位置，等待机械手来抓取。任意选刀方式的优点是刀库中刀具的排列顺序与工件加工顺序无关，而且相同的刀具可重复使用。因此，刀具数量比顺序选刀方式的刀具可少一些，刀库也相应的小一些。

目前大多数的数控系统都采用任选功能，任意选刀主要有以下四种编码方式：

(1) 刀具编码方式。这种方式是对每把刀具进行编码，由于每把刀具都有自己的代码，因此，可以存放于刀库的任一刀座中。这样刀具可以在不同的工序中多次重复使用，用过的刀具也不一定要放回原刀座中，避免了因刀具存放在刀库中的顺序差错而造成的事故。但每把刀具上都带有专用的编码系统，且刀具长度加长，因此制造困难，刚度降低，刀库和机械手的结构复杂。

刀具编码的具体结构如图 8-94 所示。在刀柄 1 后端的拉杆 4 上套装着等间隔的编码环 2，由锁紧螺母 3 固定。编码环既可以是整体的，也可由圆环组装而成。编码环直径有大小两种，大直径的为二进制的“1”，小直径的为“0”。通过这两种圆环的不同排列，可以得到一系列代码。例如由六个大小直径的圆环便可组成能区别 63($2^6-1=63$)种刀具。通常全部为 0 的代码不许使用，以避免与刀座中没有刀具的状况相混淆。为了便于操作者的记忆和识别，也可采用二一八进制编码来表示。THK6370 自动换刀数控镗铣床的刀具编码采用了二一八进制，六个编码环相当八进制的二位。

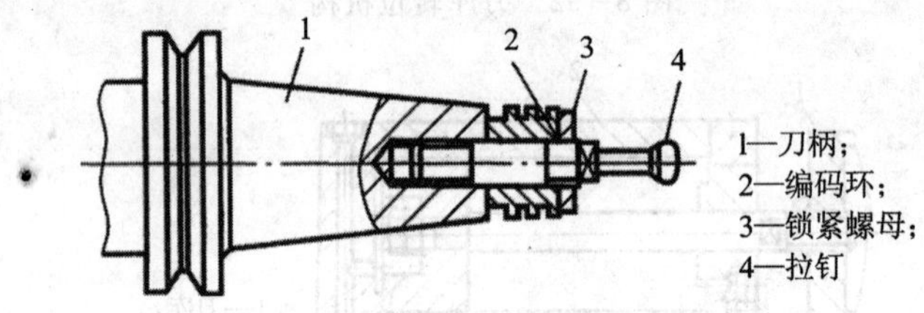

图 8-94　刀具编码方式

(2) 刀座编码方式。这种编码方式对每个刀座都进行编码，刀具也编号，并将刀具放到与其号码相符的刀座中，换刀时刀库旋转，使各个刀座依次经过识刀器，直至找到规定的刀座，刀库便停止旋转。由于这种编码方式取消了刀柄中的编码环，使刀柄结构大为简化。因此，识刀器的结构不受刀柄尺寸的限制，而且可以放在较适当的位置。另外，在自动换刀过程中必须将用过的刀具放回原来的刀座中，增加了换刀动作。与顺序选择刀具的方式相比，刀座编码的突出优点是刀具在加工过程中可重复使用。

如图 8-95 所示为圆盘形刀库的刀座编码装置。在圆盘的圆周上均布若干个刀座，其外侧边缘上装有相应的刀座识别装置 2。刀座编码的识别原理与上述刀具编码的识别原理完全相同。通常编码识别装置分为接触式与非接触式两种。

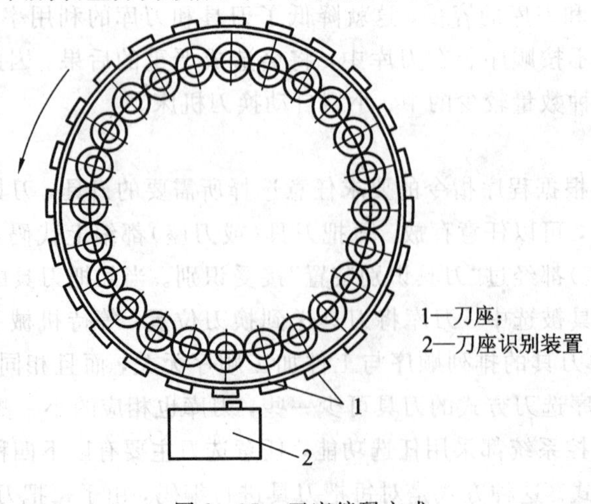

图 8-95　刀座编码方式

① 接触式编码识别装置。如图 8-96 所示，在刀柄 1 上装有两种直径不同的编码环，规定大直径的环表示二进制的“1”，小直径的环表示“0”，图中有 5 个编码环 4，在刀库附近固定一刀具识别装置 2，从中伸出几个触针 3，触针数量与刀柄上编码环个数相等。每个触针与一个继电器相连，当编码环是大直径时与触针接触，继电器通电，其数码为“1”。当编码环是小直径时与触针不接触，继电器不通电，其数码为“0”。当各继电器读出的数码与所需刀具的编码一致时，由控制装置发出信号，使刀库停转，等待换刀。

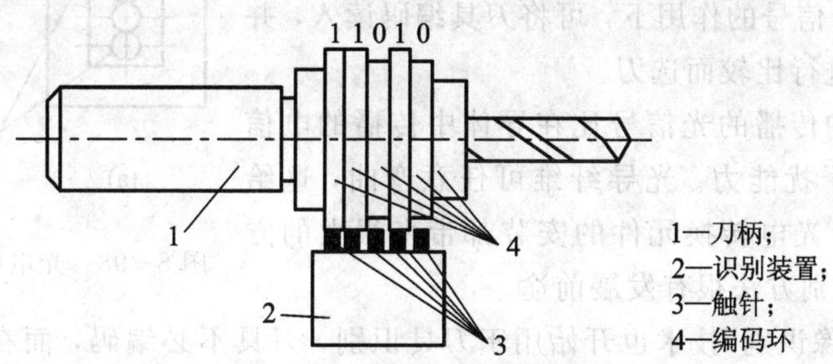

图 8-96 接触式识别装置

接触式编码识别装置的结构简单，但可靠性较差，寿命较短，而且不能快速选刀。

② 非接触式编码识别装置。非接触式编码识别装置没有机械直接接触，因而无磨损、无噪声、寿命长、反应速度快，适用于高速、换刀频繁的工作场合。可分为非接触式磁性识别法和光电纤维识别两种方式。

• 非接触式磁性识别法。磁性识别法是利用磁性材料和非磁性材料磁感应的强弱不同，通过感应线圈读取代码。编码环由导磁材料(如软钢)和非导磁材料(如黄铜、塑料等)制成，规定前者编码为“1”，后者编码为“0”。如图 8-97 所示为一种用于刀具编码的磁性识别装置。图中刀柄 1 上装有非导磁材料编码环 4 和导磁材料编码环 2，与编码环相对应的有一组检测线圈 6 组成非接触式识别装置 3。在检测线圈 6 的一次线圈 5 中输入交流电压时，如编码环为导磁材料，则磁感应较强，在二次线圈 7 中产生较大的感应电压。如编码环为非导磁材料，则磁感应较弱，在二次线圈中感应的电压较弱。利用感应电压的强弱，就能识别刀具的号码。当编码环的号码与指令刀号相符时，控制电路便发出信号，使刀库停止运转，等待换刀。

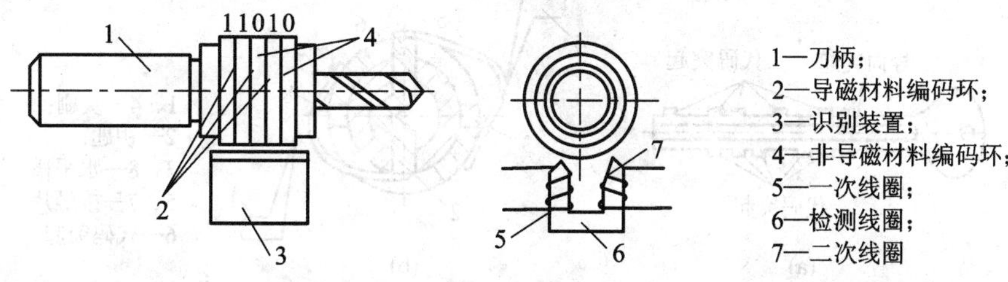

图 8-97 非接触式磁性识别法

• 光电纤维识别装置。光电纤维识别装置利用光导纤维良好的光传导特性，采用多束光导纤维构成阅读头。用靠近的两束光导纤维来阅读二进制码的一位时，其中一束将光源投射到能反光或不能反光(被涂黑)的金属表面，另一束光导纤维将反射光送至光电转换元件转换成电信号，以判断正对这两束光导纤维的金属表面有无反射光，有反射时(表面光亮)为"1"，无反射时(表面涂黑)为"0"，如图 8-98(b)所示。在刀具的某个磨光部位按二进制规律涂黑或不涂黑，就可给刀具编上号码。正当中的一小块反光部分用来发出同步信号。阅读头端面如图 8-98(a)所示，共用的投光射出面为一矩形框，中间嵌进一排共 9 个圆形受光入射面。当阅读头端面正对刀具编码部位，沿箭头方向相对运动时，在同步信号的作用下，可将刀具编码读入，并与给定的刀具号进行比较而选刀。

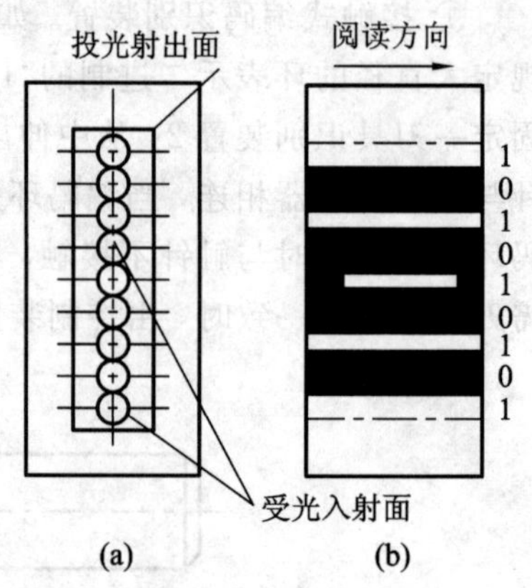

图 8-98　光电纤维刀具识别装置

在光导纤维中传播的光信号比在导体中传播的电信号具有更高的抗干扰能力。光导纤维可任意弯曲，这给机械设计、光源及光电转换元件的安装都带来很大的方便。因此，这种识别方法很有发展前途。

近年来，"图像识别"技术也开始用于刀具识别，刀具不必编码，而在刀具识别位置上利用光学系统将刀具的形状投影到由许多光电元件组成的屏板上，从而将刀具的形状变为光电信号，经信息处理后存入记忆装置中。选刀时，数控指令 T 所指的刀具在刀具识别位置出现图形，并与记忆装置中的图形进行比较，选中时发出选刀符合信号，刀具便停在换刀位置上。这种识别方法虽然有很多优点，但由于该系统价格昂贵，因而限制了它的使用。

(3) 编码附件方式。编码附件方式可分为编码钥匙、编码卡片、编码杆和编码盘等，其中应用最多的是编码钥匙。这种方式是先给各刀具都附上一把表示该刀具号的编码钥匙，当把各刀具存放到刀库的刀座中时，将编码钥匙插进刀座旁边的钥匙孔中。这样就把钥匙的号码转记到刀座中，给刀座编上了号码。识别装置可以通过识别钥匙上的号码来选取该钥匙旁边刀座中的刀具。编码钥匙的形状如图 8-99(a)所示。图中除导向突起外，共有 16 个凸出或凹下的位置，故有 $2^{16}-1=65\ 535$ 种凹凸组合，可区别 65 535 把刀具。图 8-99(b)为编码钥匙孔的剖面图，钥匙沿着水平方向的钥匙缝插入钥匙孔座，然后沿顺时针方向旋转 90°，处于钥匙代码突起 6 的第一弹簧接触片 5 被撑起，表示代码"1"；处于代码凹处的第二弹簧接触片 7 保持原状，表示代码"0"，由于钥匙上每个凹凸部分的旁边均有相应的炭刷 4 或 1，故可将钥匙各个凹凸部分都识别出来，即识别出相应的刀具。

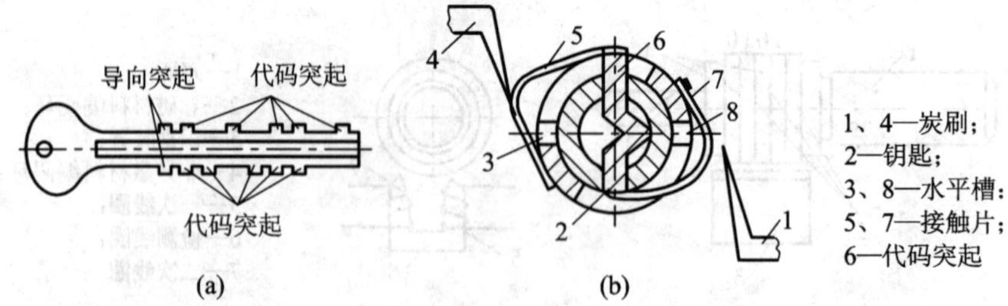

图 8-99　编码钥匙识别
(a) 编码钥匙；(b) 编码钥匙孔

这种编码方式称为临时性编码，因为从刀座中取出刀具时，刀座中的编码钥匙也被取出，刀座中原来的编码随之消失。因此，这种方式具有更大的灵活性。采用这种编码方式用过的刀具必须放回原来的刀座中。

(4) 软件选刀方式。由于计算机技术的发展，可以利用软件选刀代替传统的编码环和识刀器。在这种选刀与换刀的方式中，刀库中的刀具能与主轴上的刀具任意地直接交换，即随机换刀。

随机换刀控制方式需要在 PLC 内部设置一个模拟刀库的数据表(如表 8-1 所示)，表内设置的数据表地址与刀库的刀套位置号和刀具号相对应，这样，刀具号和刀库中的刀套位置(地址)被记忆在数控系统的 PLC 中。

表 8-1　刀库的数据表

数据表地址	数据序号(刀套号)(BCD 码)	刀具号(BCD 码)
172	0(0000 0000)	12(0001 0010)
173	1(0000 0001)	11(0001 0001)
174	2(0000 0010)	16(0001 0110)
175	3(0000 0011)	17(0001 0111)
176	4(0000 0100)	15(0001 0101)
177	5(0000 0101)	18(0001 1000)
178	6(0000 0110)—检索结果输出地址 0151	14(0001 0100)—检索数据地址 0117
179	7(0000 0111)	13(0001 0011)
180	8(0000 1000)	19(0001 1001)

通常刀库上装有位置检测装置(一般与电动机装在一起)，可以检测出每个刀套的位置。此后，随着加工换刀，换上主轴的新刀号以及还回刀库中的旧刀具号，均在 PLC 内部有相应的刀套号存储单元记忆，无论刀具放在哪个刀套内都始终记忆着它的刀套号变化踪迹。这样就可以实现了刀具任意取出及送回。

例如，当 PLC 接到寻找新刀具的指令(T××)后，在模拟刀库的刀号数据表中进行数据检索，检索到 T 代码给定的刀具号，将该刀具号所在数据表中的表序号存放在一个地址单元中，这个表序号就是新刀具在刀库的目标位置。刀库旋转后，测得刀库的实际位置与刀库目标位置一致时，即识别了所要寻找的新刀具，刀库停转并定位，等待换刀。在执行 M06 指令时，机床主轴准停，机械手执行换刀动作，将主轴上用过的旧刀和刀库中选好的新刀进行交换，与此同时，修改现在位置地址中的表示刀套号的数据，可确定当前换刀的刀套号。

8.5.3　机械手

采用机械手进行刀具交换的方式应用最为广泛，这是因为机械手换刀有很大的灵活性，并且可以减少换刀时间。

1. 机械手的形式与种类

在自动换刀数控机床中，机械手的形式也是多种多样的，常见的有如图 8-100 所示的几种形式。

1) 单臂单爪回转式机械手(图 8-100(a))

这种机械手的手臂可以回转不同的角度进行自动换刀，手臂上只有一个夹爪，不论在刀库上还是在主轴上，均靠这一个夹爪来装刀及卸刀，因此换刀时间较长。

2）单臂双爪摆动式机械手(图 8-100(b))

这种机械手的手臂上有两个夹爪，两个夹爪有所分工，一个夹爪只执行从主轴上取下“旧刀”送回刀库的任务，另一个夹爪则执行由刀库取出“新刀”送到主轴的任务，其换刀时间较上述单爪回转式机械手要短。

3）单臂双爪回转式机械手(图 8-100(c))

这种机械手的手臂两端各有一个夹爪，两个夹爪可同时抓取刀库及主轴上的刀具，回转 180°后又同时将刀具放回刀库及装入主轴。换刀时间较以上两种单臂机械手均短，是最常用的一种形式。图 8-100(c)右边的一种机械手在爪取刀具或将刀具送入刀库及主轴时，两臂可伸缩。

4）双机械手(图 8-100(d))

这种机械手相当于两个单臂单爪机械手，相互配合起来进行自动换刀。其中一个机械手从主轴上取下“旧刀”送回刀库；另一个机械手由刀库中取出“新刀”装入机床主轴。

5）双臂往复交叉式机械手(图 8-100(e))

这种机械手的两手臂可以往复运动，并交叉成一定的角度。一个手臂从主轴上取下“旧刀”送回刀库，另一个机械手由刀库中取出“新刀”装入主轴。整个机械手可沿某导轨直线移动或绕某个转轴回转，以实现刀库与主轴间的换刀运动。

6）双臂端面夹紧式机械手(图 8-100(f))

这种机械手只是在夹紧部位上与前几种不同。前几种机械手均靠夹紧刀柄的外圆表面以抓取刀具，这种机械手则夹紧刀柄的两个端面。

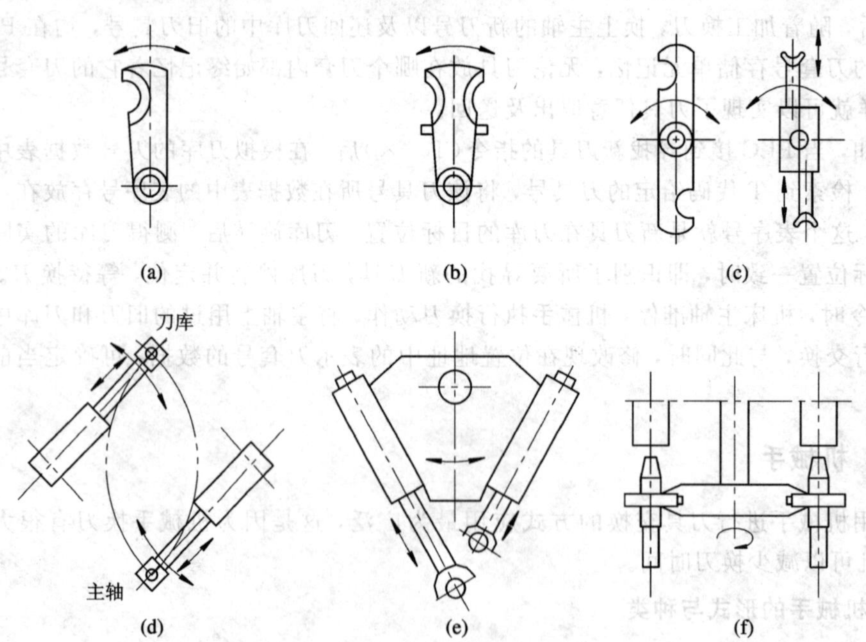

图 8-100 常见的机械手形式

(a) 单臂单爪回转式机械手；(b) 单臂双爪摆动式机械手；(c) 单臂双爪回转式机械手；(d) 双机械手；(e) 双臂往复交叉式机械手；(f) 双臂端面夹紧式机械手

2. 常用换刀机械手

1）单臂双爪式机械手

单臂双爪式机械手也叫扁担式机械手，它是目前加工中心上使用较多的一种。这种机械手的拔刀、插刀动作，大都由液压缸来完成。根据结构要求，可以采取液压缸动、活塞固定或活塞动、液压缸固定的结构形式。而手臂的回转动作则通过活塞的运动带动齿条齿轮传动来实现。机械手臂的不同回转角度由活塞的可调行程来保证。如 SOLON3－1 卧式加工中心机械手就是这样的，其结构如图 8－101 所示。

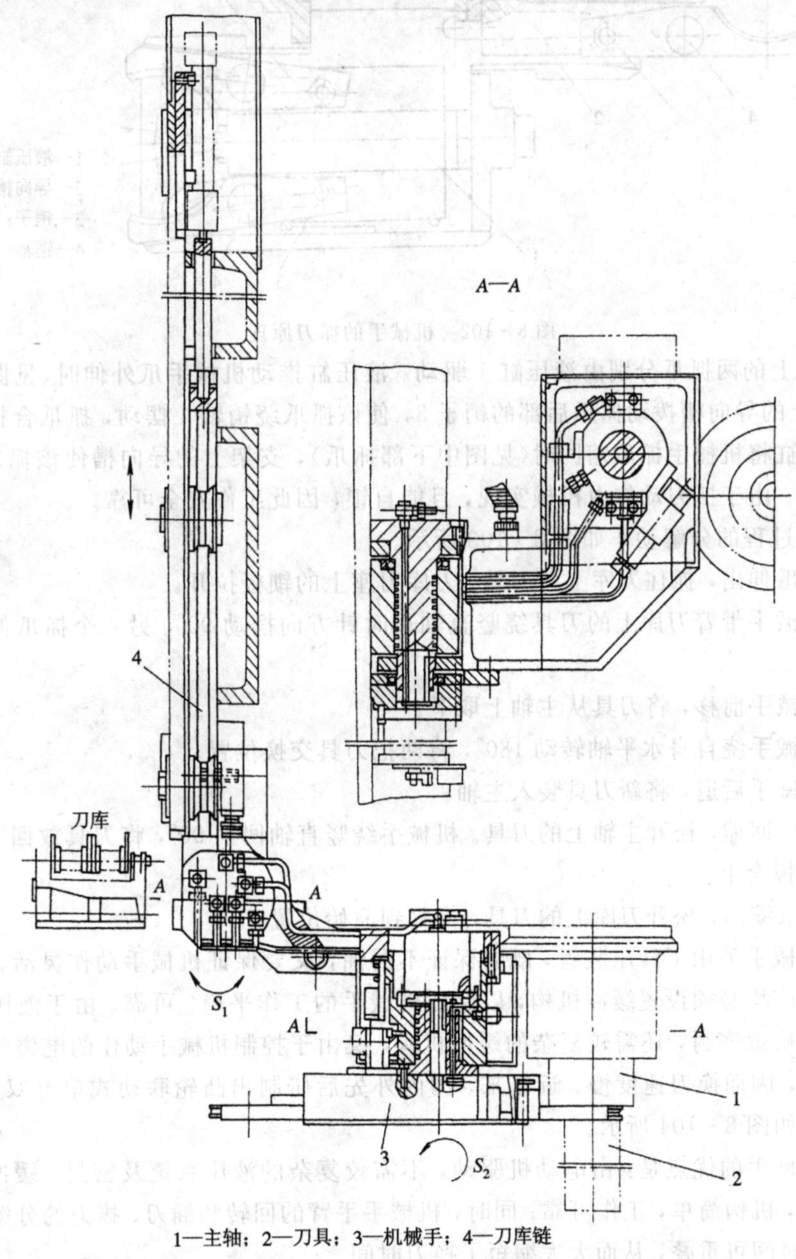

1—主轴；2—刀具；3—机械手；4—刀库链

图 8－101　SOLON3－1 卧式加工中心机械手的结构

在刀库中存放刀具的轴线与主轴轴线相垂直。机械手有三个自由度：沿主轴轴线方向移动 M，实现从主轴拔刀动作；绕竖直轴 90°摆动 S_1，实现刀库与主轴之间刀具的传送；绕水平轴 180°摆动 S_2，实现刀库与主轴刀具的交换。机械手的抓刀原理如图 8-102 所示。

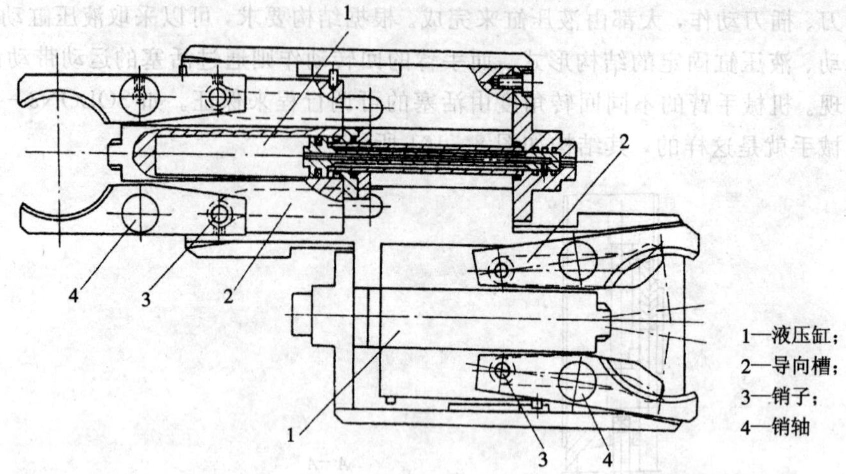

图 8-102　机械手的抓刀原理

机械手上的两抓爪分别由液压缸 1 驱动。液压缸推动机械手爪外伸时(见图中上部抓爪)，支架上的导向槽拨动抓爪后部的销子 3，使该抓爪绕销轴 4 摆动，抓爪合拢实现抓刀动作。液压缸将机械手抓爪缩回时(见图中下部抓爪)，支架上的导向槽使该抓爪放开，实现松刀动作。由于抓刀动作由机械实现，且能自锁，因此工作安全可靠。

其换刀过程的分解动作如图 8-103 所示。

(1) 抓爪伸出，抓住刀库上的刀具。刀库刀座上的锁板拉开。

(2) 机械手带着刀库上的刀具绕竖直轴逆时针方向摆动 90°，另一个抓爪伸出抓住主轴上的刀具。

(3) 机械手前移，将刀具从主轴上取下。

(4) 机械手绕自身水平轴转动 180°，将两把刀具交换位置。

(5) 机械手后退，将新刀具装入主轴。

(6) 抓爪回缩，松开主轴上的刀具。机械手绕竖直轴回摆 90°，将刀具放回刀库，刀库刀座上的锁板合上。

(7) 抓爪缩回，松开刀库上的刀具，恢复到原始位置。

这种机械手采用了液压装置，既要保证不漏油，又要保证机械手动作灵活，而且每个动作结束之前均必须设置缓冲机构，以保证机械手的工作平稳、可靠。由于液压驱动的机械手需要严格地密封，还需较复杂的缓冲机构，又由于控制机械手动作的电磁阀都有一定的时间常数，因而换刀速度慢。近年来，国内外先后研制出凸轮联动式单臂双爪机械手，其工作原理如图 8-104 所示。

这种机械手的优点是：由电动机驱动，不需较复杂的液压系统及密封、缓冲机构，没有漏油现象，机构简单，工作可靠；同时，机械手手臂的回转和插刀、拔刀的分解动作是联动的，部分时间可重叠，从而大大缩短了换刀时间。

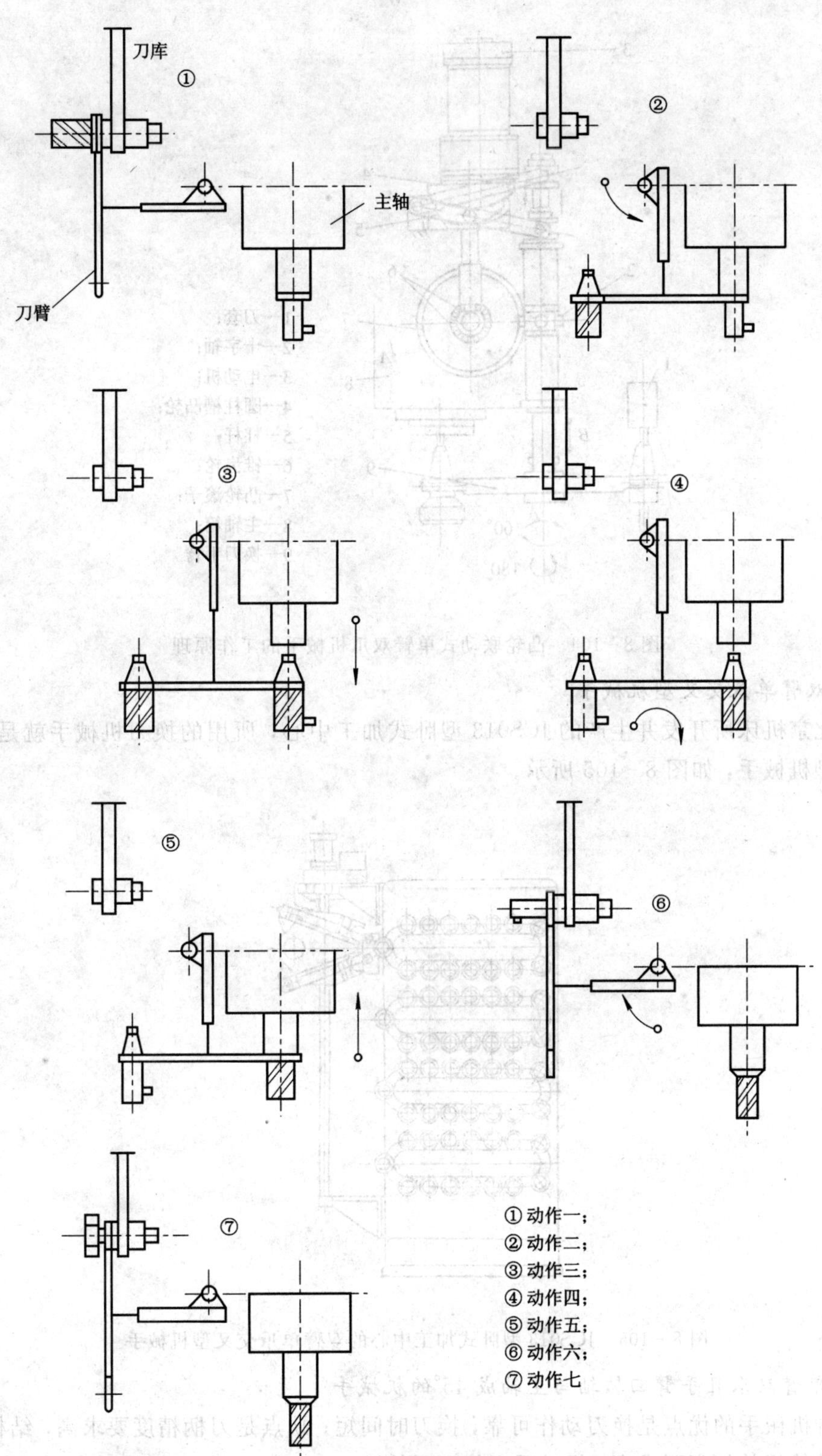

图 8-103　换刀过程的分解动作

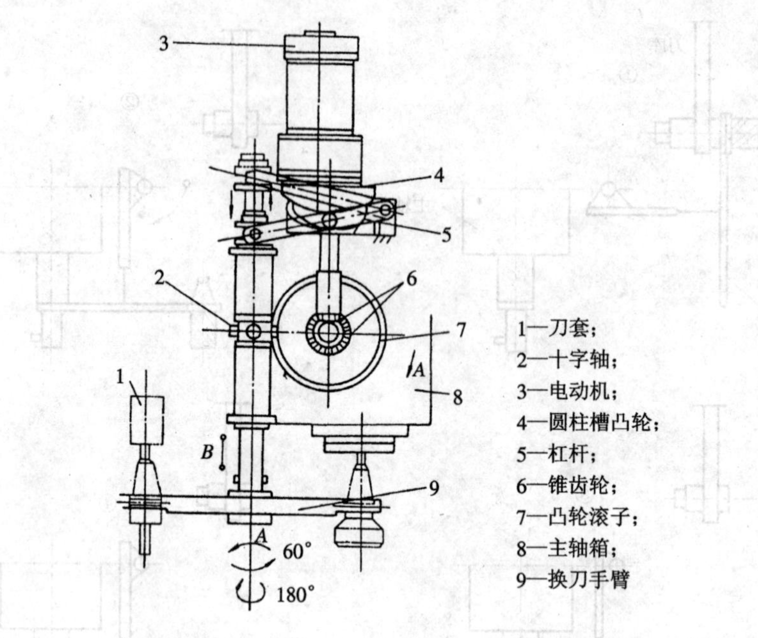

图 8-104　凸轮联动式单臂双爪机械手的工作原理

2）双臂单爪交叉型机械手

由北京机床所开发并生产的 JCS013 型卧式加工中心，所用的换刀机械手就是双臂单爪交叉型机械手，如图 8-105 所示。

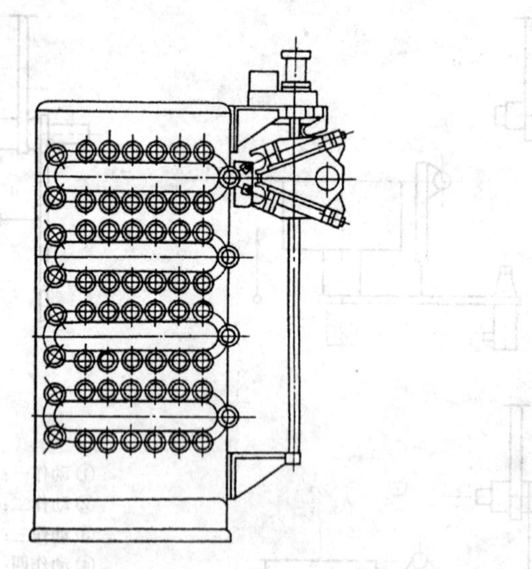

图 8-105　JCS013 型卧式加工中心的双臂单爪交叉型机械手

3）单臂双爪且手臂回转轴与主轴成 45°的机械手

这种机械手的优点是换刀动作可靠，换刀时间短；缺点是刀柄精度要求高，结构复杂，联机调整的相关精度要求高，机械手离加工区较近。

8.6 数控机床的位置检测装置

8.6.1 对数控机床位置检测装置的要求

伺服系统是机床的驱动部分，计算机输出的控制信息通过伺服系统和传动装置变成机床运动。位置检测装置是数控机床伺服系统的重要组成部分，其作用是检测位移和速度，发送反馈信号，并与数控装置发出的指令信号比较，若有偏差，则经过放大后控制执行部件向着消除偏差的方向运动，直至偏差为零。为了提高数控机床的加工精度，必须提高检测元件和检测系统的精度。不同的数控机床对检测元件和检测系统的精度要求、允许的最高移动速度都不相同。一般要求检测元件的分辨率在 0.0001～0.1 mm，测量精度为 ±(0.001～0.02) mm/m。系统分辨率的提高，对机床加工精度有一定的影响，但不宜过小，分辨率的选取和脉冲当量的选择方法一样，按机床加工精度的 1/10～1/3 选取。

对数控机床位置检测装置的基本要求是：

(1) 高可靠性和高抗干扰性。检测装置应能抗各种电磁干扰，基准尺对温、湿度敏感性低，温、湿度变化对测量精度影响小。

(2) 使用维护方便，适合机床运行环境。测量装置安装时要有一定的安装精度要求，安装精度要合理。由于受使用环境的影响，整个测量装置应该有较好的防尘、防油雾、防切屑等措施。

(3) 能够满足精度和速度的要求。

(4) 易于实现高速的动态测量、处理和自动化。

(5) 成本低、寿命长。

8.6.2 位置检测装置的分类

根据工作条件和测量要求的不同，位置检测装置的分类方法也不同。

1. 数字式测量和模拟式测量

数字式测量是将被测量单位量化以后用数字形式来表示的。数字测量的输出信号一般是电脉冲，可以把它直接送到数控装置(计算机)进行比较、处理。光栅位移测量装置就是典型的检测装置。数字式测量的特点是：

(1) 被测量转化成脉冲个数，便于显示和处理；

(2) 测量精度取决于测量单位，与量程基本无关(当然也有积累误差)；

(3) 测量装置比较简单，抗干扰能力强。

模拟式测量是将被测量用连续的变量(如相位变化、电压幅值变化)来表示的。在数控机床上，模拟式测量主要用于小量程的测量，例如感应同步器的一个线距内的信号相位变化等。模拟式测量的特点是：

(1) 直接测量被测量，无须变换；

(2) 在小量程内可以实现高精度测量，如旋转变压器、感应同步器等。

2. 增量式测量和绝对式测量

增量式测量只测量位移增量，每移动一个测量单位就发出一个测量信号。其优点是检测装置简单，任何一个对中点都可以作为测量起点，在轮廓控制数控机床上大都采用这种测量方式。但在此系统中，移距是通过对测量信号计数后读出的，一旦计数有误，后面的测量结果将全错。发生事故后不能找到事故前的位置，事故排除后，必须将工作台移到起点重新计数才能找到事故前的正确位置。

绝对式测量可以避免上述缺点，对于被测量的任意一点位置均由固定的零点作基准，每一被测点都有一个相应的测量值。这种方式对分辨率要求越高，结构越复杂。

3. 直接测量和间接测量

直接测量是将检测装置直接安装在执行部件上。测量直线位移量常用光栅、感应同步器等检测装置。其优点是直接反映工作台的直线位移量，测量精度高；缺点是检测装置要和行程等长，这对大型数控机床是一个很大的限制。

间接测量是通过测量与工作台直线运动相关联的回转运动，间接地测量工作台的直线位移，检测装置常用旋转变压器等。间接测量使用可靠方便，无长度限制；其缺点是测量信号加入了直线运动转变为回转运动的传动链误差，从而影响测量精度。

根据伺服系统位置检测的特点，把传感器分为回转型和直线型，回转型用于检测角位移，直线型用于检测直线位移。数控机床中常用的位置检测元器件见表 8-2。

表 8-2　数控机床中常用的位置检测元器件

类型	数字式		模拟式	
	增量式	绝对式	增量式	绝对式
回转型	增量式光电脉冲编码器、圆光栅	绝对式光电脉冲编码器	旋转变压器、圆形感应同步器、圆形磁尺	多极旋转变压器 三速圆形感应同步器
直线型	计量光栅 激光干涉仪	多通道透射光栅	直线型感应同步器、磁尺	三速直线型感应同步器 绝对值式磁尺

8.6.3　常用位置检测装置及工作原理

1. 光栅

光栅也称为光栅尺，它是一种高精度的直线位移传感器，在数控机床上用于测量工作台的位移，属直接测量，并组成位置闭环伺服系统。图 8-106 为光栅外观示意图。

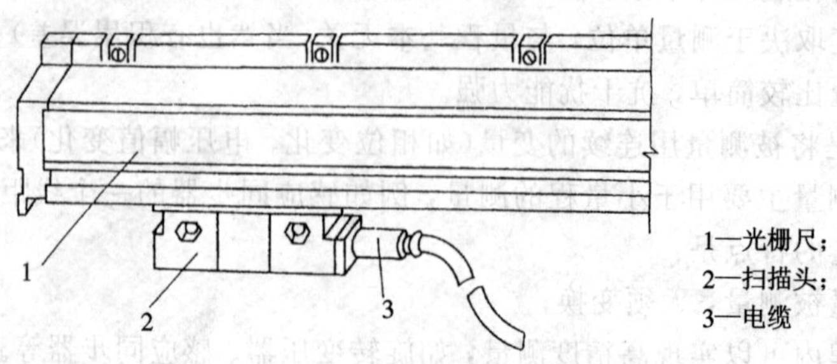

图 8-106　光栅外观

1）光栅的结构

数控机床中的光栅可以按光线在光栅中是反射还是透射分为反射光栅和透射光栅，如图 8－107 所示，还可以按形状分为圆光栅和长光栅。圆光栅用于测量角位移，长光栅用于测量直线位移。目前，光栅的制作精度通过激光技术达到了微米级，通过细分电路可以做到 0.1 μm 甚至更高的分辨率。

如图 8－107 所示，光栅检测装置主要由光源、透镜、标尺光栅 G_1（长光栅）、指示光栅 G_2（短光栅）和光敏元件等组成。

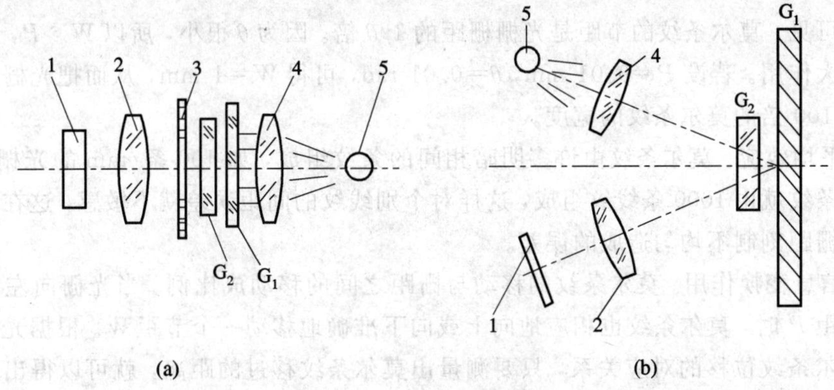

1—光敏元件；2、4—透镜；3—狭缝；5—光源；G_1—标尺光栅；G_2—指示光栅

图 8－107　光栅种类

(a) 透射光栅；(b) 反射光栅

光栅是在一块长方形的光学玻璃或金属镜面上均匀地刻有许多与运动方向垂直的线纹，常用的光栅每毫米刻有 50、100 或 200 线纹。相邻线纹之间的距离称为栅距，栅距可以根据测量精度确定。标尺光栅安装在机床的移动部件上，指示光栅安装在机床的固定部件上。两块光栅的刻线密度必须相同，且相互平行并保持 0.05～0.1 mm 的间隙。

在实际应用中，常常把光源、指示光栅和光敏元件等组合在一起，将其称为读数头。读数头又称为位移—光电变换器，它是位置信息的检出装置，与标尺光栅配合产生莫尔条纹，光敏元件通过测量莫尔条纹的变化给出位移的大小和方向。

2）光栅的工作原理

安装光源、指示光栅和光敏元件等组件时，指示光栅上的线纹与标尺光栅上的线纹成一个很小的角度 θ，两光栅尺上的线纹相互交叉，如图 8－108 所示。

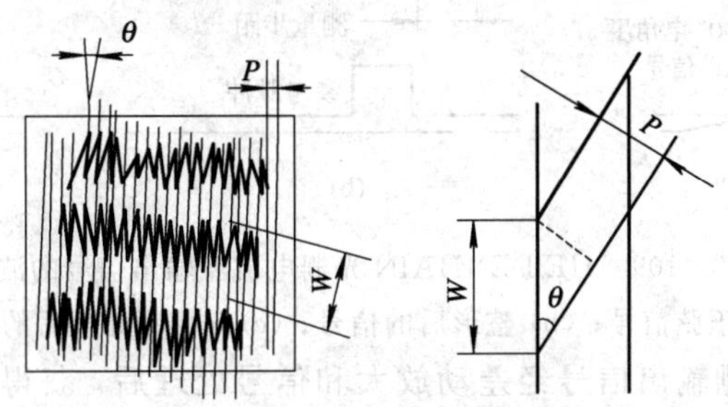

图 8－108　光栅的工作原理

在光源的照射下，交叉点附近的区域内黑线重叠，透明区域变大，挡光效应最弱，透光的累积使该区域出现亮带；而距交叉点越远的区域，两光栅不透明黑线的重叠部分越少，黑线的挡光效应增强，该区域出现暗带。这种明暗相间与光栅线纹几乎垂直的条纹称为莫尔条纹。莫尔条纹具有以下特点：

(1) 放大作用。当两光栅尺线纹之间的夹角 θ 很小时，莫尔条纹的节距 W 和栅距 P 之间的关系为

$$W=\frac{P}{\sin\theta}\approx\frac{P}{\theta}$$

由此可见，莫尔条纹的节距是光栅栅距的 $1/\theta$ 倍。因为 θ 很小，所以 $W\gg P$，即莫尔条纹具有放大作用。若设 $P=0.01$ mm，$\theta=0.01$ rad，可得 $W=1$ mm，从而把光栅的栅距转换成放大 100 倍的莫尔条纹的宽度。

(2) 平均效应。莫尔条纹由许多明暗相间的条纹组成，如 100 条/mm 的光栅，10 mm 宽的莫尔条纹就由 1000 条线纹组成，这样对个别线纹的间距误差就不敏感，这在很大程度上消除了栅距刻制不均匀造成的误差。

(3) 信息变换作用。莫尔条纹的移动与栅距之间的移动成比例。当光栅向左或向右移动一个栅距 P 时，莫尔条纹也相应地向上或向下准确地移动一个节距 W。根据光栅栅距的位移和莫尔条纹位移的对应关系，只要测量出莫尔条纹移过的距离，就可以得出光栅移动的微小距离。

(4) 光强分布规律。当用平行光束照射光栅时，就会形成明、暗相间的莫尔条纹。由亮纹到暗纹，再由暗纹到亮纹的光强分布近似余弦函数。

3) 信号处理

光栅输出的信号有两种：一种是正弦波信号；另一种是方波信号。

(1) 倍频处理。正弦波输出有电流型和电压型两种，对正弦波输出信号需经过差动放大、整形及倍频处理后得到脉冲信号。倍频可提高光栅的分辨精度，如 5 倍频、10 倍频等。如原光栅线纹为 50 条/毫米，经 5 倍频处理后，相当于将线纹密度提高到 250 条/毫米。图 8-109 所示为 HEIDENHAIN 光栅电流型输出信号经 5 倍频处理后的信号波形。

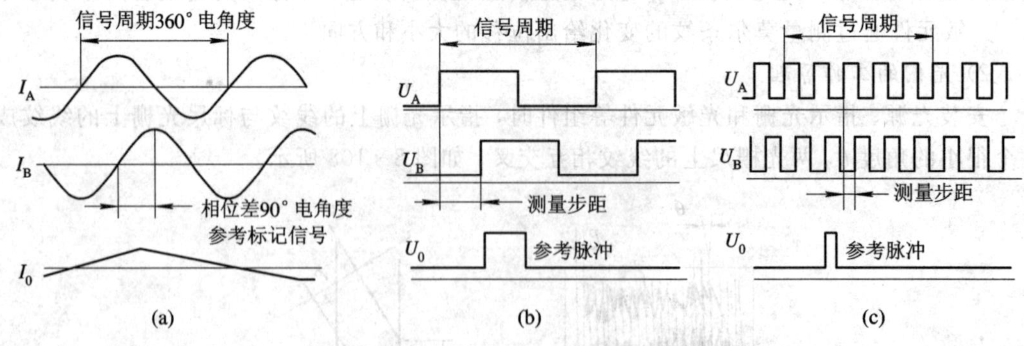

图 8-109 HEIDENHAIN 光栅电流型输出信号的波形

(a) 正弦信号；(b) 整形后的信号；(c) 5 倍频处理后的信号

(2) 方向判别。光栅输出信号经差动放大和信号处理后，获得 P_A、P_B 脉冲信号，P_A 和 P_B 的超前或滞后经方向判别电路处理后，得到以高、低电平表示的方向信号，如图 8-110 所示。

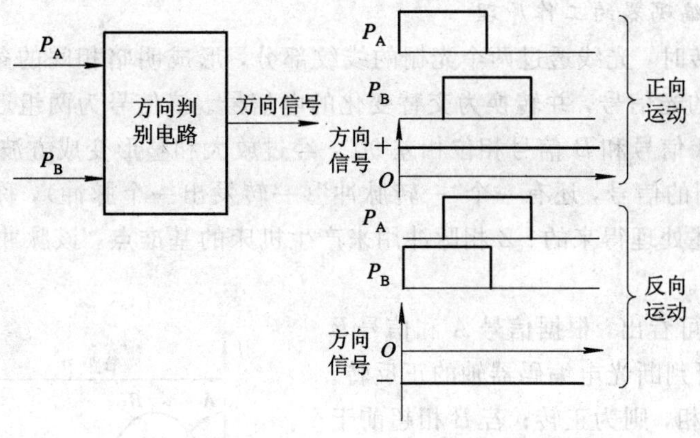

图 8－110　方向判别

2. 光电编码器

编码器又称编码盘或码盘，它能把机械转角转换成电脉冲，是一种常用的角位移测量装置。编码器分为光电式、接触式和电磁感应式三种，光电式的精度和可靠性都优于其他两种，因而广泛用于数控机床。

光电编码器可分为增量式光电脉冲编码器和绝对式光电脉冲编码器两种。增量式脉冲编码器能够把回转件的旋转方向、旋转角度和旋转角速度准确地测量出来。绝对式光电脉冲编码器可将被测转角转换成相应的代码来指示绝对位置而没有累计误差，是一种直接编码式的测量装置。下面重点介绍增量式光电脉冲编码器。

1）光电脉冲编码器的结构

图 8－111 所示为增量式光电脉冲编码器的结构，它由电路板、圆光栅、指示光栅、轴、光敏元件、光源和连接法兰等组成。圆光栅是在一个圆盘的圆周上刻有相等间距的线纹，分为透明的和不透明的部分，圆光栅与工作轴一起旋转。与圆光栅相对平行地放置一个固定的扇形薄片，称为指示光栅，上面刻有相差 1/4 节距的两个狭缝和一个零位狭缝(一转发出一个脉冲)。光电脉冲编码器通过十字连接头或键与伺服电机相连。它的法兰固定在电机端面上，罩上防尘罩，即可构成一个完整的检测装置。

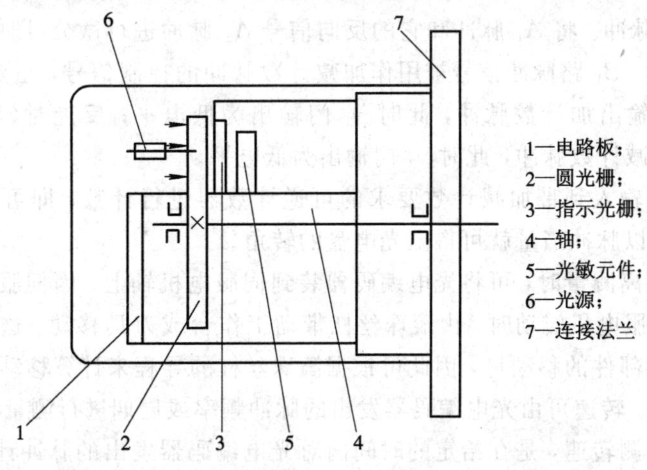

图 8－111　增量式光电脉冲编码器结构示意图

2）光电脉冲编码器的工作原理

当圆光栅旋转时，光线透过两个光栅的线纹部分，形成明暗相间的条纹。光敏元件接收这些明暗相间的光信号，并转换为交替变化的电信号。该信号为两组近似于正弦波的电流信号 A 和 B，A 信号和 B 信号相位相差 90°，经过放大和整形变成方波，如图 8－112 所示。通过两个光栅的信号，还有一个“一转脉冲”(一转发出一个脉冲)，称为 Z 相脉冲，该脉冲也是通过上述处理得来的。Z 相脉冲用来产生机床的基准点，该脉冲以差动形式 Z 和 $\overline{Z}$(Z 的反相)输出。

从图 8－112 可看出，根据信号 A 和信号 B 的发生顺序，即可判断光电编码器轴的正反转。若 A 相超前于 B 相，则为正转；若 B 相超前于 A 相，则为反转。数控系统正是利用这一相位关系来判断方向的。

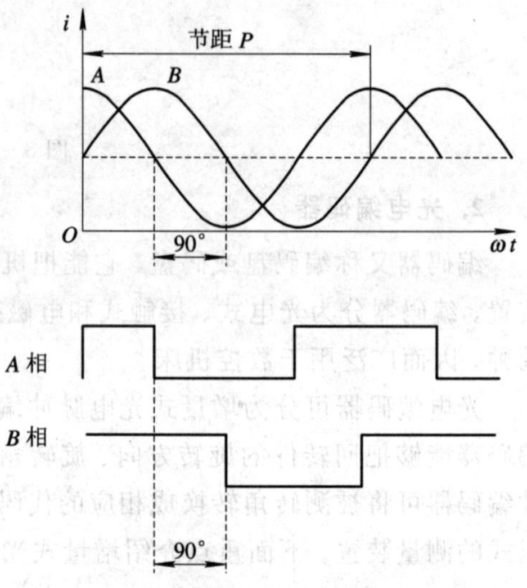

图 8－112　光电脉冲编码器的输出波形

在应用时，从光电脉冲编码器输出的 A、B 和经反相后的 $\overline{A}$、$\overline{B}$ 四个方波被引入位置控制回路，经辨向和乘以倍率后，形成代表位移的测量脉冲，然后经频率—电压变换器变成正比于频率的电压，作为速度反馈信号，供给速度控制单元，进行速度调节。

光电脉冲编码器的输出信号 A、$\overline{A}$、B 和 $\overline{B}$ 为差动信号。差动信号大大提高了传输的抗干扰能力。在数控机床上对上述信号进行倍频处理，可以进一步提高分辨率。

3）光电脉冲编码器在数控机床上的应用

(1) 位置测量。在数控机床上，光电脉冲编码器用在数字比较伺服系统中，作为位置检测装置，将检测信号反馈给数控装置。

图 8－113(a)和(b)所示分别为光电脉冲编码器信号处理电路和输出波形，脉冲编码器输出脉冲信号 A、$\overline{A}$、B、$\overline{B}$ 经过差分驱动和差分接收进入数控装置，再经过整形放大电路变为 A_1、B_1 两路脉冲。将 A_1 脉冲和它的反向信号 $\overline{A}_1$ 脉冲进行微分(图中为上升沿微分)作为加减计数脉冲。B_1 路脉冲信号被用作加减计数脉冲的控制信号，正走时(A 脉冲超前 B 脉冲)，由 y_2 门输出加计数脉冲，此时 y_1 门输出为低电平；反走时(B 脉冲超前 A 脉冲)，由 y_1 门输出减计数脉冲，此时 y_2 门输出为低电平。

把输出的脉冲输入到带加减计数要求的可逆计数器进行计数，即可检测出脉冲的数量，把这个数量乘以脉冲当量就可得出光电盘的转角。

在进行直线距离测量时，可将光电编码器装到伺服电机轴上，因伺服电机轴与滚珠丝杠相连，所以当伺服电机转动时，由滚珠丝杠带动工作台或刀具移动。这时光电编码器的转角对应直线移动部件的移动量，因此可根据滚珠丝杠的导程来计算移动部件的位移量。

(2) 转速测量。转速可由光电编码器发出的脉冲频率或周期进行测量。

用脉冲频率法测转速，是在给定的时间内对光电编码器发出的脉冲计数，然后由下式求出其转速，即

$$N=\frac{N_1}{N}\times\frac{60}{t}\ (\mathrm{r/min})$$

式中，t 为测速采样时间，单位为 s；N_1 为 t 时间内测得的脉冲数；N 为编码器每转脉冲数。

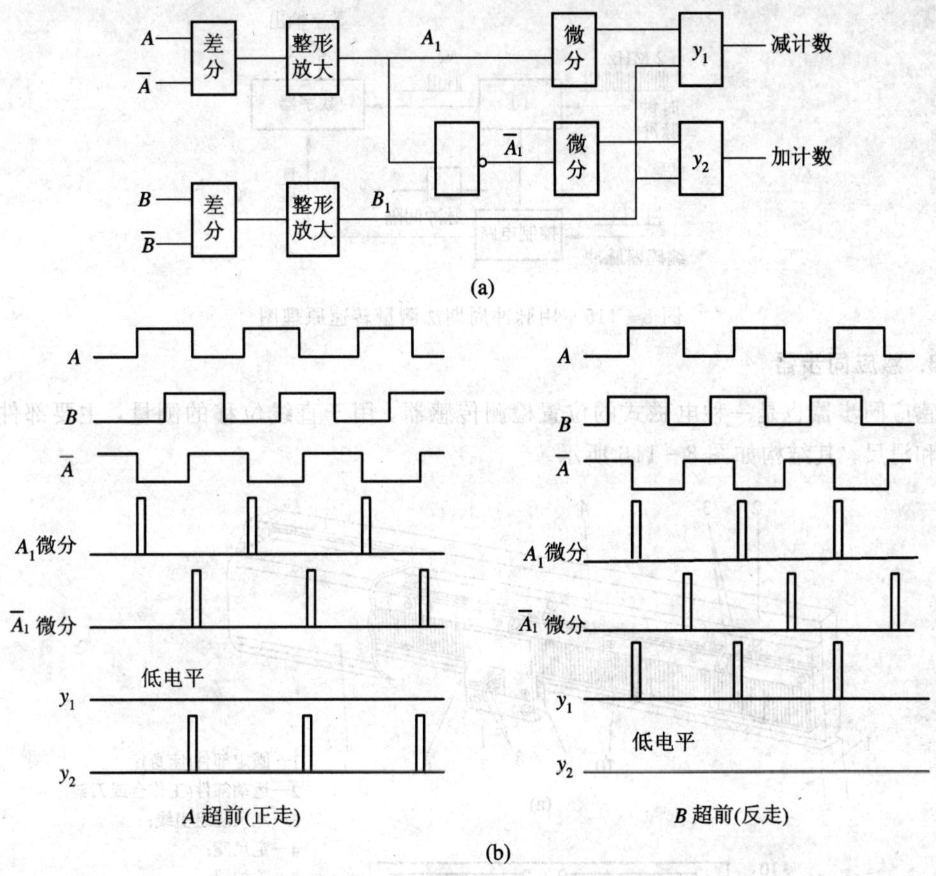

图 8－113　光电脉冲编码器信号处理电路和输出波形

(a) 输出电路；(b) 输出波形

图 8－114 所示为用脉冲频率法测量转速原理，在给定 t 时间内，使门电路选通，编码器输出的脉冲允许进入计数器计数，这样可以看出 t 时间内光电编码器的平均转速。

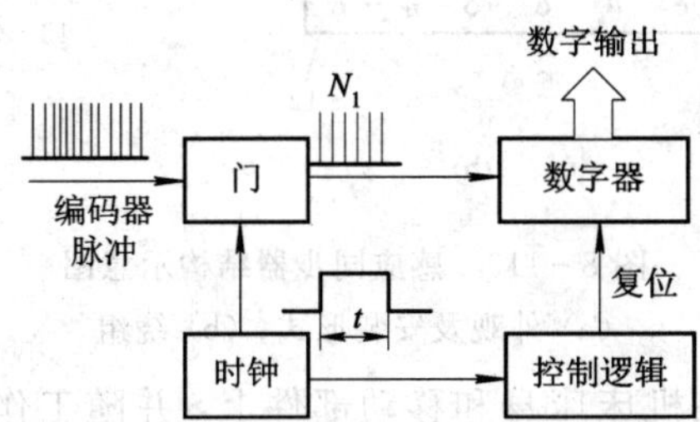

图 8－114　用脉冲频率法测量转速原理图

图 8－115 所示为利用脉冲周期法测量转速原理，当编码器输出脉冲正半周期时导通门电路，标准时钟脉冲通过控制门进入计数器计数，由计数编码器可得出转速 n，即

$$N=\frac{60}{2N_2NT}\ (\text{r/min})$$

式中，N 为编码器每转脉冲数；N_2 为编码器一个脉冲间隔内标准时钟脉冲输出个数；T 为标准时钟脉冲周期，单位为 s。

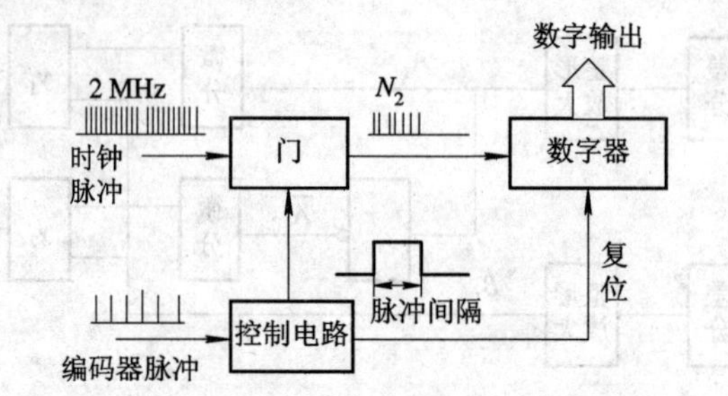

图 8-115　用脉冲周期法测量转速原理图

3. 感应同步器

感应同步器也是一种电磁式的位置检测传感器，用于直线位移的测量，主要部件包括定尺和滑尺，其结构如图 8-116 所示。

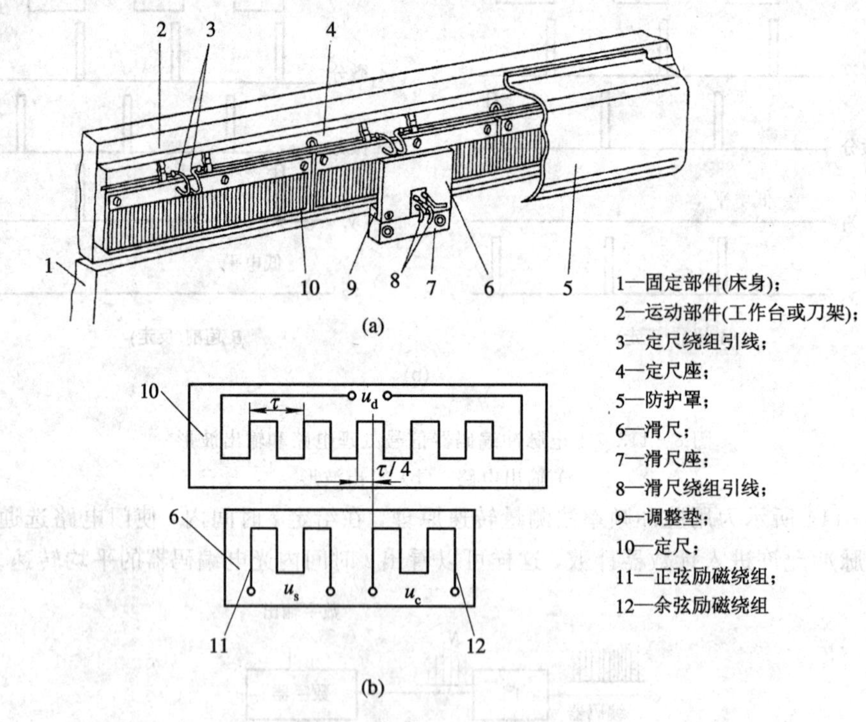

图 8-116　感应同步器结构示意图

(a) 外观及安装形式；(b) 绕组

定尺和滑尺分别安装在机床床身和移动部件上，并随工作台一起移动，两者平行放置，并保持 0.2～0.3 mm 的间隙。标准的感应同步器定尺长 250 mm，尺上是单向、均匀、连续的感应绕组；滑尺长 100 mm，尺上有两组励磁绕组，一组为正弦励磁绕组 u_s，一组为余弦励磁绕组 u_c。滑尺绕组的节距与定尺绕组的节距相同，均为 2 mm，用 τ 表示。当正弦励磁绕组与定尺绕组对齐时，余弦励磁绕组与定尺绕组相差 1/4 节距。由于定尺绕组是均匀的，故滑尺上的两个绕组在空间位置上相差 1/4 节距，即 $\pi/2$ 相位角。

定尺和滑尺的基板采用与机床床身热胀系数相近的材料，上面有用光学腐蚀方法制成的铜箔锯齿形的印制电路绕组，铜箔与基板之间有一层极薄的绝缘层。在定尺的铜绕组上面涂一层耐腐蚀的绝缘层，以保护尺面。在滑尺的绕组上面用绝缘粘接剂粘贴一层铝箔，以防静电感应。

感应同步器可以采用多块定尺接长，通过调整相邻定尺间隔，使总长度上的累积误差不大于单块定尺的最大偏差。在行程为几米到几十米的中型或大型机床中，工作台位移的直线测量大多数采用感应同步器来实现。当励磁绕组与感应绕组间发生相对位移时，由于电磁耦合的变化，使感应绕组中的感应电压随位移的变化而变化，感应同步器就是利用这个特点来进行测量的。根据励磁绕组中励磁方式的不同，感应同步器有相位工作方式和幅值工作方式。

1）相位工作方式

给滑尺的正弦绕组和余弦绕组分别通以频率相同、幅值相同，但相位差 90°的励磁电压，即

$$u_s = U_m \sin\omega t$$

$$u_c = U_m \sin\left(\omega t + \frac{\pi}{2}\right) = U_m \cos\omega t$$

当滑尺移动 X 距离时，定尺绕组中的感应电压为

$$u_d = kU_m \sin(\omega t - \theta) = kU_m \sin(\omega t - 2\pi X/\tau)$$

式中，U_m 为励磁电压幅值；k 为电磁耦合系数；θ 为电气相位角；X 为滑尺移动距离；τ 为节距。

从上式可以看出，定尺的感应电压与滑尺的位移量有严格的对应关系，通过测量定尺感应电压的相位，即可测得滑尺的位移量。

2）幅值工作方式

给滑尺的正弦绕组和余弦绕组分别通以相位相同、频率相同，但幅值不同的励磁电压，即

$$u_s = u_{sm} \sin\omega t, \quad u_c = u_{cm} \sin\omega t$$

其中，u_{sm}、u_{cm} 幅值分别为

$$u_{sm} = U_m \sin\theta_1, \quad u_{cm} = U_m \cos\theta_1$$

式中，θ_1 为电气给定角。

当滑尺移动时，定尺上的感应电压为

$$u_d = kU_m \sin(\theta_1 - \theta) = kU_m \sin\omega t \sin\Delta\theta$$

当 $\Delta\theta$ 很小时，定尺上的感应电压可近似表示为

$$u_d = kU_m \sin\omega t \Delta\theta$$

又因为

$$\Delta\theta = \frac{2\pi\Delta X}{\tau}$$

则

$$u_d = kU_m\left(\frac{2\pi}{\tau}\right)\Delta X\ \sin\omega t$$

式中，ΔX 为滑尺位移增量。

由此可以看出，当位移增量 ΔX 很小时，感应电压的幅值和 ΔX 成正比，因此，可以通过测量 u_d 的幅值来测定位移量 ΔX 的大小。

4. 旋转变压器

旋转变压器是一种控制用的微电动机，它能将机械转角变换成电信号输出。旋转变压器在结构上与两相式异步电动机相似，由定子和转子组成。定子绕组为变压器的初级，转子绕组为变压器的次级，励磁电压接到定子绕组上。旋转变压器结构简单，动作灵敏，对环境无特殊要求，维护方便，抗干扰性强，工作可靠，因此在数控机床上广泛应用。

旋转变压器在结构上保证定子和转子之间空气隙内的磁通分布符合正弦规律，当励磁电压加到定子绕组上时，通过电磁耦合，转子绕组产生感应电动势，其工作原理如图 8-117 所示。

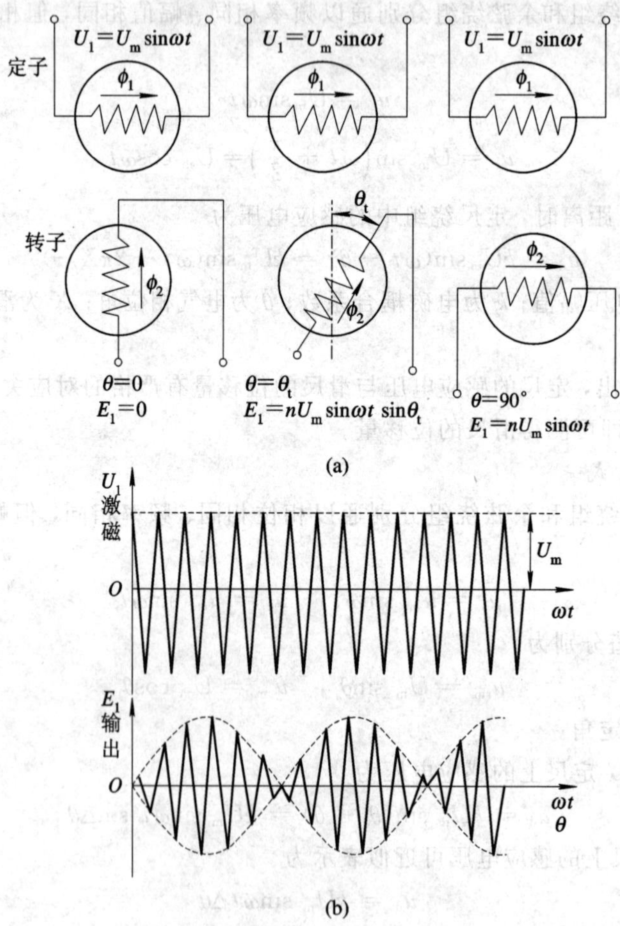

图 8-117　旋转变压器的工作原理

(a) 工作原理；(b) 输出曲线

旋转变压器输出电压的大小取决于转子的角向位置，即随着转子偏转的角度呈正弦变

化。当转子绕组的磁轴与定子绕组的磁轴位置转动到一角度 θ 时，转子绕组中产生的感应电动势为

$$E_1 = nU_1 \sin\theta = nU_m \sin\omega t \sin\theta$$

式中，n 为变压比；U_1 为定子的输出电压；U_m 为定子的最大瞬时电压。

当转子转到两磁轴平行，即 $\theta=90°$ 时，转子绕组中的感应电动势最大，应为

$$E_1 = nU_m \sin\omega t$$

旋转变压器和感应同步器一样，也有相位工作方式和幅值工作方式。

1）相位工作方式

给旋转变压器定子的两相正交绕组分别通以幅值相等、频率相同，相位相差 90°的正弦交变电压，在转子绕组中会产生感应电动势。转子绕组为两相正交绕组，其中一相作为补偿电枢反应。根据线性叠加原理，在转子工作绕组中的感应电动势为

$$E_s = nU_m \sin(\omega t + a)$$

式中，a 为定子正弦绕组轴线与转子工作绕组轴线间的夹角；ω 为励磁角频率。

旋转变压器转子绕组中的感应电动势 E_s 与定子绕组中的励磁电压同频率，但相位差值为 a。通过测量转子绕组输出电压的相位角 a，就可测得转子相对于定子的空间转角位置。在实际中，把定子正弦绕组励磁交流电压的相位作为基准相位，来确定转子转角的位置。

2）幅值工作方式

给定子两相绕组通以频率相同、相位相同，幅值分别按正弦、余弦规律变化的电压。定子励磁电压在转子中产生的感应电动势不仅与转子和定子的相对位置 $a_{机}$ 有关，还与励磁的幅值有关，即

$$E_s = nU_m \sin(a_{机} - a_{电}) \sin\omega t$$

式中，$a_{机}$ 为转子绕组轴线与垂直方向的夹角；$a_{电}$ 为电气夹角。

若电气夹角 $a_{电}$ 已知，只要测出 E_s 的幅值，就可间接地求出 $a_{机}$ 值，即可知被测角位移的大小。特殊情况下，当幅值为 0 时，电气夹角 $a_{电}$ 的大小就是被测角位移的大小。在幅值工作方式时，不断调整 $a_{电}$，使幅值等于 0，就可用 $a_{电}$ 代替对 $a_{机}$ 的测量，而 $a_{电}$ 是可以通过电路测量得到的。

5. 磁栅

磁栅是一种录有等节距磁化信号的磁性标尺或磁盘，可用于数控系统的位置测量，其录磁和拾磁原理与普通磁带相似。在检测过程中，磁头读取磁性标尺上的磁化信号并把它转换成电信号，然后通过检测电路把磁头相对于磁尺的位置送入计算机或数显装置。磁栅与光栅、感应同步器相比，测量精度略低一些，但它有其独特的优点：首先，它制作简单，安装、调整方便，成本低，磁栅上的磁化信号录制完，若发现不符合要求，可抹去重录，也可安装在机床上再录磁，以避免安装误差；其次，磁尺的长度可任意选择，也可录制任意节距的磁信号；第三，它耐油污、灰尘等，对使用环境要求低。

1）磁栅结构

磁栅按其结构可分为线型、尺型和旋转型三种。磁栅测量装置由磁性标尺、拾磁磁头和测量电路组成。

（1）磁性标尺。磁性标尺常采用不导磁材料作基体，在上面镀上一层 10～30 μm 厚的高导磁性材料，形成均匀磁膜；再用录磁磁头在尺上记录相等节距的周期性磁化信号，用

以作为测量基准，信号可为正弦波、方波等，节距通常为 0.05 μm、0.1 μm、0.2 μm；最后在磁尺表面还要涂上一层 1～2 μm 厚的保护层，以防磁头与磁尺频繁接触而形成磁膜磨损。

(2) 拾磁磁头。拾磁磁头是一种磁电转换器，用来把从磁尺上检测出来的磁化信号变成电信号送给测量电路。拾磁磁头可分为动态磁头和静态磁头。动态磁头又称为速度响应型磁头，它只有一组输出绕组，所以只有当磁头和磁尺有一定相对速度时才能读取磁化信号，并有电压信号输出。这种磁头用于录音机和磁带机，不能用来测量位移。由于用于位置检测用的磁栅要求当磁尺与磁头相对运动速度很低或处于静止时也能测量位移或位置，所以应采用静态磁头。静态磁头又称为磁通响应型磁头，它在普通动态磁头上加有带励磁线圈的可饱和铁芯，从而利用了可饱和铁芯的磁性调制的原理。静态磁头可分为单磁头、双磁头和多磁头。

2) *磁栅工作原理*

单磁头结构如图 8－118 所示，磁头有两组绕组，一组为拾磁绕组，一组为励磁绕组。在励磁绕组中加一高频的交变励磁信号，则在铁芯上产生周期性正反向饱和磁化，使磁芯的可饱和部分在每周期内两次被电流产生的磁场饱和。当磁头靠近磁尺时，磁尺上的磁通在磁头气隙处进入铁芯，并流过拾磁绕组的磁芯而产生感应电压输出：

$$U = k\Phi_{\mathrm{m}} \sin \frac{2\pi \chi}{\lambda} \sin\omega t$$

式中，k 为耦合系数；Φ_{m} 为磁通量的峰值；λ 为磁尺上磁化信号的节距；χ 为磁头在磁尺上的位移量；ω 为励磁电流的角频率。

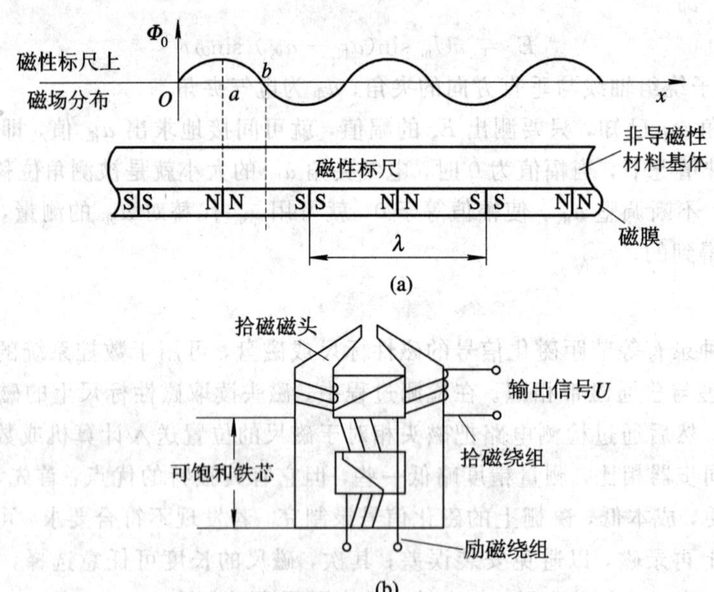

图 8－118　磁通响应型单拾磁磁头结构

(a) 磁场分布；(b) 磁头结构

双磁头是为了识别磁栅的移动方向而设置的，其结构如图 8－119 所示。两磁头按 $(m\pm 1/4)\lambda$ 配置（m 为正整数），它们的输出电压分别是

$$U_1 = k\Phi_m \sin \frac{2\pi\chi}{\lambda} \sin\omega t$$

$$U_2 = k\Phi_m \cos \frac{2\pi\chi}{\lambda} \sin\omega t$$

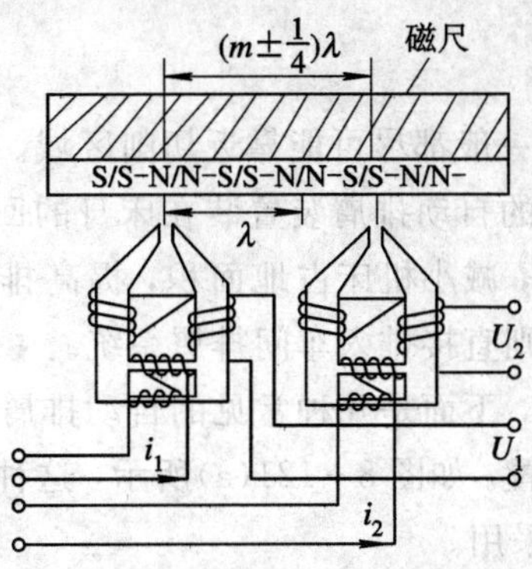

图 8-119　双磁头结构

由于单磁头读取磁性标尺上的磁化信号输出电压很小，而且对磁尺上磁化信号的节距和波形要求较高，因此，可将多个磁头以一定的方式串联起来形成多间隙磁头，如图 8-120 所示。

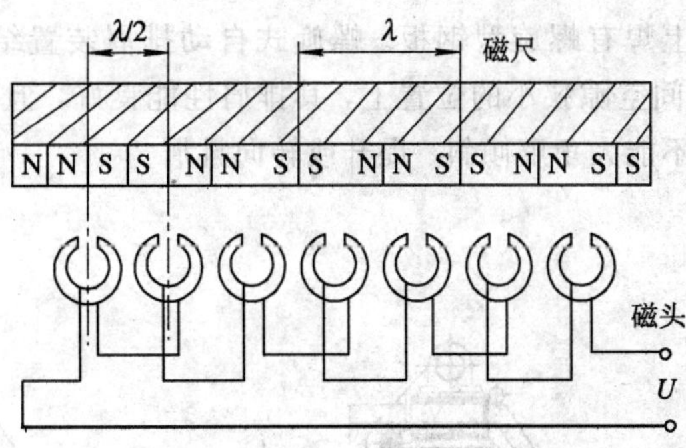

图 8-120　多间隙磁头

这种磁头放置时，铁芯平面与磁栅长度方向垂直，每个磁头以相同间距 λ/2 放置。若将相邻两个磁头的输出绕组反相串接，则能把各磁头输出电压叠加。多磁头的特点是能使输出电压幅值增大，同时使各铁芯间误差平均化，因此其精度较单磁头的高。

8.7　自动排屑装置

8.7.1　自动排屑装置在数控机床中的作用

数控机床加工效率高，单位时间内数控机床的金属切削量高于普通机床，这使工件上的多余金属变成切屑后所占的空间也成倍增大。这些切屑占用加工区域，如果不及时清除，必然会覆盖或缠绕在工件上，使自动加工无法继续进行。此外，带热的切屑还会向机床或工件散发热量，使机床或工件产生变形，影响加工精度。因此，迅速、有效地排除切屑对数控机床加工来说十分重要，而排屑装置的主要作用是将切屑从加工区域排出到数控机床之外。另外，排屑装置必须将切屑从其中分离出来，送入切屑收集箱或小车里，而将切屑液回收到冷却液箱。

8.7.2 典型自动排屑装置

自动排屑装置的安装位置一般都尽可能靠近切削区域。如车床的自动排屑装置装在旋转工件下方，铣床和加工中心的自动排屑装置装在床身的回水槽上或工作台边侧位置，以利于简化机床和排屑装置结构，减小机床占地面积，提高排屑效率。排出的切屑一般都落入切屑收集箱或小车中，有的则直接排入车间排屑系统。

自动排屑装置的种类繁多，下面是几种常见的自动排屑装置。

(1) 平板链式自动排屑装置。如图 8-121(a)所示，这种排屑装置能排除各种形状的切屑，适应性强，各类机床都能采用。

(2) 刮板式自动排屑装置。如图 8-121(b)所示，它的传动原理基本与平板链式的相同，只是链板不同，它的链板带有刮板，常用于短小切屑的排屑。

(3) 螺旋式自动排屑装置。如图 8-121(c)所示，它是利用电动机经减速装置，驱动安装在沟槽中的一根长螺旋杆进行工作的。螺旋杆转动时，沟槽中的切屑即由螺旋杆推动连续向前运动，最终排入切屑收集箱。螺旋杆有两种结构形式：一种是用扁型钢条卷成螺旋弹簧状；另一种是在轴上焊有螺旋型钢板。螺旋式自动排屑装置结构简单，占用空间小，适于安装在机床与立柱间空隙狭小的位置上，其排屑性能良好，但只适合沿水平或小角度倾斜的直线方向排屑，不能大角度倾斜、提升或转向排屑。

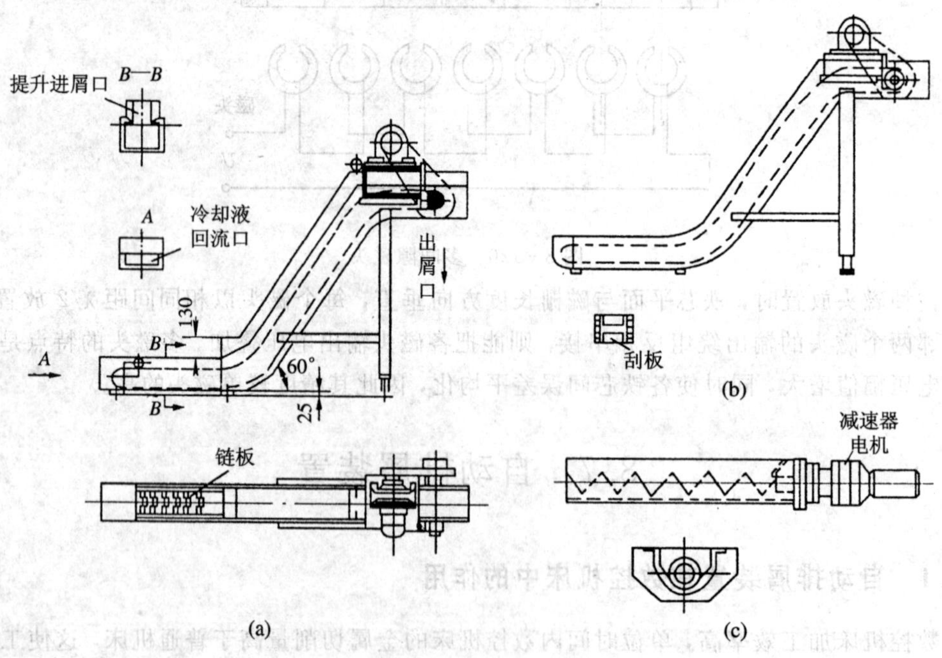

图 8-121 常见的自动排屑装置

(a) 平板链式自动排屑装置；(b) 刮板式自动排屑装置；(c) 螺旋式自动排屑装置

(4) 倾斜式床身及切屑传送带自动排屑装置。图 8 - 122 是倾斜式床身及切屑传送带自动排屑装置，为防止切屑滞留在滑动面上，床体上的床身倾斜布置，加工中的切屑落到传送带上就会被带出机床。倾斜式床身及切屑传送带自动排屑装置广泛用于中、小型数控车床。

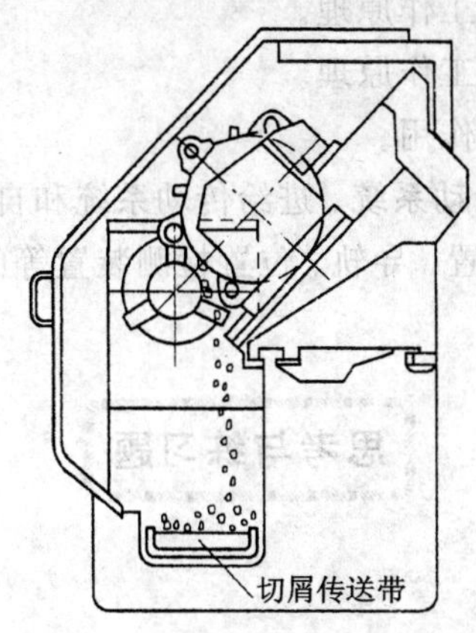

图 8 - 122　倾斜式床身及切屑传送带自动排屑装置

(5) 旋转式交换工作台自动排屑系统。图 8 - 123 是一种包含切屑清理、清扫工作台和工作台自动交换功能的旋转式交换工作台自动排屑系统的工作过程示意图。

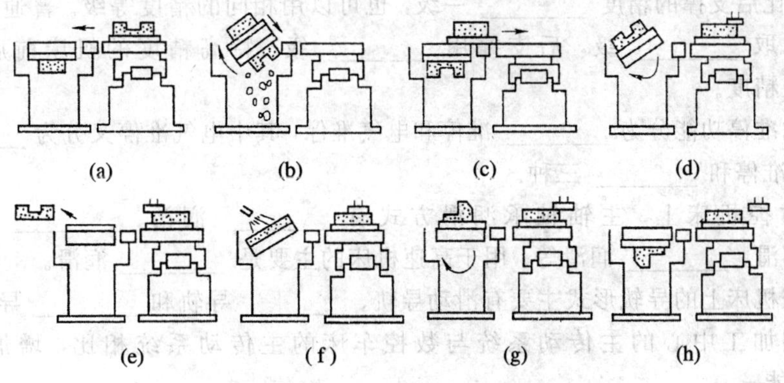

图 8 - 123　旋转式交换工作台自动排屑系统工作过程示意图

(a) 步骤一；(b) 步骤二；(c) 步骤三；(d) 步骤四；(e) 步骤五；(f) 步骤六；(g) 步骤七；(h) 步骤八

本章小结

现代数控机床与普通机床相比，有着独特的机械结构。本章主要讲述了数控机床上常用的一些典型部件，主要包括主传动系统、进给系统、床身与立柱、机床的导轨、自动换刀装置、位置检测装置和自动排屑装置等。具体讲述内容如下：

(1) 数控机床主轴变速方式、主轴部件的支撑、主轴的进给功能等。

(2) 对数控机床进给传动系统的要求及其联轴器、消除间隙的齿轮传动结构、滚珠丝杠螺母副、静压丝杠螺母副机构、直接电机传动和机床导轨等典型部件的类型、结构、原理及参数等。

(3) 床身与立柱的结构和类型。

(4) 对数控机床导轨的要求及其类型和结构。

(5) 自动换刀装置、刀库、机械手等的结构及原理。

(6) 位置检测装置的种类及工作原理。

(7) 自动换刀装置的种类及工作原理。

(8) 自动排屑装置的种类及作用。

本章重点是数控机床的主传动系统、进给传动系统和自动换刀装置中的典型部件的结构及原理，如滚珠丝杠、换刀装置、导轨、位置检测装置等的结构、工作原理、参数及调整与安装等。

思考与练习题

一、填空题

1. 数控机床主轴传动形式主要有 ________、________、________、________ 四种。

2. 主轴部件所用滚动轴承的精度有高级 E、精密级 D、特精级 C 和超精级 B。前支撑的精度一般比后支撑的精度 ________ 一级，也可以用相同的精度等级。普通精度的机床通常前支撑取 ________ 级，后支撑用 ________ 级。特高精度的机床前后支撑均用 ________ 级精度。

3. 主轴准停功能分为 ________ 准停和电气准停，其中电气准停又分为 ________、编码器型主轴准停和 ________ 三种。

4. 在数控机床上，主轴轴承润滑方式有 ________ 润滑、________ 循环润滑、________ 润滑、________ 润滑等。用于高速机床的主要是 ________ 润滑。

5. 数控机床上的导轨形式主要有滑动导轨、________ 导轨和 ________ 导轨。

6. 车削加工中心的主传动系统与数控车床的主传动系统相比，增加了主轴的 ________ 功能。

7. 光栅是用于数控机床的精密检测装置，是一种非接触式测量，按其形状分为 ________ 和 ________。

二、判断题(将判断结果填入括号中，正确的填“√”，错误的填“×”)

1. 只有加工中心机床能实现自动换刀，其他数控机床都不具备这一功能。 ( )

2. 数控机床具备柔性特点，传统的自动加工机械也有柔性。 ( )

3. 步进电机的转速由输入脉冲的个数来决定。 ( )

4. 在数控机床进给传动中不能采用齿轮传动。 ( )

5. 铣螺纹前的底孔直径必须大于螺纹标准中规定的螺纹小径。 ( )

6. 数控机床中，所有的控制信号都是从数控系统发出的。 ( )

7. 全闭环数控机床可以进行反向间隙补偿。 ( )

8. 在四轴数控加工中，回转工作台的转轴既可平行于 X 轴也可以平行于 Y 轴和 Z 轴。 （　）

9. 光栅能测量直线位移和角位移。 （　）

10. 滚珠丝杠虽然传动效率高、精度高，但不能自锁。 （　）

三、选择题

1. 钻削箱体工件上的小孔宜采用（　）。

A. 台式钻床　B. 立式钻床　C. 摇臂钻床　D. 任意一种钻床

2. 数控机床的旋转轴之一 B 轴是绕（　）直线轴旋转的轴。

A. X 轴　B. Y 轴　C. Z 轴　D. W 轴

3. 用铣刀加工轮廓时，其铣刀半径应（　）。

A. 选择尽量小一些　B. 大于轮廓最小曲率半径

C. 小于或等于零件凹形轮廓处的最小曲率半径

D. 小于轮廓最小曲率半径

4. 数控加工中心的主轴部件上设有准停装置，其作用是（　）。

A. 提高加工精度　B. 提高机床精度

C. 保证自动换刀，提高刀具重复定位精度，满足一些特殊工艺要求

5. 当对滚珠丝杠副预紧力大小不要求准确，但希望随时调节时，预紧力方式宜选用（　）。

A. 双螺母垫片预紧　B. 双螺母齿差预紧

C. 双螺母螺纹预紧　D. 单螺母变位导程预紧

6. 下列哪种装置常用来作数控机床的进给驱动元件（　）。

A. 感应同步器　B. 旋转变压器　C. 光电盘　D. 步进电机

7. 光栅利用（　），使得它能得到比栅距还小的位移量。

A. 莫尔条纹的作用　B. 倍频电路　C. 计算机处理数据

8. 数控机床的 Z 轴方向（　）。

A. 平行于工件装夹方向　B. 垂直于工件装夹方向

B. 与主轴回转中心平行　D. 不确定

9. 滚珠丝杠副螺母副轴向间隙的调整方法一般有垫片调整式、螺纹调整式和（　）。

A. 轴向压簧式　B. 周向弹簧式　C. 预加载荷式　D. 齿差调整式

10. 滚珠丝杠副消除间隙的主要目的是（　）。

A. 减小摩擦力矩　B. 提高反向传动精度

C. 提高使用寿命　D. 增大驱动力矩

四、简答题

1. 数控机床对主传动系统有哪些要求？

2. 主传动方式有哪些？各有何特点？

3. 主轴轴承的配置形式主要有几种？各适应于什么场合？

4. 滚珠丝杠副在机床上的支撑方式有几种？各有何优缺点？

5. 数控机床对进给系统有哪些要求？

6. 齿轮传动间隙的消除有哪些措施？各有何优缺点？

7. 滚珠丝杠螺母副的工作原理及特点是什么？何谓内循环和外循环方式？

8. 丝杠支撑有哪几种？特点是什么？各适用于什么情况？

9. 试述滚珠丝杠螺母副消除间隙及预加载荷的方法。

10. 何谓塑料滑动导轨？何谓滚动导轨？各有何特点？

11. 下列导轨选择是否合理？为什么？

(1) 卧式车床的床鞍导轨采用 V 形导轨。

(2) 龙门刨床工作台导轨采用山形导轨。

(3) 拉床采用圆柱形导轨。

(4) 铣床工作台导轨采用滚动导轨。

(5) 组合钻床动力部件的导轨采用静压导轨。

12. 数控车床的床身与导轨布局成斜置式有哪些好处？

13. 位置检测装置有哪几种类型，各有何特点？

14. 自动排屑装置有哪几种类型？各适用于什么场合？

第九章　数控机床的液压与气压系统

学习目的与要求

- 了解液压和气压传动系统在数控机床中的功能；
- 了解液压和气压传动系统的构成；
- 掌握液压和气压传动的工作原理；
- 熟悉液压和气压传动系统在数控机床中的应用；
- 了解数控机床的液压与气压系统的维护。

9.1　液压和气压传动系统概述

9.1.1　液压和气压传动系统在数控机床中的功能

现代数控机床在实现整机的全自动化控制中，除数控系统外，还需要配备液压和气压传动装置来辅助实现整机的自动运行功能。所用的液压和气压传动装置应结构紧凑、工作可靠、易于控制和调节。虽然它们的工作原理类似，但使用范围不同。

液压传动装置由于使用工作压力高的油性介质，因此机构输出力大，机械结构紧凑，动作平稳可靠，易于调节，噪声较小。

气压传动装置的气源容易获得，机床可以不必再单独配置动力源，装置结构简单，工作介质不污染环境，工作速度控制和动作频率高，适合于完成频繁启动的辅助工作。气压传动装置过载时比较安全，不易发生过载时损坏部件的事故。

液压和气压传动系统在数控机床中具有如下辅助功能：

(1) 自动换刀所需的动作。如机械手的伸、缩、回转和摆动及刀具的松开和夹紧动作。

(2) 机床运动部件的平衡。如机床主轴箱的重力平衡和刀库机械手的平衡等。

(3) 机床运动部件的运动、制动和离合器的控制、齿轮拨叉挂挡等。

(4) 机床运动部件的支撑。如动、静压轴承和液压导轨等。

(5) 机床的润滑和冷却。

(6) 机床防护罩、板、门的自动开关。

(7) 工作台的夹紧、松开及其自动交换动作。

(8) 夹具的自动放松、夹紧。

(9) 工件、工具定位面和交换工作台的自动吹屑、清理和定位基准面等。

9.1.2 液压和气压传动系统的构成

1. 动力装置

动力装置是指将原动机的机械能转换成传动介质压力能的装置。它是系统的动力源，用以提供一定流量或一定压力的液体或压缩空气。常见的动力装置有液压泵、空气压缩机等。

1）液压泵

液压泵是系统的动力元件，它是一种能量转换装置，将原动机的机械能转换成液压力能，为液压系统提供动力，是液压系统的重要组成部分。常见的类型有齿轮泵、叶片泵和柱塞泵等，表 9-1 所示为液压泵的类型与特点。

液压泵是靠密封容积的变化来实现吸油和排油的，其输出油量的多少取决于柱塞往复运动的次数和密封容积变化的大小，故液压泵又称为容积式泵。

表 9-1 液压泵的类型与特点

液压泵类型	特　点	类　型
齿轮泵	具有结构简单、体积小、重量轻、工作可靠、成本低、对油的污染不敏感、便于维修等优点。其缺点是流量脉动大、噪声大、排量不可调	外啮合齿轮泵、内啮合齿轮泵
叶片泵	具有体积小、重量轻、运转平稳、输出流量均匀、噪声小等优点，在中高压系统中得到了广泛使用。但它也存在结构较复杂、对油液污染较敏感、吸入特性不太好等缺点	单作用叶片泵、限压式变量叶片泵等
柱塞泵	效率高，工作压力高，结构紧凑，且在结构上易于实现流量调节等；其缺点是结构复杂，价格高，加工精度和日常维护要求高，对油液的污染较敏感	轴向柱塞泵、径向柱塞泵

2）空气压缩机

空气压缩机是气压传动系统的动力源，也是系统的心脏部分，它是把电动机输出的机械能转换成传动介质压力能的能量转换装置。常见的类型有往复式、螺杆式、离心式等，表 9-2 所示为空气压缩机的类型与性能比较。

表 9-2 空气压缩机的类型与性能比较

类　型	额定压力/MPa	排气量/L·min^{-1}	驱动动力/kW
单级往复式	1.0	20～1000	0.2～75
双级往复式	1.5	50～10 000	0.7～75
油冷螺杆式	0.7～0.85	180～12 000	1.5～75
无油单级往复式	0.7～0.85	20～8000	0.2～75
无油双级螺杆式	0.9	2000～300 000	20～1800
离心式	0.7	＞10 000	＞500

2. 执行装置

执行装置用于连接工作部件，将工作介质的压力能转换为工作部件的机械能，常见的有进行直线运动的动力缸(包括液压缸和气缸)以及进行回转运动的液压电动机、气电动机。

1）液压缸

液压缸是液压系统中的执行元件，它是一种把液体的压力能转变为直线往复运动机械能的装置。它可以很方便地获得直线往复运动和很大的输出力，其结构简单、工作可靠，制造容易，因此应用广泛，是液压系统中最常用的执行元件。液压缸按结构特点的不同可分为活塞缸、柱塞缸和摆动缸三类，活塞缸和柱塞缸用以实现直线运动，输出推力和速度；摆动缸(或称摆动电动机)用以实现小于 360°的转动，输出转矩和角速度。

2）液压电动机

液压电动机属液压执行元件，它将输入液体的压力能转换成机械能，以扭矩和转速的形式输送到执行机构做功，输出的是旋转运动。

液压电动机按其额定转速分为高速和低速两大类，高速液压电动机主要特点是转速较高、转动惯量小，便于启动和制动，调速和换向的灵敏度高；低速液压电动机的主要特点是排量大、体积大、转速低，可直接与工作机构连接，简化传动机构。按其结构类型可分为齿轮式、叶片式、柱塞式和其他形式。

3. 控制与调节装置

控制与调节装置是指用于控制、调节系统中工作介质的压力、流量和流动方向，从而控制执行元件的作用力、运动速度和运动方向的装置，同时也可以用来卸载、实现过载保护等。按照功能的不同分为压力控制阀、流量控制阀、方向控制阀等。

1）压力控制阀

压力控制阀用于控制液压、气压传动系统中工作介质的压力，使系统能够安全、可靠、稳定地运行。常用的压力控制阀有溢流阀、减压阀和顺序阀等。

图 9-1 所示为溢流阀的结构原理和图形符号。其中图(a)为液压传动系统用先导式溢流阀结构原理和图形符号，图(b)为气压传动用直动式溢流阀的结构原理和图形符号。

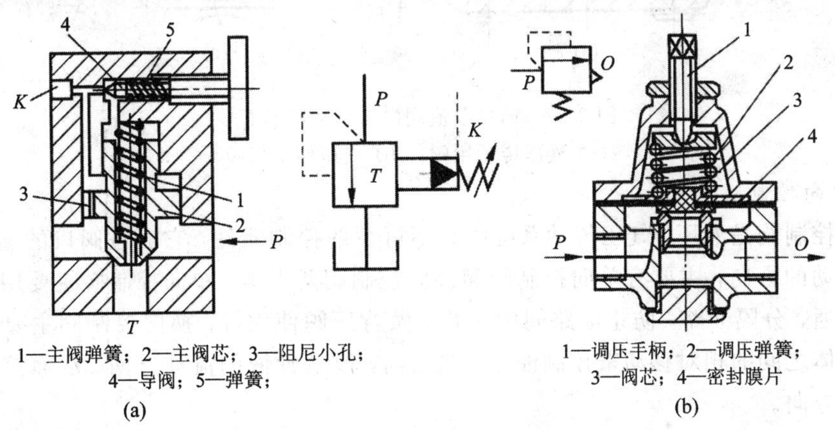

1—主阀弹簧；2—主阀芯；3—阻尼小孔；4—导阀；5—弹簧；

(a)

1—调压手柄；2—调压弹簧；3—阀芯；4—密封膜片

(b)

图 9-1　溢流阀的结构原理和图形符号

(a) 液压传动用先导式溢流阀的结构原理和图形符号

(b) 气压传动用直动式溢流阀的结构原理和图形符号

溢流阀的作用是稳定液压系统中某一点(溢流阀的进口)处的压力，实现稳压、调压、限压、产生背压、卸荷等作用，二是在系统中起安全作用。

2) 流量控制阀

流量控制阀是通过改变阀口的通流面积来改变流量，从而调节执行元件速度的控制阀。液压与气压传动中使用的流量控制阀应满足如下要求：具有足够的调节范围和调节精度，温度和压力的变化对流量的影响要小，调节方便，泄漏小，液压传动用流量控制阀应能保证稳定的最小流量。常用的流量控制阀有普通节流阀、调速阀、溢流节流阀等。

图 9-2 所示为简单节流阀的结构图，其中图(a)为液压传动用阀，图(b)为气压传动用阀。

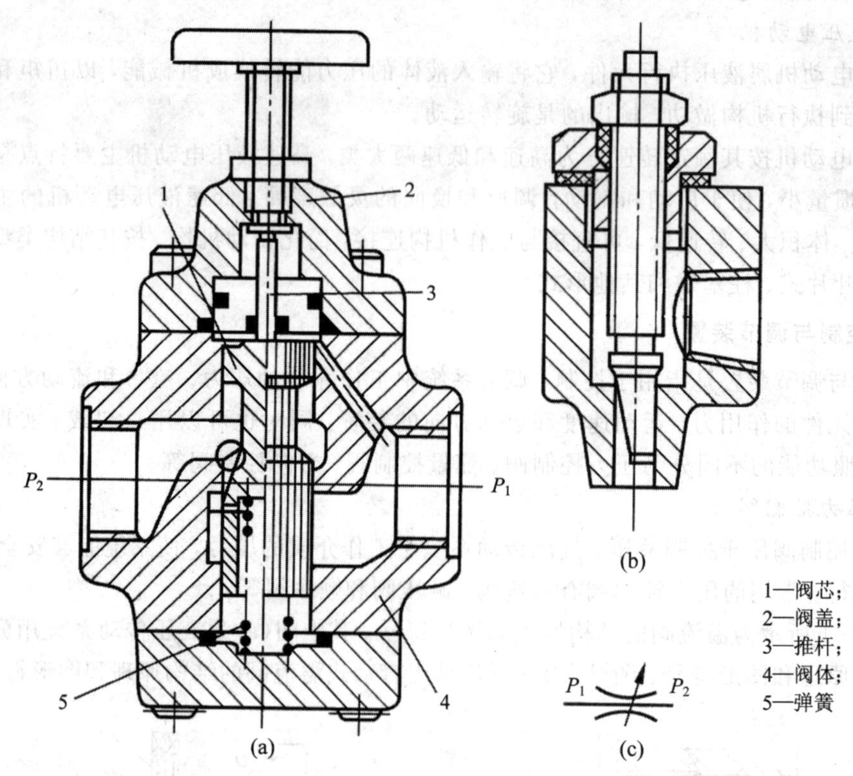

图 9-2　简单节流阀的结构和图形符号

(a) 液压传动用阀；(b) 气压传动用阀

3) 方向控制阀

方向控制阀是液压、气压传动系统中必不可少的控制元件，它通过阀口的通、断来控制液体流动的方向，主要有单向控制阀和换向控制阀两大类。单向控制阀主要用于控制油路单向接通，分隔油路，防止油路间的干扰，做背压阀使用等；换向控制阀主要是借助于阀芯和阀体之间的相对移动来控制油路的通、断，改变油液的流动方向，从而控制执行元件的运动方向。

图 9-3 所示为普通单向阀的结构原理图和图形符号，其中图(a)为液压传动用阀，图(b)为气压传动用阀，图(c)为图形符号。

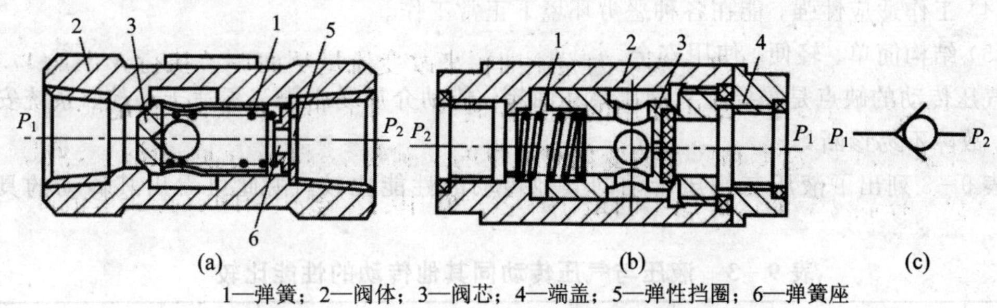

1—弹簧；2—阀体；3—阀芯；4—端盖；5—弹性挡圈；6—弹簧座

图 9-3　普通单向阀的结构和图形符号

(a) 液压传动用阀；(b) 气压传动用阀；(c) 图形符号

4. 辅助装置

辅助装置是指对工作介质起到容纳、净化、润滑、消声和实现元件之间连接等作用的装置，如油箱、管件、过滤器、分水滤气器、冷却器、油雾器、消声器等。它们对保证系统稳定、可靠地工作是不可缺少的。

5. 传动介质

传动介质是用来传递动力和运动的工作介质，即液压油或压缩空气，是能量的载体。

9.1.3　液压和气压传动的特点

1. 液压传动的优点

液压及气压传动均属于流体传动，机构输出力大，机械结构更紧凑、传递运动平稳，反应速度快，冲击小，能高速启动、制动和换向，易于实现过载保护。而且其控制元件的标准化、系列化和通用化程度较高。液压传动主要具有以下几方面的优点：

(1) 在同等功率的情况下，液压装置的体积小、重量小、结构紧凑。液压电动机的重量约为同功率电动机的 1/6 左右。

(2) 液压装置工作平稳、惯性小、反应快，易于实现快速启动、制动，具有较高的换向频率。

(3) 液压传动能在运行过程中进行无级调速，且调速的范围相当宽，可达 1∶2000。

(4) 液压元件能自行润滑，使用寿命长。

(5) 液压元件已实现标准化、系列化和通用化，液压传动系统的设计、制造变得较为容易。

(6) 液压装置与机械装置相比更易实现直线运动。

2. 气压传动的优点

气压传动装置的气源容易获得，机床可以不必再单独配置动力源，装置结构简单，工作速度快和动作频率高，适合于完成频繁启动的辅助工作。过载时比较安全，不易发生过载损坏机件等事故。气压传动主要具有以下几方面的优点：

(1) 工作介质是空气，因此处理方便，不存在介质变质及补充问题，对环境无污染。

(2) 空气粘度小，在管路中的能量损失小，适于远程传输及控制。

(3) 所需工作压力低，元件的材料和制造精度要求低，成本低。

(4) 工作适应性强，能在各种恶劣环境下正常工作。

(5) 结构简单、轻便，使用安全。

气压传动的缺点是需要配置液压泵和油箱，传动介质易泄漏、不适于遥控、系统安装困难、故障不易诊断等。

表 9-3 列出了液压与气压传动同其他传动的性能比较，由此可看出其传动的具体性能。

表 9-3　液压与气压传动同其他传动的性能比较

类型	操作力	动作快慢	环境要求	构造	负数影响	操作距离	无级调速	寿命	维护要球	价格
液压	最大	较慢	不怕振动	复杂	有一些	短	良好	一般	高	稍贵
气压	中等	较快	适应性好	简单	较大	中	较好	长	一般	便宜
电气	中等	快	要求高	稍复杂	几乎没有	远	良好	较短	较高	稍贵
电子	最小	最快	要求很高	最复杂	没有	远	良好	短	更高	最贵
机械	较大	一般	一般	一般	没有	短	较难	一般	简单	一般

9.1.4　液压和气压传动的工作原理

液压传动的工作原理如图 9-4 所示。图中杠杆 1、活塞 2、液压缸 3 和单向阀 4、5 组成手动液压泵；液压缸 6 和活塞 7 组成升降液压缸。千斤顶工作时，向上提起杠杆 1，则活塞 2 被提起，液压缸 3 下腔中压力减小，单向阀 5 关闭，单向阀 4 导通，油箱里的油液被吸入到液压缸 3 中，这是吸油过程；随后，压下杠杆 1，活塞 2 下移，液压缸 3 下腔中压力增大，迫使单向阀 4 关闭，单向阀 5 导通，高压油液经油管 11 流入液压缸 6 的下腔中，推动活塞 7 向上移动，这是压油过程。如此反复操作便可将重物 8 提升到需要的高度。在此过程中，控制阀 9 始终处于截止状态。若打开控制阀 9，则液压缸 6 下腔中的油液将在重物的重力作用下排回油箱。

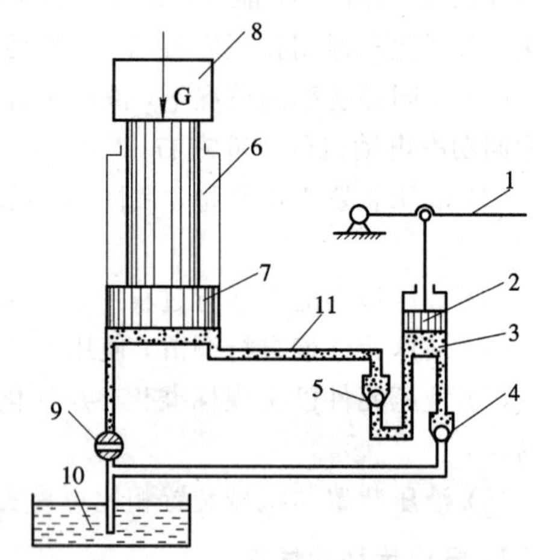

1—杠杆；2、7—活塞；3、6—液压缸；4、5—单向阀；8—重物；9—控制阀；10—油箱；11—油管

图 9-4　液压传动的工作原理

如果将图 9-4 所示系统中的油液换成空气，去掉油箱及与之相连的油管，将液压缸改为汽缸，那么该系统便可视为一个气压传动系统。生活中常用的打气筒就与活塞 2 的工作原理完全相同。

通过以上的分析不难看出，液压与气压传动是以密封容积中的受压工作介质来传递动力和运动的。它先将机械能转换成工作介质的压力能，并通过由各种元件组成的控制回路实现能量的控制与调节，最终将传动介质的压力能还原为机械能，使执行机构实现预定的动作，并按照程序完成相应的动力与运动输出。

9.2 液压和气压传动系统在数控机床中的应用

近 20 年来，随着现代制造技术、密封技术等的发展，液压传动技术在高压、高速、大功率、低噪声、节能、高效和提高使用寿命等方面取得了巨大进展，并在交流液压技术、机—电—液组合传动、液压系统的逻辑设计、液压技术计算机化等方面进行了有益的探索，并取得了一定的成效，在工程实际中也开始应用推广。

气压传动技术目前已发展成为一个独立的技术领域，在各方面的应用范围也在不断扩大。近年来，气压传动技术在向小型化、集成化、无油化(由不供油润滑和无润滑元件组成的系统)、提高元器件和系统的可靠性及使用寿命、节能化、电—气一体化(如压力比例阀、流量比例阀、数字控制汽缸等气、电技术相结合的自适应控制气动元件等)、提高气动系统的机电一体化和自动化水平(如 PLC 控制气动系统)等方面进行发展。

由于气、液压系统具有以上特点，因此 20 世纪中期以后在工业上得到了广泛的应用，在数控机床领域也不例外。

1. 数控车床的液压系统

图 9-5 所示为 TND360 型数控车床液压系统原理。该机床液压系统由液压站和五条液压支路组成。五条液压支路分别是卡盘夹紧支路、尾架套筒移动支路、主轴变速支路和两条预留支路。

1) 液压工作站

液压工作站的工作原理是由液压电动机 1(交流电动机 1.1 kW)通过联轴器 2 驱动外反馈限压式变量泵 3 产生压力油，压力油经过单向阀 4 和滤油器 8 后输出。在单向阀与滤油器之间，油路上并联有蓄能器 5、溢流阀 6 和手动二位两通换向阀 7。蓄能器用于稳定系统中的油压，补偿流量的变化量；溢流阀作为系统的安全阀，限制系统的最高压力；手动换向阀是为检修而设置的，在需要时卸掉油路中的负荷，使压力油经手动阀直接流回油箱，这样可判断故障是否在油泵上。一般情况下手动换向阀在截止位。在滤油器 8 的两端加压力继电器 14 监视滤油器的堵塞情况，当滤油器堵塞时，压力继电器发出电信号给机床控制系统，产生报警信号，使操作人员能够迅速地清洗或更换过滤网，恢复液压系统的正常工作状态。在液压油箱上为防止灰尘进入油箱，油箱的空气入口处加有空气过滤器。为了解油箱内油液的多少，用油标进行检测。

2) 卡盘夹紧支路

卡盘通过卡爪的抓紧和放松动作来实现对工件的夹紧与放松。工作中要能判别其卡爪是否夹紧工件，如果没有夹紧工件，则数控加工程序不能执行，并在执行时发出报警信号。卡盘夹紧支路是图上最左侧一条支路。压力油经减压阀 9 稳定工作压力后，通过电磁换向阀 10 和手动换向阀 11 的左位进入液压缸 13。当电磁换向阀左线圈 L3-Y1 得电时，电磁阀工作在左位，压力油进入液压缸 13 的左腔，液压缸右腔中的油流回油箱，缸杆右移，卡

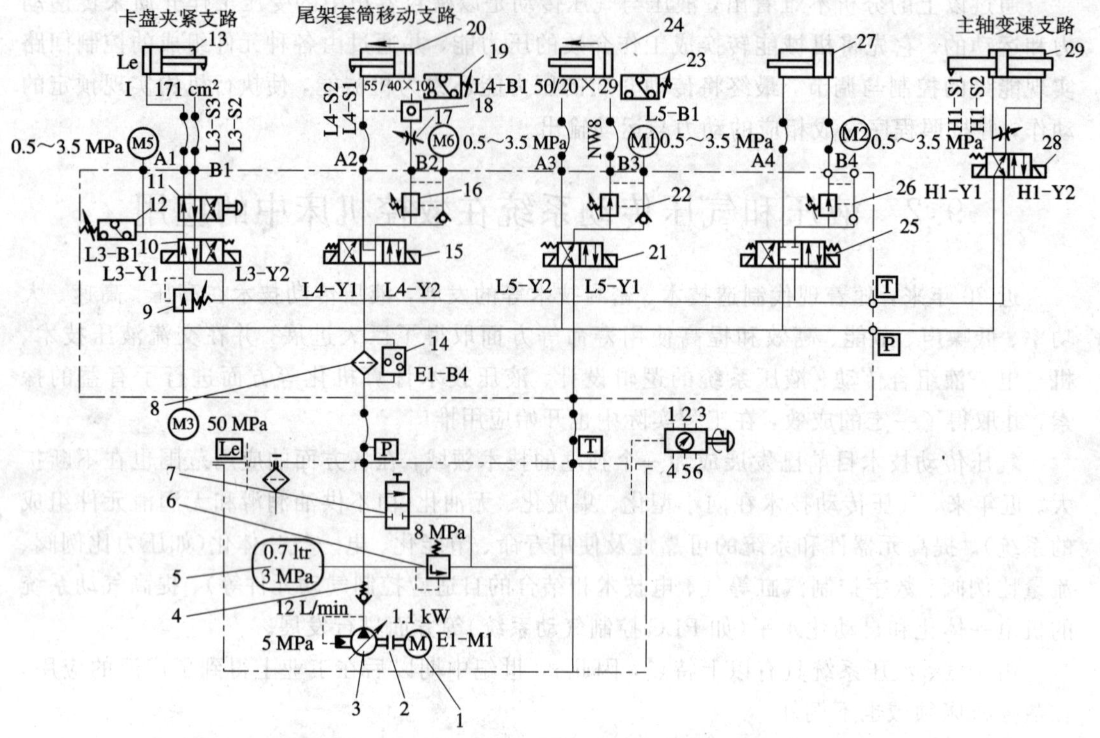

1—液压电动机；2—联轴器；3—变量泵；4—单向阀；5—蓄能器；6—溢流阀；7、11—手动换向阀；8—滤油器；9—减压阀；10、15、21、25、28—电磁换向阀；12、14、19、23—压力继电器；13、20、24、27、29—液压缸；16、22、26—单向减压阀；17—节流阀；18—液控单向阀

图 9-5　TND360 型数控车床液压系统原理图

盘夹紧动作。夹紧力的大小通过减压阀来调整，值的大小可在压力表中观察得到。夹紧与否由缸杆上的撞块触发左极限开关 L3-S1 与压力继电器 12(L3-B1)的信号组合判别。仅有压力继电器 L3-S1 信号时，表明卡盘上工件被夹紧；同时具有左极限开关 L3-S1 和压力继电器 L3-B1 的信号时，表明卡盘上的工件未被夹紧。工件未被夹紧时，要重新调整卡爪在卡盘上的位置，使工件能被卡盘夹紧。当电磁换向阀 L3-Y2 得电时，电磁阀工作在右位，压力油经电磁阀右位、手动阀左位进入液压缸的右腔，液压缸左腔中的压力油经手动阀左位、电磁阀右位后流回油箱，这时缸杆左移，卡盘夹爪放松。当缸杆回到最左端，左极限开关 L3-S2 发出信号，表明卡爪已完全放松。

3）*尾架套筒移动支路*

尾架套筒的前端用于安装活动顶针，活动顶针在加工时，用于长轴类零件的辅助支撑。因此，尾架套筒要能够实现套筒的伸出，使顶针顶紧于工件上；尾架套筒要能够保持所在位置，使顶针在工件加工时能够处于稳定的位置上；尾架套筒要能够回缩，使顶针在加工结束后能够退出加工区，便于工件的取出。在套筒伸出时要能够自动识别顶针是否顶紧工件。尾架套筒支路是图 9-5 上左边的第二条支路。当三位四通电磁换向阀 15 的左线圈 L4-Y1 得电时，压力油通过电磁换向阀的左位、单向减压阀 16、节流阀 17 和液控单向阀 18、进入液压缸 20 的右腔，液压缸 20 左腔中的油经过电磁换向阀 15 流回油箱，这时缸杆左移，也就是套筒伸出。在进油路上的压力继电器 19 和套筒行程极限开关构成了是否顶紧的识别系统，当仅有压力继电器发出 L4 - B1 电信号时，表明顶针已顶紧工件；当压力继电器和左极限行程开关同时发出 L4 - B1 和 L4 - S1 电信号时，表明顶针没有顶紧工件，这时就需要调整尾架在导轨上的位置。当电磁换向阀 15 的右线圈 L4 - Y2 得电时，电磁换向阀工作在右位，压力油经过电磁换向阀 15 的右位进入液压缸左腔，同时压力油使液控单向阀 18 打开，液压缸右腔中的压力油经液控单向阀 18、节流阀 17、单向减压阀 16 的单向阀和电磁换向阀 15 流回油箱，这样使得缸杆右移，实现套筒回缩。当液压缸缸杆右移到右极限位置时，压下右极限行程开关 L4 - S2，这表明尾架套筒已回缩到底部位置。当电磁换向阀 15 的两个线圈没有通电时，电磁换向阀 15 工作在中位。由于两个油口全部接回油口，液控单向阀关闭，使得液压缸右腔中的压力油既不能流入，也不能流出，液压缸缸杆保持固定的位置，也就是尾架套筒处在保持位置状态。

4）*主轴变速支路*

主轴变速支路是图 9 - 5 上最右边的一条支路，由液压缸缸杆使主轴箱内变速齿轮移动，实现变速齿轮的左、右移动；变速齿轮与不同齿轮的啮合，实现主轴在高、低速区不同的转动。

5）*预留支路*

其他两条油路是为机床增加其他液压驱动部件或附件而预留的液压支路，使机床在使用中，随时可安装使用液压中心跟刀架、液压回转刀架和自动送料机构等辅助部件。

2. 平面磨床工作台的液压系统

图 9 - 6 所示为简化后的平面磨床工作台液压系统。当电机带动液压泵 3 转动时，油箱 1 中的油液经过过滤器 2 被吸入系统。来自液压泵 3 的压力油经节流阀 6(控制流量)，进入手动三位四通换向阀 7 的 P—A 通道，再进入二位四通电磁换向阀 8(图中所示为未通电位置)流入液压缸 9 的左腔，推动活塞连同工作台 12 向右运动，液压缸右腔的油液被活塞压回油箱 1 中。

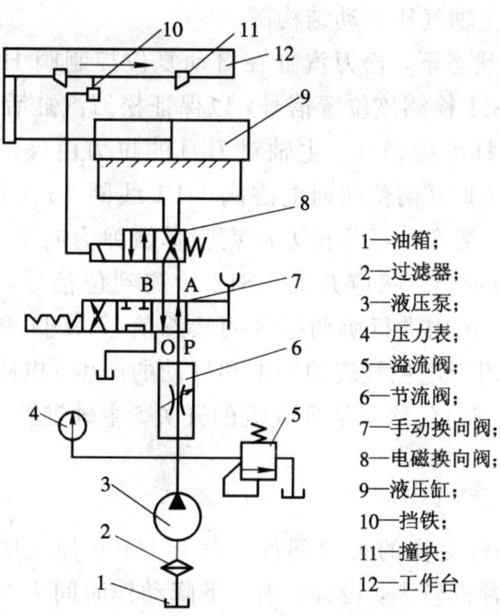

图 9 - 6　简化后的平面磨床工作台液压系统

工作台的往复运动靠工作台上的两个撞块11和挡铁10的共同作用，进而控制行程开关间断打开和关闭，使电磁换向阀的右位和左位轮换接入系统来实现。若要手动换向，可将撞块11扳向上方并操作手动动换向阀7来实现。

液压泵工作时同样可以实现工作台在任意位置停止，只需将手动换向阀7的手柄扳到中位(图中换向阀7中位处的符号表示不通流)，使液压缸两腔封闭，活塞不再运动，工作台立即停止。此时液压泵输出的高压油液因无去处，所以全部经溢流阀5排回油箱。

3. H400型卧式加工中心的气压传动系统

图9-7为H400型卧式加工中心气压传动系统原理图。该系统主要包括松刀汽缸、双工作台交换、工作台夹紧、鞍座锁紧、鞍座定位、工作台定位面吹气、刀库移动、主轴锥孔吹气等几个动作完成的气压传动支路。

H400型卧式加工中心气压传动系统要求提供额定压力为0.7 MPa的压缩空气。压缩空气通过ϕ8 mm的管道连接到气压传动系统调压、过滤、油雾气压传动三联件ST，经过气压传动三联件ST后，得以干燥、洁净并加入适当润滑用油雾，然后提供给后面的执行机构使用，从而保证整个气动系统的稳定安全运行，避免或减少执行部件、控制部件的磨损而使寿命降低。YK1为压力开关，该元件在气压传动系统达到额定压力时发出电参量开关信号，通知机床气压传动系统正常工作。在该系统中为了减小载荷的变化对系统的工作稳定性的影响，在设计气压传动系统时均采用单向出口节流的方法调节汽缸的运行速度。

1) 松刀汽缸支路

松刀汽缸是完成刀具的拉紧和松开的执行机构。为保证机床切削加工过程的稳定、安全、可靠，刀具拉紧拉力应大于12 kN，抓刀、松刀动作时间在2 s以内。换刀时通过气压传动系统对刀柄与主轴间的7∶24定位锥孔进行清理，使用高速气流清除结合面上的杂物。为达到这些要求，尽可能地使其结构紧凑、重量减轻，并且结构上要求工作缸直径不能大于150 mm，因此采用复合双作用汽缸(额定压力0.5 MPa)可达到设计要求。图9-8为H400型卧式加工中心主轴气压传动结构图。

在无换刀操作指令的状态下，松刀汽缸在自动复位控制阀HF1的控制下始终处于上位状态，并由感应开关LS11检测该位置信号，以保证松刀汽缸活塞杆与拉刀杆脱离，避免主轴旋转时活塞杆与拉刀杆摩擦损坏。主轴对刀具的拉力由碟形弹簧受压产生的弹力提供。当进行自动或手动换刀时，两位四通电磁阀HF1线圈1YA得电，松刀汽缸上腔通入高压气体，活塞向下移动，活塞杆压住拉刀杆克服弹簧弹力向下移动，直到拉刀爪松开刀柄上的拉钉，刀柄与主轴脱离。感应开关LS12检测到位信号，通过变送扩展板传送到CNC的PMC，作为对换刀机构进行协调控制的状态信号。DJ1和DJ2是调节汽缸压刀和松刀速度的单向节流阀，用于避免气流的冲击和振动的产生。电磁阀HF2用来控制主轴和刀柄之间的定位锥面在换刀时的吹气清理气流的开关，主轴锥孔吹气的气体流量大小用节流阀JL1调节。

2) 工作台交换支路

交换台是实现双工作台交换的关键部件。由于H400加工中心交换台提升载荷较大(达12 kN)，工作过程中冲击较大，设计上升、下降动作时间为3 s，且交换台位置空间较大，故采用大直径汽缸(D=350 mm)，6 mm内径的气管，才能满足设计载荷和交换时间的要求。机床无工作台交换时，在两位双电控电磁阀HF3的控制下交换台托升缸处于下

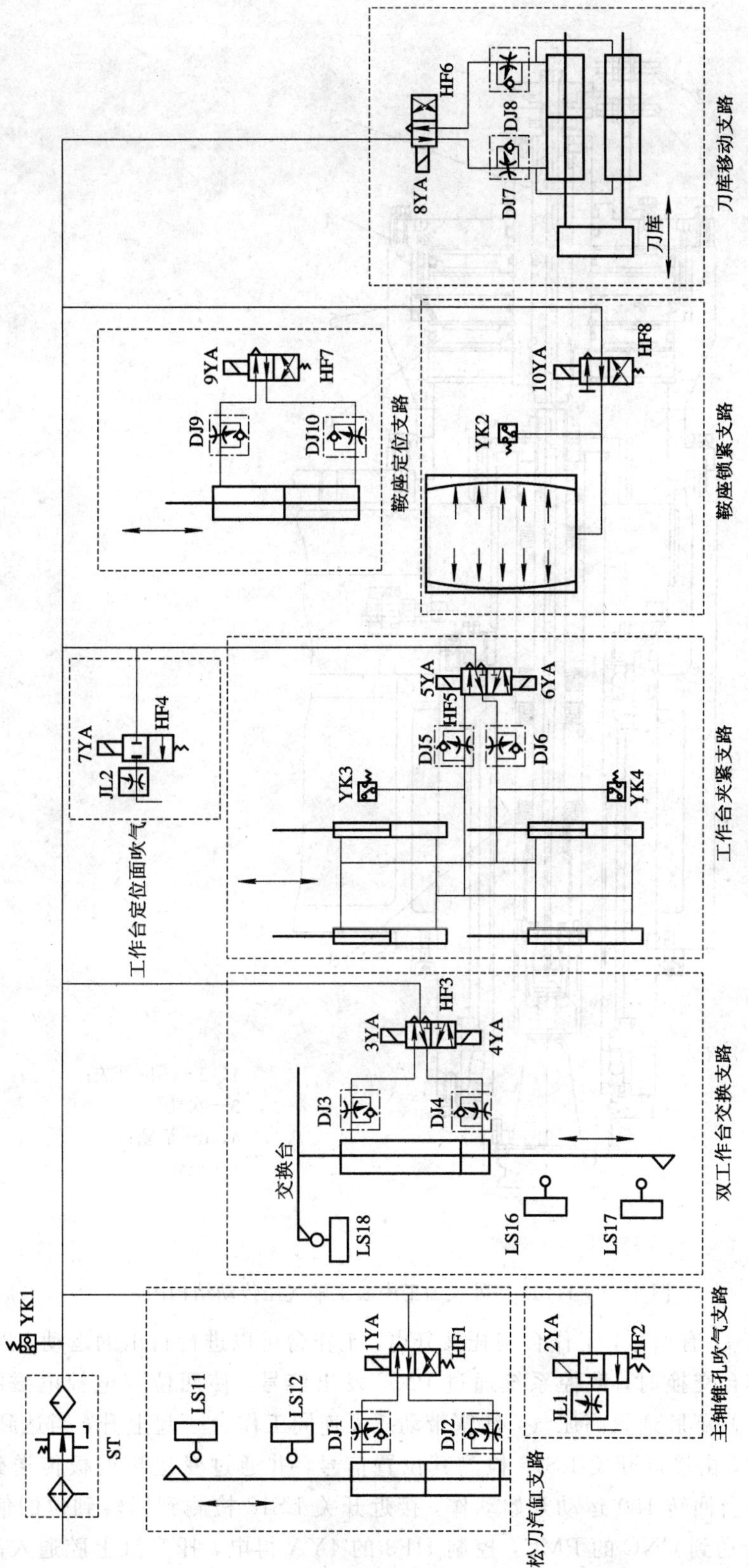

图 9-7　H400 型卧式加工中心气压传动系统原理图

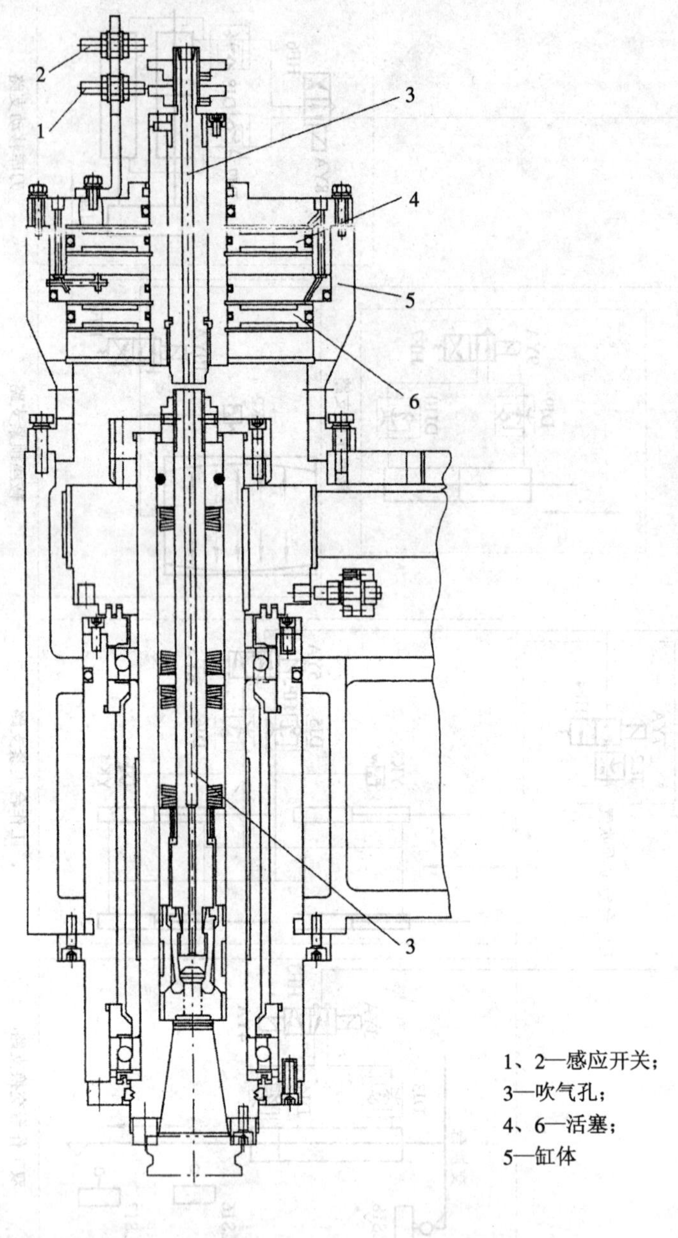

图 9-8　H400 型卧式加工中心主轴气压传动结构图

位，感应开关 LS17 有信号，工作台与托叉分离，工作台可以进行自由的运动。当进行自动或手动的双工作台交换时，数控系统通过 PMC 发出信号，使两位双电控电磁阀 HF3 的 3YA 得电，托升缸下腔通入高压气，活塞带动托叉连同工作台一起上升，当达到上下运动的上终点位置时，由接近开关 LS16 检测其位置信号，并通过变送扩展板传送到 CNC 的 PMC，控制交换台回转 180°运动开始动作，接近开关 LS18 检测到回转到位的信号，并通过变送扩展板传送到 CNC 的 PMC，控制 HF3 的 4YA 得电，托升缸上腔通入高压气体，活塞带动托叉连同工作台在重力和托升缸的共同作用下一起下降；当达到上下运动的下终点位置时由接近开关 LS17 检测其位置信号，并通过变送扩展板传送到 CNC 的 PMC，双工作台交换过程结束，机床可以进行下一步的操作。在该支路中采用 DJ3、DJ4 单向节流阀调节交换台上升和下降的速度，以避免较大的载荷冲击及对机械部件的损伤。

3）工作台夹紧支路

由于 H400 型卧式加工中心要进行双工作台的交换，为了节约交换时间，保证交换的可靠，因此工作台与鞍座之间必须具有能够快速而可靠的定位、夹紧及迅速脱离的功能。可交换的工作台固定于鞍座上，由四个带定位锥的汽缸夹紧，以达到拉力大于 12 kN 的可靠工作要求。因受位置结构的限制，该汽缸采用了弹簧增力结构，在汽缸内径仅为 63 mm 的情况下就达到了设计拉力要求。工作台夹紧支路采用两位双电控电磁阀 HF4 进行控制，当双工作台交换将要进行或已经进行完毕时，数控系统通过 PMC 控制电磁阀 HF4，使线圈 5YA 或 6YA 得电，分别控制汽缸活塞的上升或下降，通过钢珠拉套机构放松或拉紧工作台上的拉钉，来完成鞍座与工作台之间的放松或夹紧动作。为了避免活塞运动时的冲击，在该支路采用具有得电动作、失电不动作、双线圈同时得电不动作特点的两位双电控电磁阀 HF4 进行控制，可避免在动作进行过程中因突然断电而造成的机械部件冲击损伤。该支路还采用了单向节流阀 DJ5、DJ6 来调节夹紧的速度，以避免较大的冲击载荷。该位置由于受结构限制，用感应开关检测放松与拉紧信号较为困难，故采用可调工作点的压力继电器 YK3、YK4 检测压力信号，并以此信号作为汽缸到位信号。

4）鞍座定位与锁紧支路

H400 型卧式加工中心工作台具有回转分度功能，回转工作台结构如图 9－9 所示。与工作台连为一体的鞍座采用蜗轮蜗杆机构使之可以进行回转，鞍座与床鞍之间具有相对回转运动，并分别采用插销和可以变形的薄壁汽缸实现床鞍和鞍座之间的定位与锁紧。当数控系统发出鞍座回转指令并做好相应的准备后，两位单电控电磁阀 HF7 得电，定位插销缸活塞向下带动定位销从定位孔中拔出，到达下运动极限位置后，由感应开关检测到位信号，通知数控系统可以进行鞍座与床鞍的放松，此时两位单电控电磁阀 HF8 得电动作，锁紧薄壁缸中高压气体放出，锁紧活塞弹性变形回复，使鞍座与床鞍分离。该位置由于受结构限制，检测放松与锁紧信号较困难，故采用可调工作点的压力继电器 YK2 来检测压力信号，并以此信号作为位置检测信号。该信号送入数控系统，控制鞍座进行回转动作，鞍座在电动机、同步带、蜗杆蜗轮机构的带动下进行回转运动，当达到预定位置时，由感应开关发出到位信号，停止转动，完成回转运动的初次定位。电磁阀 HF7 断电，插销缸下腔通入高压气，活塞带动插销向上运动，插入定位孔，进行回转运动的精确定位。定位销到位后，感应开关发信通知锁紧缸锁紧，电磁阀 HF8 失电，锁紧缸充入高压气体，锁紧活塞变形，YK2 检测到压力达到预定值后，即是鞍座与床鞍夹紧完成。至此，整个鞍座回转动作完成。另外，在该定位支路中，DJ9、DJ10 是为避免插销冲击损坏而设置的调节上升、下降速度的单向节流阀。

5）刀库移动支路

H400 型卧式加工中心采用盘式刀库，具有 10 个刀位。在加工中心进行自动换刀时，由汽缸驱动刀盘前后移动，与主轴的上下左右方向的运动进行配合来实现刀具的装卸，并要求运行过程稳定、无冲击。在换刀时，当主轴到达相应位置后，通过对电磁阀 HF6 得电和失电使刀盘前后移动，到达两端的极限位置，并由位置开关感应到位信号，与主轴运动、

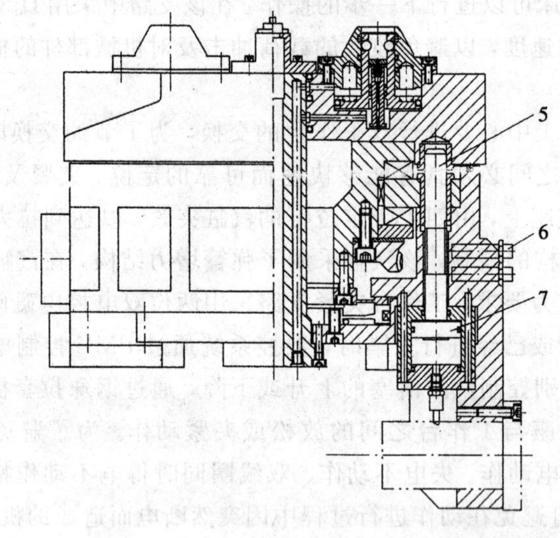

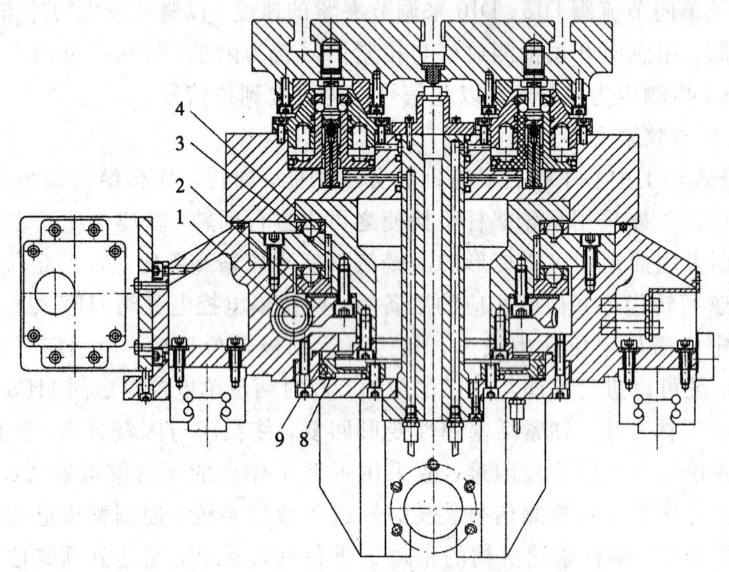

1—蜗杆；2—蜗轮；3—径向支撑；4—轴向支撑；5—插销；
6—接近开关；7—活塞；8—薄膜气缸；9—制动盘

图 9-9　回转工作台结构图

刀盘回转运动协调配合完成换刀动作。其中 HF6 断电时，远离主轴的刀库部件原位。DJ7、DJ8 是为避免装刀和卸刀时产生冲击而设置的单向节流阀。

该气压传动系统中，在交换台支路和工作台拉紧支路采用两位双电控电磁阀（HF3、HF4），以避免在动作进行过程中因突然断电而造成的机械部件的冲击损伤。系统中所有的控制阀完全采用板式集装阀连接，这种连接方式结构紧凑，易于控制、维护与故障点的检测。为避免气流放出时所产生的噪声，在各支路的放气口均加装了消声器。

9.3 数控机床液压与气压系统的维护

数控机床上采用液压、气压技术的方面很多，但主要是利用液、气传动在工作中实现无级变速、自动化和可频繁换向等。液压系统的维护及其工作正常与否对数控机床的正常工作十分重要。

9.3.1 维护要点

1. 液压系统的维护要点

(1) 控制油液污染，保持油液清洁，是确保液压系统正常工作的重要措施。据统计，液压系统的故障有80%是由油液污染引发的，油液污染还会加速液压元件的磨损。

(2) 控制液压系统中油液的温升是减少能源消耗、提高系统效率的一个重要环节。一台机床的液压系统，若油温变化范围大，其后果是：

① 影响液压泵的吸油能力及容积效率；

② 系统工作不正常，压力、速度不稳定，动作不可靠；

③ 液压元件内外泄漏增加；

④ 加速油液的氧化变质。

(3) 控制液压系统泄漏。因为泄漏和吸空是液压系统的常见故障，因此控制液压系统泄漏极为重要。要控制泄漏，首先是提高液压元件零部件的加工精度和元件的装配质量以及管道系统的安装质量；其次是提高密封件的质量，注意密封件的安装使用与定期更换；最后是加强日常维护。

(4) 防止液压系统的振动与噪声。振动会影响液压件的性能，使螺钉松动、管接头松脱，从而引起漏油，因此要防止和排除振动现象。

(5) 严格执行日常点检制度。液压系统的故障存在隐蔽性、可变性和难于判断性，因此应对液压系统的工作状态进行点检，把可能产生的故障现象记录在日检维修卡上，并将故障排除在萌芽状态，从而减少故障的发生。

(6) 严格执行定期紧固、清洗、过滤和更换制度。液压设备在工作过程中，由于冲击振动、磨损和污染等因素，会使管件松动，金属件和密封件磨损，因此必须对液压件及油箱等实行定期清洗和维修制度，对油液、密封件执行定期更换制度。

2. 气压系统的维护要点

(1) 保证供给洁净的压缩空气。压缩空气中通常都含有水分、油分和粉尘等杂质。水分会使管道、阀和汽缸腐蚀；油分会使橡胶、塑料和密封材料变质；粉尘会造成阀体动作失灵。选用合适的过滤器，可以清除压缩空气中的杂质。使用过滤器时应及时排除积存的液体，否则，当积存液体接近挡水板时，气流仍可将积存物卷起。

(2) 保证空气中含有适量的润滑油。大多数气压传动执行元件和控制元件都要求有适度的润滑。如果润滑不良将会发生以下故障：

① 由于摩擦阻力增大而造成汽缸推力不足，阀芯动作失灵。

② 由于密封材料的磨损而造成空气泄漏。

③ 由于生锈而造成元件的损伤及动作失灵，一般采用油雾器进行喷雾润滑。油雾器通常安装在过滤器和减压阀之后，油雾器的供油量一般不宜过多，通常每 10 m^3 的自由空气供给 1 mL 的油量(即 40～50 滴油)。检查润滑是否良好的一个方法是：找一张清洁的白纸放在换向阀的排气口附近，如果在换向阀工作三到四个循环后，白纸上只有很轻的斑点，则表明润滑是良好的。

(3) 保持气动系统的密封性。漏气不仅增加了能量的消耗，也会导致供气压力的下降，甚至造成气压传动元件工作失常。如果有严重的漏气，在气压传动系统停止运行时，由漏气引起的响声很容易发现；轻微的漏气则应利用仪表，或涂抹肥皂水的办法进行检查。

(4) 保证气压传动元件中运动零件的灵敏性。从空气压缩机排出的压缩空气包含有粒度为 0.01～0.8 μm 的压缩机油微粒，在排气温度为 120℃～220℃时，这些油粒会迅速氧化，氧化后油粒颜色变深，粘性增大，并逐步由液态固化成油泥。这种微米级以下的颗粒，一般过滤器无法滤除，当它们进入到换向阀后便附着在阀芯上，会使阀的灵敏度逐步降低，甚至出现动作失灵。为了清除油泥，保证阀的灵敏度，可在气压传动系统的过滤器之后，安装油雾分离器，将油泥分离出来；此外，定期清洗阀也可以保证阀的灵敏度。

(5) 保证气压传动装置具有合适的工作压力和运动速度。调节工作压力时，压力表应当工作可靠、读数准确。减压阀与节流阀调节好后，必须紧固调压阀盖或锁紧螺母，防止松动。

9.3.2 液压与气压系统的点检

1. 液压系统的点检

(1) 各液压阀、液压缸及管子接头处是否有外漏。

(2) 液压泵或液压马达运转时是否有异常噪声等现象。

(3) 液压缸移动时工作是否正常平稳。

(4) 液压系统的各测压点压力是否在规定的范围内，压力是否稳定。

(5) 油液的温度是否在允许的范围内。

(6) 液压系统工作时有无高频振动。

(7) 电气控制或撞块(凸轮)控制的换向阀的工作是否灵敏可靠。

(8) 油箱内的油量是否在油标刻线范围内。

(9) 行程开关或限位挡块的位置是否有变动。

(10) 液压系统手动或自动工作循环时是否有异常现象。

(11) 定期对油箱内的油液进行取样化验，检查油液质量，定期过滤或更换油液。

(12) 定期检查蓄能器的工作性能。

(13) 定期检查冷却器和加热器的工作性能。

(14) 定期检查和紧固重要部位的螺钉、螺母、接头和法兰螺钉。

(15) 定期检查或更换密封件。

(16) 定期检查清洗或更换液压件。

(17) 定期检查清洗或更换滤芯。

(18) 定期检查清洗油箱和管道。

2. 气压系统的点检与定检

(1) 管路系统的点检。管路系统点检的主要内容是对冷凝水和润滑油的管理。冷凝水的排放，一般应当在气压传动装置运行之前进行。但是当夜间温度低于 0℃时，为防止冷凝水冻结，气压传动装置运行结束后，就应开启放水阀门将冷凝水排出。补充润滑油时，要检查油雾器中油的质量和滴油量是否符合要求。此外，点检还应包括检查供气压力是否正常，有无漏气现象等。

(2) 气压传动元件的定检。气压传动元件定检的主要内容是彻底处理系统的漏气现象。例如更换密封元件，处理管接头或连接螺钉松动等，定期检验测量仪表、安全阀和压力继电器等。

本章小结

液压和气压系统是数控机床的重要组成部分，主要用于为数控机床的一些辅助动作提供动力，以及为数控机床提供冷却和润滑。本章简要介绍了液压和气压的主要应用范围、构成和基本工作原理，重点以数控车床、数控磨床和加工中心为例，分别介绍了其典型的液压与气压在数控机床上的应用与工作原理。另外还简单地叙述了数控机床液压与气压系统的维护与点检工作，能使读者对数控机床的液压与气压系统有一个较为全面的认识。

思考与练习题

1. 简述数控机床的液压系统主要由哪几个部分构成。
2. 简述数控机床的液压与气压的主要应用范围。
3. TND360 机床的尾架是如何工作的？
4. 简单介绍 H400 型卧式加工中心松刀汽缸支路的工作原理。
5. 数控机床液压系统的维护要点是什么？
6. 数控机床气压系统的维护要点是什么？

第十章 数控机床的选用、安装、调试、验收与保养

学习目的与要求

- 了解数控机床的选择方法；
- 了解数控机床安装、调试与验收的主要内容；
- 熟悉数控机床的日常保养常识。

10.1 数控机床的选用

如何从品种繁多、价格昂贵的数控机床中选择适用的设备，如何使这些设备在机械制造中充分发挥作用，如何正确、合理地选购与主机相应配套的附件及软件，已成为广大用户十分关心的问题。选用数控机床时应考虑的主要因素有以下几个方面。

10.1.1 确定典型加工工件

考虑到数控机床品种繁多，而且每一种机床的性能与使用范围是有限的，只有在一定的条件下，加工一定种类、一定工艺内容的零件才能达到最佳效果，也就是说要求在保证加工质量的前提下，资金投入少，生产周期短。因此，选购数控机床首先必须确定用户所要加工的典型零件。

每一种数控机床都有其最佳加工的典型零件。如卧式加工中心适合于加工箱体、泵体、阀体和壳体类等零件，可以利用数控机床上的回转工作台，能一次安装后即对工件的四个面进行加工；立式加工中心适用于加工箱盖、盖板、法兰、壳体、平面凸轮等板类零件，实现对一个面的加工；模具加工，一般用立、卧主轴转换的数控铣床、数控电火花成型机与数控电火花线切割机床；加工轴类、盘类零件，一般用数控车床；有较高的形状及位置要求的多孔零件，一般用数控钻镗床。若把卧式加工中心加工的典型零件放在立式加工中心上加工，零件的多面加工则需要更换夹具和调换工艺基准，这就会降低生产效率和加工精度。若把立式加工中心加工的典型零件放在卧式加工中心上加工，则需要增加弯板夹具，这会降低工件加工工艺系统的刚性和工作效率。同类规格的数控机床，一般卧式的价格要比立式的贵80％～100％，所需加工费用也高，因此，把在立式加工中心上加工的典型零件放在卧式加工中心上加工是不经济的。然而，卧式加工中心的工艺性比较广泛，据国外资料统计，在工厂车间的设备配置中，卧式加工中心占60％～70％，而立式加工中心只占30％～40％。

10.1.2 数控机床规格的选择

数控机床规格的选择，应结合确定的典型零件尺寸，选用相应的规格以满足加工典型零件的需要。数控机床的主要规格包括工作台面的尺寸、坐标轴数及行程范围、主轴电动机功率和切削扭矩等。在某些数控机床的用户中，往往认为机床规格要选大不选小，机床规格大一点，小零件照样可以在上面加工。这样做的结果会造成机床投资大幅度增加，机床加工费用增加、生产率下降(大行程机床在加工小零件时空行程等辅助时间将成倍增加)等问题。

选用的工作台面尺寸一般应大于工件的最大轮廓尺寸，以保证工件在其上面能顺利找正及安装，各坐标轴行程应满足加工时进刀、退刀的要求，如典型零件是 450 mm×450 mm 的箱体，那么应选取工作台面尺寸为 500 mm×500 mm 的加工中心。工件和夹具的总重量也不能大于工作台的额定负载。

主轴电动机功率反映了数控机床的切削效率，也从一个侧面反映了机床在切削时的刚性。现在的加工中心一般都配置了功率较大的直流或交流高速电机，可用于高速切削。但在低速切削中转矩会受到一定限制，这是由于调速电机在低速时功率输出下降而造成的。因此数控机床主轴电动机通常加大规格选用，即同一规格的数控机床和普通机床相比，其主轴电动机的额定功率要比普通机床的大 1～2 号，而低速限制主轴转矩要小 1～2 挡。当需要加工大直径和加工余量很大的零件时，必须对机床低速转矩进行校核。

用户还要根据典型零件毛坯加工余量大小、所要求的切削能力(单位时间金属切除量)、要求达到的加工精度、能配置什么样的刀具等因素综合考虑选择机床。机床主轴电动机功率的选择最好与使用什么水平的刀具联系起来考虑。目前市场上能买到各类品牌的刀具，但其实际切削效率却相差几倍到几十倍，当然价格相差也很大，因此，根据实际使用刀具时能达到的切削效率来选择主轴电动机功率，是一种实用的做法。

另外，对要求加工的典型零件族中，如果只有个别零件要综合考虑加工余量大小、切削能力、加工精度和配置刀具等因素时，也可采用配置附件来满足要求，如立、卧两用万能铣头、带转角的数控刀柄等。

10.1.3 数控机床精度的选择

数控机床精度的选择应根据典型零件关键部位加工精度的要求来定。例如，根据经验值，一般加工中心的各项精度应选择为零件各项精度的$\frac{1}{2}\sim\frac{2}{3}$较为合理。我们知道，虽然影响零件加工精度的因素很多，但主要因素有两个，即机床因素和工艺因素。在一般情况下，零件的加工精度主要取决于机床。在机床因素中，主要有主轴回转精度、导轨导向精度、各坐标轴间的相互位置精度和机床的热变形特性等。

在诸项精度标准中，人们最关心的是定位精度和重复定位精度；对于加工中心和数控铣床，还有一项铣圆精度。根据这三项精度值，可将数控机床分为普通型和精密型。加工中心的精度比较如表 10－1 所示。

表 10-1　加工中心的精度比较

精度项目	普通型	精密型
单轴定位精度/mm	±0.01/300 或全长	±0.005/全长
单轴重复定位精度/mm	±0.006	±0.002
铣圆精度/mm	0.03～0.04	0.02

1) 机床定位精度和重复定位精度

定位精度是指数控机床工作台或其他运动部件的实际运动位置与指令位置的一致程度，其不一致的差量即为定位误差。引起定位误差的因素包括伺服系统误差、检测系统误差、进给系统误差以及运动部件导轨的几何误差等。定位误差直接影响加工零件的尺寸精度。重复定位精度是指在相同的操作方法和条件下，在完成规定操作次数过程中得到结果的一致程度。重复定位精度一般是呈正态分布的偶然件误差，它会影响批量加工零件的一致性，是一项非常重要的性能指标。

机床定位精度和重复定位精度反映了该轴各运动部件的综合精度，尤其是重复定位精度，它反映了该轴在有效行程内任意定位点的定位稳定性，它是衡量该数控轴能否稳定、可靠工作的基本指标。加工中心数控系统的软件功能比较丰富，它可以对控制轴的螺距误差进行补偿和反向间隙补偿，也可对进给传动链上各环节的系统误差稳定地进行补偿。各轴的积累误差与丝杠螺距积累误差有直接关系，可以用控制系统的螺距补偿功能来补偿。进给传动链中的反向死区(也称为反向失动量)也可用反向间隙补偿功能来补偿。

2) 铣圆精度

铣圆精度综合反映了机床两轴联动时，伺服运动的特性和控制系统的插补功能。铣圆精度对加工中心和数控铣床来说，它反映了对工件轮廓进行加工(如加工凸轮、模具型腔等)所能达到的最好加工精度。对于大直径的圆柱面和大圆弧面，可在具有这种功能的机床上采用高性能的立铣刀对其进行加工，以达到较好的效果。

测定铣圆精度的方法，即采用立铣刀先铣一个标准圆柱试件(中、小型机床的试件直径为200～300 mm，大型机床则相应增大测试件的直径)，加工完毕后，用圆度仪测量该圆柱的轮廓线，绘出轮廓线的最大包络圆和最小包络圆，其二者的差值即为该圆柱面的铣圆精度。

用户在选择购买机床时，可根据典型零件的加工要求，阅读有关机床出厂检验单的内容，这样有助于判断所选用的机床的各项指标性能，做到有的放矢。

10.1.4　数控系统的选择

当今世界上适用于数控机床的数控系统的种类、规格极其繁多，为了能使数控系统更好地满足用户要求，更好地与机床相匹配，在选择机床的数控系统时，应遵循下述几条基本原则：

(1) 根据数控机床的类型选择数控系统。一般来说，不同的机型设备适合配置不同型号的数控系统，数控钻、镗、冲压等机床的数控系统只需点位或直线控制系统，而数控车床则需两轴联动的轮廓控制数控系统，数控铣床一般需三轴两联动的轮廓控制数控系统。

(2) 根据加工精度的需要选择数控系统。数控机床的加工精度较高，但随着机床精度的提高，机床的制造成本也会大大地提高，因此要恰当地选择机床精度和与之相配套的数控系统。对于精度要求不高的经济型数控机床(尤其是数控钻床、数控冲床)，可采用步进电动机驱动的开环系统，分辨率可达0.01 mm；而对于精度要求较高的数控镗铣床，可采用交、直流伺服电动机驱动的半闭环系统，分辨率可达0.001 mm；如果零件的加工精度要求很高，则应考虑闭环系统的数控机床，真正做到物尽其用。

(3) 根据数控机床的主要使用指标选择数控系统。在可供选择的数控系统中，其性能高低差别很大，一般专业生产厂商都有高档、中档、低档等数控系统供选用，有全功能型、经济型等。例如，日本FANUC公司生产的15型、18型数控系统的最高切削进给速度可达240 m/min(脉冲当量为1 μm)，而该公司生产的0型数控系统只能达到24 m/min，它们的价格也相差数倍。对于一般中、小型数控机床，目前就其刀具能达到的切削能力，追求过高的运动速度显然是很不合理的，并且会使数控机床的成本大为增加。因此不能片面地追求高水平、新系统、全功能、大容量等，而应对所要求的使用性能和供货价格等因素作综合分析，以追求最佳的性能价格比，选用合适的数控系统。

(4) 根据数控机床的性能合理地选择数控系统的功能。一个数控系统具有许多功能，有的属于基本功能，即在选定的数控系统中原已具备的功能；有的属于选择功能，只有当用户特定选择了这些功能之后，才能提供。生产厂商对数控系统的定价往往是具备基本功能的数控系统的价格很便宜，而具备选择功能的数控系统的价格较贵。因此，对于选择功能，一定要根据数控机床的性能需要来选择，如果不加分析地追求太多的选择功能，不但许多功能用不上，而且会大幅度增加数控系统的供货价格。

(5) 选择数控系统应尽量集中购买少数几家公司的产品。因为每一家公司生产的数控系统都需要有相应的操作者、维修者、维修备件、外联维修网络等一系列技术后勤支持条件，所以相对集中地购买少数几家公司的数控系统对以后长期使用和维修是有利的。

10.1.5 自动换刀装置、刀库容量及刀柄的选择

自动换刀装置(ATC)的工作质量直接影响到数控机床投入使用的质量，ATC的主要质量指标为换刀时间和故障率。据统计，加工中心有50%以上的故障与ATC的状况有关。通常对ATC的投资占整机投资的30%～50%，为了降低总投资，在满足使用需要的前提下，尽量选用结构简单和可靠性高的ATC。

根据典型零件在一次装夹中所需要的刀具数来确定刀库容量。即使是大型加工中心的刀库容量也不宜选得太大，因为刀库容量越大，结构越复杂，整理量也越大，受到人为差错影响的机会增多，刀具管理相应复杂化，会使成本和故障率提高。同一型号的加工中心通常预设有2～3种不同容量的刀库。例如，卧式加工中心的刀库容量有30、40、60、80把等，立式加工中心的刀库容量有16、20、24、32把等。用户在选择刀库容量时，要反复比较被加工工件的工艺分析资料，对近期数控机床需要进一步适应的发展作出预测，仔细权衡投资与效益的最佳比例，在此基础上再确定所需刀具数量。在卧式加工中心上一般选用40把左右刀具的刀库容量较为适宜。对于所需刀具数超过刀库容量的复杂工件，可利用将粗、精加工分开进行或插入消除内应力的热处理工序和调换工件装卡工艺基准等手段，将复杂工件分工序分别编制加工程序进行加工，这样每个加工程序所需的刀具数就不会超过刀库容量。

如果选用的加工中心准备用于柔性加工单元(FMC)或柔性制造系统(FMS)中，其刀

库容量则应相对选取得大一些，甚至需要配置可交换刀库。

主机和 ATC 选定以后，就应该考虑数控机床中所使用的刀柄和刀具。一般选择数控机床使用的刀柄时应注意如下几个问题：

(1) 选用整体式刀柄还是选用模块式刀柄。

整体式刀柄装夹刀具的工作部分与它在机床上安装定位用的柄部是做成一体的。这种刀柄对机床与零件的变换适应能力较差，因此刀柄的规格品种非常多，以备零件变换或机床变换(主要指机床主轴孔尺寸、机械手抓拿部位尺寸和主轴内拉紧机构尺寸的改变)时选用。但这样会造成用户刀柄储备增多，刀柄利用率变低的弊病。为了克服这一缺点，近年来国内外都在致力于开发模块式工具系统，即工具系统中的每把刀柄都可以通过各种系列化的模块组装而成，针对不同的加工零件或使用的机床，可以有不同的组装方案，从而提高了刀柄的适应能力，提高了这些工具的利用率，属于比较先进的工具系统。

但是，这并不是说在机床上全部配备模块式刀柄就是最佳方案。这其中有技术上的原因，也有经济上的原因，需要有个综合的考虑。

对一些长期使用，不需要拼装的简单刀柄，如在零件外廓上加工用的装面铣刀刀柄、弹簧夹头刀柄及钻夹头刀柄等以配备整体式刀柄为宜。这样刀具刚性好，价格便宜。对于一个只要求镗特定尺寸孔的大批量加工的零件，买整体式镗刀刀柄 400 元左右就够了，而买几个模块组装成的镗刀刀柄恐怕要近千元。当加工的孔径、孔长常常变化的多品种、小批量零件时，以选用模块式工具系统为宜。这样可以取代大量整体式镗刀刀柄。对于那些数控机床较多(尤其是机床主轴端部、机械手都各不相同)的用户，多选用模块式工具会取得比较明显的经济效益。因为选用整体式刀柄必须对各台机床都进行配置，而采用模块式刀柄各台机床所用的中间模块(接杆)和工作模块(装刀模块)都可以通用。总之，选用哪种工具系统，用户要根据自己的情况认真对待，选择得当可以减少设备投资，提高工具利用率，避免频繁地补充工具，同时也利于工具的管理与维护。

(2) 根据机床上典型零件的加工工艺来选择刀柄。

加工中心上使用的进行钻、扩、铰、镗孔、铣削及攻螺纹等各种用途的刀柄，总称为工具系统。整体式的 TSG 工具系统中包括了 20 种刀柄，其规格达数百种之多。具体到某一台或几台数控机床是没必要买下整个 TSG 工具系统的，用户只能根据要在这台机床上加工的典型零件的加工工艺来选取。这样选择的结果既能满足加工需要，也不致造成积压，是最经济、最合理的方法。

(3) 刀柄配置数量。

新机床最初的刀柄配置数量与机床所要加工的零件品种和规格的数量有关，也与零件的复杂程度和机床的负荷有关，一般是所需刀柄的 2～3 倍。这是因为在考虑到机床工作的同时，还有一定数量的刀柄正在预调或刀具修磨。只有当机床负荷不足时，才取 2 倍或少于 2 倍的刀柄配置数量。一般加工中心的刀库只用来装载正在加工零件所需的刀柄。因为典型零件的复杂程度与刀库容量有一定关系，所以配置数量也大约为刀库容量的 2～3 倍。在没有具体确定加工对象以前，想要订一套能满足各种零件要求的刀柄是困难的。例如一台 900 mm×900 mm 的卧式加工中心，刀库容量为 60 把，在多年的使用中陆续添置到近 200 套刀柄，外加少量专用刀柄才能满足通常零件的加工要求。

(4) 注意所选刀柄的柄部形式是否正确。

为了便于换刀，镗铣类数控机床及加工中心的主轴孔多选定为不自锁的 7∶24 锥度，但是，刀柄与机床相配的柄部(除锥角以外的部分)并没有完全统一。尽管刀柄已经有了相应的国际标准 ISO 7388，可在有些国家并未得到贯彻。如有的柄部在 7∶24 锥度的小端带有圆柱头而另一些就没有。对于自动换刀机床用工具柄部，有几个与国际标准 ISO 7388 不同的国家标准，要切实弄清楚选用的机床应配用符合哪个标准的工具柄部，不能含糊。要知道主轴孔为 ISO 50 号 7∶24 锥度，可能需要的不一定是 ISO 7388 所规定的柄部，而是日本标准 JIS—B6339 所规定的柄部或美国标准 ANS/ASME—B5.50 所规定的柄部。这些柄部由于机械手抓拿槽的形状、位置，拉钉的形状、尺寸或键槽尺寸而都不相同，如果在不弄清楚所选定的主机对刀柄柄部要求的情况下就去选择刀柄的话，会造成所订购的刀柄都不能用的严重后果。因此，一定要注意刀柄要与机床主轴孔的规格(是 30 号、40 号、45 号还是 50 号)相一致；刀柄抓拿部位要能适应机械手的形态、位置要求；拉钉的形状、尺寸要与主轴里的拉紧机构相匹配。

(5) 尽量选用加工效率较高的刀柄和刀具。

如在粗镗孔时选用双刃镗刀刀柄代替单刃粗镗刀刀柄，则可以取得提高加工效率、减少加工振动的效果；如选用强力弹簧夹头，不仅可以夹持直柄刀具，而且可以通过接杆夹持带孔刀具等；又如选用带有 7∶24 锥柄的焊接螺旋立铣刀或可转位螺旋立铣刀，则可以达到较高的刚性，从而增大切削用量等。

(6) 复合刀柄的选用。

对于一些批量较大(千件以上)的零件，某些工序的刀具可考虑复合在一起成为一把复合刀柄。这样就减少了加工时间和换刀次数。当加工一批零件可因此而减少几十小时的加工时间时，就可以考虑采用专门设计的复合刀柄。一般数控机床的主电机功率较大，机床刚度较好，能够承受较大切削力。在设计专用的复合刀柄时，应尽量采用标准化的刀具模块，这样能有效地减少设计与加工的工作量。

(7) 注意单刃钻孔工具的键槽方位。

在数控机床上选用单刃镗孔刀具可以避免退刀划伤，但应注意刀尖相对于刀柄上键槽的方位要求。有些机床要求刀尖与键槽方位一致，有些机床则要求与键槽方位垂直。

(8) 注意刀具与刀柄的配套问题。

在 TSG 工具系统中有许多刀柄是不带刀具的(如面铣刀、丝锥、钻头等)，需要另外去订刀具。选用攻螺纹刀柄时，注意配用的丝锥传动方头的尺寸。现在市面上供应的同一规格的丝锥可能有不同尺寸的方头(新、老标准不同)，如选择不当就装不上去。

10.1.6 数控机床选择功能及附件的选择

在选择数控机床时，除认真考虑它具备的基本功能及基本件外，还应选用一些选择功能及附件。

数控机床选择功能及附件选择的基本原则是：全面配置、长远和近期效益综合考虑。对一些价格增加不多，但对使用又带来很多方便的选择功能，应该尽可能配置齐全，附件也应配置成套，以保证数控机床到用户单位后能立即投入生产。切忌将几十万元甚至几百万元购买来的一台数控设备送到用户单位后，因缺少一个几十元或几百元的附件而迟迟不能投入生产。用户选用机床、数控系统及附件时还应从以后便于维修方面考虑，设备生产厂不能选得太多，否则会给以后维护修理带来极大困难。对多台数控机床可以合用的附件(如数控系统的输入/输出装备、刀具机外预调仪等)，要考虑接口的通用和连接尺寸的通用，这样可大大减少设备投资。

对一些功能的选择应进行综合比较，以经济、实用为目的。例如，现代数控系统都有一些随机程序编制、运动图形显示和人机对话程序编制等功能，这些确实给在机床上进行快速程序编制带来很大方便。近年来，在质量保证措施上也发展了许多附件，如自动测量装置、接触式测头、红外线测头、刀具磨损和破损检测等附件。这些附件的选择原则是要求保证其性能的可靠性，不追求新颖但求实用。

10.1.7 技术服务与售后服务

一台好的数控机床要得到合理使用，发挥其技术和经济效益，必须要有好的技术服务。对一些新的户来说，最困难的不是设备，而是缺乏一支高素质的技术队伍。因此，新用户在选择设备时应考虑到这些设备的操作、程序编制、机械和电气维修人员的培养。实践证明，数控机床的使用并不神秘，只要选择有责任心，肯刻苦钻研的技术人员和有一定金属切削实践经验的技术工人，经过一段时间的培训和专门学习是能在较短时间(半年到一年)内适应机床的操作要求的。对于机床的维修则需要更深层次的培训和经验的积累，才能做到得心应手。另外，在选择机床时，还要考虑机床厂家的售后服务质量和售后服务成本等一系列问题。例如离自己近的厂家售后服务的成本就比离自己远的厂家的低些。总之，凡是重视技术队伍的建设，重视职工素质的提高，再加上良好的售后服务，数控机床就能得到合理的使用，也能充分发挥其高效率、高质量的性能，为企业创造良好效益。

10.2 数控机床的安装与调试

数控机床的安装就是按照技术要求将机床固定在基础上，以获得确定的坐标位置和稳定的运行性能。机床的安装质量对其加工精度和使用寿命都有着直接影响，选择机床安装位置应避开阳光直射或强电、强磁干扰，选择干净清洁、空气干燥和温差较小的环境。

10.2.1 机床的基础处理和初就位

机床到货后应及时开箱检查，核对实物与装箱单及订货合同是否相符，按照装箱单清点技术资料、零部件、备件和工具等是否齐全无损，如发现有损坏或遗漏问题，应及时与供货厂商联系解决，尤其注意不要超过索赔期限。

仔细阅读机床安装说明书，按照说明书的机床基础图或《动力机器基础设计规范》做好安装基础。在基础养护期满并完成清理工作后，将调整机床水平用的垫铁、垫板逐一摆放到位，然后吊装机床的基础件(或整机)就位，同时将地脚螺栓放进预留孔内，并完成初步找平工作。

10.2.2 机床部件的组装

在组装前，首先去除安装连接面、导轨和各运动面上的防锈涂料，做好各部件外表清洁工作；然后准备好连接所需的各类连接零件、螺钉、连接工具等；最后把各部件组装成整机，如将立柱、数控柜、电气柜装在床身上，将刀库机械手装到立柱上，等等。组装时要注意连接面的清洁光整、使原来的定位元件(定位销、定位块等)对号入座，使安装位置恢复到机床拆卸前的状态，以利于下一步精度调试。

部件组装后即进行电缆、油管和气管的连接。机床随机资料中一般都有电气接线图、液压管路图、气路图等，根据这些资料把有关电缆和管路按标记一一接好。连接时要特别注意清洁工作和可靠性接触及密封，并检查有无松动和损坏。电缆接头插座一定要紧固螺钉。连接油管、气管时要特别注意防止异物从接口中进入管路，每个接头都要拧紧，防止各接头处渗漏。电缆、油管和气管连接完毕后，做好各管线的就位固定。对防护罩壳的安装，应保证其整体的外观质量。最后把机床各配套附件安装到位，如主轴恒温油箱、冷却水箱和排屑器等。

10.2.3 数控系统的连接

数控系统的连接主要有以下两个方面：

(1) 外部电缆的连接。数控系统外部电缆的连接是指数控装置与 MDI/CRT 单元、强电柜、机床操作面板、进给伺服电机和主轴电机动力线、反馈信号线等的连接，最后还要进行数控机床的地线连接。这些连接必须符合随机提供的连接手册的规定。数控机床地线的连接十分重要，良好的接地不仅对设备和人身安全十分重要，而且能减小电气干扰，保证机床的正常运行。地线一般都采用辐射式接地法，即把数控柜中的信号地、强电地、机床地等连接到公共接地点上，公共接地点再与大地相连。数控柜与强电柜之间的接地电缆要足够粗，截面积要在 5.5 mm^2 以上。地线必须与大地接触良好，接地电阻一般要求小于 4～7 Ω。

(2) 电源线的连接。数控系统电源线的连接是指数控柜电源变压器输入电缆的连接和伺服变压器绕组抽头的连接。对于进口的数控系统或数控机床更要注意电源线的连接，由于各国供电制式不尽一致，国外机床生产厂家为了适应各国不同的供电情况，无论是数控系统的电源变压器，还是伺服变压器都有多个抽头，因此必须根据我国供电的具体情况，正确地连接。

10.2.4 通电试车

机床通电试车一般采用各部件分别供电试验，再各部件全面供电试验的方法。通电后首先观察有无报警故障，然后用手动方式陆续启动各部件，并检查安全装置是否起作用，能否正常工作，能否达到额定的工作指标。例如启动液压系统时，先检查液压泵电动机转向是否正确，系统压力是否可以形成，液压元件能否正常工作，等等。总之，根据机床说明书检查机床主要部件，看其功能是否正常齐全，使机床各部件都能操作运动；然后，调整机床的床身水平，粗调机床的主要几何精度，再调整重新组装的主要运动部件与主机的相对位置，如机械手、刀库与主机换刀位置的校正，APC 托盘站与机床工作台交换位置的找正等。这些工作完成后，就可以用快干水泥灌注主机和各附件的地脚螺栓，将各预留孔灌平，等水泥完全干固以后，就可以进行下一步工作了。

在数控系统与机床联机通电试车时，虽然数控系统已经确认，工作正常无任何报警，但为了预防万一，应在接通电源的同时，做好按压急停按钮的准备，以便随时切断电源。在检查机床各轴的运转情况时，应用手动连续进给移动各轴，通过数字显示器的显示值检查机床部件移动方向是否正确，如方向相反，则应将电动机动力线及检测信号线反接才行。然后检查各轴移动距离是否与移动指令相符，如不相符，应检查有关指令、反馈参数及位置控制环增益等参数设定是否正确。随后，再用手动进给，以低速移动各轴，并使它们碰到超越开关，用以检查超程限位是否有效，数控系统是否在超程时发出报警。最后还应进行一次返回基准点动作。机床基准点是机床进行加工的程序基准位置，因此必须检查有无基准点功能以及每次返回基准点的位置是否完全一致。

10.2.5 机床精度和功能的调试

对机床精度和功能的调试应注意以下几个方面：

(1) 在已经固化的地基上精确调整主床身的水平，在找正水平后移动床身上各运动部件(立柱、溜板、工作台等)，观察在各坐标全行程内机床的水平变化情况，并相应调整机床几何精度在允差的范围内。使用的检测工具主要有精密水平仪、标准方尺、平尺、平行光管和千分表等。在调整中一般以调整垫铁为主，必要时可稍微改变导轨上的镶条和预紧滚轮，一般来说，只要机床质量稳定，通过调试都可以调整到机床的出厂精度。

(2) 对于带刀库机械手的加工中心，必须精确校验其换刀位置和换刀动作。让机床自动运动到刀具交换位置(可用 G28 Y0 Z0，或 G30 Y0 Z0 等程序段)，然后用手动方式进行换刀动作的单段操作，调整装刀机械手和卸刀机械手相对于刀库的位置，在调整中使用校对心棒进行检测，有误差时一般可以根据该刀库机械手的结构特点调整相应环节。例如机械手的行程、转角大小，移动机械手支座和刀库位置，必要时还可以修改换刀位置点(改变数控系统中参考点的设定参数)。调整完毕后紧固各调整螺钉及刀库地脚螺柱，然后装上几把规定允许重量的刀柄，进行多次从刀库到主轴的往复自动交换，要求动作准确无误，不撞击，不掉刀。近年来在一些中、小型加工中心上使用的快速换刀机构中采用凸轮式结构的较多，这类结构几乎已没有多少可调整的环节，它们在制造厂装配合适后搬运到用户场地的变化可能性也较小，可靠性较高。

(3) 对于带 APC 交换工作台的机床，应将工作台移动到交换位置，再调整托盘站与交换台面的相对位置，使工作台自动交换时的动作平稳、可靠、正确。然后在工作台面上装70％～80％的允许负载，进行多次承载自动交换动作，达到正确无误后紧固各有关螺钉。

(4) 检查数控系统中参数设定值是否符合随机资料中规定的数据，然后试验各主要操作功能、安全措施、常用指令执行情况等。例如，各种运动方式(手动、点动、MDI、自动等)、主轴挂挡指令及各级转速指令等是否正确无误。

(5) 检查机床辅助功能及附件的正常工作，例如照明灯、冷却防护罩和各种护板是否完整；切削液箱注满冷却液后，喷管能否正常喷出切削液；在用冷却防护罩条件下是否有切削液外漏；排屑器能否正常工作；主轴箱的恒温油箱是否起作用等。

10.2.6 试运行

数控机床在带有一定负载的条件下，经过较长时间的自动运行，比较全面地检查机床功能及工作可靠性称为数控机床的试运行。试运行的时间，一般采用每天运行 8 小时，连续运行 2～3 天；或运行 24 小时，连续运行 1～2 天。

试运行中采用的程序叫考机程序，可以采用随箱技术文件中的考机程序，也可自行编制一个考机程序。一般考机程序中应包括主要数控系统的功能使用，自动换刀(取刀库中

2/3 以上刀具)，主轴最高、最低及常用的转速，快速及常用的进给速度，工作台面的自动交换和主要的 M 指令等。试运行时刀库应插满刀柄，刀柄质量应接近规定质量，交换工作台面上应加有负载。在试运行时间内除操作失误引起的故障外，不允许机床有其他故障出现，否则表明机床的安装调试存在问题。

10.3 数控机床的验收

10.3.1 数控机床外观的检查

机床外观的检查是指不使用检测仪器而凭借直观进行的各种检查。其中包括机床油漆的质量，防护罩是否完好，工作台面有无磕碰划伤，电线和油气管安装是否规范，MDI/CRT 单元、位置显示单元、纸带阅读机、各印刷电路板有无污染，所有连接电缆、屏蔽线有无破损，输入变压器、伺服用电源变压器、输入单元、直流电源单元等的接线端子是否拧紧，电缆连接器上的紧固螺钉是否拧紧，各印刷电路板是否插接到位，插接件上的紧固螺钉是否有松动等。由于紧固和插接原因而产生的接触不良，会引起各种各样难以查找的故障。

10.3.2 数控机床精度的验收

1. 数控机床几何精度验收

数控机床的几何精度是综合反映该设备的关键零部件和组装后的几何形状误差。数控机床的几何精度检查和普通机床的几何精度检查基本类似，使用的检测工具和方法也相似，但检测要求较高。以下列出一台普通立式加工中心的几何精度检测内容：

(1) 工作台面的平面度；

(2) 各坐标方向移动的相互垂直度；

(3) X、Y 坐标方向移动时工作台面的平行度；

(4) X 坐标方向移动时工作台面 T 形槽侧面的平行度；

(5) 主轴的轴向窜动；

(6) 主轴孔的径向跳动；

(7) 主轴箱沿 Z 坐标方向移动时主轴轴心线的平行度；

(8) 主轴回转轴心线对工作台面的垂直度；

(9) 主轴箱在 Z 坐标方向移动的直线度。

常用的检测工具有精密水平仪、精密方箱、直角尺、平尺、平行光管、千分表、测微仪及高精度主轴心棒等。检测工具的精度必须比所测的几何精度高一个等级。

2. 数控机床定位精度验收

数控机床定位精度是表明所测量的机床各运动部件在数控装置控制下，运动所能达到的精度。因此，根据实测的定位精度数值，可以判断出机床自动加工过程中能达到的最好的工件加工精度。机床定位精度的主要检测内容如下：

(1) 直线运动定位精度(包括 X、Y、Z、U、V、W 轴)；

(2) 直线运动重复定位精度；

(3) 直线运动轴机械原点的返回精度；

(4) 直线运动失动量(反向间隙)的测定；

(5) 回转运动定位精度(转台 A、B、C 轴)；

(6) 回转运动的重复定位精度；

(7) 回转运动轴机械原点的返回精度；

(8) 回转运动失动量(反向间隙)的测定。

测量直线运动的检测工具有测微仪、成组块规、标准长度刻线尺、光学读数显微镜及双频激光干涉仪等。标准长度的检测以双频激光干涉仪检测为准。回转运动检测工具有360齿精确分度的标准转台或角度多面体、高精度圆光栅及平行光管等。

3. 数控机床切削精度验收

切削精度的检查实质是对机床的几何精度和定位精度在加工条件下的一项综合考核。进行切削精度检查的加工，可以是单项加工或加工一个标准的综合性试件。国内多以单项加工为主，而对于数控车床常以车削一个包含多种功能的棒料试件为主，包括圆柱面、锥面、球面、螺纹面等。

对加工中心这类以镗铣为主的切削机床，主要单项精度有以下几项：

(1) 镗孔精度；

(2) 端铣刀铣削平面精度(XOY 平面)；

(3) 镗孔的孔距精度和孔径分散度；

(4) 直角的直线铣削精度；

(5) 斜线铣削精度；

(6) 圆弧铣削精度；

(7) 箱体掉头镗孔同轴度(对卧式机床)；

(8) 水平转台回转 90°铣四方加工精度。

对于有高效切削要求的机床，要做单位时间内金属切削量的试验。切削加工试件材料除有特殊要求以外，一般都使用一级铸铁，使用硬质合金刀具按标准切削量切削。

10.3.3 数控机床性能及数控功能的检验

数控机床性能和数控功能直接反映了数控机床的各个性能指标，它们的好坏将影响到机床运行的可靠性和正确性，因此对该指标的检验要全面、细致。现以一台立式加工中心为例说明一些主要要检查的项目。

1. 主轴系统性能检查

(1) 用手动方式选择高、中、低三种主轴转速，连续进行5次正转和反转的启动和停止动作，试验主轴动作的灵活性和可靠性。

(2) 用数据输入方式，逐步从主轴的最低转速到最高转速，进行变速和启动，实测各种转速值，一般允差为设定值的±10%或±5%。同时观察主轴在各种转速时有没有异常噪音，观察主轴在高速时的主轴箱振动情况及主轴在长时间高速运转后(一般为2小时)的温度变化情况。现在有一些全功能加工中心的主轴箱配置了恒温油箱，对主轴箱的容易发热部位用制冷以后的润滑油冷却，对这类机床，只验证制冷油箱的工作可靠性和制冷油箱制冷量是否能大于主轴箱发热量。对一些没有恒温油箱的主轴箱，做连续运转检验很有必要，可以判断主轴箱长期工作的稳定性。

(3) 主轴准停装置连续操作5次，检验其动作的可靠性和灵活性。

(4) 一些主轴附加功能的检验，如主轴刚性攻丝功能、主轴刀柄内冷却功能和主轴扭矩自测定功能(用于适应控制要求)等。

2. 进给系统性能检查

(1) 分别对各运动坐标进行手动操作，检验正、反方向的低、中、高速进给和快速驱动的启动、停止、点动等动作的平稳性和可靠性。

(2) 用数据输入方式测定在G00和G01方式下的各种进给速度，并验证操作面板上的倍率开关是否起作用。

3. 自动换刀装置(ATC)检查

(1) 检查自动换刀动作的可靠性和灵活性，包括手动操作及自动运行时刀库满负载条件下(装满各种刀柄)运动的平稳性、机械抓取最大允许重量刀柄的可靠性及刀库内刀号选择的准确性等。检验时，应检查ATC操作面板各手动按钮的功能，逐一呼叫刀库上各刀号，如有可能逐一分解操纵自动换刀各单段动作，则检查各单段动作质量(动作快速、平稳无明显撞击、到位准确等)。

(2) 检验自动换刀的时间，包括刀具纯交换时间和离开工件到接触工件的时间，应符合机床说明书规定。

4. 机床噪音检查

检验数控机床试运转噪声，不得超过80 dB。数控机床的主轴部件一般采用了电气调速装置，主轴部件已不是数控机床的主要噪声源，而主轴电动机的风扇噪声、液压系统的油泵噪声等可能成为数控机床的主要噪声。

5. 机床电气装置检查

在运转试验前后分别进行一次绝缘检查，检查机床电柜接地线质量和绝缘的可靠性，电柜内部清洁和通气散热条件。

6. 数控装置检查

检查数控装置的各种指示灯、操作面板、电柜冷却风扇等功能和动作的正确性和可靠性，数控装置的密封性，数控装置与伺服驱动单元的连接电缆的可靠性以及数控系统主要使用功能的准确和可靠性。

7. 安全保护措施和装置检查

数控机床作为一种高度自动化的机床，必须有严密的安全保护措施。安全保护在机床上分两大类：一类是极限保护，如安全防护罩、机床各运动坐标行程极限保护自动停止功能、各种电流电压过载保护、主轴电机过热超负荷紧急停止功能等；另一类是为了防止机床上各运动部件互相干涉而设定的限制条件，如加工中心的机械手伸向主轴装卸刀具时，对带动主轴箱的Z轴绝对不允许有移动指令，卧式机床上为防止主轴箱降得太低时撞到工作台面，设定了Y轴和Z轴干涉区保护，即该区域都在行程范围内，单轴移动可以进入该区域，但不允许两轴同时进入此区。保护的措施可以有机械限位(如限位挡块、锁紧螺钉)、电气限位(以限位开关为主)、软件限位(在软件参数上设定限位参数)。

8. 润滑装置检查

数控机床各机械部件的润滑分为脂润滑和定时定点的注油润滑。脂润滑部位如主轴前轴承、滚珠丝杠螺母副的丝杠与螺母。这类润滑一般在机床出厂一年以后才考虑清洗更换。机床验收时主要检查自动润滑油路工作的可靠性，包括定时润滑是否能按时工作，关键润滑点是否能定量出油，油量分配是否均匀，检查润滑油路各接头处有无渗漏等。

9. 气、液装置检查

检验机床压缩空气源、气路有无泄漏及其工作的可靠性，如气压太低时有无报警显示，气压表和油水分离装置是否完好等。液压装置的检查包括检验液压系统油路密封的可靠性，检验液压油箱的正常工作情况等。

10. 附属装置检查

检验机床各附属装置工作的可靠性，如排屑器的工作质量，冷却防护罩在大流量冷却液冲淋时有无泄漏，APC交换工作台工作是否正常，在工作台上加额定负载后自动交换是否可靠等。

10.4 数控机床的常规保养

数控机床是典型的机电一体化产品，对其进行保养与维修需要机械、液压、气动、计算机、自动控制、电机拖动和测试技术等方面的技术知识。机床的常规保养是保证工作正常运行必不可少的重要环节，必须认真做好坚持到位。

10.4.1 数控机床的日常保养

坚持做好数控机床的日常保养工作，可以有效地提高元器件的使用寿命，延长机械零部件的磨损周期，避免产生或及时消除事故隐患，使机床保持良好的运行状况。不同型号数控机床日常保养的内容和要求各不相同，对于具体机床可以按照说明书的具体要求进行保养，数控机床基本上都包括下述几个方面的维护保养内容。

(1) 保持良好的润滑状态。要定期检查、清洗自动润滑系统，及时添加或更换油液油脂，使主轴、丝杠和导轨等各运动部位始终保持良好润滑状态，以减缓机械磨损速度。

(2) 对机械精度的检查调整，保持各运动部件之间的形状和位置偏差在允许范围内，其中包括对换刀系统、工作台交换系统、丝杠反向间隙等的检查与调整。

(3) 对直流电机碳刷的检查、清扫和更换，以及对各插接件有无松动的检查等。

(4) 机床和环境清洁卫生。如果数控机床的使用环境不好，会直接影响到机床的正常运行。如纸带阅读机感光元件受到粉尘污染，就有可能产生读数错误；电路板太脏，可能产生短路故障；油水过滤器、空气过滤网太脏，会出现压力不足、散热不好并造成故障。因此必须对数控机床定期进行维护保养。

10.4.2 使用数控机床应注意的问题

数控机床的整个加工过程都是由数控系统按照编制的程序来完成的，如果出现稳定性、可靠性和准确性方面的问题，一般排除故障的过程不太容易。因此，除了要求掌握数控机床的性能及精心操作外，还要注意消除各种不利的影响因素，以保证机床能够充分发挥出生产效率高、加工精度好和质量稳定的优越性。

(1) 数控机床的使用环境。数控机床要避免阳光的直接照射，不能安装在潮湿、粉尘过多或污染严重的场所，否则会造成电子元件技术性能下降，电器接触不良或电路短路故障。数控机床要远离振动大的设备，对于高精密的机床要采取专门的防振措施。在有条件的情况下，将数控机床置于空调环境下使用，其故障率会明显降低。

(2) 数控机床的电源要求。由于我国的供电条件普遍比较差，电源波动幅度时常超过10%，在交流电源上往往叠加有高频杂波信号，以及幅度很大的瞬间干扰信号，很容易破坏机内的程序或参数，影响机床的正常运行。在条件许可的情况下，对数控机床采取专线供电或增设电源稳压设备，以减少供电质量的影响和电气干扰。

(3) 数控机床的操作规程。操作规程是保证数控机床安全运行的重要措施，操作者必须按操作规程的要求进行操作。要明确规定开机、关机的顺序和注意事项，例如开机后首先要手动或用程序指令让各轴回参考点，顺序为先 Z、X、Y 轴(数控铣床)再其他轴(数控车床是先 X 轴再 Z 轴)。在机床正常运行时不允许开关电气柜门，不得随意按动“急停”和“复位”按钮，不得随意修改参数。

(4) 机床发生故障。出现故障要保留现场，维修人员要认真了解故障前后经过，做好故障发生原因和处理的记录，查找出故障后及时排除，以减少停机时间。

(5) 数控机床不宜长期封存。购买的数控机床要尽快投入使用，尤其在保修期内要尽可能提高机床利用率，使故障隐患和薄弱环节充分暴露出来，及时保修节省维修费用。数控机床闲置会使电子元器件受潮，加快其技术性能下降或损坏。长期不使用的数控机床要每周通电1～2次，每次空运行1小时左右，以防止机床电器元件受潮，并能及时发现有无电池报警信号，避免系统软件的参数丢失。

本 章 小 结

本章主要介绍了数控机床的选型、安装、调试与验收，以及数控机床的使用与日常保养等。较详细地讲解了数控机床选型中要考虑的主要因素，安装、调试的主要内容和验收工作的主要内容。在数控机床的日常保养部分重点介绍了数控机床日常保养的主要内容和使用中应注意的问题。

思考与练习题

1. 合理选用数控机床需要考虑哪几方面的因素？
2. 如何进行自动换刀装置的选择及刀柄的配置？
3. 普通立式加工中心的几何精度检验的内容是什么？
4. 定位精度检验的主要内容是什么？
5. 如何进行数控机床切削精度的检验？
6. 对数控机床进行日常保养有何重要性？如何搞好数控机床的日常保养工作？

第十一章　机床的数控技术改造

学习目的与要求

- 了解机床数控改造的条件；
- 了解国外机床技术改造的发展趋势；
- 了解机床改造的主要对象和机床改造的一般步骤；
- 理解进行数控改装主要应考虑的因素；
- 了解车床和铣床的数控改造方法。

11.1　机床改造概述

机床的技术改造是以应用新的技术，特别是微电子技术的成就和先进经验，改变原有机床的结构，装上或更换新部件、新附件、新装置，或将单台机组成流水线、自动线所采取的技术措施，以补偿机床的有形磨损和无形磨损。机床经过技术改造可以改善其原有的技术性能，增加机床的某些功能，提高可靠性，使之达到或局部达到新机床的技术水平；某些技术功能甚至还可以超过现有同类型机床的水平，而所需费用则比购置新机床的低。

11.1.1　机床数控改造的条件

并不是所有的旧机床都适合于进行数控改造。机床的改造主要应具备如下条件：

(1) 机床基础件必须有足够的刚性。数控机床属于高精度机床，工件或刀具的移动精度要求很高。通常闭环系统的脉冲当量为0.001 mm，开环系统的脉冲当量为0.005 mm或0.01 mm。高的定位精度和轮廓加工精度要求机床的基础件具有很高的动静刚度。基础件刚性不好则受力后容易变形，且这种变形具有很大的不确定性，无法用数控系统中的补偿机能进行补偿。因此，基础件刚性不好的机床不适宜进行数控改造。

(2) 改造费用合适、经济性好。机床改造费用分为机床与电气两部分。一方面是维修和改动原机床部分，更换已磨损的部件。另一方面是更换原机床控制柜，用新的数控系统和强电装置来代替。改造费用与原机床零件的利用率有关，也与采用何种数控系统有关。出于经济上的考虑，目前国内除重型机床和有特殊要求的机床外，通常均采用功率步进电动机驱动的经济型数控系统进行机床改造。改造总费用要因用户而异，一般来说，如果不超过同类规格设备价格的一半，在经济上就算合适。

11.1.2　国外机床技术改造的发展趋势

目前，世界上一些工业发达国家，正根据现代科学技术发展的特点，改造现有的机床折旧体制，缩短折旧期，加快更新步伐。加速机床更新虽然可以在技术上取得竞争优势，但由于经济上的不景气和财力不足，因此不允许大量更新。据一些资料统计，美国、加拿大、法国、德国、日本、意大利、英国七个主要工业发达国家，目前役龄在15年以上的机床约占40%左右。由于企业资金缺乏，普遍重视对现有机床的改造，许多大企业都定制了机床改造的长远规划。自20世纪60年代以来，国外机床改造市场十分活跃，机床改造也正在逐步从机床制造业中分化出来，目前美国已有200多家专业机床改造公司。机床改造主要是实现数控改造。数控改造大体可分为两类：一类是在现有的普通机床上加装数控装置和可编程控制器；另一类是采用更先进的数控系统代替现有数控机床的控制装置。

11.1.3　机床改造的主要对象

1. 大型、重型机床

该类机床许多役龄都很长，其控制系统落后，操作复杂，效率低下。而大型、重型数控机床价格十分昂贵，这类大型普通机床与数控机床相比，形状复杂、吨位重的基础件，如底座、工作台、床身、立柱、横梁等都是必不可少的，它们都是铸件或焊接钢。改造时重复利用这些基础件，必然大大缩短改造周期，降低成本费用。而且这些基础件自然时效长，内应力的消除使得机床的主要基础件稳定性好。因此大型、重型机床的数控化改造可大大节省开支，在国外已被广泛采用，并取得了良好的效果。

2. 普通中小型车床、铣床

普通中小型车床、铣床在数控化改造时，其机械部分只做较小改动，再配以经济型数控系统和步进电动机即可满足通常数控车、铣床复杂零件的加工，并且价格便宜。这种较廉价的数控改造方案具有很大的实用价值，目前在我国已得到了广泛的推广和使用。

11.1.4　机床改造的一般步骤

普通机床的数控化改造是根据生产的实际需要而提出来的，改造是为了使机床达到具有一定的柔性，提高生产效率和质量，解决复杂零件的加工问题的目的。机床改造的一般步骤是：

(1) 明确微机改造的任务和目标。在确定机床微机改造的总体方案时，首先要提出明确的技术经济指标。例如，有的是为了解决难加工的曲线曲面，有的是为了提高劳动生产率，有的是为了提高零件加工的一致性，这些一般都应有明确的工艺目的，由此确定改造的对象和技术要求，并将具体的技术参数用文件形式固定下来，编写出设计任务书，作为设计的原始依据。

(2) 总体方案设计。总体方案设计的内容包括：系统运动方式的确定，伺服系统的选择，执行机构的结构及传动方式的确定和计算机系统的选择等。应根据设计任务和要求进行调研，查阅技术资料，提出系统的总体方案，并对该方案进行分析比较和论证，最后再确定总体方案。确定方案时，应仔细考虑机床与控制部分相互间的各种要求，作出合理的设计，不仅要考虑各种高效能、自动化要求，也要考虑被改造机床的具体条件，使技术的先进性与经济的合理性较好地统一起来。

(3) 设计计算及结构改装。根据机床改造后的加工工艺范围，初步选定切削用量和刀具运动路线等，计算切削力及切削功率，从而计算出进给系统需要的功率和力矩等，以选择数控系统及驱动元件。多数的微机数控装置配用步进电动机，也有一些性能要求较高的系统采用直流伺服电动机。机床的工作台(或刀架)及其传动机构是机床改造的重点，改造的好坏直接影响到伺服系统的品质，可以说机床的微机改造是从机械部分改造的整体方案入手的，设计时可借鉴数控机床的结构特点及设计要求。随着数控机床的发展，许多数控机床的零配件也已经开始成批生产，形成了专门的配套供应，如滚珠丝杠螺母副、车床的自动换刀刀架等目前都有现成的产品供应等，这给机床改造工作带来了很大方便。

为防止出错，机械部件、液压气动回路、软件、接口电路和强电逻辑回路需交叉设计，还应充分注意信号检测元件的安装、连接设计。

(4) 制造、安装、调试。制造、安装、调试是改造的关键之一。一般应预先将数控系统、接口电路等脱机运行，机械及液压气动装置也应单独运行，在确定无误后，才能联机调试。调试时应遵循先手动、后自动，先空运行、后试切的原则。

调试合格后，要按设计要求进行负荷切削试验和各项精度指标的考核，直至加工出合格的产品为止，然后交付车间使用，并协助培训操作和维修人员。

设备投产后要及时总结，在可能的条件下，采用更新的技术，进一步完善原设计。

11.2 机床的经济型数控技术改造

我国机械工业的制造水平与发达国家相比差距较大，逐步增加数控化率是机械行业发展的总趋势。由于各行业要求不同，零件的形状、尺寸、精度要求以及批量相差悬殊，这就要求有高、中、低档不同层次的数控机床，有时不能也没必要花费大量的资金添置许多全新的数控机床，因此，把普通旧机床改造为数控机床就成为一条提高数控化率的有效途径。其优点是机床改造花费少、改造针对性强、时间短，改造后的机床大多能够克服原机床的缺点和存在的问题，提高生产效率。

11.2.1 数控改造主要技术方案的选择

方案的制定和选择是机床数控化改装中极为重要的一环，它不仅影响被改装后的机床性能要求，还影响到其经济性和改装效果。因此，必须在调查研究的基础上，进行充分的论证、选择和确定技术方案。在选择技术方案时主要应考虑以下几个因素。

1. 数控系统

目前在市场上有各种经济型和标准型数控系统供应，其中，经济型数控系统具有结构简单、操作方便、技术容易掌握及制造成本低等优点，在中、小型机床数控化改装中应用较多。随着生产和技术的发展，目前，标准型数控系统在大型、中型机床数控化改装中的应用亦日益广泛。总的来说，标准型数控系统性能完善，与机械、强电接合方便，可靠性高。而经济型数控系统性能相对较差，系统平均年无故障工作时间较短，适用于有一定修理能力的单位。

在选择数控系统时，应了解系统的控制轴数，特别是联动轴数，因为这与数控系统的价格有直接的关系。对于仅需实现点位控制的改装，就不要求控制轴联动；只有需要进行轮廓控制的场合，才需选用具有联动功能的数控系统。例如，改装钻床时，可选用两个控制轴的点位数控系统；改装车床时，若需加工圆锥、圆弧和其他曲面，则需控制两轴联动；改装铣床时，若只加工平面凸轮类表面，两轴联动就可以满足要求，而加工空间曲面时，则至少要三轴以上联动。

2. 控制方式

通常控制系统的控制方式分为开环、闭环和半闭环三种。开环系统无位置检测反馈装置，其加工精度由执行元件和传动机构的精度来保证。这种控制方式的定位精度较低(一般只能达到±0.02 mm/300 mm)，且多以步进电动机为驱动元件，受步进电动机性能的影响进给速度一般不高。但该控制方式投资少，安装调试方便，因此适用于精度要求一般的中小型机床改装，也是目前机床数控化改装中应用最为普遍的一种。半闭环控制方式虽然改装费用较大，但控制精度较高(可达±0.01 mm/300 mm 以上)，且多以直流、交流伺服电动机为驱动元件，速度也比开环控制方式高，安装调试也比较方便，因此适用于控制精度要求高的大、中型机床的改装。闭环控制由于需直接测量出移动部件的实际位置，要在机床的相应部位安装直线检测元件，工作量大、费用高、调试困难，它的稳定性与机械部分的各种非线性因素有很大关系，因此在机床数控化改装中一般不采用这种控制方式。

3. 伺服驱动元件

目前在机床数控化改装中常用的驱动元件有步进电动机、直流伺服电动机和交流伺服电动机。这些驱动元件配以适当的功放装置，即组成伺服驱动系统。

4. 主传动

许多机床在数控化改造时，主传动部分不作太大的变动，这是因为机床改造的功能通常要求不高。尽管原机床的普通交流异步电动机开环驱动方式当电网电压或切削转矩变化时，电动机转速也会随之波动，影响零件加工的表面粗糙度，且由于变速仍采用复杂的变速箱变速，体积庞大，高速运行时振动和噪声都较大，对零件加工精度会产生不良影响；但是主轴改为闭环驱动方式的成本太高，因此除有特殊要求，通常主轴传动链保留不变，主轴箱内的变速机构不改动，原电气系统也不动。对车床改造时，如需具有螺纹加工功能，则通常在主轴传动链上加装主轴编码器。

对自动化程度要求较高的场合，可采用交流异步电动机开环变频调速系统。采用开环变频调速系统可实现数控系统控制的自动无级变速。

5. 进给传动

整个机床的数控改造绝大多数工作都在进给机构上。

1）进给箱

普通机床进给机构为齿轮箱，齿轮箱传动链长，机构复杂，反向间隙累积增大，大大降低了传动精度。进给箱部分的改造就是要取消原齿轮箱，并换为一级减速机构，传动元件要有消隙装置，以减小传动间隙，提高精度。

2）导轨副

普通机床的导轨多采用铸铁—铸铁或铸铁—淬火钢滑动导轨，其静摩擦系数大，动静摩擦系数相差较大，低速时易出现爬行，影响运动的平稳性和定位精度，力矩损失大。而将导轨改造为滚动导轨或静压导轨工艺复杂、费用大、周期长。较为常见的是采用在原导轨上粘接聚四氟乙烯软带的方法，这种方法实现起来比较方便，而且费用低、动静摩擦系数相差小、耐磨性强，具有良好的自润滑性和抗振性，进给运动无爬行、运行平稳，因而得到了广泛采用。当然在有些要求不高的场合下，也可以不改动原机床导轨而选用较大的电动机。

3）丝杠

在机床数控化改装中常涉及的传动元件是将旋转运动变为直线运动的传动副。普通机床常采用普通滑动丝杠副；而数控机床要求移动部件灵敏度、精度高、反应快、无爬行，采用滚珠丝杠副可满足上述要求。在机床数控化改装中，凡希望角位移和实现位移精确转换的场合大多是用滚珠丝杠副。使用时应注意：由于滚珠丝杠副具有可逆传动的特性，没有自锁能力，因此在垂直升降系统和高速大惯量系统中需设置制动机构。当然，滚珠丝杠副由于制造工艺复杂、加工精度要求高，故价格要比普通滑动丝杠副高出许多。

由于滚珠丝杠副的径向尺寸较大，在进行数控化改造时，许多相关的部位都需修改，因此，为使改装方案容易实现，在可能的情况下，往往仍用原普通滑动丝杠，但为消除丝杠与螺母间隙，则应将原单螺母副改成可调间隙的双螺母副。如果在机床数控化改装中，需采用其他传动元件，则应注意采用消隙措施，如双齿轮消隙机构或采用同步齿形带传动，以提高反向精度。

4）联轴器

为消除传动系统中的反向间隙，提高重复定位精度，伺服驱动元件所用的联轴器（如果有的话）多数采用无键连接的形式，如锥销刚性联轴器和锥环联轴器等。

6. 刀架系统

在刀架系统的改造中，将车床原普通手动转位刀架改造为自动转位刀架最为普遍，下面以常用的螺旋型四工位刀架为例介绍其控制原理。

图 11-1 所示为螺旋型四工位刀架结构，图 11-2 所示为螺旋型四工位刀架控制原理。

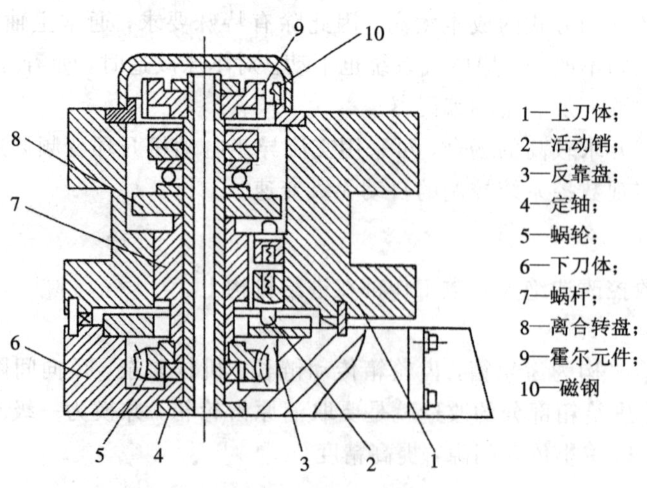

图 11-1　螺旋型四工位刀架结构图

当数控系统发出换刀信号时，首先继电器 K_1 动作，换刀电动机正转驱动蜗轮蜗杆机构使上刀体上升。当上刀体上升到一定的高度时，离合转盘起作用，带动上刀体旋转进行选刀。刀架上方的发信盘中对应的每个刀位都安装有一个传感器(如霍尔开关、感应开关等)，当上刀体旋转到某刀位时，该刀位的传感器向数控系统输出信号，数控系统将刀位信号与指令刀位信号进行比较，当两信号相同时，说明上刀体已旋转到所选刀位。此时数控系统控制继电器 K_1 释放，继电器 K_2 吸合，换刀电动机反转，活动销反靠在反靠盘上初定位。在活动销反靠的作用下，螺杆带动上刀体下降，直至齿牙盘咬合，完成精定位，并通过蜗轮和蜗杆锁紧螺母，使刀架紧固。此时，数控系统控制继电器 K_2 释放，换刀电动机停转，从而完成换刀动作。

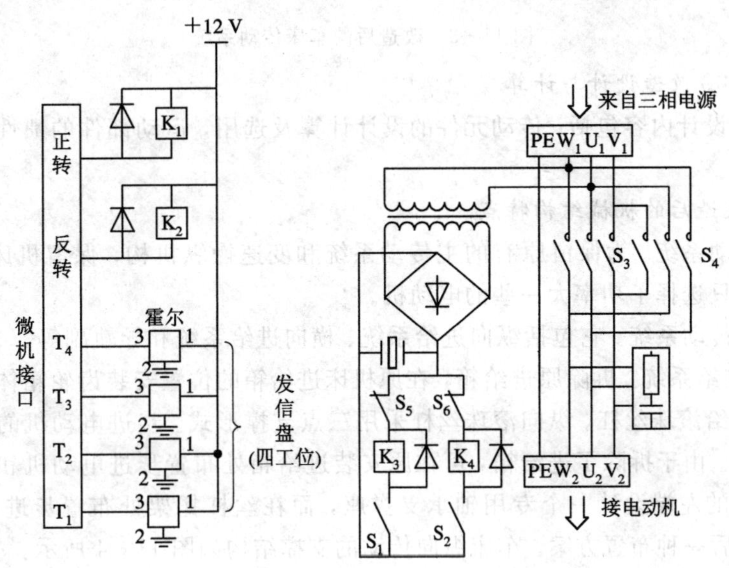

图 11-2　螺旋型四工位刀架控制原理图

11.2.2　普通机床数控化改造实例

1. 卧式车床的数控化改造

目前我国机床的拥有量约为 400 万台，其中 40%以上是车床，而且多数役龄都很长。采用价格较低、性能适宜的经济型数控系统，容易实现对一般卧式车床的改造，而且经济效果也比较明显。这种改造方法在许多工厂都已获得成功。现以 C616 型卧式车床的数控化改造为例作一介绍。

1) 总体方案设计

(1) 设计任务。利用微机对 C616 型卧式车床的纵、横向进给系统进行开环控制，纵向脉冲当量为 0.01 mm，横向脉冲当量为 0.005 mm，驱动元件采用步进电动机。改造后的机床能完成一般车削及加工任意锥面、球面、螺纹等加工工序，并能控制主轴开停变速、刀架转位及一些辅助功能，使加工实现自动化。

(2) 总体方案确定。根据设计任务，系统应采用轮廓控制形式。控制系统硬件由微机部分、键盘及显示器、I/O 接口、光电隔离电路及步进电动机功率放大电路等组成。纵向、横向均采用步进电动机—减速齿轮—滚珠丝杠螺母—溜板的传动方式。刀架更换为四刀位自动回转刀架。改造后的车床传动系统如图 11－3 所示。

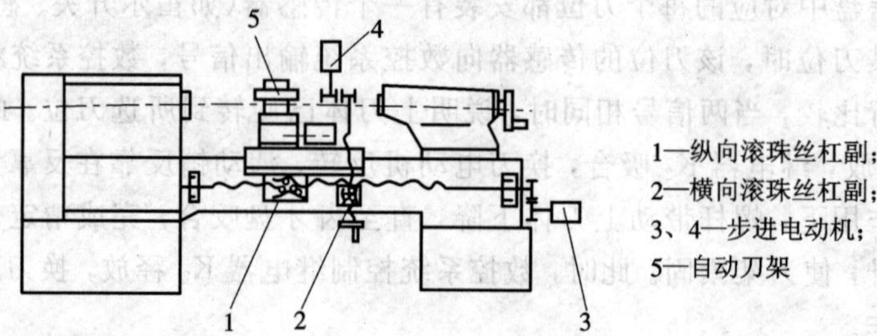

图 11－3　改造后的车床传动系统

2）机械部分改造设计与计算

机械部分设计内容包括：传动元件的设计计算及选用，运动部件的惯性计算，步进电动机的选择等。

3）车床改造后的机械结构特点

（1）主传动系统。为保留原有的主传动系统和变速操纵机构，保留机床的原有功能，简化改造量，只选择了功率大一些的电动机。

（2）进给传动系统。它包括纵向进给系统、横向进给系统和导轨副等。

① 纵向进给系统。拆除原进给箱，在原机床进给箱的位置安装齿轮箱体，在原丝杠位置安装纵向进给滚珠丝杠。纵向滚珠丝杠采用三点支撑形式。步进电动机的布置，可放在丝杠的任一端。由于拆除了进给箱，可在原安装进给箱处布置步进电动机和减速齿轮，也可在滚珠丝杠的左端设计一个专用轴承支撑座，而在丝杠托架处布置步进电动机和减速箱。我们采用后一种布置方案。车床纵向传动的支撑结构如图 11－4 所示。

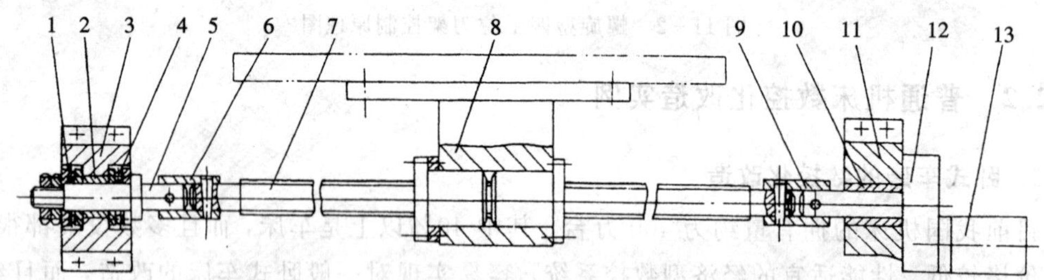

图 11－4　车床纵向传动的支撑结构

在丝杠的左端设计了一个专用轴承支撑座，采用一个轴套式滑动轴承作为径向支撑，在滑动轴承的两侧分别布置一对推力球轴承，承受两个方向的轴向力。支撑短轴与滚珠丝杠通过联轴套连接起来。滚珠丝杠的右端通过联轴套和减速箱的输出轴连接，在丝杠托架上布置一个轴套式滑动轴承作为径向支撑，减速箱固定在丝杠托架上。滚珠丝杠的中间支撑为滚珠螺母，它与床鞍直接连接。

② 横向进给系统。横向进给系统的横向滚珠丝杠也采用三点支撑形式。步进电动机都安装在床鞍的后部。在靠近操作者一端，布置一根支撑短轴，通过一个联轴套与滚珠丝杠连接起来。利用车床原横向进给丝杠的滑动轴套作为径向支撑，并对原支撑处进行适当改装，布置一对推力球轴承，以实现轴向支撑。在远离操作者的一端，用一个联轴套和一根连接短轴把滚珠丝杠与减速箱输出轴连接起来，滚珠螺母直接固定在中滑板上。车床横向传动的支撑结构如图 11－5 所示。

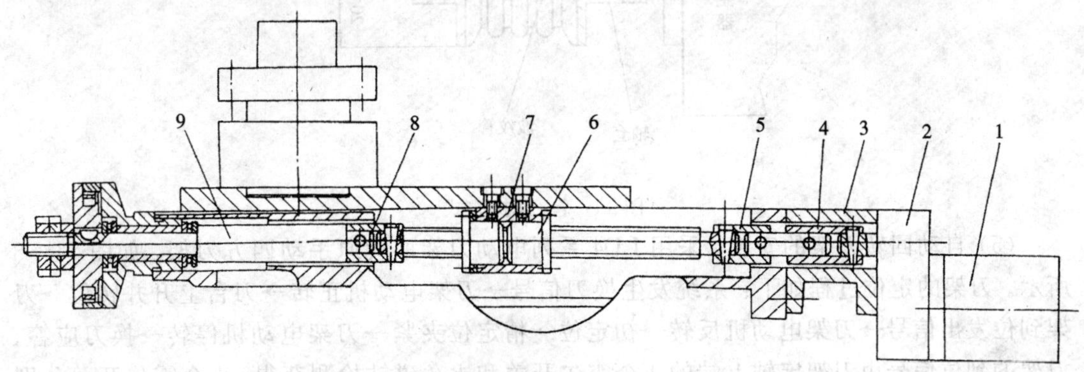

1—步进电动机；2—消隙减速箱；3—支撑架；4、5、8—联轴套；
6—滚珠丝杠螺母副；7—螺母座；9—支承短轴

图 11－5　车床横向传动的支撑结构

③ 导轨副。为减少运动部件移动时的摩擦阻力，尤其是减少静摩擦阻力，床鞍和刀架移动部件的导轨上可粘贴摩擦系数低的聚四氟乙烯软带。

(3) 挂轮箱。拆除原挂轮箱，在此位置安装主轴编码器。同轴安装方式如图 11－6 所示，连接方式如图 11－7 所示。主轴脉冲编码器作为主轴位置的信号反馈元件，目的是用来检测主轴转角的位置，并且将其变化情况输送给数控装置，在加工螺纹时能按照所需加工的螺距进行处理。主轴脉冲编码器为光学元件，安装、使用时应注意，以防损伤。车床主轴转速不能超过许用最高转速。

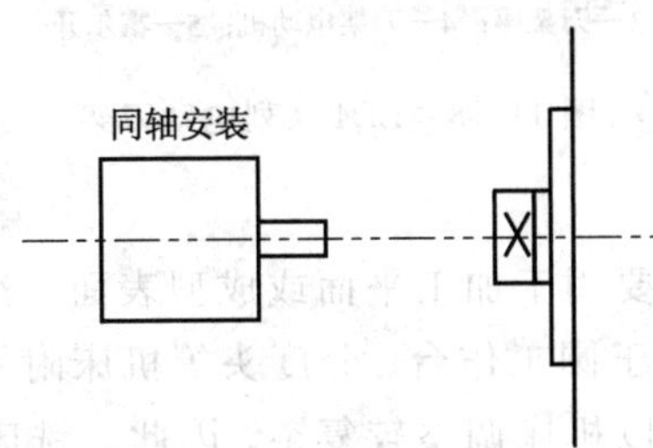

图 11－6　同轴安装方式

(4) 安装电动卡盘。为了提高经济型数控车床的加工效率，还可考虑安装电动三爪自定心卡盘装置。这种装置可与数控装置的收发信电路相配合，实现自动夹紧、松开动作，以提高加工过程的自动化程度。

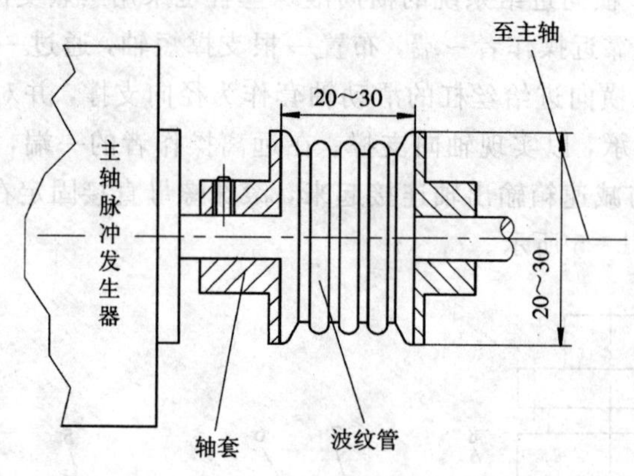

图 11－7　连接方式

(5) 自动回转刀架的安装。采用 LD4 系列电动刀架取代原手动四方刀架，如图 11－8 所示。刀架的定位过程如下：系统发生换刀信号→刀架电动机正转→刀台上升并转位→刀架到位发出信号→刀架电动机反转→初定位→精定位夹紧→刀架电动机停转→换刀应答。刀架的到位信号由刀架定轴上端的 4 个霍尔开关和永久磁铁检测获得。4 个霍尔开关分别为 4 个刀位的位置，当刀台旋转时，带动磁铁一起旋转，当到达规定刀位时，通过霍尔开关输出到位信号。

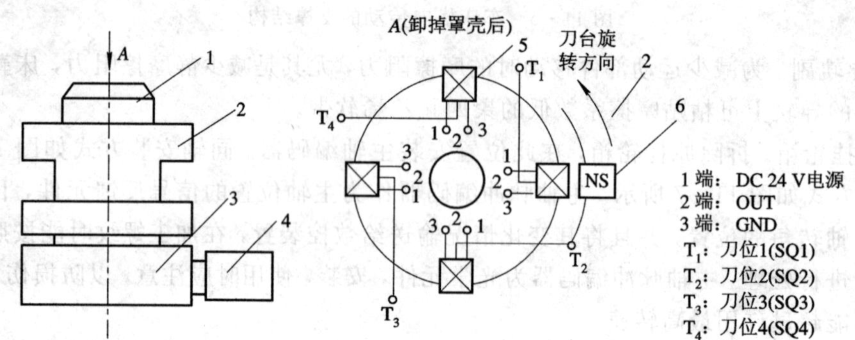

1—罩壳；2—刀台；3—刀架座；4—刀架电动机；5—霍尔开关；6—永久磁铁

图 11－8　LD4 系列电动刀架

2. 铣床的数控化改造

铣床的应用十分广泛，主要用于加工平面或成型表面。若要在立式铣床上加工圆弧、凸轮等平面曲线时，就要借助于圆工作台、分度头等机床附件，并对机床进行相应调整。因为铣床的加工精度较低，所以机床调整较复杂。因此对铣床进行数控化改造的也较多，改造的目的一方面是为了提高加工精度，另一方面是为了利用数控方法加工任意圆弧面和凸轮的曲面。

铣床的数控化改造，一般主要解决进给系统的数控化，其主传动系统保持不变。改造的方法和程序与卧式车床基本相同。下面只对机械部分的改动进行说明。

1）工作台的进给运动

因为改造后的机床主要加工圆弧、凸轮等平面曲线的轮廓，所以采用微机数控系统实现三坐标两轴联动控制，工作台纵向(X 轴)、横向(Y 轴)及垂直方向(Z 轴)的运动分别由步进电动机经过一级齿轮减速后，由滚珠丝杠螺母副拖动。

由于铣削时作用在电动机轴上的负载转矩较大，因此要选择大功率的步进电动机。而大功率步进电动机的驱动较困难，步进电动机没有过载能力，在高速运动时转矩下降很多，容易丢步。要使改造后的铣床进给伺服性能较好，在改造中也常采用直流伺服电动机驱动。铣床改造方案如图 11－9 所示。

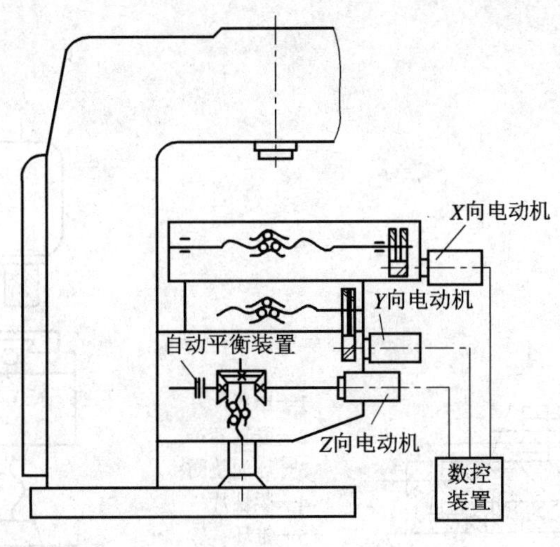

图 11－9　铣床改造方案

2) 结构设计

(1) 应尽量消除齿轮副和丝杠副的间隙，齿轮采用双片薄齿轮错齿法消除间隙，除采用间隙消除装置外，还可以用软件补偿进给量的方法(即编程序固化在计算机中来补偿)消除，以提高加工工件的精度。

(2) 若采用直流伺服电动机作驱动元件，则伺服电动机的轴端为光轴，齿轮与电动机轴、电动机轴与传动轴采用锥环无键连接较方便。图 11－10 所示为采用无键连接消隙联轴器的结构。

图 11－10 中 2、3 为锥面相互配合的锥环，当拧紧螺钉 6 经压盖 4 施加轴向力时，由于锥环之间的楔紧作用，内外环分别产生径向弹性变形，靠摩擦力使轴与套筒连接在一起，从而消除了配合间隙。根据所传递转矩的大小，选取锥环的对数。这种连接方式的特点是不需要开键槽，而且两连接件之间的相对角度可任意调节，配合无间隙，因而对中性好。

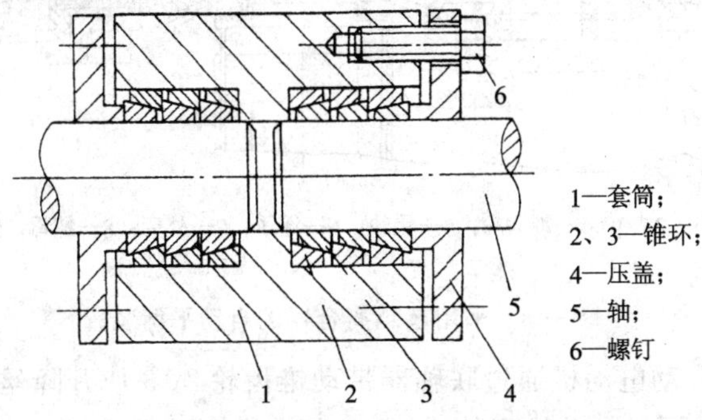

图 11－10　采用无键连接消隙联轴器的结构

为了能补偿因同轴度及垂直度误差引起的“憋劲”现象，可采用挠性联轴器，如图 11－11 所示。柔性片 4 用螺钉和球面垫圈 3 与两边的联轴套 2 相连，并通过柔性片传递转矩。柔性片每片厚 0.25 mm，材料为不锈钢，可根据传递转矩的大小选取片数，两端的位置偏差可由柔性片的变形抵消。

(3) 升降台式铣床的工作台重，而且铣削力也较大，垂直丝杠要配备功率较大的驱动电动机，且比较难选，因此可通过在工作台上加配重或平衡液压缸的方法来平衡(图 11－12)。

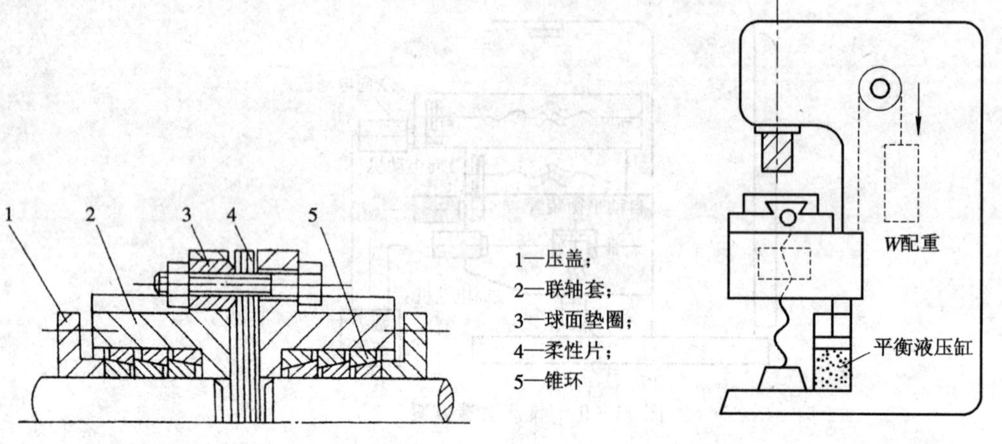

图 11－11　挠性联轴器　　　图 11－12　工作台加平衡油缸或配重

此外，滚珠丝杠没有自锁能力，垂直坐标不能锁住，工作台会自动下降，因此通常采用超越离合器和摩擦离合器产生制动达到自锁，图 11－13 为采用超越离合器的自动平衡装置。

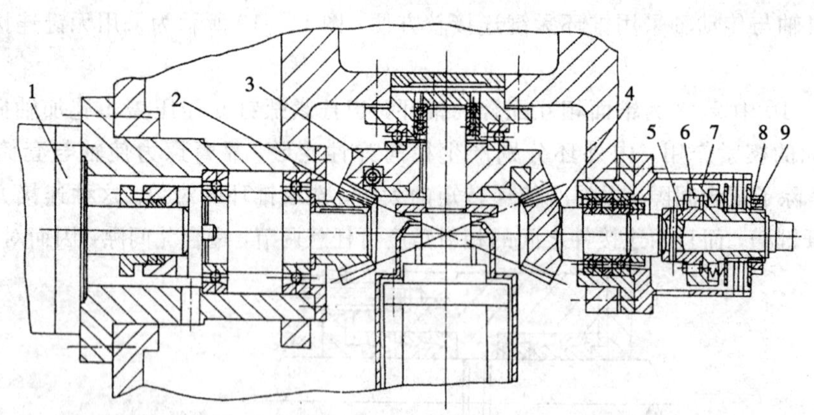

1—驱动电动机；2、3、4—锥齿轮；5—星轮；6—滚子；7—外壳；8—螺母；9—锁紧螺钉

图 11－13　采用超越离合器的自动平衡装置

工作台的升降由驱动电动机通过联轴器带动锥齿轮 2、3 使升降丝杠转动，驱动工作台上升或下降。锥齿轮 3 同时带动锥齿轮 4，这一部分是自动平衡机构，其工作原理是：锥齿

轮 4 转动时通过锥销带动单向超越离合器的星轮 5，当工作台上升时，星轮的转向是使滚子 6 与外壳 7 脱开的方向，外壳不转，摩擦片不起作用；当工作台下降时，星轮的转向使滚子 6 楔紧在星轮与外壳 7 之间，使外壳 7 随着锥齿轮 4 转动，通过花键与外壳 7 连在一起的内摩擦片与固定的外摩擦片之间产生相对运动，因为内外摩擦片之间由弹簧压紧，所以有一定的摩擦阻力，从而起到阻尼作用，使上升与下降的力量得以平衡。

本章小结

机床数控化改造的指导思想是：周期短、费用低、见效快。通常有以下几个方面需考虑：

(1) 分析原设备的结构，确定需改造的部位。

(2) 确定传动链的改造方案。

(3) 确定电气控制方案。

(4) 针对设备的应用场合，确定是采用自行开发的控制系统，还是采用现成的数控系统。若采用现成的数控系统，则要比较各品牌数控系统的性能特点。盲目追求高精设备，会使生产成本增加，这是没有必要的。

(5) 根据设备的技术资料，经必要的设计计算，确定驱动装置及驱动电动机的功率、力矩等参数。在选择驱动装置时，需注意它和数控系统的信号连接方式。

(6) 熟悉数控系统各接口信号的定义，根据机床的 I/O 功能，确定机床的操作开关及布置方式。

(7) 根据各电气装置的功率、电压和电流等级，确定合适的电源配置。

(8) 熟悉数控系统的有关参数，在机床调试时，通过优化参数设置，把机床调整到最佳状态。

本章简述了对机床进行数控化改造的条件、对象和步骤等，着重分析了数控改造时应主要考虑的问题。

思考与练习题

1. 机床数控化改造需考虑哪些方面的问题？
2. 当前，我国对旧机床进行数控化改造是否有必要？为什么？
3. 机床数控化改造的条件是什么？
4. 对机床进行数控化改造的对象有哪些类型？为什么？

附录

根据教育部对数控技术专业数控机床课程要求对常用金属切削机床的基本组成、工作原理、运动传动原理作简单了解的规定，特设普通机床的如下附录，供各院校选用。

附录一 普通车床

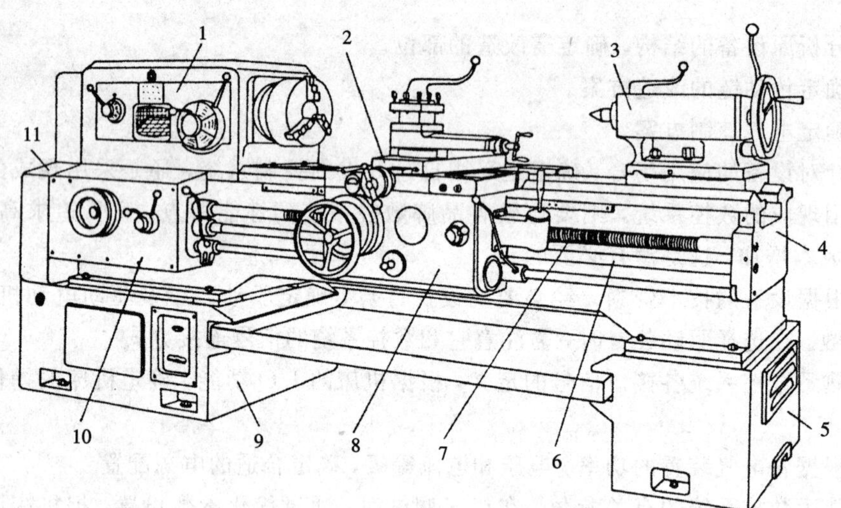

1—主轴箱；2—刀架；3—尾座；4—床身；5、9—床腿；6—光杠；7—丝杠；
8—溜板箱；10—进给箱；11—挂轮变速机构

附图 1 CA6140 卧式车床外形

$$\left\{\begin{matrix}\text{电机}\\ 7.5\text{ kW}\\ 1450\text{ r/min}\end{matrix}\right\} \longrightarrow \frac{\phi130}{\phi230} \longrightarrow \text{I} \longrightarrow \left\{\begin{matrix} \overleftarrow{M_1}\text{左}\,(\text{正转}) \longrightarrow \left\{\begin{matrix}\frac{56}{38}\\ \frac{51}{43}\end{matrix}\right\} \longrightarrow \\ \overrightarrow{M_2}\text{右}\,(\text{反转}) \longrightarrow \frac{50}{34} \longrightarrow \text{VII} \longrightarrow \frac{34}{30} \longrightarrow \end{matrix}\right\} \longrightarrow \text{II} \longrightarrow \left\{\begin{matrix}\frac{39}{41}\\ \frac{30}{50}\\ \frac{22}{58}\end{matrix}\right\} \longrightarrow \text{III} \longrightarrow$$

$$\left\{\begin{matrix} \left\{\begin{matrix}\frac{20}{80}\\ \frac{50}{50}\end{matrix}\right\} \longrightarrow \text{IV} \longrightarrow \left\{\begin{matrix}\frac{20}{80}\\ \frac{51}{50}\end{matrix}\right\} \longrightarrow \text{V} \longrightarrow \frac{26}{58} \longrightarrow M_2 \\ \frac{63}{50} \end{matrix}\right\} \longrightarrow \text{VI} \longrightarrow (\text{主轴})$$

说明：① 传动系统图见图 2-4；

② 主传动链可使主轴获得 24 级正转转速(10～1400 r / min)及 12 级反转转速(14～1580 r / min)

附图 2 CA6140 主运动传动链的传动路线图

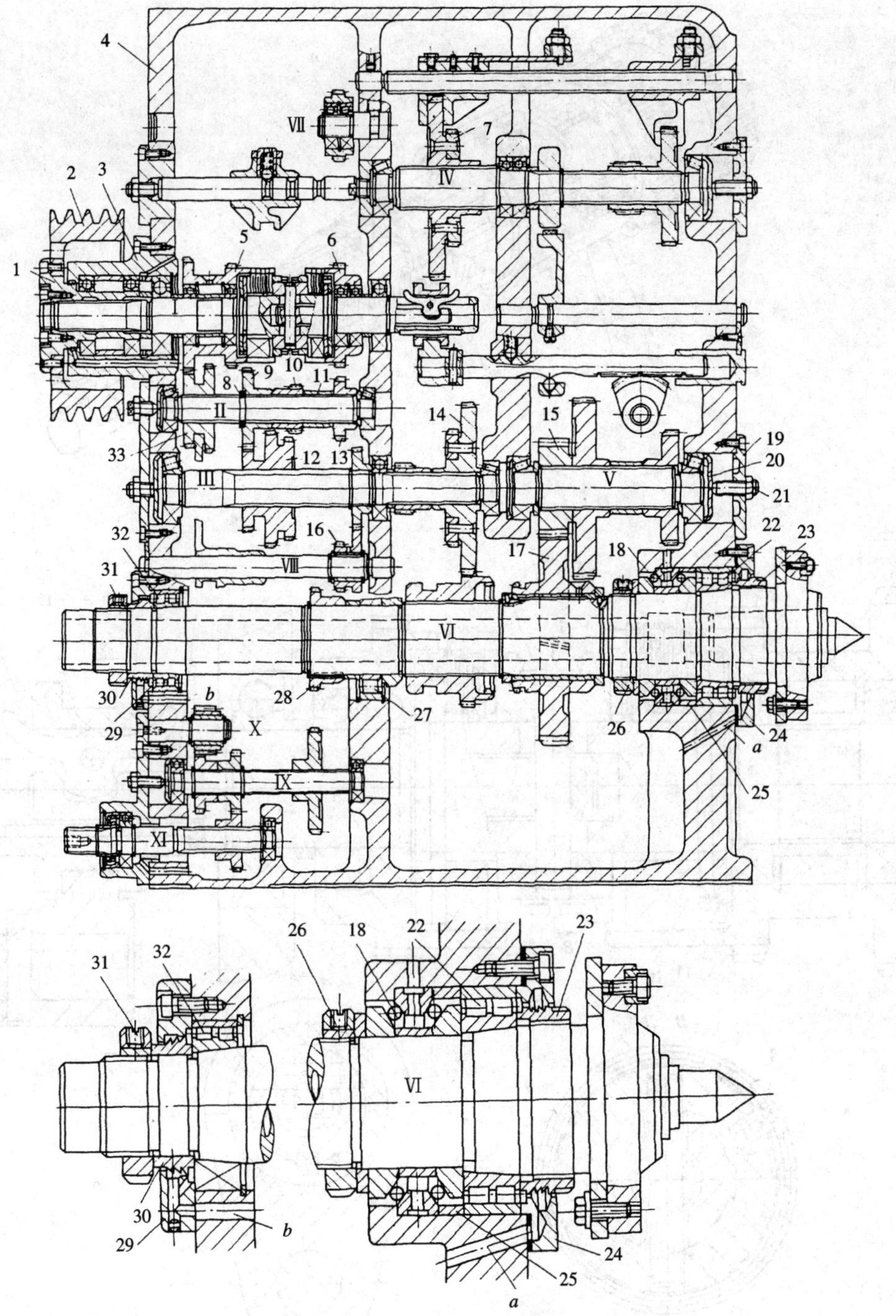

1—花键套；2—皮带轮；3—法兰；4—主轴箱体；5—双联空套齿轮；6—空套齿轮；7—双联滑移齿轮；
8—半圆环；9、10、13、28—固定齿轮；11—隔套；12—三联滑移齿轮；14—双联固定齿轮；15、17—斜齿轮；
16—双联空套齿轮；18—双列推力向心轴承；19—盖板；20—轴承压盖；21—调整螺钉；22—双列短圆柱滚子轴承；
23、26、31—螺母；24—轴承端盖；25—隔套；27—向心短圆柱滚子轴承；29—轴承端盖；30—套筒；
32—双列短圆柱滚子轴承；33—双联滑移齿轮

附图 3　CA6140 型卧式车床主轴箱展开图

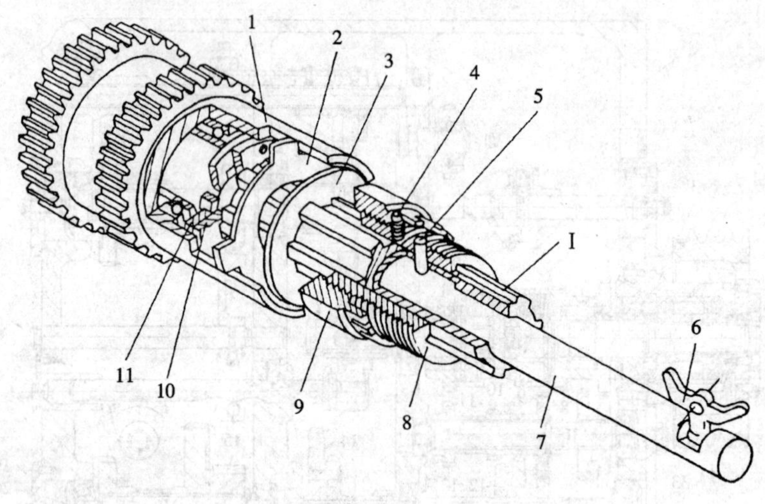

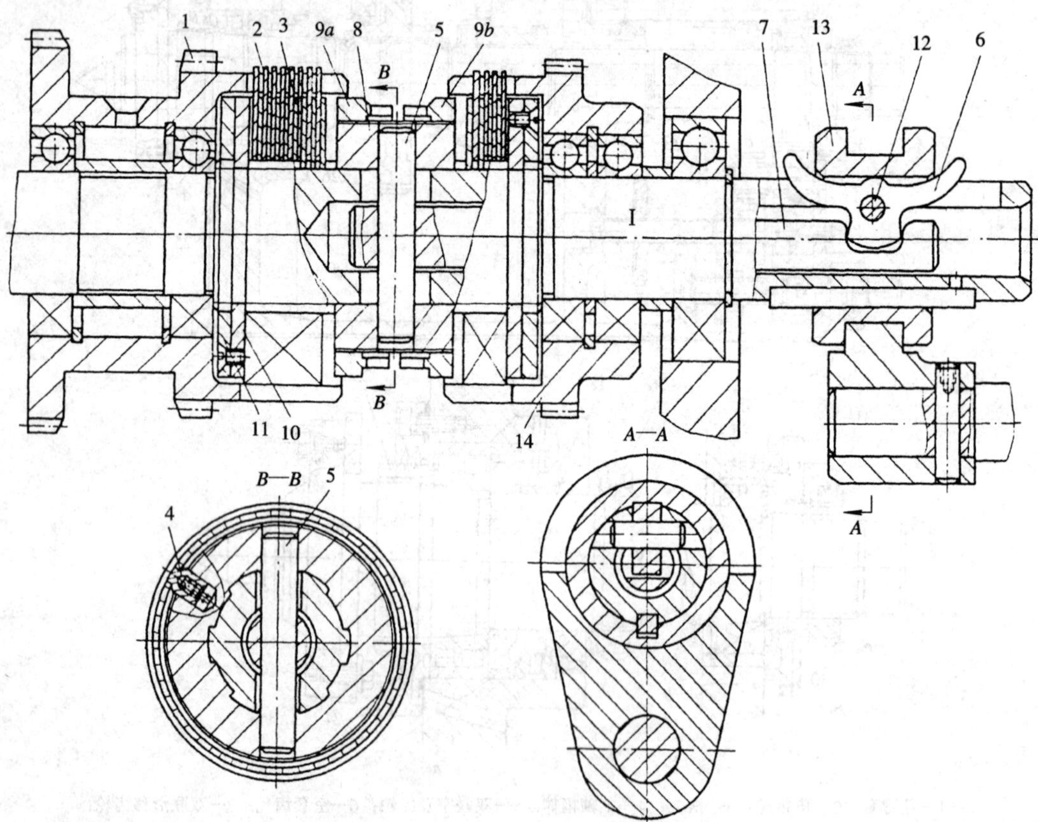

1—双联齿轮；2—外磨擦片；3—内磨擦片；4—弹簧销；5—圆销；6—羊角形摆块；7—拉杆；8—压套；9—螺母；10、11—止推片；12—销轴；13—滑套；14—齿轮

附图 4　双向片式摩擦离合器机构(CA6140)

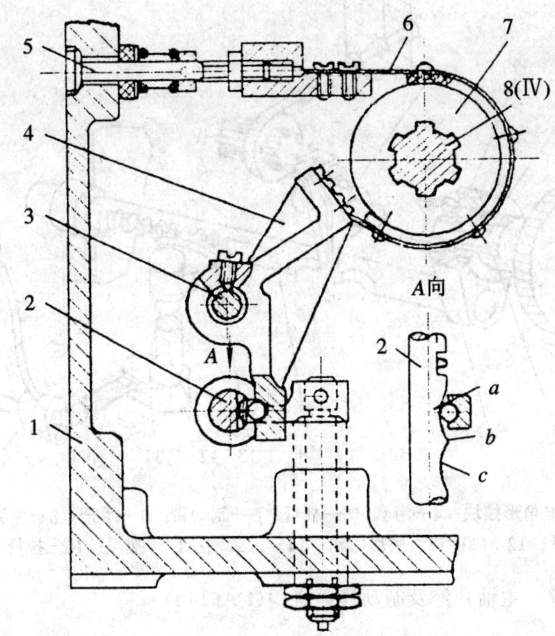

附图 5 制动器(CA6140)

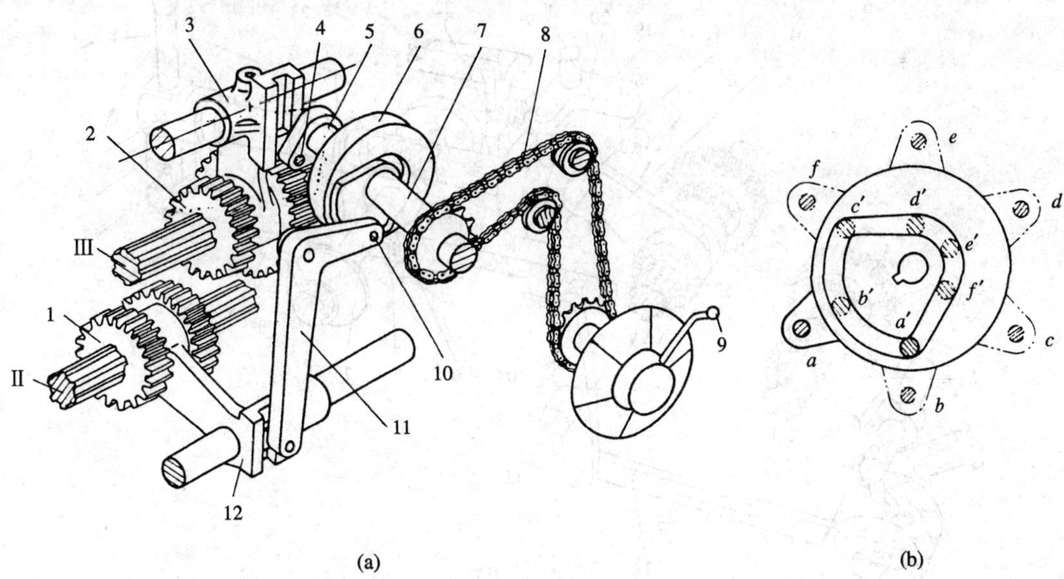

1—双联齿轮；2—三联齿轮；3—拨叉；4—拨销；5—曲柄；6—盘形凸轮；7—轴；8—链条；9—变速手柄；10—圆销；11—杠杆；12—拨叉；Ⅱ、Ⅲ—传动轴

附图 6 变速操纵机构示意图(CA6140)

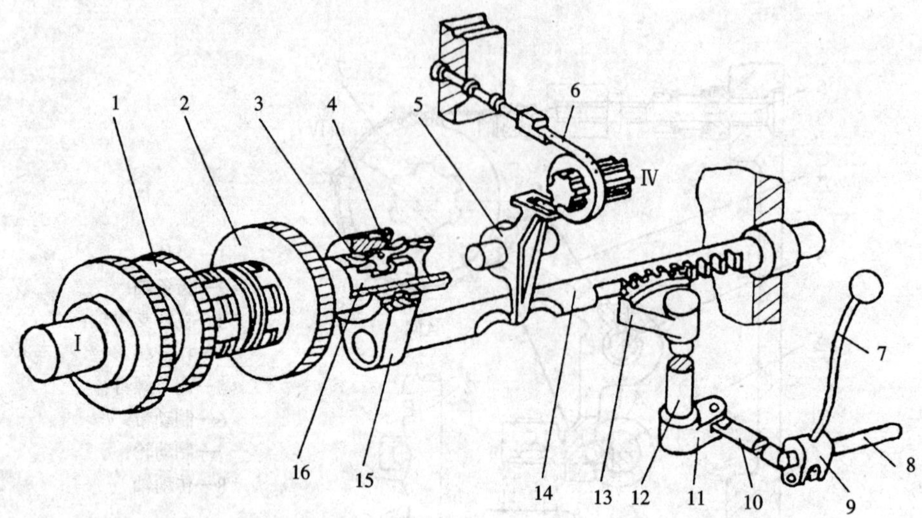

1—双联齿轮；2—齿轮；3—羊角形摆块；4—滑套；5—杠杆；6—制动带；7—手把；8—操纵杆；
9、11—曲柄；10—拉杆；12—轴；13—扇形齿轮；14—齿条轴；15—拨叉；16—拉杆

附图 7　主轴开停及制动操纵机构(CA6140)

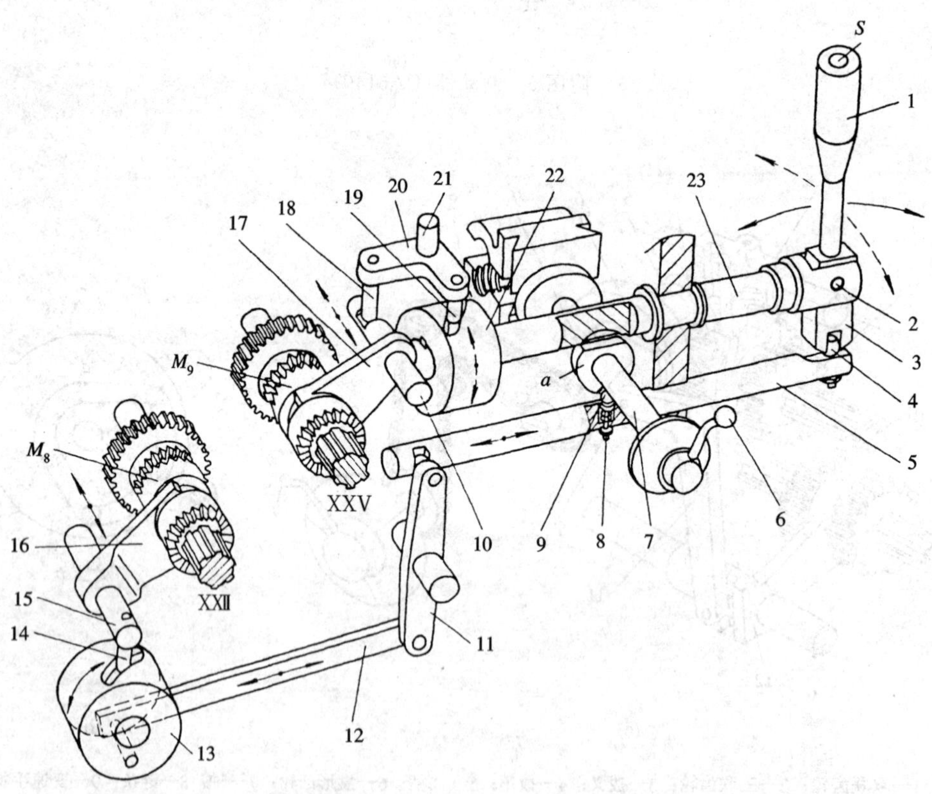

1、6—手柄；2、21—销轴；3—手柄座；4、9—球头销；5、7、23—轴；8—弹簧销；10、15—拨叉轴；
11、20—杠杆；12—连杆；13、22—凸轮；14、18、19—圆销；16、17—拨叉

附图 8　纵、横向机动进给操纵机构(CA6140)

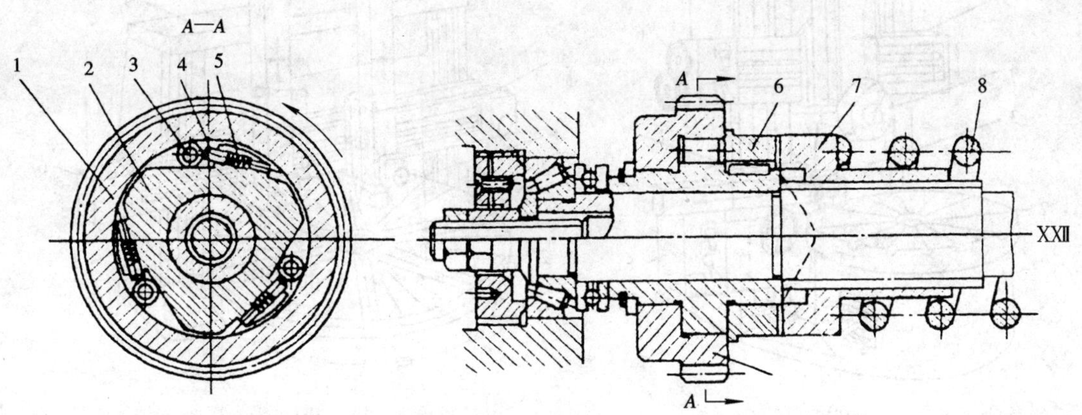

1—外环(齿轮)；2—星形体；3—滚子；4—销；5、8—弹簧；6、7—安全离合器

附图 9　超越离合器的工作原理(CA6140)

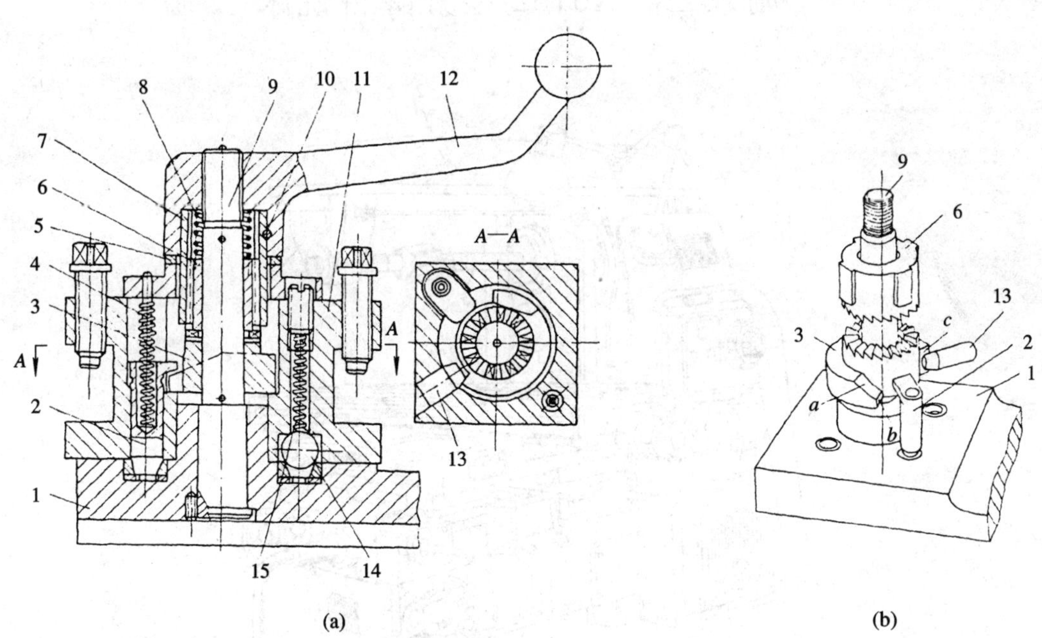

1—刀架溜板；2—定位销；3—凸轮；4、8、15—弹簧；5—垫圈；6—外花键套；7—内花键套；9—轴；10—销钉；11—刀架体；12—手把；13—销；14—钢球

附图 10　方刀架(CA6140)

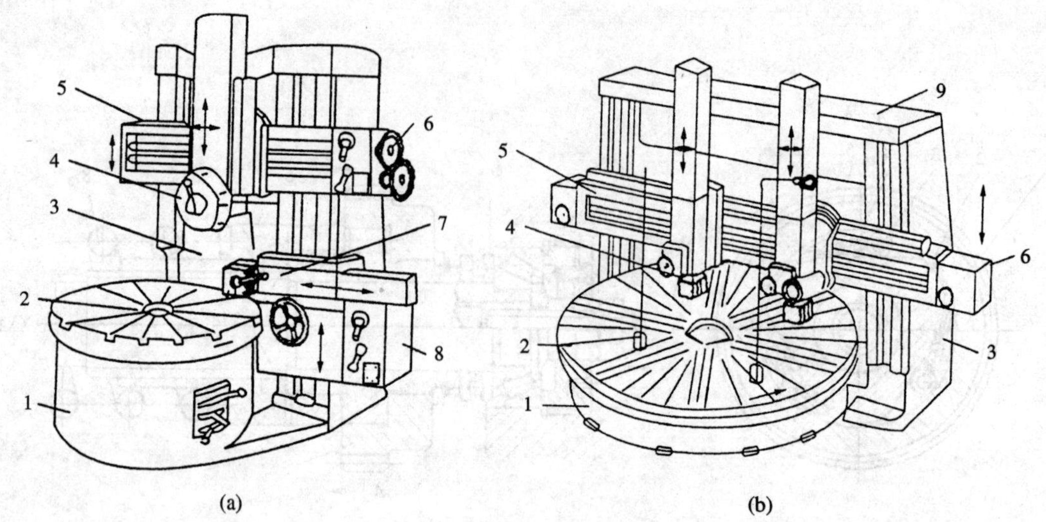

1—底座；2—工作台；3—立柱；4—垂直刀架；5—横梁；6—垂直刀架进给箱；7—侧刀架；8—侧刀架进给箱；9—顶梁

附图 11　立式车床外形图

(a) 单柱式；(b) 双柱式

附录二　X6132 型升降台铣床

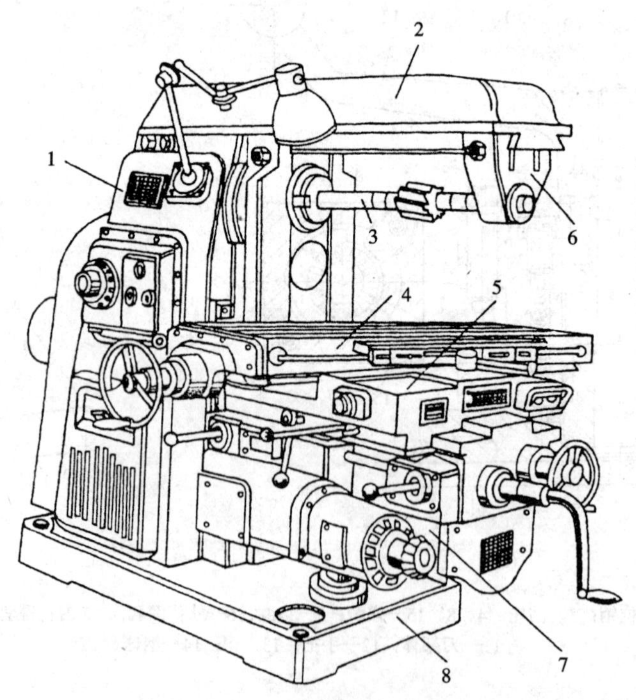

1—床身；2—悬梁；3—铣刀轴；4—工作台；5—滑座；
6—刀杆支架；7—升降台；8—底座

附图 12　X6132 型升降台铣床外形图

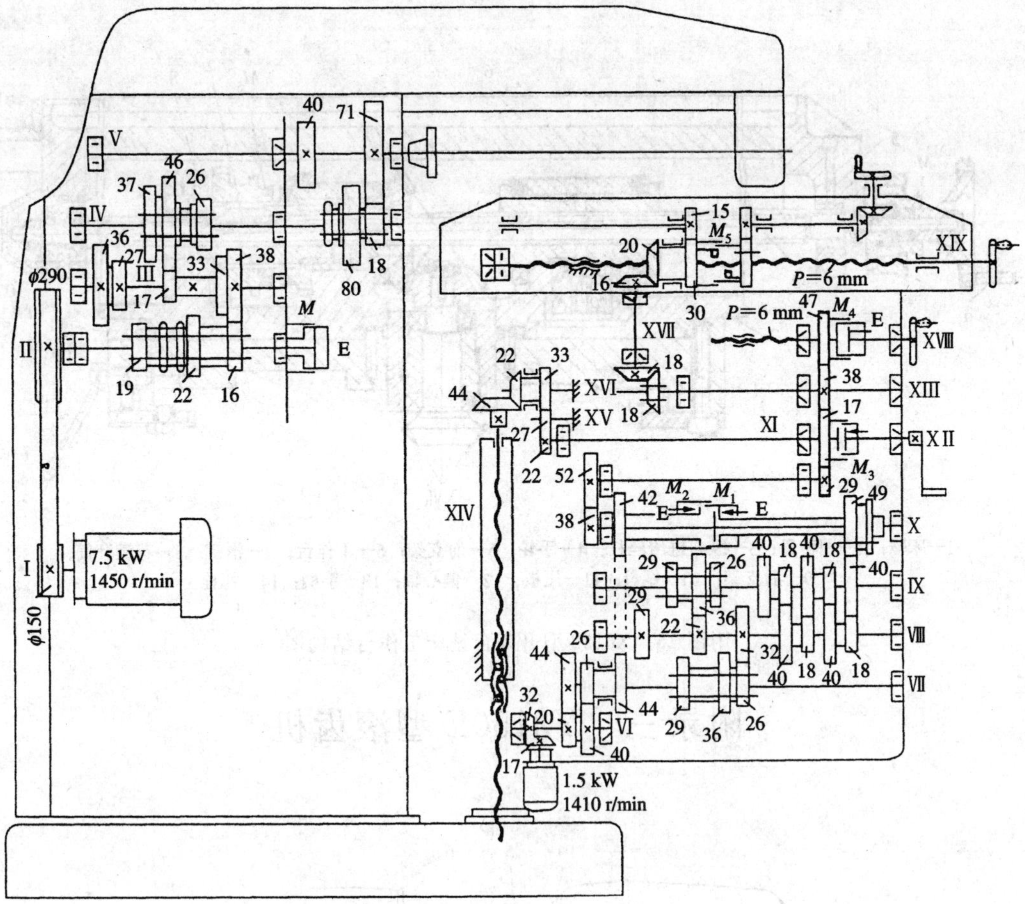

附图 13　X6132 型升降台铣床的传动系统图

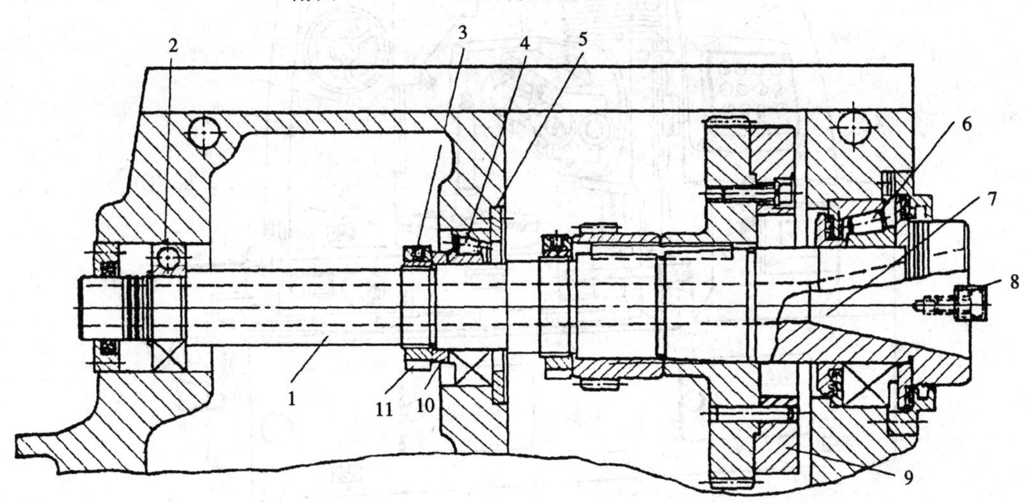

1—主轴；2—后支撑；3—缩紧螺钉；4—中间支撑；5—轴承盖；6—前支撑；
7—主轴前锥孔；8—端面键；9—飞轮；10—隔套；11—螺母

附图 14　X6132 型升降台铣床主轴部件结构

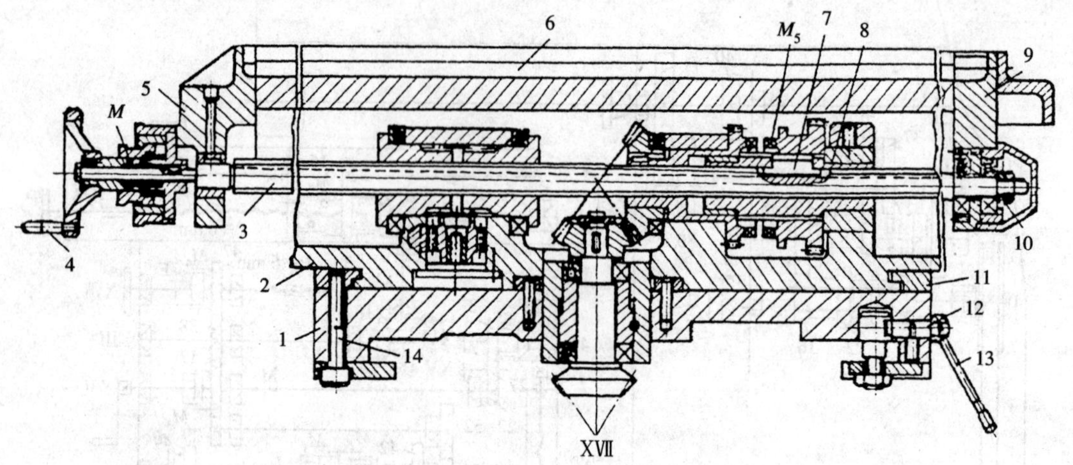

1—床鞍；2—回转盘；3—纵向进给丝杠；4—手轮；5—前支架；6—工作台；7—滑键；8—花键套筒；9—后支架；10—螺母；11—压板；12—偏心轴；13—手柄；14—螺栓

附图 15　X6132 型升降台铣床工作台结构图

附录三　Y3150E 型滚齿机

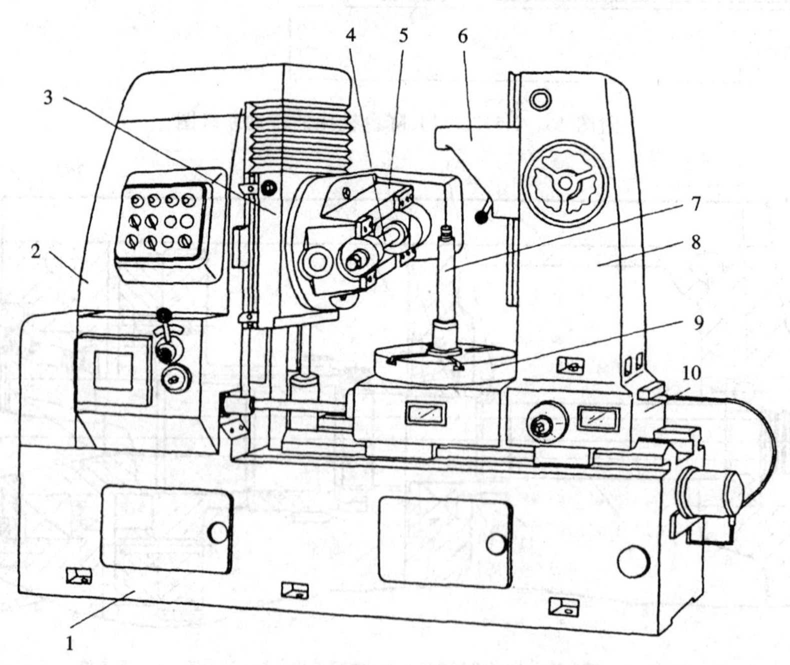

1—床身；2—立柱；3—刀架溜板；4—刀杆；5—刀架体；6—支架；7—芯轴；8—后立柱；9—工作台；10—床鞍

附图 16　Y3150E 型滚齿机外形图

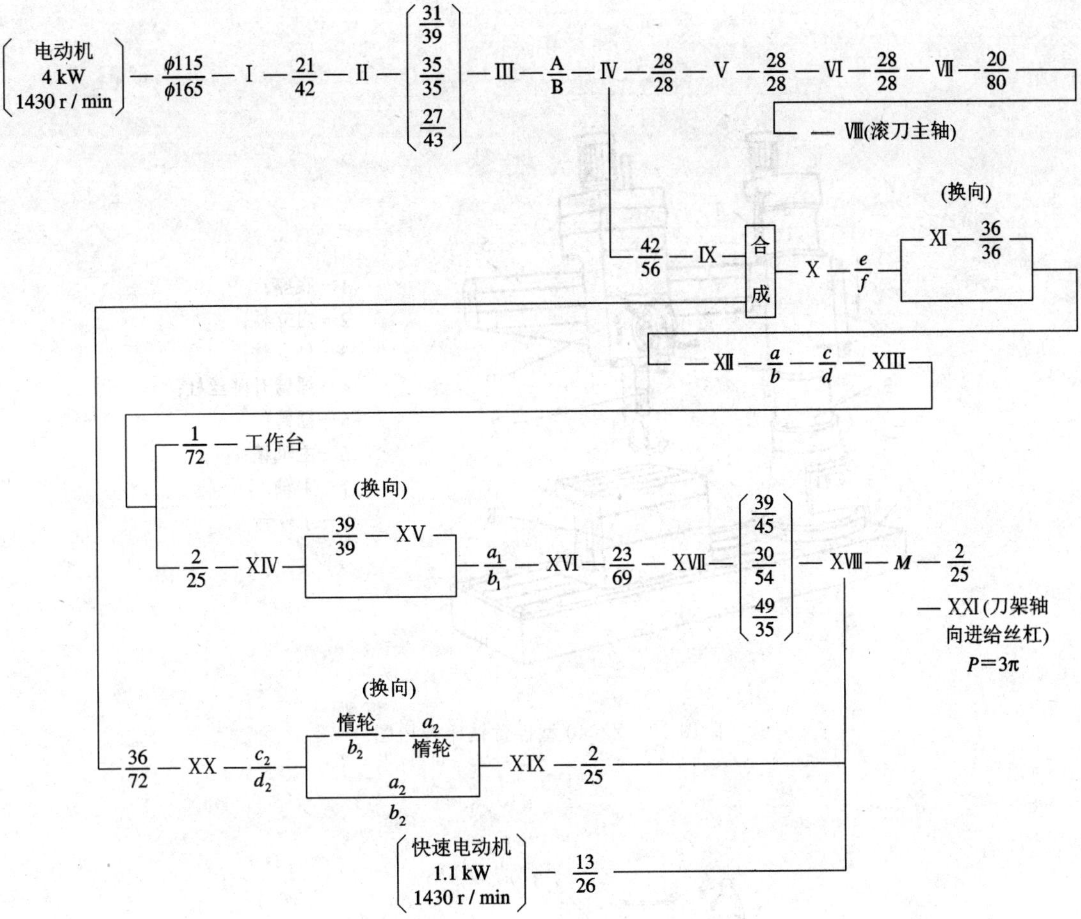

$$\begin{pmatrix}\text{电动机}\\ 4\,\text{kW}\\ 1430\,\text{r/min}\end{pmatrix} - \frac{\phi115}{\phi165} - \text{I} - \frac{21}{42} - \text{II} - \begin{bmatrix}\frac{31}{39}\\ \frac{35}{35}\\ \frac{27}{43}\end{bmatrix} - \text{III} - \frac{A}{B} - \text{IV} - \frac{28}{28} - \text{V} - \frac{28}{28} - \text{VI} - \frac{28}{28} - \text{VII} - \frac{20}{80} - \text{VIII(滚刀主轴)}$$

$$\text{IV} - \frac{42}{56} - \text{IX} - \text{合成} - \text{X} - \frac{e}{f} - \left\{\begin{matrix}\text{XI} - \frac{36}{36}\ \text{(换向)}\\ \text{—}\end{matrix}\right\} - \text{XII} - \frac{a}{b} - \frac{c}{d} - \text{XIII}$$

$$\text{XIII} - \left\{\begin{matrix}\frac{1}{72} - \text{工作台}\\ \frac{2}{25} - \text{XIV} - \left\{\begin{matrix}\frac{39}{39} - \text{XV}\ \text{(换向)}\\ \text{—}\end{matrix}\right\} - \frac{a_1}{b_1} - \text{XVI} - \frac{23}{69} - \text{XVII} - \begin{bmatrix}\frac{39}{45}\\ \frac{30}{54}\\ \frac{49}{35}\end{bmatrix} - \text{XVIII} - M - \frac{2}{25} - \text{XXI(刀架轴向进给丝杠)}\ P=3\pi\end{matrix}\right.$$

$$\text{合成} - \frac{36}{72} - \text{XX} - \frac{c_2}{d_2} - \left\{\begin{matrix}\frac{\text{惰轮}}{b_2} - \frac{a_2}{\text{惰轮}}\ \text{(换向)}\\ \frac{a_2}{b_2}\end{matrix}\right\} - \text{XIX} - \frac{2}{25} - \text{XVIII}$$

$$\begin{pmatrix}\text{快速电动机}\\ 1.1\,\text{kW}\\ 1430\,\text{r/min}\end{pmatrix} - \frac{13}{26} - \text{XVIII}$$

附图 17 Y3150E 型滚齿机传动路线图(其传动系统图见图 2－5)

附录四 其他普通机床

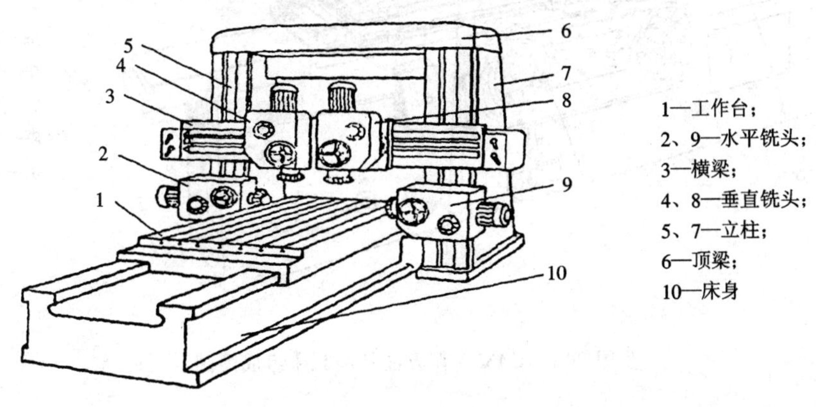

1—工作台；
2、9—水平铣头；
3—横梁；
4、8—垂直铣头；
5、7—立柱；
6—顶梁；
10—床身

附图 18 龙门铣床

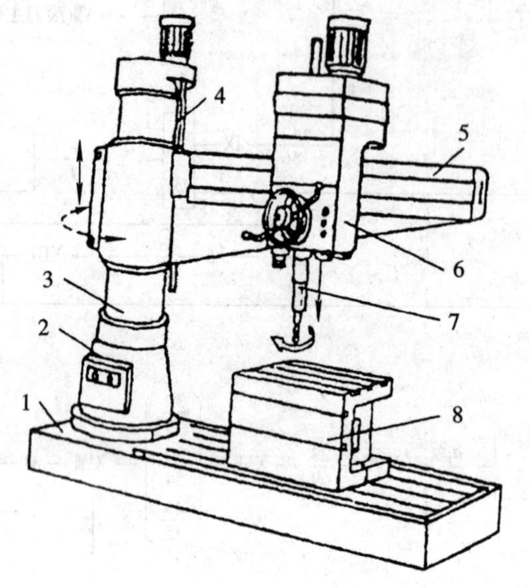

1—底座；
2—内立柱；
3—外立柱；
4—摇臂升降丝杠；
5—摇臂；
6—主轴箱；
7—主轴；
8—工作台

附图 19　Z2040 型摇臂钻床外形图

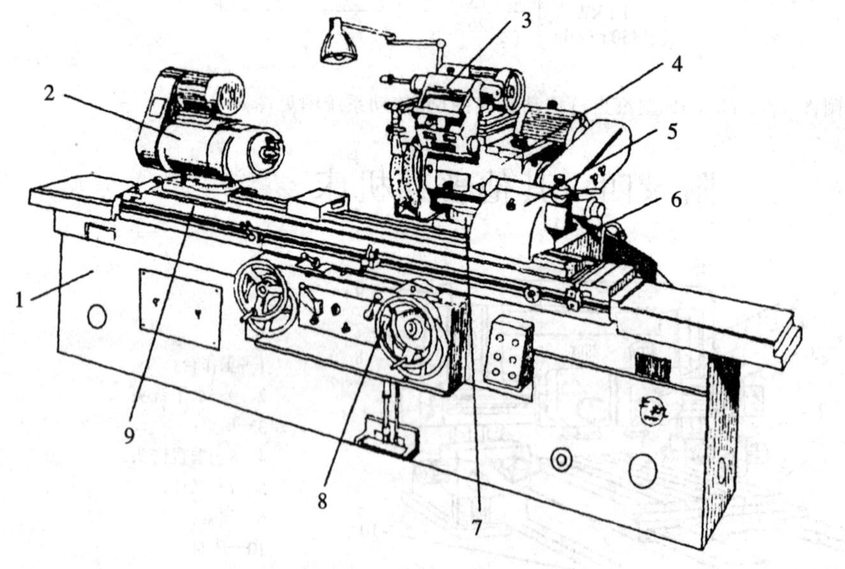

1—床身；
2—头架；
3—内圆磨具；
4—砂轮架；
5—尾座；
6—床身垫板；
7—滑鞍；
8—手轮；
9—工作台

附图 20　M1432A 型万能外圆磨床组成简图

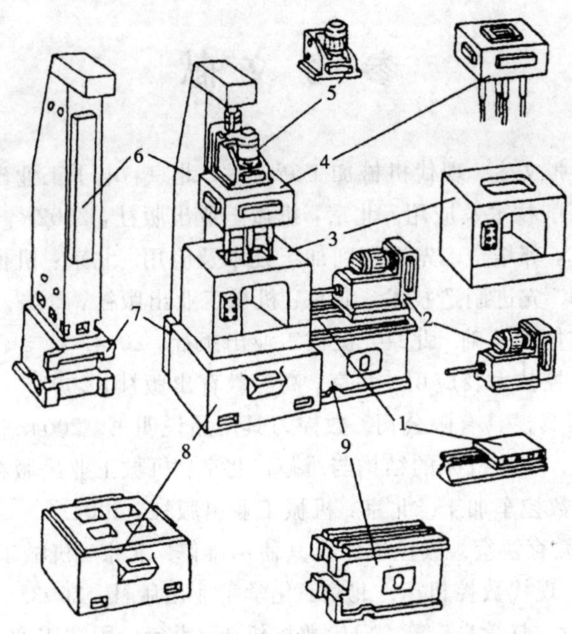

1—滑台；2—镗削头；3—夹具；4—多轴箱；5—动力箱；
6—立柱；7—立柱底座；8—中间底座；9—侧底座

附图 21　组合机床及其主要组成部件

参考文献

［1］ 韩荣第，王扬，张文生．现代机械加工新技术．北京：电子工业出版社，2003.
［2］ 张伯霖．高速切削技术及应用．北京：机械工业出版社，2002.
［3］ 刘战强，黄传真，郭培全．先进切削加工技术及应用．北京：机械工业出版社，2005.
［4］ 盛晓敏，邓朝晖．先进制造技术．北京：机械工业出版社，2002.
［5］ 汤天浩．电机与拖动基础．北京：机械工业出版社，2004.
［6］ 李宏胜．机床数控技术及应用．北京：高等教育出版社，2003.
［7］ 成都英格数控刀具模具有限公司．数控刀具产品说明书．2004～2005.
［8］ 韩鸿鸾，荣维芝．数控机床的结构与维修．北京：机械工业出版社，2004.
［9］ 金涛，王卫兵．数控车加工．北京：机械工业出版社，2004.
［10］ 中国机械工业教育协会．数控机床及其使用维修．北京：机械工业出版社，2001.
［11］ 林宋，田建君．现代数控机床．北京：化学工业出版社，2003.
［12］ 王爱玲，白恩远，赵学良，等．现代数控机床．北京：国防工业出版社，2005.
［13］ 李伯民，赵波．现代磨削技术．北京：机械工业出版社，2003.
［14］ 周兰，常晓俊．现代数控加工设备．北京：机械工业出版社，2005.
［15］ 熊光华．数控机床．北京：机械工业出版社，2003.
［16］ 李善术．数控机床及应用．北京：机械工业出版社，2003.
［17］ 刘书华．数控机床与编程．北京：机械工业出版社，2001.
［18］ 卢斌．数控机床及其使用维修．北京：机械工业出版社，2004.
［19］ 明兴祖．数控加工技术．北京：化学工业出版社，2003.
［20］ 张柱银．数控原理与数控机床．北京：化学工业出版社，2003.
［21］ 全国数控培训网络天津分中心编．数控机床．北京：机械工业出版社，2000.
［22］ 王侃夫．数控机床控制技术与系统．北京：机械工业出版社，2003.
［23］ 宋天麟．数控机床及其使用维修．南京：东南大学出版社，2003.
［24］ 赵长明，刘万菊．数控加工工艺及设备．北京：高等教育出版社，2002.
［25］ 韩鸿鸾，荣维芝．数控原理与维修技术．北京：机械工业出版社，2004.
［26］ 严爱珍．机床数控原理与系统．北京：机械工业出版社，2003.
［27］ 李雪梅．数控机床．北京：电子工业出版社，2004.
［28］ 刘站术，窦凯．数控机床及其维护．北京：人民邮电出版社，2005.
［29］ 顾维邦．金属切削机床．北京：机械工业出版社，1999.
［30］ 劳动和社会保障部教材办公室．数控原理与系统．北京：中国劳动社会保障出版社，2004.